“十三五”国家重点出版物出版规划项目
上海市普通高等院校优秀教材奖
上海市普通高校精品课程特色教材
高等教育网络空间安全规划教材

网络安全技术及应用实践教程

第4版（微课版·立体化·新形态教材）

主编　贾铁军　何道敬
副主编　罗宜元　王　威　古乐声　刘巧红
参编　张书台　王　坚　陈国秦

机 械 工 业 出 版 社

本书内容涵盖常用网络安全基础知识、技术和方法要点，以及同步实验与综合课程设计指导，包括网络安全概述、网络安全技术基础、网络安全体系与管理、黑客攻防与检测防御、密码与加密技术、身份认证与访问控制、计算机及手机病毒防范、防火墙技术及应用、操作系统及站点安全、数据库及数据安全、电子商务安全、网络安全新技术及解决方案等，涉及“攻、防、测、控、管、评”等。**本书为**“十三五”国家重点出版物出版规划项目暨上海市普通高校精品课程特色教材，体现“教、学、练、做、用一体化”，突出“实用、特色、新颖、操作性”。

本书提供授课及实验操作视频、多媒体课件、教学大纲及教案、同步实验和课程设计指导及习题集、试卷库等资源，第1~12章配有练习与实践。

本书可作为高等院校网络空间安全、计算机、信息、电子商务、工程和管理类各专业网络安全相关课程的教材，也可作为培训及参考用书。书中带“＊”部分为选学内容。

本书配有授课电子课件等资源，需要的教师可登录 www.cmpedu.com 免费注册，审核通过后下载，或联系编辑索取（微信：15910938545，电话：010-88379739）。

图书在版编目（CIP）数据

网络安全技术及应用实践教程/贾铁军，何道敬主编．—4版．—北京：机械工业出版社，2022.6（2024.1重印）

“十三五”国家重点出版物出版规划项目　高等教育网络空间安全规划教材

ISBN 978-7-111-70704-2

Ⅰ．①网…　Ⅱ．①贾…②何…　Ⅲ．①计算机网络-网络安全-安全技术-高等学校-教材　Ⅳ．①TP393.08

中国版本图书馆CIP数据核字（2022）第077017号

机械工业出版社（北京市百万庄大街22号　邮政编码100037）
策划编辑：郝建伟　　责任编辑：郝建伟　解　芳
责任校对：张艳霞　　责任印制：郜　敏

三河市国英印务有限公司印刷

2024年1月第4版·第3次印刷
184mm×260mm·19印张·470千字
标准书号：ISBN 978-7-111-70704-2
定价：79.90元

电话服务	网络服务
客服电话：010-88361066	机　工　官　网：www.cmpbook.com
010-88379833	机　工　官　博：weibo.com/cmp1952
010-68326294	金　书　网：www.golden-book.com
封底无防伪标均为盗版	机工教育服务网：www.cmpedu.com

高等教育网络空间安全规划教材
编委会成员名单

前　言

随着现代信息化建设和新技术的快速发展，各种网络技术应用更加广泛深入，很多网络安全威胁日益凸显，致使学习网络安全知识的重要性更为突出。**网络安全已经上升到国家战略，成为全球关注的焦点**，不仅关系到国家安全和社会稳定，也关系到机构或个人用户的信息资源和资产安全，已成为热门研究和人才培养的重要领域。因此，需要在法律、管理、技术、道德各方面采取切实有效的措施，才能确保网络建设与应用“又好又快”地稳定发展。

网络空间已经逐步发展成继陆、海、空、天之后的第五大战略空间，是影响国家安全、社会稳定、经济发展和文化传播的**核心、关键和基础**。网络空间具有开放性、异构性、移动性、动态性、安全性等特性，不断演化出新一代互联网、移动通信网络、物联网等新型网络形式，以及云计算、大数据、社交网络等众多新型的服务模式。因此，网络技术中最关键也最容易被忽视的安全问题，正在危及网络的健康发展和应用，**网络安全技术及应用越来越受到各行各业的关注**。

教育部已将网络安全纳入国家安全教育。党的二十大报告中强调，要健全国家安全体系，强化网络在内的一系列安全保障体系建设。没有网络安全，就没有国家安全。筑牢网络安全屏障，要树立正确的网络安全观，深入开展网络安全知识普及，培养网络安全人才。

网络空间安全是综合计算机科学、信息安全、通信、电子、数学、管理、法律和教育等学科，并发展演绎而形成的交叉学科，也是新兴的国家一级学科。网络安全是其核心部分，主要综合信息安全、网络技术与管理、分布式计算、人工智能等多个领域的知识和研究成果，其概念、理论和技术正在不断发展完善。随着信息技术的快速发展和广泛应用，其内涵在不断完善，从最初的信息保密性发展到信息的完整性、可用性、可控性和可审查性，进而又发展为“攻（攻击）、防（防范）、测（检测）、控（控制）、管（管理）、评(评估)”等基本理论和实施技术。

为满足高校网络空间安全、信息安全、计算机、信息、通信、电子商务、工程及管理类本科生、研究生等高级人才培养的需要，我们在前 3 版很受欢迎且多次重印的基础上，更新改版了这本微课版教材。本书的主编和编著者多年来在高校从事网络安全等领域的教学、科研及学科专业建设与管理工作，特别是多次主持过网络安全方面的科研项目，积累了大量的宝贵实践经验。

本书共 13 章，**重点**介绍了常用的网络安全基本知识、技术和方法要点及同步实验与综合课程设计指导，主要包括网络安全概述、网络安全技术基础、网络安全体系与管理、黑客攻防与检测防御、密码与加密技术、身份认证与访问控制、计算机及手机病毒防范、防火墙技术及应用、操作系统及站点安全、数据库及数据安全、电子商务安全、网络安全新技术及解决方案等，涉及“攻、防、测、控、管、评”等。本书可作为《网络安全技术及应用》(第 4 版 · 微课版) 配套的辅助教材，也可以单独使用。

体系结构：教学目标、知识要点、案例分析、知识拓展、要点小结、同步实验指导、练习与实践和课程设计指导等，便于实践教学、课外延伸学习和网络安全综合实践练习，并提供了选择性实验和任务，可根据专业选用。书中带“＊”部分为选学内容。

本书重点介绍了最新网络安全技术、成果、方法和典型应用，其**特点**如下。

1）内容先进，结构新颖。吸收了国内外大量的新知识、新技术、新方法和国际通用准则。体现“教、学、练、做、用一体化”，注重科学性、先进性、操作性，图文并茂、学以致用。

2）注重实用性和特色。坚持“实用、特色、规范”的原则，突出实用及素质能力培养，增加大量案例、同步实验及课程设计指导，将理论知识与实际应用有机结合。

3）资源丰富，便于教学。在出版社和上海市高校精品课程网站（学堂/学银在线）提供多媒体课件、教学大纲和授课计划、电子教案、操作视频、同步实验指导、习题集与试卷库、考证就业与深造等教学资源，便于实践教学、课外延伸和综合应用等。

读者可以使用移动设备的相关软件（如微信、QQ）中的“扫一扫”功能扫描书中提供的二维码，在线查看相关资源（音频建议用耳机收听）。如果“扫一扫”后在微信端无法打开相关资源，请选择用手机浏览器直接打开。

本书获国家自然科学基金项目 62072207 及 61801288 和“上海市高校优质在线课程”建设项目资助。

本书入选了“十三五”国家重点出版物出版规划项目，由“上海市普通高校精品课程”负责人暨“上海市普通高等院校优秀教材奖”获得者贾铁军教授（上海市教育评估专家）任主编、统稿并编写第 1、2、12 章，何道敬教授（哈尔滨工业大学（深圳）、教育部青年长江学者）任主编并编写第 3 章，罗宜元教授（国家自然科学基金项目 62072207 负责人，惠州学院）任副主编并编写第 7、8 章，王威副教授（中国人民警察大学）任副主编并编写第 6、9 章，古乐声教授（河南科技学院）任副主编并编写第 10 章，刘巧红副教授（上海健康医学院）任副主编并编写第 4、5 章。张书台（上海海洋大学）参编并编写第 11 章，王坚副教授（辽宁对外经贸学院）参编并编写第 13 章，陈国秦（腾讯科技有限公司）参加了本教材的部分编审工作，多位同仁和研究生参与了全书文字、图表校对、编排及查阅资料等工作。

感谢机械工业出版社为本书的出版提供的许多重要帮助、指导意见和参考资料，并提出了很好的重要修改意见和建议。同时，非常感谢在本书编写过程中给予我们大力支持和帮助的院校及各界同仁。编写过程中参阅了大量的重要文献资料，由于难以完全准确注明，在此深表诚挚谢意！

由于网络安全技术涉及的内容比较庞杂，而且有关技术方法及应用发展快、知识更新迅速，另外，编写时间比较仓促，编者水平有限，书中难免存在不妥之处，敬请广大读者见谅，欢迎提出宝贵意见和建议。欢迎指正交流，主编邮箱：jiatj@ 163. com。

编　　者

目　录

前言
第 1 章　网络安全概述 …… 1
1.1　知识要点 …… 1
1.1.1　网络安全的概念和内容 …… 1
1.1.2　网络安全技术概述 …… 3
1.1.3　网络安全建设发展现状及趋势 …… 5
1.2　案例分析　网络安全威胁及现状分析 …… 7
1.2.1　网络安全威胁及现状 …… 7
1.2.2　网络安全威胁的种类及途径 …… 8
1.2.3　网络安全的威胁及风险分析 …… 10
1.2.4　网络空间安全威胁的发展态势 …… 11
*1.3　知识拓展　实体安全与隔离技术 …… 12
1.3.1　实体安全的概念及内容 …… 12
1.3.2　媒体安全与物理隔离技术 …… 12
1.4　要点小结 …… 13
*1.5　实验 1-1　构建虚拟局域网（VLAN） …… 13
1.5.1　实验目标 …… 14
1.5.2　实验要求和方法 …… 14
1.5.3　实验内容和步骤 …… 15
*1.6　实验 1-2　虚拟局域网的设置和应用 …… 16
1.6.1　实验目的 …… 16
1.6.2　预备知识 …… 16
1.6.3　实验要求及配置 …… 17
1.6.4　实验步骤 …… 18
1.7　练习与实践 1 …… 21
第 2 章　网络安全技术基础 …… 24
2.1　知识要点 …… 24
2.1.1　网络协议安全概述 …… 24
2.1.2　虚拟专用网（VPN）技术 …… 29
2.1.3　无线网络安全技术概述 …… 32
2.2　案例分析　无线网络安全应用 …… 33
2.2.1　无线网络安全技术应用 …… 33
*2.2.2　WiFi 的安全性和防范措施 …… 34
*2.3　知识拓展　常用网络安全管理工具 …… 36

2.3.1 网络连通性及端口扫描 …… 36
2.3.2 显示网络配置信息及设置 …… 37
2.3.3 显示连接监听端口命令 …… 37
2.3.4 查询删改用户信息命令 …… 38
2.3.5 创建计划任务命令 …… 39
2.4 要点小结 …… 40
2.5 实验2 无线网络安全设置 …… 40
2.5.1 实验目的 …… 40
2.5.2 实验要求 …… 40
2.5.3 实验内容和步骤 …… 40
2.6 练习与实践2 …… 43
第3章 网络安全体系与管理 …… 45
3.1 知识要点 …… 45
3.1.1 网络安全的体系结构 …… 45
3.1.2 网络安全相关法律法规 …… 50
3.2 案例分析 网络安全评估准则和方法 …… 51
3.2.1 网络安全评估准则和方法 …… 51
3.2.2 网络安全的测评方法 …… 53
*3.3 典型应用 网络安全制度、策略和规划 …… 57
3.3.1 网络安全的管理制度 …… 57
3.3.2 网络安全策略及规划 …… 58
3.4 要点小结 …… 59
3.5 实验3-1 Web服务器安全设置 …… 59
3.5.1 实验目的 …… 60
3.5.2 实验要求 …… 60
3.5.3 实验内容和步骤 …… 60
3.6 实验3-2 统一威胁资源管理 …… 62
3.6.1 实验目的 …… 62
3.6.2 实验要求和方法 …… 62
3.6.3 实验内容和步骤 …… 62
3.7 练习与实践3 …… 64
第4章 黑客攻防与检测防御 …… 65
4.1 知识要点 …… 65
4.1.1 黑客的概念及攻击途径 …… 65
4.1.2 黑客攻击目的及过程 …… 66
4.1.3 常用的黑客攻防技术 …… 67
4.1.4 网络攻击的防范措施 …… 73
4.1.5 入侵检测与防御系统 …… 74
4.2 案例分析 防范网络端口扫描 …… 76

4.3　要点小结 …… 78
4.4　实验 4-1　Sniffer 网络漏洞检测 …… 79
4.4.1　实验目的 …… 79
4.4.2　实验要求和方法 …… 79
4.4.3　实验内容和步骤 …… 79
*4.5　实验 4-2　黑客入侵攻防模拟演练 …… 81
4.5.1　实验目的 …… 81
4.5.2　实验内容 …… 81
4.5.3　实验准备和环境 …… 81
4.5.4　实验步骤 …… 81
4.6　练习与实践 4 …… 87
第 5 章　密码与加密技术 …… 89
5.1　知识要点 …… 89
5.1.1　密码技术概述 …… 89
5.1.2　密码破译与密钥管理 …… 95
5.1.3　实用加密技术基础 …… 97
*5.2　案例分析　银行加密技术应用 …… 105
5.2.1　银行加密体系及服务 …… 105
5.2.2　银行密钥及证书管理 …… 107
5.2.3　网络加密方式及管理策略 …… 108
5.3　要点小结 …… 109
5.4　实验 5　PGP 加密软件应用 …… 109
5.4.1　实验目的 …… 109
5.4.2　实验要求和方法 …… 109
5.4.3　实验内容和步骤 …… 110
5.5　练习与实践 5 …… 113
第 6 章　身份认证与访问控制 …… 115
6.1　知识要点 …… 115
6.1.1　身份认证技术 …… 115
6.1.2　数字签名技术 …… 119
6.1.3　访问控制技术 …… 121
6.1.4　网络安全审计 …… 126
6.2　典型应用　高校网络准入控制策略 …… 129
6.2.1　准入控制技术 …… 129
6.2.2　网络准入控制系统功能设计 …… 130
6.2.3　准入控制技术中的身份认证 …… 130
6.3　要点小结 …… 131
6.4　实验 6-1　申请网银用户的身份认证 …… 131
6.4.1　实验目的 …… 131

6.4.2 实验内容和步骤 …… 131
*6.5 实验6-2 数字签名与访问控制实验 …… 133
6.5.1 实验目的 …… 133
6.5.2 实验内容和步骤 …… 133
6.6 练习与实践6 …… 135
第7章 计算机及手机病毒防范 …… 138
7.1 知识要点 …… 138
7.1.1 病毒的概念、发展及命名 …… 138
7.1.2 计算机及手机病毒的特点 …… 140
7.1.3 计算机及手机病毒的种类 …… 140
7.2 案例分析 病毒危害、中毒症状及后果 …… 143
7.2.1 计算机及手机病毒的危害 …… 143
7.2.2 病毒发作的症状及后果 …… 143
7.3 知识拓展 计算机病毒的构成与传播 …… 144
7.3.1 计算机病毒的构成 …… 144
7.3.2 计算机病毒的传播 …… 145
7.3.3 病毒的触发与生存 …… 145
7.3.4 特种及新型病毒实例 …… 146
7.4 典型应用 病毒的检测、清除与防范 …… 148
7.4.1 计算机病毒的检测 …… 148
7.4.2 常见病毒的清除方法 …… 148
7.4.3 普通病毒的防范措施 …… 149
7.4.4 木马的检测清除与防范 …… 149
7.4.5 病毒和防病毒技术的发展趋势 …… 150
7.5 要点小结 …… 151
7.6 实验7 火绒安全软件应用 …… 152
7.6.1 实验目的 …… 152
7.6.2 实验内容 …… 152
7.6.3 操作方法和步骤 …… 153
7.7 练习与实践7 …… 155
第8章 防火墙技术及应用 …… 157
8.1 知识要点 …… 157
8.1.1 防火墙技术概述 …… 157
8.1.2 防火墙的常用类型 …… 159
8.1.3 防火墙的主要应用 …… 162
8.2 案例分析 用防火墙阻止 SYN Flood 攻击 …… 167
8.2.1 SYN Flood 攻击原理 …… 168
8.2.2 用防火墙防御 SYN Flood 攻击 …… 168
8.3 要点小结 …… 169

8.4　实验8-1　国产工业控制防火墙应用 …… 169
8.4.1　实验目的和要求 …… 170
8.4.2　实验内容和步骤 …… 170
*8.5　实验8-2　用华为防火墙配置AAA本地方式认证 …… 173
8.5.1　实验目的和要求 …… 173
8.5.2　实验环境 …… 173
8.5.3　实验内容和步骤 …… 173
8.6　练习与实践8 …… 174
第9章　操作系统及站点安全 …… 176
9.1　知识要点 …… 176
9.1.1　Windows系统的安全 …… 176
9.1.2　UNIX操作系统的安全 …… 179
9.1.3　Linux操作系统的安全 …… 182
9.1.4　Web站点的安全 …… 184
9.2　案例分析　Windows系统安全事件应急响应 …… 185
9.2.1　Windows系统的应急事件分类 …… 185
9.2.2　系统安全事件排查思路 …… 186
9.2.3　特定事件痕迹检查 …… 190
9.3　要点小结 …… 191
9.4　实验9　Windows Server 2022安全配置与恢复 …… 191
9.4.1　实验目的 …… 191
9.4.2　实验要求 …… 191
9.4.3　实验内容和步骤 …… 192
9.5　练习与实践9 …… 193
第10章　数据库及数据安全 …… 195
10.1　知识要点 …… 195
10.1.1　数据库系统安全基础 …… 195
10.1.2　数据库安全体系与防护 …… 197
10.1.3　数据库的安全特性和措施 …… 200
10.1.4　数据库的安全策略和机制 …… 204
10.1.5　数据库的备份与恢复 …… 205
*10.2　综合应用　数据库安全解决方案 …… 207
10.2.1　数据库的安全策略 …… 207
10.2.2　数据常用加密技术 …… 208
10.2.3　数据库的安全审计 …… 209
10.2.4　银行数据库安全解决方案 …… 209
10.3　要点小结 …… 212
10.4　实验10-1　SQL Server 2022用户安全管理 …… 212
10.4.1　实验目的 …… 212

10.4.2 实验要求 …… 212
10.4.3 实验内容和步骤 …… 212
*10.5 实验 10-2 数据库备份与恢复 …… 216
10.5.1 实验目的 …… 216
10.5.2 实验内容和步骤 …… 216
10.6 练习与实践 10 …… 218
*第 11 章 电子商务安全 …… 220
11.1 知识要点 …… 220
11.1.1 电子商务安全基础 …… 220
11.1.2 电子商务的安全技术和交易 …… 223
11.2 案例分析 构建基于 SSL 的 Web 安全站点 …… 227
11.2.1 基于 Web 安全通道的构建 …… 227
11.2.2 数字证书的安装与管理 …… 228
11.3 知识拓展 移动电子商务的安全问题 …… 230
11.3.1 移动电子商务安全要素 …… 230
11.3.2 移动电子商务面临的安全威胁 …… 231
11.3.3 移动终端的安全防范 …… 232
11.3.4 移动电子商务安全技术 …… 233
11.4 综合应用 电子商务安全解决方案 …… 234
11.4.1 数字证书解决方案 …… 234
11.4.2 电子商务安全的发展趋势 …… 235
11.5 要点小结 …… 236
*11.6 实验 11-1 手机微信支付安全应用 …… 236
11.6.1 实验目的 …… 236
11.6.2 实验要求和内容 …… 236
11.6.3 实验步骤 …… 237
*11.7 实验 11-2 Android 应用漏洞检测方法 …… 238
11.7.1 实验目的 …… 238
11.7.2 实验要求和注意事项 …… 238
11.7.3 实验内容和步骤 …… 239
11.8 练习与实践 11 …… 240
*第 12 章 网络安全新技术及解决方案 …… 242
12.1 知识要点 …… 242
12.1.1 网络安全新技术概述 …… 242
12.1.2 网络安全解决方案概述 …… 247
12.1.3 网络安全需求分析 …… 251
12.1.4 网络安全解决方案的设计和标准 …… 253
12.2 案例分析 网络安全解决方案应用 …… 255
12.2.1 金融网络安全解决方案 …… 255

12.2.2　电力网络安全解决方案 …… 260
*12.3　知识拓展　电子政务网络安全解决方案 …… 264
12.3.1　解决方案的要求 …… 264
12.3.2　解决方案的主要技术支持 …… 264
12.3.3　网络安全项目产品要求 …… 265
12.3.4　电子政务安全解决方案的制定 …… 265
12.4　要点小结 …… 268
12.5　练习与实践12 …… 268
第13章　网络安全课程设计指导 …… 270
13.1　课程设计的主要目的 …… 270
13.2　课程设计的安排及要求 …… 270
13.3　课程设计的选题及原则 …… 271
13.4　课程设计的内容及步骤 …… 276
13.5　课程设计报告及评价标准 …… 277
附录 …… 284
附录A　练习与实践部分习题答案 …… 284
附录B　常用网络安全资源网站 …… 289
参考文献 …… 290

第1章　网络安全概述

随着全球化的进一步加剧及网络现代信息化的快速发展和广泛应用，网络安全事件频发且越演越烈，已经引起世界各国的高度重视，成为热门研究和人才迫切需求的新领域。网络安全对于国家安全、社会稳定、信息化建设的健康发展、用户资产和信息资源的安全都极为重要。

教学目标

- 掌握网络安全的基本概念、目标和内容
- 掌握网络安全技术相关概念、种类和模型
- 理解网络安全面临的威胁及发展态势
- 学会构建虚拟局域网（VLAN）的过程及方法

1.1　知识要点

【案例1-1】随着国际竞争进一步加剧，世界各国和利益集团之间的竞争日益激烈，网络战、黑客攻击机构网站、大量客户信息被泄露、全球网络病毒爆发等事件频发，每年几乎所有网络用户都会收到电信网络诈骗有关的电话、短信或邮件等。网络犯罪已经被认为是仅次于极端天气和自然灾害的全球第三大威胁，2021年全球网络犯罪造成的损失达6万亿美元，因此，网络用户迫切需要掌握网络安全防范知识、技术、方法和应用。

1.1.1　网络安全的概念和内容

教学视频
视频资源1-1

1. 网络安全相关概念、目标和特征

（1）网络安全的相关概念

ISO/IEC 27032的网络安全（Network Security）定义是指对网络的设计、实施和运营等过程中的信息及其相关系统的安全保护。网络安全是指利用网络技术和管理等措施，保护网络系统和信息（数据）的保密性、完整性、可用性、可控性和可审查性。即保护网络系统的硬件、软件及系统中数据资源的完整、准确、连续运行、服务不受干扰破坏和非授权使用。

注意：网络安全不仅限于计算机网络安全，还包括手机和其他网络的安全。实际上，网络安全只是相对的，世界上不存在绝对的安全，过分提高网络的安全性可能降低网络传输速度等方面的性能，而且浪费资源和增加成本。

网络空间安全（Cyberspace Security）是广义的网络安全，指对网络、系统及网络空间

中的信息在产生、传输、存储、处理等过程中采取各种安全措施和机制。不仅包括网络信息安全的保密性、完整性和可用性，还包括构成网络空间基础设施的安全。网络空间安全已经成为国家一级学科，涉及范围很广泛，包括网络空间中的各种设备、系统、数据和应用等安全问题，其**核心和关键**是数据（信息）安全。

（2）网络安全的目标及特征

网络安全的目标是通过各种网络技术、管理及运行等策略和机制，实现网络信息的保密性、完整性、可用性、可控性和可审查性（网络信息安全的特征）。其中，保密性、完整性、可用性是网络安全的**基本要求**（要素或三大基石）。

网络安全包括两个方面，一个是网络系统的安全，另一个是网络数据（信息）的安全，网络安全的**最终目标和关键**是数据（信息）安全。**网络信息安全的特征**反映了网络安全的具体目标要求。

2. 网络安全的内容及侧重点

可以从不同角度划分网络安全涉及的内容、研究范畴和侧重点。

（1）网络安全涉及的内容

网络安全涉及的内容主要包括以下五个方面。

1）实体安全。也称物理安全，指保护网络设备、设施及其他媒介免遭地震、水灾、火灾、有害气体和其他环境事故破坏的措施及过程。具体参见 1.3 节。

2）**系统安全**。主要包括网络系统安全、操作系统安全、数据库系统及应用系统安全。

3）**运行安全**。包括相关系统的运行安全和访问控制安全，如用防火墙进行内外网隔离、访问控制、系统恢复。

4）**应用安全**。由应用软件平台安全和应用数据安全两部分组成。

5）管理安全。也称安全管理，主要指对人员、网络系统和应用以及服务等要素的安全管理，涉及各种法律、法规、政策、策略、机制、规范、标准、技术手段和措施等内容。

广义的网络安全的主要内容如图 1-1 所示。依据网络信息安全法律法规，以实体安全为基础，以管理安全和运行安全保障操作系统安全、网络系统安全（狭义）和应用安全以及正常运行与服务。**网络安全的相关内容及其相互关系**如图 1-2 所示。

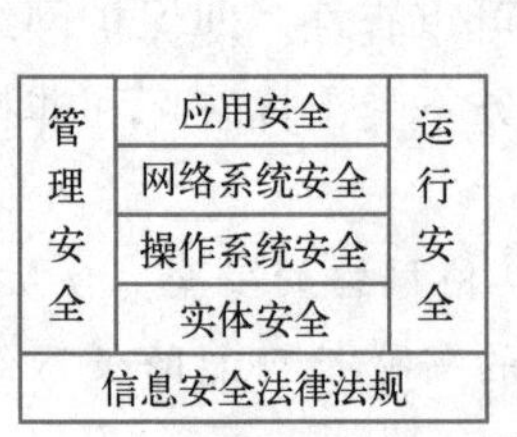

图 1-1　网络安全的主要内容

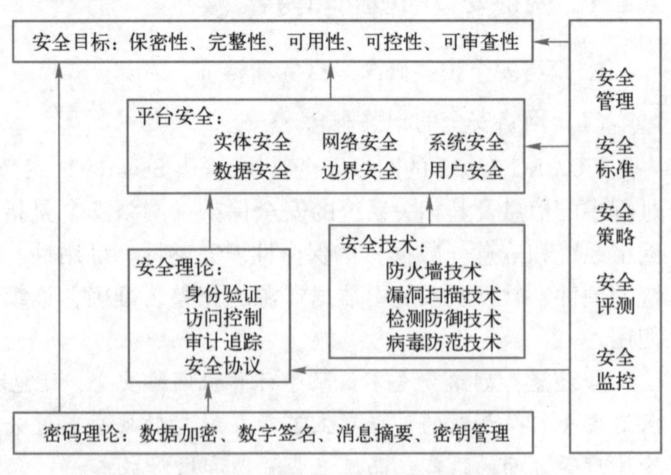

图 1-2　网络安全相关的内容及其相互关系

(2) 网络安全的研究范畴和侧重点

网络安全的关键和核心是确保网络系统中的信息安全，凡涉及网络信息的可靠性、保密性、完整性、有效性、可控性和可审查性的理论、技术以及管理等都属于网络安全的研究范畴，不同人员或机构对网络安全内容的侧重点有所不同。

1）网络安全工程人员。注重成熟的网络安全解决方案和新型网络安全产品，以及网络安全工程建设开发与管理、安全防范工具、操作系统防护技术和安全应急处理措施等。

2）网络安全研究人员。注重从理论上采用数学等方法精确描述安全问题的特征，并通过网络安全模型等解决具体的网络安全相关问题。

3）网络安全评估人员。主要关注网络安全评价标准与准则、安全等级划分、安全产品测评方法与工具、网络信息采集、网络攻击及防御技术、采取的有效措施等。

4）网络管理员或安全管理员。主要侧重网络安全管理策略、身份认证、访问控制、入侵检测、防御与加固、网络安全审计、应急响应和计算机病毒防治等安全技术和措施。主要职责是配置与维护网络，在保护授权用户方便快捷地访问网络资源的同时，必须防范非法访问、病毒感染、黑客攻击、服务中断和垃圾邮件等各种威胁，一旦系统遭到破坏，致使数据或文件遭受损失，可以采取相应的应急响应和恢复等措施。

5）国家安全保密人员。注重网络信息泄露、窃听和过滤的各种技术手段，以避免涉及国家政治、军事、经济等重要机密信息的无意或有意泄露；抑制和过滤威胁国家安全的暴力与邪教等信息的传播，以免给国家的稳定带来不利影响，甚至危害国家安全。

【案例 1-2】“日爆木马”攻入美国国家核安全局。据网络安全应急技术国家工程实验室 2020 年 12 月披露，美国能源部（DOE）和负责管理美国核武器储备的国家核安全局（NNSA）有证据表明，其网络已经遭到 SolarWinds 日爆木马大规模间谍活动的黑客入侵，而且已经影响了多个联邦机构。

6）国防军事相关人员。更关注信息对抗、密码加密、安全通信协议、无线网络安全、入侵攻击、应急处理和网络病毒传播等网络安全综合技术，以此夺取网络信息优势、扰乱敌方指挥系统、摧毁敌方网络基础设施，打赢未来信息战争。

注意：所有网络用户都应关心网络安全问题，注意保护隐私和商业信息不被窃取、篡改、破坏和非法存取，确保网络信息的保密性、完整性、有效性和可审查性。

1.1.2 网络安全技术概述

教学视频

视频资源 1-2

1. 网络安全技术的概念和常用技术

(1) 网络安全技术相关概念

网络安全技术（Network Security Technology）是指为保护网络安全运行、监控和管理，保障数据及系统安全的技术手段。主要包括实体安全技术、网络系统安全技术、数据安全、密码及加密技术、身份认证、访问控制、防范恶意代码、检测防御、管理与运行安全技术，以及确保网络安全应用与服务的安全机制和策略等。

(2) 常用的网络安全技术

常用的网络安全技术可以归纳为三大类。

1）预防保护类。包括身份认证、访问管理、加密、防恶意代码、入侵防御和加固等。

2）检测跟踪类。对网络客体的访问行为进行监控、检测和审计跟踪，防止在访问过程中可能产生的安全事故。

3）响应恢复类。网络或数据一旦发生重大安全故障，需要采取应急预案和有效措施，确保在最短的时间内对其事件进行应急响应和备份恢复，尽快将其损失和影响降至最低。

【案例 1-3】某大型银行以网络安全业务价值链的理念，将网络安全的技术手段分为三大类：预防保护类、检测跟踪类和响应恢复类，如图 1-3 所示。

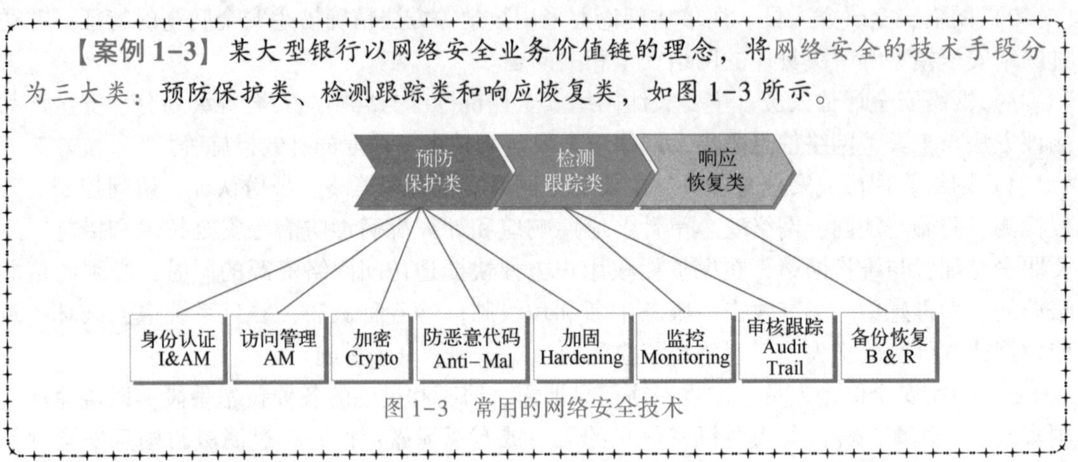

图 1-3　常用的网络安全技术

2. 网络安全常用模型

网络安全模型可以应用于网络安全实施过程的描述和研究，构建网络安全体系和结构，便于具体的网络安全解决方案的制定、规划、设计和实施等。

1）网络安全 PDRR 模型。PDRR 模型是常用的描述网络安全环节和整个过程的**网络安全模型**，包括防护（Protection）、检测（Detection）、响应（Reaction）和恢复（Recovery），如图 1-4 所示。

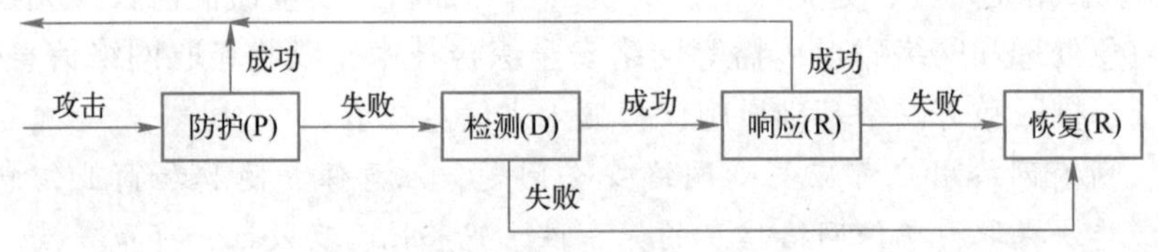

图 1-4　网络安全 PDRR 模型

在上述模型的基础上，按照“检查准备（Inspection）、防护加固（Protection）、检测发现（Detection）、快速反应（Reaction）、确保恢复（Recovery）、反省改进（Reflection）”的原则，经过改进得到另一个**网络系统安全生命周期模型**——IPDRRR 模型，如图 1-5 所示。

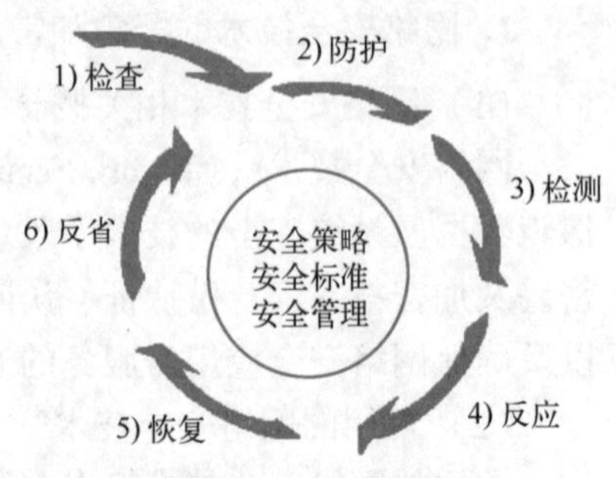

图 1-5　网络安全 IPDRRR 模型

2）网络安全通用模型。通过网络传输数据需要协同处理和交换。通过建立逻辑信息通道，可以确定从源站经过网络到目的站的路由及两个主体协同使用 TCP/IP 的通信协议。其**网络安全通用模型**如图 1-6 所示，缺点是并非所有情况都通用。

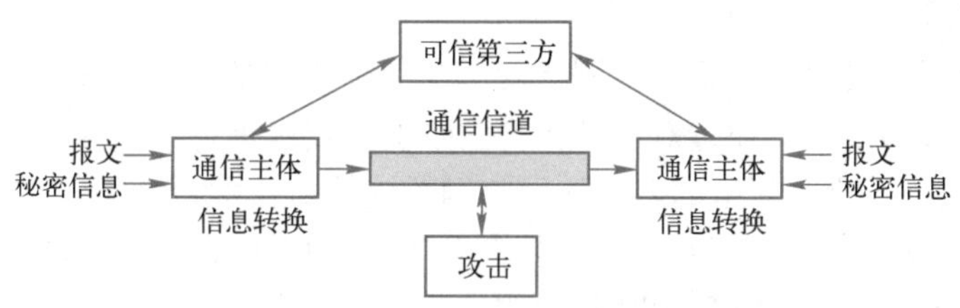

图 1-6　网络安全通用模型

3）网络访问安全模型。针对黑客攻击、病毒侵入及非授权访问，常用**网络访问安全模型**。黑客攻击有两类威胁，即访问威胁和服务威胁。安全机制包括网闸功能（如口令和授权访问及检测、防范病毒和攻击）和内部访问权限监控管理，如图 1-7 所示。

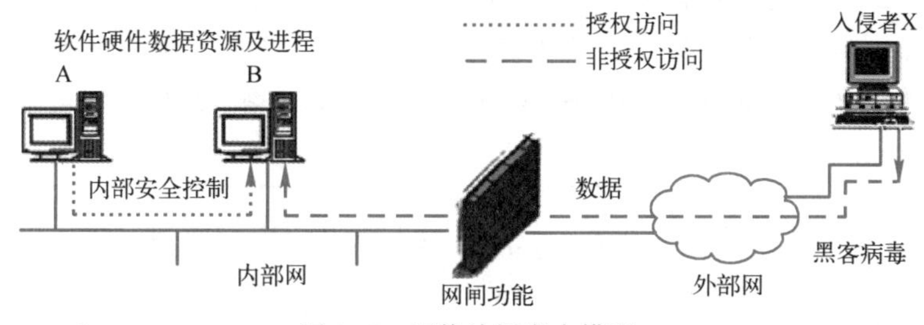

图 1-7　网络访问安全模型

4）网络安全防御模型。网络安全的关键和最好的保障是预防，同时做好内网与外网的隔离保护。可以通过如图 1-8 所示的**网络安全防御模型**来构建系统保护内网。

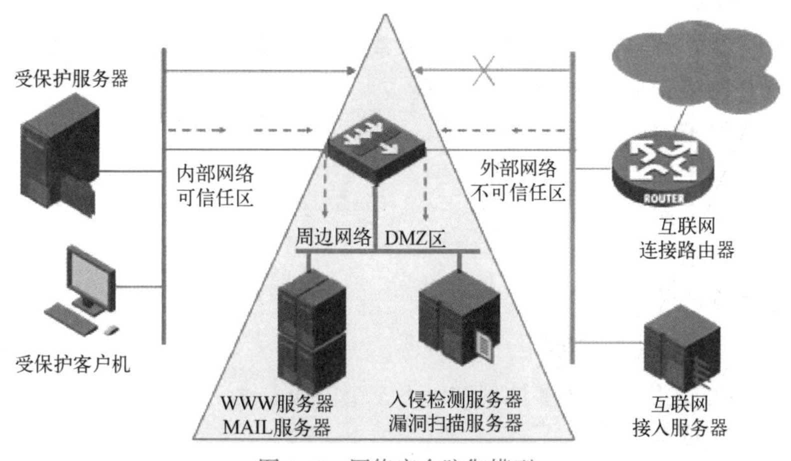

图 1-8　网络安全防御模型

1.1.3　网络安全建设发展现状及趋势

1. 国外网络安全建设发展状况

国外的网络安全建设和发展主要体现在以下 8 个方面。

1）完善法律法规和制度建设。世界很多发达国家从立法、管理、监督和教育等方面都采取了相应的法制建设和有效措施，加强对网络安全的规范管理。

2）信息安全保障体系。主要针对全球各种网络安全威胁和隐患问题，世界各国都在不断完善各种以深度防御为重点的整体安全举措。

3）网络系统安全测评。主要包括网络安全产品测评和基础设施安全性测评技术。

4）网络安全防御技术。通过对多种传统网络安全技术进行深入探究，创新和改进新技术、新方法、新成果，研发新型的智能入侵防御系统等新技术。

5）故障应急响应处理。对网络意外事故应急响应极为重要。主要包括突发事件处理（包括备份恢复技术）、追踪取证、事件/攻击分析审计。

6）网络系统生存措施。

【案例 1-4】 全球知名网络安全公司 FireEye 遭到攻击。FireEye 获得过首个由美国国土安全部颁发的认证，拥有大量美国政府机构和关键基础设施客户，常提供应对高级网络威胁取证和动态恶意软件的防护服务。2020 年 12 月遭到黑客入侵，渗透测试客户网络的黑客工具被窃取。据悉，黑客窃取的客户评估工具是该公司武器库中用于渗透测试和评估客户安全性、可模仿许多黑客工具的“大杀器”，公司利用系统生存措施及时进行了应急处理。

7）网络安全信息关联分析。对各种复杂多变的网络攻击和威胁，只凭单一入侵监测或漏洞检测，无法快速准确掌握攻击信息并进行有效防范，还须将不同安全设施和区域安全信息关联分析并进行整体协同防范。

8）密码新技术研究。美国已经在 2021 年确定了互联网密码的新技术标准，正在准备将高性能量子计算机加密技术列入新技术标准。

2. 我国网络安全建设发展现状

我国极为重视网络安全建设，并采取了一系列重大举措，主要体现在以下几个方面。

1）大力加强网络安全法制化管理与保障。

2）大力加强自主知识产权新技术研究。

3）强化网络安全标准准则及规范。

4）提升网络安全测试评估。

5）应急响应与系统恢复。

6）网络安全检测防御技术。

3. 网络安全技术的发展态势

网络安全技术的发展态势主要体现在以下 5 个方面。

1）网络安全新技术创新。

2）网络安全技术与智能管理高度集成。

3）新型网络安全平台。

4）高水平的服务和急需人才。

5）网络安全特殊专用工具及产品。

【案例 1-5】 勒索软件巨额赎金。富士康是全球最大的电子产品制造公司，在全球拥有 80 多万名员工，2019 年营业收入达 1720 亿美元。2020 年 11 月 29 日，勒索软件在其网站上发布了属于富士康的文件，攻击了富士康位于墨西哥华雷斯城的 CTBG MX 生产设施并索要 3400 万美元赎金。勒索者还声称其已加密约 1200 台服务器，窃取了 100GB 的未加密文件，并删除了 20~30TB 的备份文件。泄露的数据包括一般的业务文件和报告，但不包括任何财务信息或员工的个人详细信息。

1.2　案例分析　网络安全威胁及现状分析

1.2.1　网络安全威胁及现状

视频资源 1-3

网络空间已经成为继陆、海、空、天之后的第五大战略空间，是影响国家安全、社会稳定、经济发展和文化传播的核心、关键和基础，其安全性至关重要，急需解决以下问题。

1）法律法规、安全管理和意识欠缺。一些国家在网络空间安全保护方面制定的各种法律法规和管理政策等相对滞后、不完善，且更新不及时，安全意识薄弱、管理不当。

2）网络安全规范和标准不统一。网络安全是一个系统工程，需要统一的规范和标准。

3）政府与企业的侧重点及要求不一致。政府注重信息资源及网络安全的可管性和可控性，企业则注重其经济效益、可用性和可靠性。

4）网络系统存在安全威胁及隐患。计算机及手机网络的开放性、交互性和分散性等特点，以及网络系统从设计到实现自身存在的缺陷、安全漏洞和隐患，致使网络存在巨大的威胁和风险，时常受到侵扰和攻击，也影响了正常的网络应用和服务。

【案例 1-6】 我国网络遭受攻击近况。2020 年被篡改政府网站数量增加三成，高危漏洞翻倍。中国互联网络信息中心（CNNIC）发布的《中国互联网络发展状况统计报告》显示，我国境内被篡改网站数量为 243709 个，较 2019 年同期（315302 个）同比下降 22.7%，其中被篡改政府网站 1030 个，同比增长 30.9%，被植入后门的网站数量为 61948 个。国家信息安全漏洞共享平台收集整理信息系统安全漏洞数量为 20721 个，同比增长 28.0%，其中高危漏洞同比增长 52.2%，我国互联网安全状况依旧严峻。

5）网络技术和手段滞后。网络安全技术研发及更新滞后于出现的需要解决的安全问题，更新时常不及时、不完善。

6）网络安全威胁新变化，黑客利益产业链惊人。移动安全、大数据、云安全、社交网络、物联网等成为新的攻击点。黑客产业链和针对性攻击普遍且呈现上升趋势。

【案例 1-7】 中国黑客利益产业链巨大。据调查显示，中国的木马产业链一年收入达上百亿元。湖北某地警方破获一起制造传播具有远程控制功能的木马病毒网络犯罪团伙，是国内破获的首个上下游产业链完整的木马犯罪案件。嫌疑人杨某等编写、贩卖木马程序。原本互不相识的几位犯罪嫌疑人，在不到半年的时间就非法获利近 200 万元。木马程序灰鸽子产业链如图 1-9 所示。

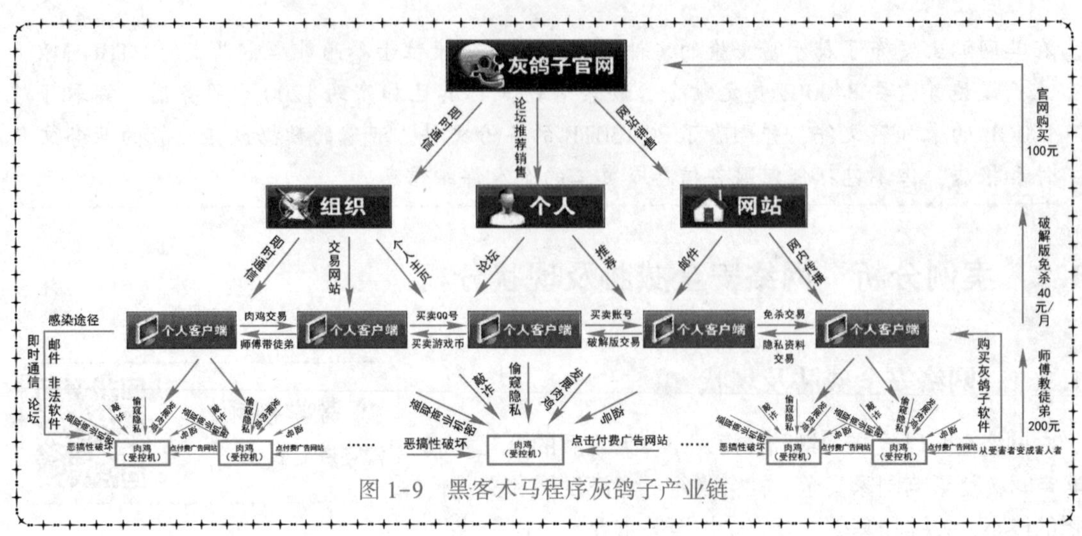

图1-9 黑客木马程序灰鸽子产业链

1.2.2 网络安全威胁的种类及途径

1. 网络安全主要威胁的种类

网络安全面临的主要威胁来自人为因素、设备设施、网络系统和运行环境等，包括网络系统自身问题和网络信息安全威胁和隐患。网络安全威胁主要表现为非法授权访问、窃听、黑客入侵、假冒合法用户、病毒破坏、干扰系统正常运行、篡改或破坏数据等。各种威胁性攻击大致可分为主动攻击和被动攻击两大类。

【案例1-8】曝光“棱镜事件”的美国前中央情报局（CIA）雇员爱德华·斯诺登，于2020年11月提出美俄双重国籍申请。他揭露了CIA参与全球网络监控活动，包括监控其盟友政要在内的网络和电话，谷歌、雅虎、微软、苹果、Facebook、美国在线、PalTalk等机构还帮助CIA提供漏洞参数和服务器等，致使其可以轻易监控有关机构或上百万网民的邮件、即时通话及所需的各种信息。

网络安全面临的主要威胁的种类见表1-1。

表1-1 网络安全面临的主要威胁的种类

威胁类型	情况描述
非授权访问	通过口令、密码和系统漏洞等手段获取系统访问权
窃听	窃听网络传输信息
篡改	攻击者篡改合法用户之间的通信信息后，发送给他人
伪造	将伪造的信息发送给他人
窃取	盗取系统重要的软件或硬件、信息和资料
截获/修改	数据在网络系统传输中被截获、删除、修改、替换或破坏
病毒木马	利用木马病毒及恶意软件进行破坏或恶意控制他人系统
行为否认	通信实体否认已经发生的行为
拒绝服务攻击	黑客以某种方式使系统响应减慢或瘫痪，阻止用户获得服务

（续）

威胁类型	情况描述
截获	黑客从有关设备发出的无线射频或其他电磁辐射中获取信息
人为疏忽	已授权人为了利益或由于疏忽将信息泄露给未授权人
信息泄露	信息被泄露或暴露给非授权用户
物理破坏	对终端、部件或网络进行破坏，或绕过物理控制非法入侵
讹传	攻击者获得某些非正常信息后，发送给他人
旁路控制	利用系统缺陷或安全脆弱性的非正常控制
服务欺骗	欺骗合法用户或系统，骗取他人信任以牟取私利
冒名顶替	假冒他人或系统用户进行活动
资源耗尽	故意超负荷使用某一资源，导致其他用户服务中断
消息重发	重发某次截获的备份合法数据，取得信任后实现非法侵权
陷阱门	协调陷阱“机关”系统或部件，骗取特定数据以违反安全策略
媒体废弃物	利用媒体废弃物得到可利用信息，以便非法使用
信息战	为了国家或集团利益，通过网络进行干扰破坏或恐怖袭击

2. 网络安全威胁的主要途径

全球各种计算机网络、手机网络或电视网络被入侵攻击的事件频发，其途径种类各异且变化多端。目前，大量网络系统的功能、网络资源和应用服务等已经成为黑客攻击的主要目标。网络的主要应用包括电子商务、网上银行、股票、证券、即时通信、邮件、网游和下载文件等，都存在大量安全隐患。

【案例 1-9】 特殊计算机植入黑客软件。美国《纽约时报》曾曝光美国国家安全局（NSA）的“量子”项目，利用一种特殊黑客技术将远程监控程序植入脱网计算机，可以对机构和个人用户的计算机、服务器等进行监控或攻击。该项目从 2008 年便已开始实施，主要用计算机芯片和数据线发送无线电波实现监视，已在全球 10 万台计算机上植入其软件。

网络安全威胁的主要途径如图 1-10 所示。

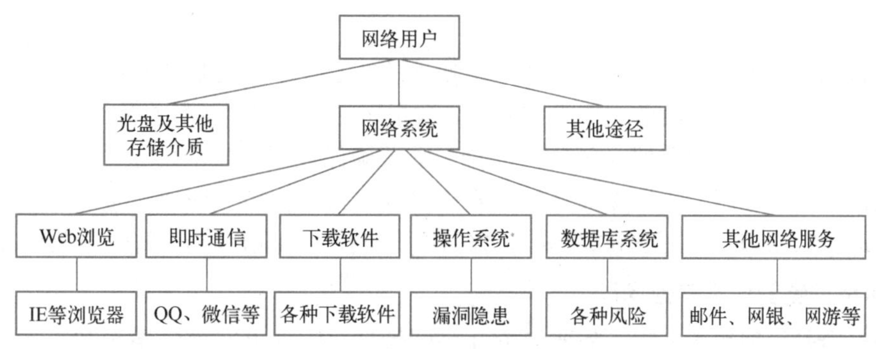

图 1-10　网络安全主要威胁及途径

1.2.3 网络安全的威胁及风险分析

网络安全的威胁及风险涉及网络系统及设施、结构、层次和管理机制等方面，要做好安全防范，必须深入、认真地分析和研究网络安全的威胁及风险。

1. 网络系统安全威胁及风险

1）网络系统面临的威胁和风险。互联网创建初期只用于计算和科学研究，其设计及技术基础缺乏安全性。现代互联网的快速发展和广泛应用，使其具有共享性、开放性、国际性和自由性等特点，也出现了一些网络系统的安全风险和隐患。

2）网络服务协议的安全威胁。常用的互联网服务安全包括 Web 浏览服务安全、文件传输（FTP）服务安全、E-mail 服务安全、远程登录（Telnet）安全、DNS 域名安全和设备的实体安全。

2. 操作系统的漏洞及隐患

操作系统安全主要是指操作系统本身及运行的安全，通过其对系统软硬件资源（含服务器、计算机、手机等）的整体进行有效控制，并对所管理的资源提供安全保护。操作系统是网络系统中最基本、最重要的系统软件，它的设计、研发及运行都不可避免会存在漏洞和隐患。

1）网络系统体系结构和研发漏洞。网络系统的威胁主要来自操作系统的漏洞。

2）系统创建进程的隐患。支持进程的远程创建与激活、所创建的进程继承原进程的权限，其机制也时常给黑客提供了远端服务器安装“间谍软件”的可乘之机。

3）服务及设置的风险。操作系统的部分服务程序可能绕过防火墙、查杀病毒软件等。

4）配置和初始化错误。网络系统一旦出现严重故障，暂时切换某台服务器维护其某个子系统，之后再重新启动时，可能会发现个别文件丢失或被篡改。

3. 防火墙的局限性及风险

防火墙可以较好地阻止外网基于 IP 包头的攻击和非信任地址的访问，却无法阻止基于数据内容的黑客攻击和病毒入侵，也无法控制内网的攻击。其防范局限性还需要入侵检测系统、入侵防御系统或统一威胁资源管理（Unified Threat Management，UTM）等技术进行弥补，从而应对各种网络攻击，并扩展系统管理员的防范能力，包括安全审计、监视、进攻识别和响应等。防火墙安全技术和方法将在第 8 章具体介绍。

4. 网络数据库的安全风险

网络数据库系统是信息资源管理和数据处理的核心技术，也是各种应用系统处理业务数据的关键，是信息化建设的重要组成部分。数据库安全不仅包括数据库系统本身的安全，还包括最核心、最关键的数据（信息）安全，需要确保数据的安全可靠、正确有效的可用性、完整性和并发控制。数据库存在的不安全因素包括非法用户窃取信息资源，授权用户超出权限进行数据访问、更改和破坏等。数据库安全技术和应用将在第 10 章具体介绍。

5. 网络安全管理及其他问题

网络安全是一项系统工程，需要各方面协同管理。管理上产生的漏洞和疏忽主要是人为因素，如果缺乏完备的相关法律法规、规范和安全管理组织及人员，缺少定期的安全检查、测试和实时有效的安全监控，将是网络安全的最大问题。

【案例 1–10】中国是网络安全最大受害国，遭受的网络攻击主要来自美国。中国国家互联网应急中心（CNCERT）发布的《2020 年上半年我国互联网网络安全监测数据分析报告》显示，我国遭受来自境外的网络攻击持续增加，美国是针对中国网络攻击比较大的来源国。监测发现用于发起 DDoS 攻击的服务器为 2379 台，其中位于境外的攻击占 95.5%，主要攻击来自美国、荷兰、德国等。

1）网络安全相关法律法规和管理政策问题。网络安全相关的法律法规不健全，面临管理体制、保障体系、机制、方式方法、权限、监控、管理策略、措施和审计等问题。

2）管理漏洞和操作人员问题。主要是管理疏忽、失误、误操作及水平能力等，如安全配置不当所造成的安全漏洞、用户安全意识不强与疏忽、密码选择不慎等都会对网络安全构成威胁。疏于管理与防范，甚至个别内部人员的贪心邪念也会成为最大威胁。

3）实体安全、运行及传输安全是网络安全的重要基础。包括各种网络系统软硬件和设施运行安全，以及光缆、同轴电缆、微波或卫星通信中被泄密等。

1.2.4　网络空间安全威胁的发展态势

【案例 1–11】全球互联网用户数量和隐患急剧增加。截止到 2020 年，全球网络用户已达到约 50 亿户，移动用户约 100 亿户。据第 48 次《中国互联网络发展状况统计报告》显示，我国网民规模达 10.11 亿，手机网民规模达 10.07 亿，互联网用户数量急剧增加，网民规模、宽带网民数、国家顶级域名注册量三项指标仍居世界第一。各种操作系统及应用程序的漏洞隐患不断出现，与发达国家相比，在网络安全技术、网络用户安全方面的防范能力和意识较为薄弱，极易成为国内外攻击利用的主要目标。

全球很多网络安全监管机构对近几年网络安全威胁和方式（特别是新出现的网络攻击手段等）进行过多次深入的分析和研究，发现各种网络攻击工具更加简单化、智能化、自动化，攻击手段更加复杂多变，攻击目标直指网络基础协议和操作系统等，黑客培训更趋广泛，甚至通过网络传授即可达到速成“黑客”。对网络安全监管部门、科研机构和用户，以及信息化网络建设、管理、开发和设计，都提出了新课题与挑战。

中国网络安全有关研究机构在对国内外网络安全问题进行认真分析研究的基础上提出未来网络安全威胁趋势主要包括以下几个方面。

1）国际利益集团利用网络空间竞争和军备竞赛加剧。

2）对于网络空间技术、标准和管控的国际话语权争夺更激烈。

3）有组织的大规模网络攻击将进一步加剧。

4）世界各国移动互联网安全事件不断增加。

5）智能互联设备成为网络攻击的新目标。

6）工业控制系统等基础设施的安全风险加大。

7）可能发生更大规模的数据泄露事件。

8）网络安全事件将造成更大的损失和影响。

9）黑客攻击技术、方式和方法变化多端。

*1.3 知识拓展 实体安全与隔离技术

1.3.1 实体安全的概念及内容

1. 实体安全的概念

实体安全（Physical Security）也称物理安全，指保护网络设备、设施及其他媒体免遭自然灾害、有害物质和其他环境事故破坏的措施及过程。主要是对计算机及网络系统的环境、场地、设备和人员等方面采取的各种安全技术和措施。

实体安全是整个网络系统安全的重要基础和保障。主要侧重环境、场地和设备的安全，以及实体访问控制和应急处置计划等。各种网络系统受到的威胁和隐患，很多是与网络系统的环境、场地、设备和人员等方面有关的实体安全问题。

实体安全的**目的**是保护终端、网络服务器、交换机、路由器、打印机等硬件实体和通信设施免受自然灾害、人为失误、破坏行为等，确保系统拥有一个优良的电磁兼容工作环境，对网络攻击实施有效隔离。

2. 实体安全的内容及措施

实体安全的内容主要包括设备安全、环境安全和媒体安全三个方面，主要指**五项防护**（简称**5防**）：防盗、防火、防静电、防雷击、防电磁泄漏。特别是应当加强对重点数据中心、机房、服务器、网络及其相关设备和媒体等实体安全的防护。

1.3.2 媒体安全与物理隔离技术

1. 媒体及其数据的安全保护

媒体及其数据的安全保护，主要是指对媒体数据和媒体本身的安全保护。

（1）媒体安全

媒体安全主要指对媒体及其数据的安全保管，目的是保护存储在媒体上的重要文件和资源。**保护媒体的安全措施**主要有媒体的防盗与防毁两个方面，防毁指防霉和防砸及其他可能的破坏或影响。

（2）媒体数据安全

媒体数据安全主要指对媒体数据的保护。为了防止被删除或被销毁的敏感数据被他人恢复，必须对媒体机密数据进行安全删除或安全销毁。

保护媒体数据安全的措施主要有以下三个方面。

1）媒体数据的防盗，如防止媒体数据被非法复制。

2）媒体数据的销毁，包括媒体的物理销毁（如媒体粉碎等）和媒体数据的彻底销毁（如消磁等），防止媒体数据删除或销毁后被他人恢复而泄露信息。

3）媒体数据的防毁，防止媒体数据的损坏或丢失等。

2. 物理隔离技术

物理隔离是采用隔离方式的防护手段，**目的**是在现有安全技术的基础上，将威胁隔离在可信网络之外，在保证网络内部信息安全的前提下，完成内外网络数据的安全交换。

(1) 物理隔离的安全要求

物理隔离的安全要求主要有 3 点。

1) 隔断内外网络传导。在物理传导上使内外网络隔断，确保外部网不能通过网络连接而侵入内部网；同时防止内部网信息通过网络连接泄露到外部网。

2) 隔断内外网络辐射。在物理辐射上隔断内部网与外部网，确保内部网信息不会通过电磁辐射或耦合方式泄露到外部网。

3) 隔断不同存储环境。在物理存储上隔断两个网络环境，对于断电后会遗失信息的部件（如内存等），应在网络转换时做清除处理，防止残留信息出网；对于断电非遗失性设备，如磁带机、硬盘等存储设备，内部网与外部网信息要分开存储。

(2) 物理隔离技术的三个阶段

第一阶段：彻底物理隔离。利用物理隔离卡、安全隔离计算机和交换机使网络隔离，导致两个网络之间无信息交流，所以也就可以抵御所有的网络攻击，它适用于一台终端（或一个用户）需要分时访问两个不同的、物理隔离的网络应用环境。

第二阶段：协议隔离。协议隔离是采用专用协议（非公共协议）来对两个网络进行隔离，并在此基础上实现两个网络之间的信息交换。协议隔离技术由于存在直接的物理和逻辑连接，仍然是数据包的转发，一些攻击依然会出现。

第三阶段：网闸隔离技术。主要通过网闸等隔离技术对高速网络进行物理隔离，使高效的内外网数据仍然可以正常进行交换，而且控制网络的安全服务及应用。

(3) 物理隔离的性能要求

采取网络安全有效措施可能对网络系统的运行性能等产生一定影响，物理隔离将导致网络性能和内外数据交换不方便。

1.4　要点小结

本章主要介绍了网络信息安全的概念和属性特征，以及网络安全的概念、目标、内容和侧重点。着重概述了网络安全技术的概念、常用的网络安全技术（身份认证、访问管理、加密、防恶意代码、加固、监控、审核跟踪和备份恢复）和网络安全模型。介绍了国内外网络安全建设与发展的概况，概要分析了国内外领先技术、国内存在的主要差距和网络安全技术的发展趋势。最后，概述了实体安全的概念、内容、媒体安全与物理隔离技术，以及网络安全实验前期准备所需的构建虚拟网的过程和主要方法等。

本章结合典型案例概述了网络安全的威胁及发展态势、网络安全存在的问题、网络安全威胁途径及种类，并对产生网络安全的风险及隐患的系统问题、操作系统漏洞、网络数据库问题、防火墙局限性、管理和其他各种因素进行了概要分析。

网络安全的最终目标和关键是保护网络系统的信息资源安全，“防患于未然”是确保网络安全的最好举措。世界上并没有绝对的安全，网络安全是个系统工程，需要多方面互相密切配合、综合防范才能收到实效。

*1.5　实验 1-1　构建虚拟局域网（VLAN）

虚拟局域网（Virtual Local Area Network，VLAN）是一种将局域网设备从逻辑上划分成多个网段，从而实现虚拟工作组的数据交换技术，主要应用于交换机和路由器。虚拟机（Virtual Machine，VM）是运行于主机系统中的虚拟系统，可以模拟物理计算机的硬件控制模式，具有系统运行的大部分功能和部分其他扩展功能。虚拟技术不仅经济，而且可用于模拟具有一定风险性的与网络安全相关的各种实验或测试。

1.5.1　实验目标

通过安装和配置虚拟机，建立一个虚拟局域网，主要有3个目的。

1）为网络安全实验做准备。利用虚拟机软件可以构建虚拟网，模拟复杂的网络环境，可以让用户在单机上实现多机协同作业，进行网络协议分析等功能。

2）网络安全实验可能对系统具有一定破坏性，虚拟局域网可以保护物理主机和网络的安全。而且一旦虚拟系统瘫痪后，也可以在数秒内得到恢复。

3）利用VMware Workstation Pro 15虚拟机安装Windows 10，可以实现在一台机器上同时运行多个操作系统，以及一些其他操作功能，如屏幕捕捉、历史重现等。

1.5.2　实验要求和方法

（1）预习准备

由于本实验内容是为了后续的网络安全实验操作做准备，因此，最好提前做好虚拟局域网“预习”或对有关内容进行一些了解。

1）Windows 10原版光盘镜像：Windows 10开发者预览版下载（微软官方原版）。

2）VMware虚拟机软件下载：VMware Workstation Pro 15（支持Windows主机）。

（2）注意事项及特别提醒

安装VMware时，需要将设置中的软盘移除，以免可能影响Windows 10的声音或网络。

由于网络安全技术更新快，技术、方法和软硬件产品种类繁多，可能具体版本和界面等方面不尽一致或有所差异，特别是在具体实验步骤中更应当多注重关键的技术方法，做到“举一反三、触类旁通”，不要死钻“牛角尖”，过分抠细节。

安装完虚拟软件和设置以后，需要重新启动才可正常使用。

实验用时：2学时（90~120分钟）

（3）实验方法

构建虚拟局域网（VLAN）的方法很多。可用Windows自带的连接设置方式，通过“网上邻居”建立。也可在Windows Server 2022运行环境下，安装虚拟机软件。主要利用虚拟存储空间和操作系统提供的技术支持，使虚拟机上的操作系统通过网卡和实际操作系统进行通信。真实机和虚拟机可以通过以太网通信，形成小型的局域网环境。

1）利用虚拟机软件在一台计算机中安装多台虚拟主机，构建虚拟局域网，可以模拟复杂的真实网络环境，让用户在单机上实现多机协同作业。

2）由于虚拟局域网是个“虚拟系统”，即使遇到网络攻击甚至是系统瘫痪，实际的物理网络系统也不会受到影响和破坏，所以，虚拟局域网可在较短时间内得到恢复。

3）在虚拟局域网中，可以实现在一台机器上同时运行多个操作系统。

1.5.3　实验内容和步骤

VMware Workstation 是一款功能强大的桌面虚拟软件，可在安全、可移植的虚拟机中运行多种操作系统和应用软件，为用户提供同时运行不同的操作系统和进行开发、测试、部署新应用程序的最佳解决方案，通过虚拟机可以构建虚拟局域网（VLAN）。

VMware 基于 VLAN，可为分布在不同范围、不同物理位置的计算机组建虚拟局域网，形成一个具有资源共享、数据传送、远程访问等功能的局域网。

利用 VMware 15 虚拟机安装 Windows 10，并建立虚拟局域网（VLAN）。

1）安装 VMware 15。安装及选择虚拟机向导界面，如图 1-11 和图 1-12 所示。

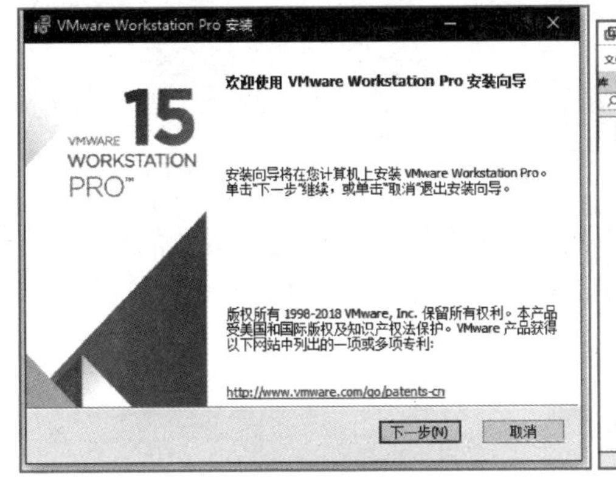

图 1-11　VMware 15 安装界面

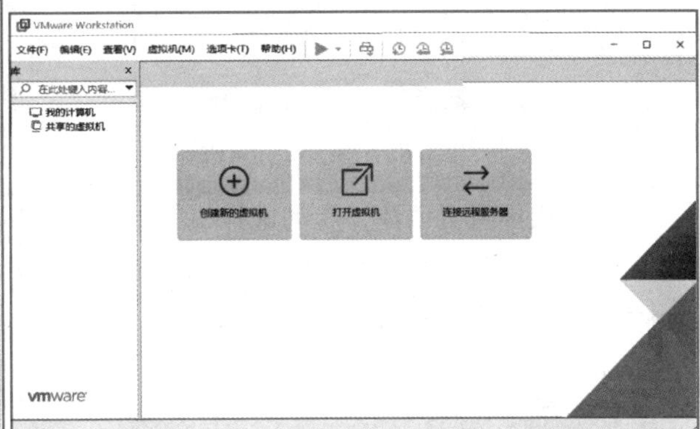

图 1-12　选择新建虚拟机向导界面

2）用 Workstation “虚拟机向导”，从磁盘或 ISO 映像在虚拟机中安装 Windows 10，如图 1-13 和图 1-14 所示。

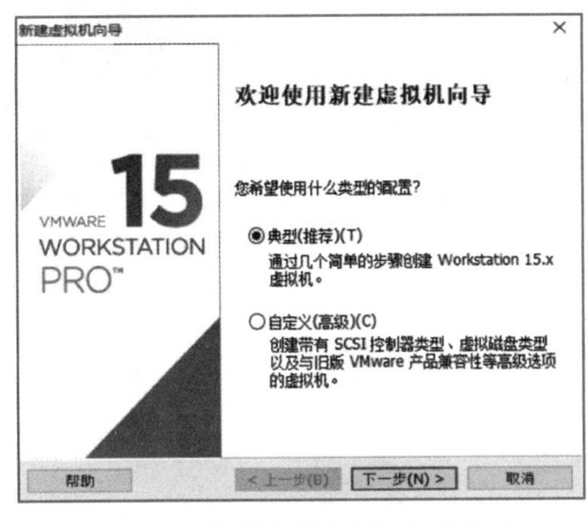

图 1-13　使用新建虚拟机向导界面

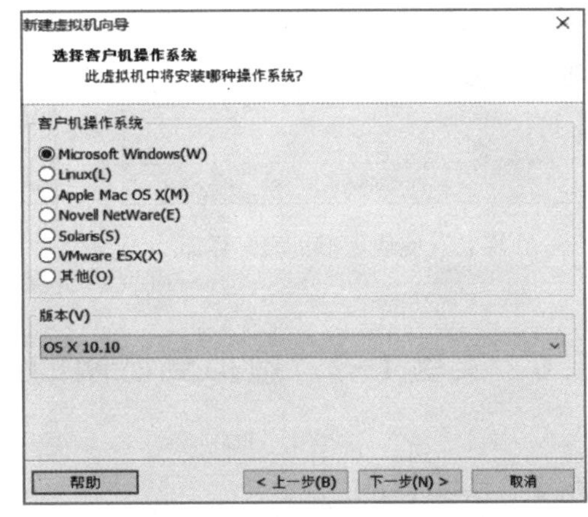

图 1-14　选择 Windows 界面

3）借助 Workstation Pro，可以充分利用 Windows 10 的最新功能（如私人数字助理 Cortana、新的 Edge 网络浏览器中的墨迹书写功能），还可以为 Windows 10 设备构建通用应用。甚至可以要求 Cortana 直接从 Windows 10 启动 VMware Workstation。

4）设置虚拟机名称及虚拟机放置位置，具体如图 1-15 所示。

5）配置虚拟机大小，确认创建（磁盘空间需留有余地），如图 1-16 所示。

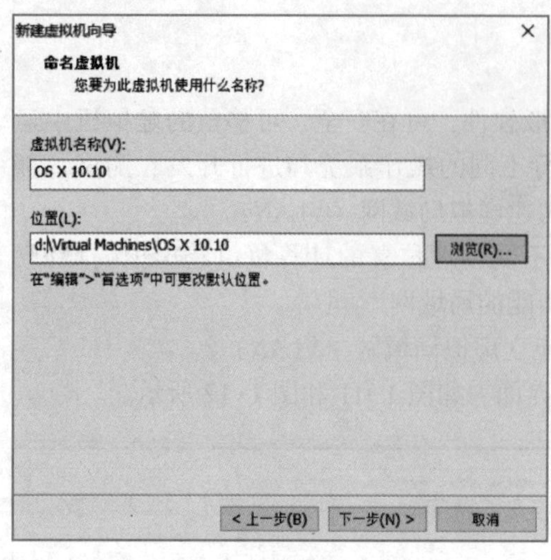

图 1-15　设置虚拟机名称及放置位置

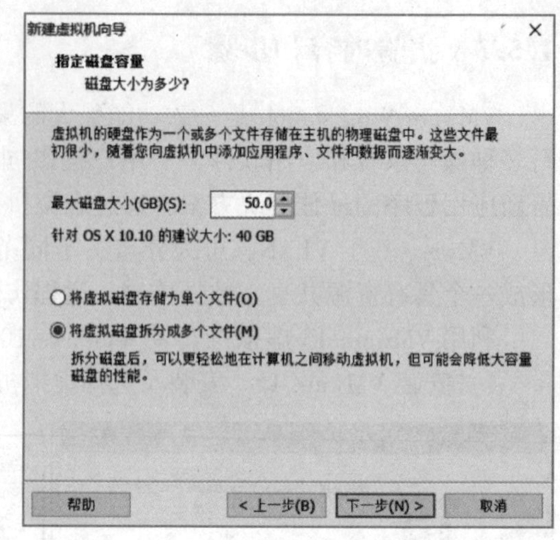

图 1-16　配置虚拟机大小界面

6）完成虚拟机创建，启动虚拟机，如图 1-17 所示，可查看有关信息，并解决出现的问题。进入放置虚拟机的文件夹，找到扩展名为 .vmx 的文件，右击用记事本打开，如图 1-18 所示，然后保存，再重新启动。

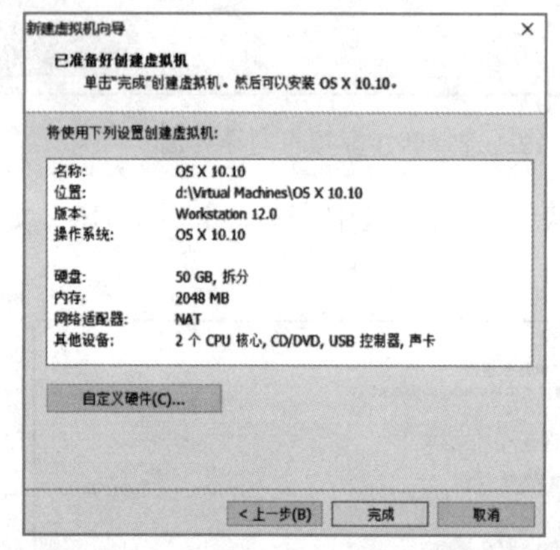

图 1-17　完成虚拟机配置界面

图 1-18　查看有关信息并处理有关问题

*1.6　实验 1-2　虚拟局域网的设置和应用

1.6.1　实验目的

1）进一步理解虚拟局域网（VLAN）的应用。
2）掌握虚拟局域网（VLAN）的基本配置方法。
3）了解 VLAN 中继协议（VTP）的应用。

1.6.2　预备知识

VLAN 技术是网络交换技术的重要组成部分，也是交换机的重要技术部分。将物理上直接相连的网络从逻辑上划分成多个子网，如图 1-19 所示。每个 VLAN 对应一个广播域，只有在同一个 VLAN 中的主机才可以直接通信，处于同一交换机但不同 VLAN 上的主机不能直接进行通信，不同 VLAN 之间的主机通信需要引入第三层交换技术才可以解决。

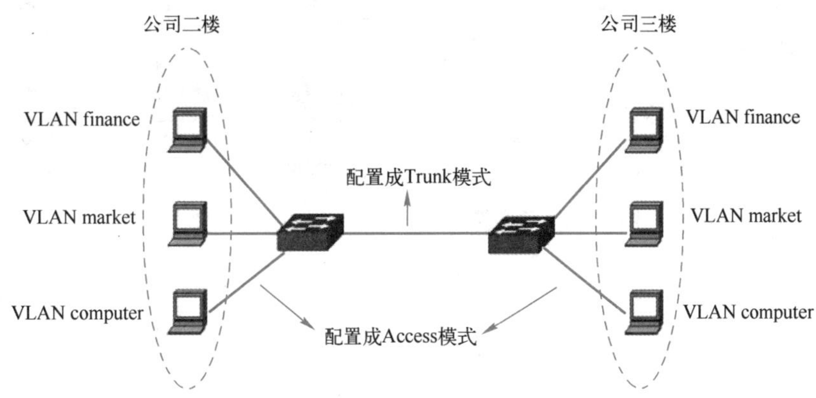

图 1-19　将网络从逻辑上划分成多个子网

1.6.3　实验要求及配置

Cisco 3750 交换机、个人计算机（PC）、串口线、交叉线等。

（1）单一交换机上 VLAN 的配置

1）实现单一交换机上 VLAN 配置的拓扑图，如图 1-20 所示。

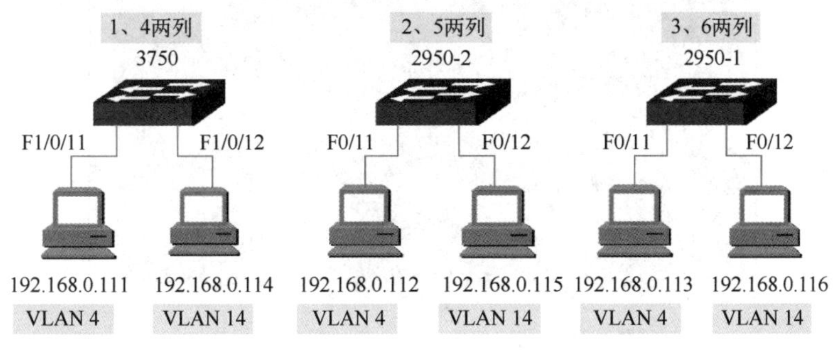

图 1-20　单一交换机上 VLAN 配置实现拓扑图

2）第 1、4 列主机连接到 3750 交换机，为第一组，建立的 VLAN 为 VLAN 4 和 VLAN 14；第 2、5 列主机连接到 2950-2 交换机，为第二组，建立的 VLAN 为 VLAN 4 和 VLAN 14；第 3、6 列主机连接到 2950-1 交换机，为第三组，建立的 VLAN 为 VLAN 4 和 VLAN 14。

3）每组在建立 VLAN 前先测试连通性，然后建立 VLAN，把主机相连的端口分别划入不同的 VLAN，再测试连通性，分别记录测试结果。

4）删除建立的 VLAN 和 VLAN 划分，恢复设备配置原状。

（2）跨交换机 VLAN 的配置

1）实现的拓扑图如图 1-21 所示，三组交换机使用交叉线互联后，配置 Trunk 链路。

2）测试相同 VLAN 主机间的连通性，并测试不同 VLAN 间主机的连通性，分别记录测试结果。

3）删除建立的 VLAN 和端口 VLAN 划分，恢复设备配置原状。

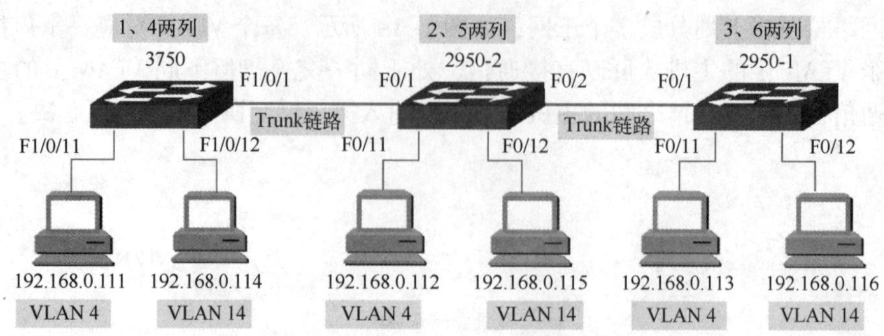

图 1-21　跨交换机 VLAN 的配置实现拓扑图

1.6.4　实验步骤

单一交换机上 VLAN 的配置操作如下。

1. 测试两台计算机连通性

在 Windows 操作系统界面上单击“开始”按钮，选择“运行”命令，在打开的页面中输入 cmd，并按〈Enter〉键进入命令提示符界面，如图 1-22 所示。

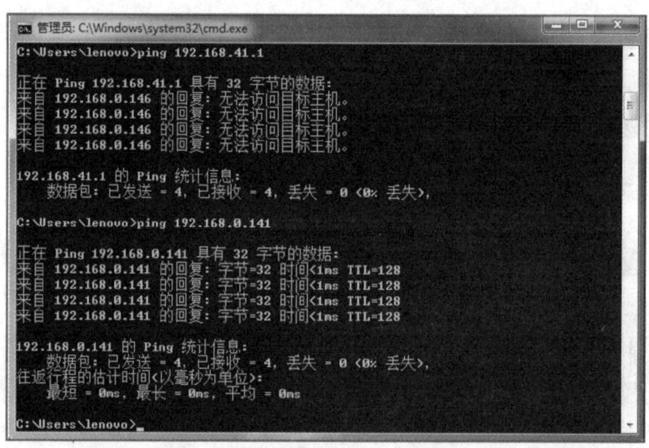

图 1-22　输入 cmd 进入命令提示符界面

1）组内两台计算机在命令提示符下互相 ping，观察结果。

2）如果显示：

[Reply from 192. 168. ＊. ＊: bytes = 32 time<1ms TTL = 128]

说明与同组组员计算机间的网络层已连通，若都显示：

Request timed out.

通常表明与同组组员计算机在网络层未连通。在实验前，组员间应该能互相 ping 通，若不通则需要检查计算机的 IP 地址配置是否正确。

2. 配置 VLAN 具体方法

以第一组、第一行操作为例介绍配置 VLAN 的方法。

1）添加第一个 VLAN 并将端口划入 VLAN，如图 1-23 和图 1-24 所示。

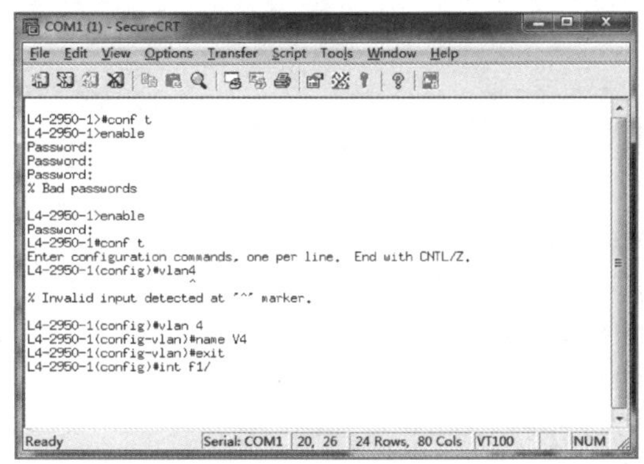

图 1-23　添加第一个 VLAN 显示界面

```
L4-2950-1(config-vlan)#name V14
L4-2950-1(config-vlan)#exit
L4-2950-1(config)#int f1/0/12
                         ^
% Invalid input detected at '^' marker.

L4-2950-1(config)#int f0/12
L4-2950-1(config-if)#exit
L4-2950-1(config)#int f1/0/11
                         ^
% Invalid input detected at '^' marker.

L4-2950-1(config)#int f0/12
L4-2950-1(config-if)#switchport mode access
L4-2950-1(config-if)#switchport access vlan 4
L4-2950-1(config-if)##exit
L4-2950-1(config-if)#exit
L4-2950-1(config)#ping 192.168.
                    ^
% Invalid input detected at '^' marker.

L4-2950-1(config)#ping 192.168.0.141
                    ^
% Invalid input detected at '^' marker.
```

图 1-24　在端口划入 VLAN 显示界面

L4-2950-1# conf　t
L4-2950-1 (config)# vlan 4　　//添加第一个 VLAN
L4-2950-1 (config-vlan)# name　V4　　//将创建的 VLAN 命名为 V4
L4-2950-1 (config-vlan) #exit
L4-2950-1 (config-if)# int f1/0/11　　//本组计算机连接的交换机端口，务必查看清楚
L4-2950-1 (config-if)# switchport mode access　　//设置端口模式为 access
L4-2950-1 (config-if)# switchport access vlan 4　　//将端口划入新建的 VLAN 中
L4-2950-1 (config-if) #exit
L4-2950-1 (config)#

在 DOS 下使用 ping 命令测试两台计算机的连通性，并且记录结果，如图 1-25 所示。

2）添加第二个 VLAN，并把端口划入 VLAN。

L4-2950-1 (config)# vlan 14
L4-2950-1 (config-vlan)# name　v14
L4-2950-1 (config-vlan)# exit
L4-2950-1 (config-if)# int f1/0/12
L4-2950-1 (config-if)# switchport mode access
L4-2950-1 (config-if)# switchport access vlan 14
L4-2950-1 (config-if)# end

在 DOS 下使用 ping 命令测试两台计算机的连通性，并且记录结果，如图 1-26 所示。

```
正在 Ping 192.168.0.141 具有 32 字节的数据:
来自 192.168.0.141 的回复: 字节=32 时间<1ms TTL=128
来自 192.168.0.141 的回复: 字节=32 时间<1ms TTL=128
来自 192.168.0.141 的回复: 字节=32 时间<1ms TTL=128
来自 192.168.0.141 的回复: 字节=32 时间<1ms TTL=128

192.168.0.141 的 Ping 统计信息:
    数据包: 已发送 = 4, 已接收 = 4, 丢失 = 0 (0% 丢失),
往返行程的估计时间(以毫秒为单位):
    最短 = 0ms, 最长 = 0ms, 平均 = 0ms

C:\Users\lenovo>ping 192.168.0.141

正在 Ping 192.168.0.141 具有 32 字节的数据:
来自 192.168.0.141 的回复: 字节=32 时间<1ms TTL=128
来自 192.168.0.141 的回复: 字节=32 时间<1ms TTL=128
来自 192.168.0.141 的回复: 字节=32 时间<1ms TTL=128
来自 192.168.0.141 的回复: 字节=32 时间<1ms TTL=128

192.168.0.141 的 Ping 统计信息:
    数据包: 已发送 = 4, 已接收 = 4, 丢失 = 0 (0% 丢失),
往返行程的估计时间(以毫秒为单位):
    最短 = 0ms, 最长 = 0ms, 平均 = 0ms
```

图 1-25　添加第一个 VLAN 后测试两台计算机的连通性

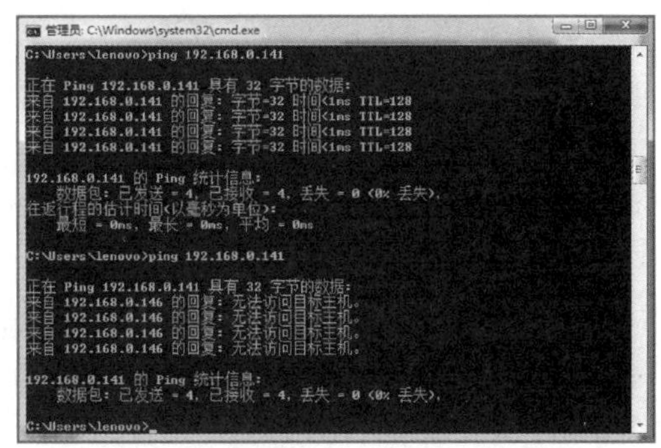

图 1-26　添加第二个 VLAN 后测试两台计算机的连通性

3）检查配置。查看当前交换机上已配置的端口，如图 1-27 所示。

```
L4-2950-1# show vlan      //查看当前交换机上是否有已配置的端口
VLAN    Name                 Status      Ports
------------------------------------------
1       default              active      Fa0/1/, Fa0/2, Fa0/3, Fa0/4
                                         Fa0/5, Fa0/6, Fa0/7, Fa0/13
                                         Fa0/14, Fa0/15, Fa0/16, Fa0/17
                                         Fa0/18, Fa0/19, Fa0/20, Fa0/21
                                         Fa0/22, Fa0/24,Gi1/0/1, Gi1/0/2
4       V14                  active      Fa1/0/11
14      V14                  active      Fa1/0/12
1002 fddi-default            act/unsup
1003 token-ring-default      act/unsup
1004 fddinet-default         act/unsup
1005 trnet-default           act/unsup
```

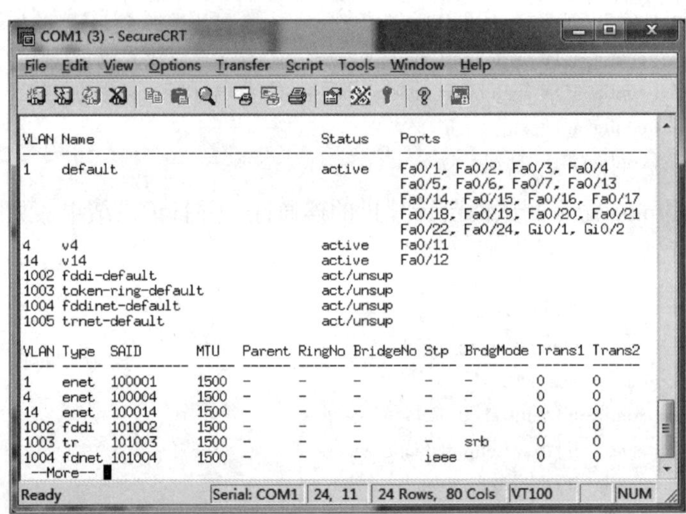

图 1-27　查看当前交换机上已配置的端口

3. 删除 VLAN 的过程和方法

配置端口编号 L4-2950-1 # config t。

```
L4-2950-1 (config) # int f1/0/11
L4-2950-1 (config-if)# no switchport access vlan 4      //端口重新划入 VLAN 4
L4-2950-1 (config-if)# int  f1/0/12
L4-2950-1 (config-if)# no switchport access vlan 14
L4-2950-1 (config)# no   vlan 4
L4-2950-1 (config)# no   vlan 14
```

在 DOS 下测试两台计算机的连通性，并且记录结果。

跨交换机 VLAN 的配置，需要注意两个交换机相连的端口分别配置 Trunk 封装。

1）3750 交换机。

```
L4-2950-1 (config)# int f1/0/1
L4-2950-1 (config)# switchport mode trunk
```

2）2950-2 交换机。

```
L1-2950-2 (config)# int f0/1
L1-2950-2 (config)# switchport mode trunk
L1-2950-2 (config)# int f0/2
L1-2950-2 (config)# switchport mode trunk
```

3）2950-1 交换机。

```
L1-2950-1 (config)# int f0/1
L1-2950-1 (config)#switchport mode trunk
```

单台交换机的配置可以参考以上步骤，在 DOS 下使用 ping 命令分别测试相同 VLAN 对于不同 VLAN 主机的连通情况，分别记录结果。

删除 Trunk 封装。

```
L4-2950-1 (config)# int   f1/0/1
L4-2950-1 (config)# no   switchport   mode   trunk
L1-2950-2 (config)# int   f0/1
L1-2950-2 (config)# no   switchport   mode   trunk
L1-2950-2 (config)# int   f0/2
L1-2950-2 (config)# no   switchport   mode   trunk
```

2950-1 交换机。

```
L1-2950-1(config)# int f0/1
L1-2950-1(config)# no switchport mode trunk
```

说明：本项目是同步实验和课程设计的综合实践练习，采取理论教学以演示为主、实践教学先演示后实际操作练习的方式，“边讲边练，演练结合”，能够更好地提高教学效果和学生的素质能力。

1.7　练习与实践 1

1. 单选题

（1）计算机网络安全是指利用计算机网络管理控制和技术措施，保证在网络环境中数据的（　　）、完整性、网络服务可用性和可审查性受到保护。

A. 保密性　　B. 抗攻击性　　C. 网络服务管理性　　D. 控制安全性

（2）网络安全的实质和关键是保护网络的（　　）安全。

A. 系统　　B. 软件　　C. 信息　　D. 网站

（3）实际上，网络的安全包括两大方面的内容，一是（　　），二是网络的信息安全。

A. 网络服务安全　　B. 网络设备安全
C. 网络环境安全　　D. 网络的系统安全

(4) 在短时间内向网络中的某台服务器发送大量无效连接请求，导致合法用户暂时无法访问服务器的攻击行为是破坏了（　　）。

A. 保密性　　B. 完整性　　C. 可用性　　D. 可控性

(5) 如果访问者有意避开系统的访问控制机制，则该访问者对网络设备及资源进行非正常使用属于（　　）。

A. 破坏数据完整性　B. 非授权访问　　C. 信息泄露　　D. 拒绝服务攻击

(6) 计算机网络安全是一门涉及计算机科学、网络技术、信息安全技术、通信技术、应用数学、密码技术和信息论等多学科的综合性学科，是（　　）的重要组成部分。

A. 信息安全学科　　B. 计算机网络学科
C. 计算机学科　　D. 其他学科

(7) 实体安全包括（　　）。

A. 环境安全和设备安全　　B. 环境安全、设备安全和媒体安全
C. 物理安全和环境安全　　D. 其他方面

(8) 在网络安全中，常用的关键技术可以归纳为（　　）三大类。

A. 计划、检测、防范　　B. 规划、监督、组织
C. 检测、防范、监督　　D. 预防保护、检测跟踪、响应恢复

2. 填空题

(1) 网络信息安全的5大要素和基本特征，分别是________、________、________、________、________。

(2) 从层次结构上，计算机网络安全所涉及的内容包括________、________、________、________、________等五个方面。

(3) 网络安全的目标是在计算机网络的信息传输、存储与处理的整个过程中，提高________的防护、监控、反应恢复和________的能力。

(4) 网络安全关键技术分为________、________、________、________、________、________、________和________八大类。

(5) 网络安全技术的发展趋势具有________、________、________、________的特点。

(6) 国际标准化组织（ISO）提出信息安全的定义是：为数据处理系统建立和采取的________保护，保护计算机硬件、软件、数据不因________的原因而遭到破坏、更改和泄露。

(7) 利用网络安全模型可以构建________，进行具体的网络安全方案的制定、规划、设计和实施等，也可以用于实际应用过程的________。

3. 简答题

(1) 威胁网络安全的因素有哪些？

(2) 网络安全的概念是什么？

(3) 网络安全的目标是什么？

(4) 网络安全的主要内容包括哪些方面？

(5) 简述网络安全的保护范畴。

（6）网络管理或安全管理人员对网络安全的侧重点是什么？
（7）什么是网络安全技术？什么是网络安全管理技术？
（8）简述常用网络安全关键技术的内容。
（9）画出网络安全通用模型，并进行说明。
（10）网络安全的实质和关键是网络信息安全吗？

4. 实践题

（1）安装、配置构建虚拟局域网（上机完成）。
下载并安装一种虚拟机软件，配置虚拟机并构建虚拟局域网。
（2）下载并安装一种网络安全检测软件，对校园网进行安全检测并简要分析。
（3）通过调研及参考资料，写出一份网络安全威胁的具体分析报告。

第 2 章　网络安全技术基础

网络协议等基础设施对网络安全保障极为重要。网络管理人员和用户需要掌握网络安全相关的基础知识，了解常用的网络协议及通信端口存在的安全漏洞和隐患，掌握网络协议安全体系和虚拟专用网（VPN）安全技术等，以及无线局域网（WLAN）和常用网络安全管理工具的用法，便于进行有效安全防范。

教学目标

- 了解网络协议的安全风险及 IPv6 的安全性
- 理解虚拟专用网（VPN）技术的特点及应用
- 掌握常用的网络安全管理工具及应用
- 学会无线局域网安全技术及安全设置实验

2.1　知识要点

【案例 2-1】网络协议攻防成为信息战双方关注的重点。2020 年 6 月 9 日央视网消息：时任美国总统的特朗普称，美国 2003 年以编造伊拉克拥有大规模杀伤性武器为由发动伊拉克战争。当时主要借助网络协议漏洞，利用典型的信息战侵入伊拉克指挥系统窃取情报后致使其瘫痪，从而快速攻占伊拉克。

2.1.1　网络协议安全概述

教学视频
视频资源 2-1

1. 网络协议的安全风险

网络协议（Protocol）是网络通信和数据交换的规则、标准或约定的集合，是实现网络各种功能的最基本机制和规则的一种特殊软件。

网络体系层次结构模型主要有两种：开放系统互联（Open System Interconnection，OSI）参考模型和 TCP/IP 模型。国际标准化组织（ISO）的 OSI 模型共有七层，由低到高依次是物理层、数据链路层、网络层、传输层、会话层、表示层和应用层。设计初期希望为网络体系和协议构建提供一种通用标准，由于其过于庞杂难以实现，最后采用 TCP/IP 协议作为 Internet 的基础协议和实际应用的“网络标准”。

TCP/IP 模型与 OSI 参考模型不同，由低到高依次是网络接口层、网络层、传输层和应用层。其 4 层体系对应 OSI 参考模型的 7 层体系，与常用的相关协议的对应关系如图 2-1 所示。

网络协议是网络实现连接与交互的重要组成部分，用户通过终端使用的各种网络利用其协议实现互联互通与数据交换，在开始设计时只注重异构网的互联，忽略了安全问题，此外，网络各层协议是一个开放体系，具有计算机网络及其部件所能够完成的基本功能，网络协议的开放性和缺陷带来了一定的安全风险和隐患。

OSI参考模型	TCP/IP模型	对应网络协议
应用层	应用层	TFIP、FTP、NFS、WAIS
表示层		Telent、Rlogin、SNMP、Gopher
会话层		SMTP、DNS
传输层	传输层	TCP、UDP
网络层	网络层	IP、ICMP、ARP、RARP、AKP、UUCP
数据链路层	网络接口层	FDDP、Ethernet、Arpanet、PDN、SLIP、PPP
物理层		IEEE802.1A,IEEE802.2到IEEE802.11

图 2-1　OSI 模型和 TCP/IP 模型及协议对应关系

网络协议的安全风险可归结为 3 个方面。

1）网络协议（软件）自身设计缺陷和实现中存在的安全漏洞，容易受到不法者的攻击。

2）网络协议没有有效认证机制和验证通信双方真实性的功能。

3）网络协议缺乏保密机制，没有保护网上数据保密性的功能。

2. TCP/IP 层次安全性

TCP/IP 网络安全层次体系如图 2-2 所示。TCP/IP 的安全性通常分为多个层次，各层为一个含有多个特征的实体，可以增加不同的安全策略和措施。在传输层可提供安全套接层服务（Secure Sockets Layer，SSL），其已更名为传输层安全（Transport Layer Security，TLS），为网络通信提供安全及数据完整性安全协议，在网络层提供虚拟专用网（Virtual Private Network，VPN）技术等。下面分别介绍 TCP/IP 各层安全性及相关技术和方法。

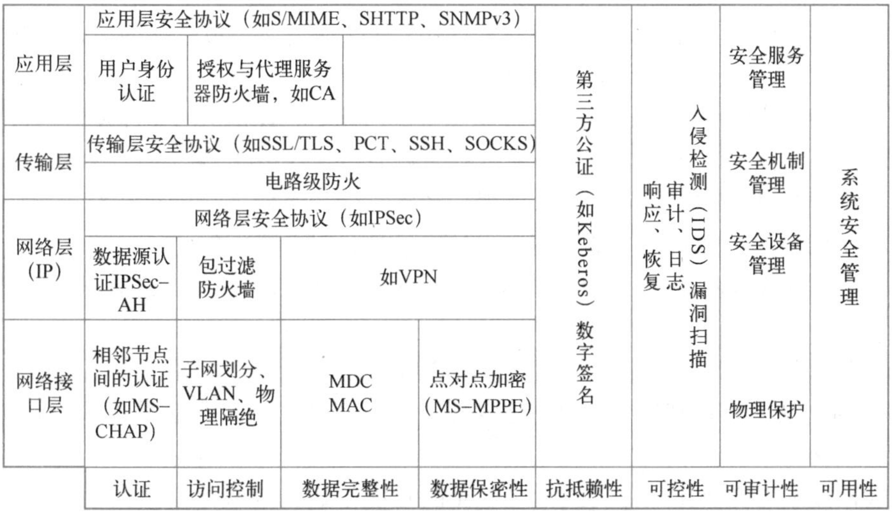

<table>
<tr><td rowspan="2">应用层</td><td colspan="4">应用层安全协议（如S/MIME、SHTTP、SNMPv3）</td><td rowspan="7">第三方公证（如Keberos）数字签名</td><td rowspan="7">入侵检测（IDS）漏洞扫描
审计、日志
响应、恢复</td><td rowspan="7">安全服务管理
安全机制管理
安全设备管理
物理保护</td><td rowspan="7">系统安全管理</td></tr>
<tr><td>用户身份认证</td><td>授权与代理服务器防火墙，如CA</td><td colspan="2"></td></tr>
<tr><td rowspan="2">传输层</td><td colspan="4">传输层安全协议（如SSL/TLS、PCT、SSH、SOCKS）</td></tr>
<tr><td colspan="4">电路级防火</td></tr>
<tr><td rowspan="2">网络层（IP）</td><td colspan="4">网络层安全协议（如IPSec）</td></tr>
<tr><td>数据源认证IPSec-AH</td><td>包过滤防火墙</td><td colspan="2">如VPN</td></tr>
<tr><td>网络接口层</td><td>相邻节点间的认证（如MS-CHAP）</td><td>子网划分、VLAN、物理隔绝</td><td>MDC MAC</td><td>点对点加密（MS-MPPE）</td></tr>
<tr><td></td><td>认证</td><td>访问控制</td><td>数据完整性</td><td>数据保密性</td><td>抗抵赖性</td><td>可控性</td><td>可审计性</td><td>可用性</td></tr>
</table>

图 2-2　TCP/IP 网络安全层次体系

（1）TCP/IP 网络接口层的安全性

TCP/IP 网络接口层安全是指由网络环境及物理特性产生的网络设施和线路安全，致使网络系统出现安全风险，如设备被盗、意外故障、设备损坏与老化、信息探测与窃听等。以太网存在交换设备且采用广播方式，可能在某个广播域中被侦听、窃取及分析。所以，保护链路上的设施安全极为重要，网络接口层的安全措施较少，最好采用“隔离技术”将每两个网络在逻辑上连通，同时从物理上隔断，并加强实体安全管理与维护。

（2）TCP/IP 网络层的安全性

网络层的主要功能是传输数据包，其中 IP 是整个 TCP/IP 协议体系结构的重要基础，TCP/IP 中所有协议的数据都以 IP 数据报形式进行传输。

TCP/IP 协议族常用的两种 IP 版本是 IPv4 和 IPv6。IPv4 在设计之初根本没有考虑网络安全问题，通信双方无法保证收到 IP 数据包的真实性且 IP 包本身无任何安全措施，致使网络上传输的数据包很容易受到攻击或泄露，如伪造 IP 包地址、拦截、窃取、篡改、重播、ICMP 攻击都是针对 IP 层的攻击手段。IPv6 简化了 IP 头结构，提高了安全性。

（3）TCP/IP 传输层的安全性

TCP/IP 传输层主要包括传输控制协议（TCP）和用户数据报协议（UDP），其安全措施主要取决于具体的协议。传输层的安全主要包括传输与控制安全、数据交换与认证安全、数据保密性与完整性等。TCP 是一个面向连接的协议，用于多数的互联网服务，如 HTTP、FTP 和 SMTP。为了保证传输层安全，可用安全套接层协议（SSL），现已更名为传输层协议（TLS），它主要包括 SSL 握手协议和 SSL 记录协议两个协议。

SSL 协议用于数据认证和数据加密的过程，利用多种有效密钥交换算法和机制。SSL 记录协议对应用程序提供的信息分段、压缩、认证和加密，此协议提供了身份验证、完整性检验和保密性服务，密钥管理的安全服务可被各种传输协议重复使用。

（4）TCP/IP 应用层的安全性

TCP/IP 在应用层中运行和管理的程序较多。网络安全性问题主要出现在需要重点解决的常用协议中，包括 HTTP、FTP、SMTP、DNS、Telnet 等。

1）超文本传输协议（HTTP）安全。HTTP 是互联网上应用最广泛的协议。常用 80 端口建立连接，并进行应用程序浏览、数据传输和对外服务。

2）文件传输协议（FTP）安全。FTP 是建立在 TCP/IP 连接上的文件发送与接收协议。由服务器和客户端组成，每个 TCP/IP 主机都有内置的 FTP 客户端，而且多数服务器都有 FTP 程序。FTP 常用 20 和 21 两个端口，用后者建立连接，使连接端口在整个 FTP 会话中保持开放，用于在客户端和服务器之间发送控制信息和客户端命令。

3）简单邮件传输协议（SMTP）安全。黑客可以利用 SMTP 对 E-mail 服务器进行干扰和破坏。

4）域名系统（DNS）安全。网络通过 DNS 解析域名时使用 53 端口，使用 TCP 53 端口进行区域传输。黑客可以利用攻击 DNS 服务器窃取区域文件或进行区域传输，并从中窃取区域中所有系统的 IP 地址和主机名。

5）远程登录协议（Telnet）安全。Telnet 的功能是进行远程终端登录访问，曾用于管理 UNIX 设备。Telnet 产生的主要安全问题是允许远程用户登录，此外，Telnet 以明文方式发送所有用户名和密码，给了黑客可乘之机，并成为安全防范重点。

3. IPv6 的安全性概述

IPv6 是在 IPv4 基础上改进的新互联网协议，正在成为 IT 领域应用和研究的一个热点，对其安全性研究和应用已成为新互联网研究中的一个重要领域。

（1）IPv6 的优势及特点

1）扩展地址空间和应用。IPv6 设计初期主要解决互联网快速发展使 IPv4 地址空间将被耗尽问题，以免影响整个互联网的进一步扩展。IPv4 采用 32 位地址长度，只有约 43 亿个地址，而 IPv6 采用 128 位地址长度，极大地扩展了 IP 地址空间。

IPv6 的研发还解决了 IPv4 的多种应用问题，如安全性、端到端 IP 连接、服务质量、多播、移动性和即插即用等。IPv6 还对报头进行了重新设计，由一个简化、长度固定的基本报头和多个可选的扩展报头组成。既可加快路由速度，又能灵活地支持多种应用，便于扩展新的应用。IPv4 和 IPv6 的报头格式如图 2-3 和图 2-4 所示。

版本（4位）	头长度（4位）	服务类型（8位）	封包总长度（16位）
封包标识（16位）		标志（3位）	片断偏移地址（13位）
存活时间（8位）	协议（8位）	校验和（16位）	
来源IP地址（32位）			
目的IP地址（32位）			
选项（可选）		填充（可选）	
数据			

图 2-3　IPv4 的 IP 报头

版本号	业务流类别	流标签	
净荷长度		下一头	跳数限制
源地址			
目的地址			

图 2-4　IPv6 基本报头

2）提高网络整体性能。IPv6 的数据包增大，使应用程序可利用最大传输单元（MTU）获得更快、更可靠的数据传输，并在设计上改进了选路结构，采用简化的报头定长结构和更合理的分段方法，使路由器加快数据包处理速度，从而提高了转发效率，并提高了网络的整体吞吐量等性能。

3）提升网络安全性。IPv6 以内嵌安全机制强制实现互联网安全协议（Internet Protocol Security，IPSec），提供支持数据源认证、完整性和保密性功能，并可防范重放攻击。安全机制由两个扩展报头实现：认证头（Authentication Header，AH）和封装安全载荷（Encapsulation Security Payload，ESP）。

4）提供更好的服务质量。IPv6 在分组的头部中定义业务流类别字段和流标签字段两个重要参数，以提供对服务质量（Quality of Service，QoS）的支持。业务流类别字段将 IP 分组的优先级分为 16 个等级。对于需要特殊 QoS 的业务，可在 IP 数据包中设置相应的优先级，路由器根据 IP 包的优先级分别对数据进行不同处理。流标签用于定义任意一个传输的数据流，以便网络中各节点可对此数据进行识别和特殊处理。

5）实现更好的组播功能。组播是一种将信息传递给已登记且计划接收该消息的主机功能，可同时给大量用户传递数据，传递过程只占用部分公共或专用带宽，而不必在整个网络广播，以减少带宽。IPv6 还具有限制组播传递范围的一些特性，组播消息可被限于特定区域、公司、位置或其他约定范围，从而减少带宽的使用并提高安全性。

6）支持即插即用和移动性。当联网设备接入网络后，自动配置可自动获取 IP 地址和必要的参数，实现即插即用，可简化网络管理，易于支持移动节点。IPv6 不仅从 IPv4 中借鉴了很多概念和术语，还提供了移动 IPv6 新功能。

7）提供必选的资源预留协议（Resource Reservation Protocol，RSVP）功能，用户可在从源点到目的地的路由器上预留带宽，以便提供确保服务质量的图像和其他实时业务。

（2）IPv4 与 IPv6 安全问题比较

通过比较 IPv4 和 IPv6 的安全性，发现部分原理和特征基本无变化，包括以下 3 个方面。

1）网络层以上的安全问题。主要是各种应用层的攻击，其原理和特征无任何变化。

2）网络层数据保密性和完整性问题。主要是窃听和中间人攻击。由于 IPSec 没有解决大规模密钥分配和管理问题，缺乏广泛部署，在 IPv6 网络中仍存在同样的安全问题。

3）仍然存在同网络层可用性相关的安全问题。主要是指网络系统的洪泛攻击等。

IPv6 网络安全问题的原理和特征部分发生了很大变化，主要包括以下 4 个方面。

1）踩点探测。是黑客攻击的一种基本方式和初始步骤。黑客实施攻击之前，需要先尽可能多地获得被攻击目标的 IP 地址、服务、应用等信息。IPv6 的子网地址空间为天文数字，相对安全很多。

2）非授权访问。IPv6 下的访问控制同 IPv4 类似，按照防火墙或路由器访问控制表（ACL）等控制策略，由地址、端口等信息实施控制。

3）篡改分组头部和分段信息。在 IPv4 网络中的设备和端系统都可对分组进行分片，常见的分片攻击有两种：一种是利用分片躲避网络监控，如防火墙等。另一种是直接利用网络设备中协议栈实现的漏洞，以错误的分片分组头部信息直接对网络设备发动攻击。

4）伪造源地址。IPv4 网络伪造源地址的攻击较多，而且防范和追踪难度也比较大。在 IPv6 网络中，一方面由于地址汇聚，对于过滤类方法实现相对简单且负载更小；另一方面由于转换网络地址少且容易追踪。防止伪造源地址的分组穿越隧道成为一个重要研究领域。

（3）IPv6 的安全机制

1）协议安全。在协议安全层面，IPv6 全面支持认证头（AH）认证和封装安全有效载荷（ESP）扩展头。支持数据源发认证、完整性和抗重放攻击等。

2）网络安全。IPv6 安全主要体现在 4 个方面：实现端到端安全、提供内网安全、由安全隧道构建安全 VPN、以隧道嵌套实现网络安全。

3）其他安全保障。网络安全威胁分布于各层，如对物理层的安全隐患，可通过配置冗余设备、冗余线路、安全供电、保障电磁兼容环境和加强安全管理进行防护。

（4）移动 IPv6 的安全问题

移动 IPv6 是 IPv6 的一个重要组成部分，移动性是其最大的特点。引入的移动 IP 给网络带来了新的安全隐患，应采取特殊的安全措施。

1）移动 IPv6 的特性。从 IPv4 到 IPv6 使移动 IP 技术发生了根本性变化，IPv6 的许多新特性也为节点移动性提供了更好的支持，如“无状态地址自动配置”和“邻居发现”等。IPv6 组网技术极大地简化了网络重组，更有效地促进了互联网的移动性。

移动 IPv6 的高层协议辨识是移动节点（Move Node，MN）唯一标识的归属地址。当 MN 移动到外网获得一个转交地址（Care-of Address，CoA）时，CoA 和归属地址的映射关系称为绑定。MN 通过绑定注册过程将 CoA 通知给位于归属网络的归属代理（Home Agent，HA）。然后，对端通信节点（Correspondent Node，CN）发往 MN 的数据包首先被路由转到 HA，然后 HA 根据 MN 的绑定关系，将数据包封装后发送给 MN。为了优化迂回路由的转发效率，移动 IPv6 也允许 MN 直接将绑定消息发送到对端 CN，无须经过 HA 的转发，即可实现 MN 和对端通信主机的直接通信。

2）移动 IPv6 面临的安全威胁。移动 IPv6 的基本工作流程只针对理想状态的互联网，并未考虑现实网络的安全问题。而且，移动性的引入也会带来新的安全威胁，如对报文的窃听、篡改和拒绝服务攻击等。因此，在移动 IPv6 的具体实施中须谨慎处理这些安全威胁，以免降低网络安全级别。

移动 IP 主要用于无线网络，不仅要面对无线网络所有的安全威胁，还要处理由移动性带来的新安全问题，所以，移动 IP 相对有线网络更加脆弱和复杂。

【案例 2-2】 美国利用国会暴乱参与者手机进行查证。据 2021 年 2 月 10 日网易科技收集的国外媒体报道，美国利用网络系统泄露的数据包和 2021 年 1 月 6 日国会大厦暴乱事件发生现场的智能手机位置及周边监控等信息，通过对公开数据进行分析，很容易就能识别出用户个人信息并进行查证。

（5）移动 IPv6 的安全机制

移动 IPv6 协议针对上述安全威胁，在注册消息中通过添加序列号来防范重放攻击，并在协议报文中引入时间随机数。对 HA 和通信节点可比较前后两个注册消息序列号，并结合随机数的散列值，判定注册消息是否为重放攻击。对其他形式的攻击，可利用<移动节点，通信节点>和<移动节点，归属代理>之间的信令消息传递进行有效防范。

2.1.2　虚拟专用网（VPN）技术

在 Internet 公用网络基础上，企事业机构常用构建的虚拟专用网（VPN），相当于在广域网络中建立一条虚拟的专用线路（常称为隧道），使各种用户可以通过 VPN 进行通信和数据传输，不仅安全可靠，而且快捷方便。

1. VPN 的概念和结构

虚拟专用网（Virtual Private Network，VPN）是利用 Internet 等公共网络的基础设施，通过隧道技术，为用户提供与专用网络具有相同通信功能的安全数据通道。其中，“虚拟”是指用户不需要建立各自专用的物理线路，而是利用 Internet 等公共网络资源和设备建立一条逻辑上的专用数据通道，并实现与专用数据通道相同的通信功能。“专用网络”是指虚拟的网络，并非任何连接在公共网络上的用户都能使用，只有经过授权的用户才可以使用。该通道内传输的数据经过加密和认证，可保证传输内容的完整性和保密性。IETF 草案对基于 IP 网络的 VPN 的定义为：利用 IP 机制模拟的一个专用广域网。

VPN 可通过特殊的加密通信协议为 Internet 上异地企业内网之间建立一条专用通信线路，而无须铺设光缆等物理线路。VPN 的系统结构如图 2-5 所示。

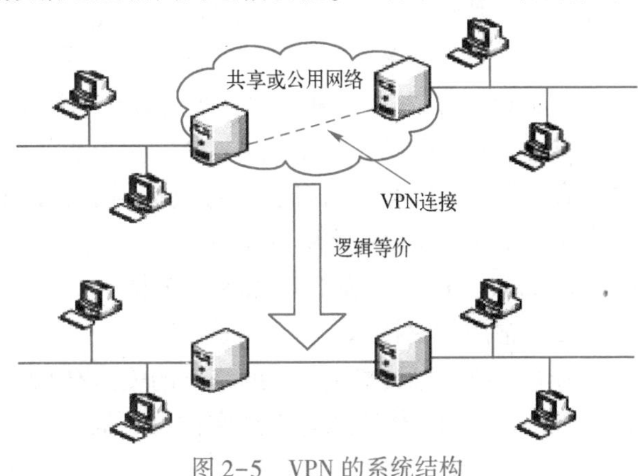

图 2-5　VPN 的系统结构

2. VPN 的技术特点

1）安全性高。VPN 保证主要使用通信协议、身份验证和数据加密三种技术来保证通信安全性。当终端向 VPN 服务器发出请求时，该服务器响应请求并向终端发出身份质询，然后终端将加密的响应信息发送到服务端，该服务器根据数据库检查该响应。对有效账户，服务器将检查用户远程访问的权限，并接收此连接。在身份验证过程中产生的终端和服务器的公有密钥将用于对数据加密。

2）费用低廉。远程用户可用 VPN 通过 Internet 访问机构局域网，而费用仅是传统网络访问方式的一部分，而且机构可以节省购买和维护通信设备的费用。

3）管理便利。构建 VPN 不仅只需很少的网络设备及物理线路，而且网络管理变得简单方便。分支机构或远程访问用户，都只需要通过一个公用网络端口或 Internet 路径即可进入机构网络，其关键是获取所需带宽，网络管理的主要工作可由公用网承担。

4）灵活性强。可支持通过各种网络的任何类型的数据流，支持多种类型的传输媒介，可以同时满足传输语音、图像和数据等需求。

5）服务质量好。可为企事业机构提供各种服务质量（QoS）保证。不同用户和业务对服务质量保证的要求差别很大，如对移动用户，提供广泛连接和覆盖性是保证 VPN 服务的一个主要因素。对于拥有众多分支机构的专线 VPN，交互式内网应用则要求网络能提供良好的稳定性。而视频等其他应用则对网络提出了更明确的要求，如网络时延及误码率等，这些网络应用均要求根据需要提供不同等级的服务质量。

3. VPN 的关键技术

VPN 是在 Internet 等公共网络设施基础上，综合利用隧道技术、加密技术、密钥管理技术和身份认证技术实现的。

（1）隧道技术

隧道技术是 VPN 的核心技术，是一种隐式传输数据的方法。主要利用现有的 Internet 等公共网络数据通信方式，在隧道（虚拟通道）一端将数据封装，然后通过已建立的隧道进行传输。在隧道另一端，进行解封装并将还原的原始数据交给端设备。在 VPN 连接中，可根据需要创建不同类型的 VPN 隧道，包括自愿隧道和强制隧道。

网络隧道协议常建在网络体系结构的第二层或第三层。第二层隧道协议用于传输本层网络协议，主要应用于构建远程访问虚拟专网（Access VPN），第三层隧道协议用于传输本层网络协议，主要用于构建机构内部虚拟专网（Intranet VPN）和扩展的机构内部虚拟专网（Extranet VPN）。第二层隧道协议先将各种网络协议封装在点到点协议（PPP）中，再将整个数据装入隧道协议。这种双层封装方法形成的数据包靠第二层协议传输。

第三层隧道技术在网络层进行数据封装，即利用网络层的隧道协议将数据进行封装，封装后的数据再通过网络层协议传输。第三层隧道协议包括通用路由封装（Generic Routing Encapsulation，GRE）和 IP 层加密标准协议（Internet Protocol Security，IPSec）协议。

（2）常用加密技术

为了保护机密数据在公共网络上的安全传输，VPN 采用加密方式。常用的加密体系主要包括非对称加密体系和对称加密体系。通常将二者混合使用，利用非对称加密技术进行密钥交换和管理，利用对称加密技术进行数据加密，具体见本书第 5 章。

1）对称密钥加密。也称共享密钥加密，是指加密和解密的密钥相同，数据的发送者和接收者拥有共同的密钥。发送者先将要传输的数据用密钥加密为密文，然后在公共信道上传输，接收者收到密文后用相同的密钥解密成明文。

2）非对称密钥加密。是指加密和解密采用不同的密钥，数据的发送者和接收者拥有两个不同的密钥，一个公钥和一个私钥。

（3）密钥管理技术

密钥的管理极为重要。密钥的分发方式有手工配置和密钥交换协议动态分发两种。手工配置要求密钥更新不宜频繁，否则增加了大量管理工作量，只适合简单网络。软件方式动态生成密钥可用于密钥交换协议，以保证密钥在公共网络上的传输安全。

（4）身份认证技术

在 VPN 实际应用中，身份认证技术包括信息认证和用户身份认证。信息认证用于保证信息的完整性和通信双方的不可抵赖性，用户身份认证用于鉴别用户身份真实性。采用身份认证技术主要有 PKI 体系和非 PKI 体系，分别用于信息认证和用户身份认证。

4. VPN 技术实用解决方案

VPN 技术在企事业机构的实际应用中，对不同的网络用户需要提供不同的解决方案。这些解决方案主要分为 3 种：远程访问虚拟网（Access VPN）、机构内部虚拟网（Intranet VPN）和机构扩展虚拟网（Extranet VPN）。

（1）远程访问虚拟网

借助一个与专用网相同策略的共享基础设施，可提供对机构内网或外网的远程访问服务，使用户随时以所需方式访问机构资源，如模拟、ISDN、数字用户线路（xDSL）和移动 IP 等，可安全地连接移动用户、远程人员或分支机构。这种 VPN 适用于拥有移动用户或有远程办公需要的机构，以及需要为客户提供安全访问服务的机构。远程验证用户服务可对异地分支机构或在外地出差的员工进行验证和授权，保证连接安全且降低费用。

（2）机构内部虚拟网

利用 Intranet VPN 方式可在 Internet 上扩展全球服务，机构内部资源用户只需连入本地 ISP 的接入服务提供点（Point of Presence，PoP）即可相互通信，而实现传统 WAN 组建技术均需要专线。利用该 VPN 线路不仅可以保证网络的互联性，而且可以利用隧道、加密等 VPN 特性保证在整个 VPN 上的信息传输安全。这种 VPN 通过一个使用专用连接的共享基础设施，连接机构总部和分支机构，机构拥有与专用网相同的策略，包括安全、服务质量可管理性和可靠性，如总公司与分公司构建的机构内部 VPN。

（3）机构扩展虚拟网

机构扩展虚拟网主要用于企事业机构之间的互联及安全访问服务。可通过专用连接的共享基础设施，将客户、供应商、合作方或相关群体连接到机构内部网。机构拥有与专用网络相同的安全、服务质量等策略，可简便地对外部网进行部署和管理，外部网的连接可使用与部署内部网和远端访问 VPN 相同的架构和协议进行部署，其接入许可不同。

对于机构的一些客户，涉及订单时经常需要访问企业的 ERP 系统，查询其订单的处理进度等。可用 VPN 技术实现企业扩展虚拟局域网，让客户也能够访问公司企业内部的 ERP 服务器，但应注意数据过滤及访问权限控制。

2.1.3　无线网络安全技术概述

1. 无线网络的安全风险和隐患

随着无线网络技术的快速发展和广泛应用，无线网络的安全威胁、风险和隐患更为突出。无线网络的安全常用访问控制和数据加密两大技术，访问控制保证机密数据只能由授权用户访问，而数据加密则要求发送的数据只能被授权用户所接收和使用。

数据在无线网络传输中常以微波进行辐射传播，只要在无线接入点（Access Point，AP）覆盖范围内，所有无线终端都可以接收到无线信号。AP 无法将无线信号定向到一个特定的接收设备，因此很容易造成泄密、盗号或蹭网接入等。

由于 WiFi 的 IEEE 802.11 规范安全协议设计与实现缺陷等原因，致使无线网络存在着一些安全漏洞和风险，黑客常借机进行中间人（Man-in-the-Middle）攻击、拒绝服务（DoS）攻击、封包破解攻击等。鉴于无线网络自身的特性，黑客很容易搜寻到网络接口，利用窃取的有关信息侵入客户网络，肆意盗取机密信息或进行破坏。另外，企业员工对无线设备的疏忽及滥用也会造成无线网络安全隐患和风险。

【案例 2-3】黑客试图对美国佛罗里达州自来水下毒险酿悲剧。据俄罗斯卫星通讯社 2021 年 2 月 9 日报道称，美国佛罗里达州西部城镇奥兹马市警方 2021 年 2 月 8 日表示，一名黑客于 2021 年 2 月 5 日通过网络侵入该市供水系统过量释放一种有毒化学物质被及时发现，警方称这是一种可怕入侵，险些造成严重后果。

2. 无线网络 AP 及路由安全

（1）无线网络接入点安全

无线网络接入点（AP）用于实现无线客户端之间的信号互联和中继，其安全措施包括以下几个方面：

1）修改 admin 密码。无线网络 AP 与其他网络设备一样，也提供了初始的管理员用户名和密码，其默认用户名基本是 admin，而密码大部分为空或是 admin。

2）WEP 加密传输。可通过有线等效保密（Wired Equivalent Privacy，WEP）协议进行数据加密。**WEP 加密主要用途**为：防止数据被黑客恶意篡改、伪造或窃听，利用接入控制，防止未授权用户访问网络。

3）禁用 DHCP 服务。启用无线网络 AP 的 DHCP 时，黑客可自动获取 IP 地址接入无线网络。禁用后黑客只能通过猜测来破译 IP 地址、子网掩码、默认网关等，增强了安全性。

4）修改简单网络管理协议（SNMP）字符串。必要时应禁用无线网络 AP 支持的简单网络管理协议（SNMP）功能，特别是对无专用网络管理软件的小型网络。

5）禁止远程管理。小型网络可直接登录到无线网络 AP，无须开启 AP 远程管理功能。

6）修改服务集标识（SSID）。无线网络 AP 厂商可利用 SSID（服务集标识）通用初始值，在默认状态下检验登录无线网络节点的连接请求，通过检验即可连接到无线网络。

7）禁止 SSID 广播。为了保证无线网络安全，应当禁用 SSID 通知客户端所采用的默认广播方式。使非授权客户端无法通过广播获得 SSID，从而无法连接到网络。

8）过滤 MAC 地址。利用无线网络 AP 的访问列表功能，可精准限制连接到节点的工作站。对不在访问列表中的工作站，将无权访问无线网络。

9）合理放置无线网络 AP。无线网络 AP 的放置位置不仅能决定无线局域网的信号传输速度、通信信号强弱，还会影响网络通信安全。

10）WPA 用户认证。WPA（WiFi Protected Access）利用一种暂时密钥完整性协议（Temporal Key Integrity Protocol，TKIP）来处理 WEP 设备共用一个密钥的问题，必须进行用户身份及操作设备认证。

（2）无线路由器安全

无线路由器位于网络边缘，面临更多的安全危险。不仅具有无线网络 AP 的功能，还集成了宽带路由器的功能，因此，可实现小型网络的 Internet 连接与共享。除了可采用无线网络 AP 的安全策略外，还应采用如下**安全策略**。

1）利用网络防火墙。充分利用无线路由器内置防火墙功能，提高安全性。

2）IP 地址过滤。使用 IP 地址过滤列表，进一步提高无线网络安全。

3. IEEE 802.1x 身份认证

IEEE 802.1x 是一种基于端口的网络接入控制技术，可以对接入设备进行认证和控制。其提供可靠的用户认证和密钥分发机制，控制用户认证通过后才可以连接网络。自身并不提供实际认证机制，需要和可扩展身份验证协议（EAP）配合才能实现用户认证和密钥分发。EAP 允许终端支持不同的认证类型，并与后台不同认证服务器通信，如远程验证服务。

IEEE 802.1x 认证过程如下。

1）无线客户端向 AP 发送请求，尝试与 AP 进行通信。

2）AP 将加密数据发送给验证服务器进行用户身份认证。

3）验证服务器确认用户身份后，AP 允许该用户接入。

4）建立网络连接后，授权用户通过 AP 访问网络资源。

用 IEEE 802.1x 和 EAP 作为**身份认证**的无线网络，可分为如图 2-6 所示的**3 个部分**：请求者、认证者和认证服务器。

图 2-6　用 IEEE 802.1x 及 EAP 的无线网络

2.2　案例分析　无线网络安全应用

无线网络具有“有线速度，无线自由”的特性，为了充分利用某机构长期积累的经验，针对行业对无线网络的需求，制定了一系列的安全方案，最大程度上方便用户构建安全的的无线网络，节省不必要的经费。

2.2.1　无线网络安全技术应用

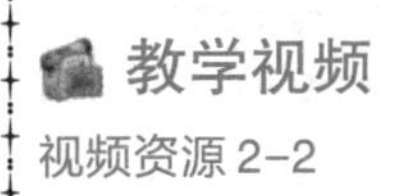

（1）小型企业及家庭用户或办公室

小型企业和家庭用户或办公室使用的网络范围相对

较小，且终端用户数量较少，AboveCable 的初级安全方案可满足网络安全需求，且投资成本低，配置方便，效果显著。此方案建议使用传统的 WEP 认证与加密技术，各种型号的 AP 和无线路由器都支持 64 位、128 位 WEP 认证与加密，以保证无线链路中的数据安全，防止数据被盗用。同时，由于这些场合的终端用户数量稳定且有限，手工配置 WEP 密钥完全可行。

（2）学校、餐饮娱乐行业、医院和仓库物流

在这些行业中，网络覆盖范围及终端用户的数量在增大，而对 AP 和无线网卡的数量需求在增多，同时安全风险及隐患也有所增加，仅依靠单一的 WEP 已无法满足其安全需求。AboveCable 的中级安全方案使用 IEEE 802. 1x 认证技术作为无线网络的安全核心，并通过后台的 RADIUS 服务器进行用户身份验证，有效阻止未经授权用户的接入。

对多个 AP 的管理问题，若管理不当也会增加网络的安全隐患。为此，要求产品不仅支持 IEEE 802. 1x 认证机制，同时还支持 SNMP，在此基础上 AboveCable 还提供了 AirPanel Pro AP 集群管理系统，更方便对 AP 的管理和监控。

（3）公共场所及网络运营商、大中型企业和金融机构

在公共地区，如机场、火车站或广场等，一些用户需要通过无线接入 Internet、浏览 Web 页面、接收 E-mail，因此安全可靠地接入 Internet 很关键。这些区域通常由网络运营商提供网络设施，对用户认证问题至关重要。否则，可能造成盗用服务等风险，给提供商和用户造成损失。AboveCable 提出使用 IEEE 802. 1x 的认证方式，并通过后台 RADIUS 服务器进行认证计费。

对于大中型企业和金融机构，网络安全性是一个至关重要的问题。在使用 IEEE 802. 1x 认证机制的基础上，为了更好地解决远程办公用户安全访问公司内部网络信息的需求，AboveCable 建议利用现有的 VPN 设施及应用，进一步完善网络的安全性能。

* 2. 2. 2　WiFi 的安全性和防范措施

1. WiFi 的概念及应用

WiFi（Wireless Fidelity）又称 IEEE 802. 11b 标准，是一种可以将终端（计算机、PDA 和手机）以无线方式互联的技术。是无线以太网相容联盟（Wireless Ethernet Compatibility Alliance，WECA）发布的业界术语，用于改善基于 IEEE 802. 11 标准的无线网络产品之间的互通性。WiFi 广泛应用于无线局域网，支持智能手机、平板计算机和新型照相机等。实际上是将有线网络信号转换成无线信号，使用无线路由器支持相关终端接收上网，可以节省流量费。WiFi 信号需要 ADSL、宽带、无线路由器等，WiFi Phone 的使用，包括查询或转发信息、下载文件、浏览新闻、拨 VOIP 电话（语音及视频）、收发邮件、实时定位、娱乐等，很多机构都提供免费 WiFi 服务，如图 2-7 所示。

图 2-7　WiFi 的广泛应用

【案例 2-4】马航MH 370 飞机失踪可能遭到网络黑客攻击。民航资源网 2019 年 2 月 26 日消息：据英国《每日快报》报道，安全专家 Sally Leivesley 在英国电视节目中透露，马航 MH370 飞机失踪可能遭到黑客攻击。这位专家指出：网络劫持是一种新战

争形式，是一种接管控制权的行为，飞机客舱内的人可以通过入侵娱乐等系统来控制飞机的飞行。德国一网络安全公司的工程师也曾宣称并演示过其研发的可以操控飞机的软件，该软件可篡改飞行路线，甚至导致飞机坠毁。

2. WiFi 的特点及组成

WiFi 的**特点**主要体现为便捷、经济、带宽、信号、功耗、安全、融网、个人服务、移动性等。IEEE 启动项目计划将 802.11 标准数据速率提高到千兆或几千兆，并通过 802.11n 标准将数据速率提高，以适应不同的功能和设备，通过 802.11s 标准将这些高端节点连接，形成类似互联网的具有冗余能力的 WiFi 网络。

WiFi 是由 AP 和无线网卡组成的无线网络，如图 2-8 所示。对于几台计算机的对等网也可以不用 AP，只需要各计算机配有无线网卡。AP 可作为“无线访问节点”或“桥接器”。主要当作传统的有线局域网络与无线局域网络之间的桥梁，任一台装有无线网卡的 PC 均可通过 AP 分享有线局域网络甚至广域网络的资源，其工作原理相当于一个内置无线发射器的集线器或是路由，而无线网卡是负责接收由 AP 发射信号的 CLIENT 端设备，用户获得授权后就可以共享上网。

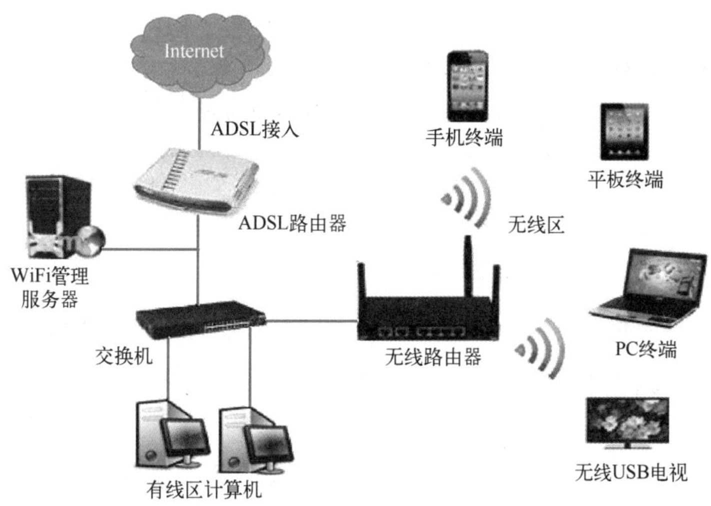

图 2-8　WiFi 原理及组成

3. 提高 WiFi 安全的措施

无线网络路由器密码的安全性涉及软硬件和设置，只要在密码设置时应尽量复杂些，即可增强安全性，除此之外，还应采用以下几种安全措施。

1）采用 WPA/WPA2 加密方式，这是最常用的加密方式。

2）修改初始口令和密码，要用长且复杂的密码，并定期更换，不使用易猜密码。

3）无线路由器后台管理默认的用户名和密码一定尽快更改并定期更换。

4）禁用 WPS 功能。现有 WiFi 安全防护设置（WiFi Protected Setup，WPS）功能存在漏洞，有可能泄露路由器接入密码和后台管理密码。

5）使用 MAC 地址过滤功能，绑定常用设备。经常登录路由器管理后台，查看并断开接入 WiFi 的可疑设备，封闭 MAC 地址并修改 WiFi 密码和路由器后台账号密码。

6）关闭远程管理端口和路由器的 DHCP 功能，启用固定 IP 地址，不要使用路由器自动分配的 IP 地址。

7）注意固件升级。一定要及时修补漏洞，升级或换成更安全的无线路由器。

8）不管在手机端还是计算机端都应安装病毒检测安全软件。对于黑客常用的钓鱼网站等攻击手法，安全软件可以及时拦截提醒。

*2.3　知识拓展　常用网络安全管理工具

在网络安全管理与安全检测过程中，经常在“开始”菜单的“运行”文本框中输入 cmd（运行 cmd. exe），然后，在 DOS 环境下使用一些网络管理工具和命令方式，直接查看和检测网络的有关信息。常用的网络安全管理工具包括判断主机是否连通的 ping 命令、查看 IP 地址配置情况的 ipconfig 命令、查看网络连接状态的 netstat 命令、进行网络操作的 net 命令和行定时器操作的 at 命令等。

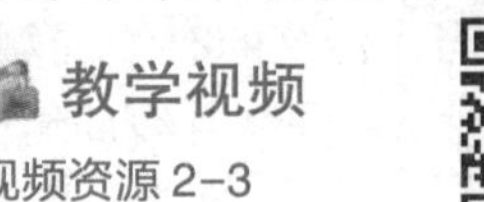

视频资源 2-3

2.3.1　网络连通性及端口扫描

1）ping 命令。其主要功能是通过发送 Internet 控制报文协议（ICMP）包，检验与目标 TCP/IP 主机的 IP 连通情况。网络管理员常用这个命令来检测网络的连通性和可到达性。同时，可将应答消息的接收情况和往返过程的次数一起显示。

【案例 2-5】如果只使用不带参数的 ping 命令，窗口将会显示命令及其各种参数使用的帮助信息，如图 2-9 所示。使用 ping 命令的语法格式是：ping 对方主机名或者 IP 地址。如果网络连通，则返回连通信息，如图 2-10 所示。

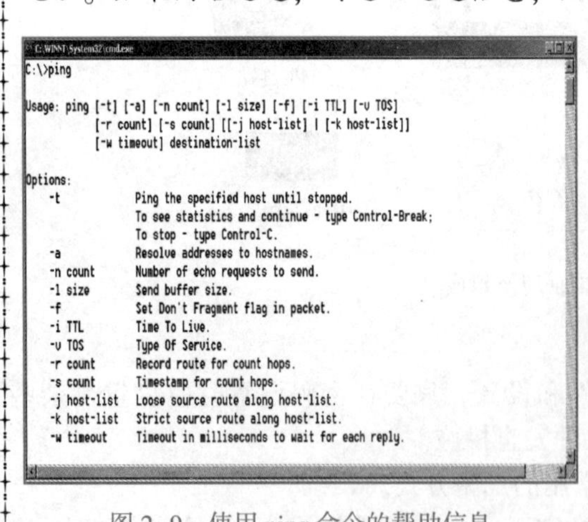

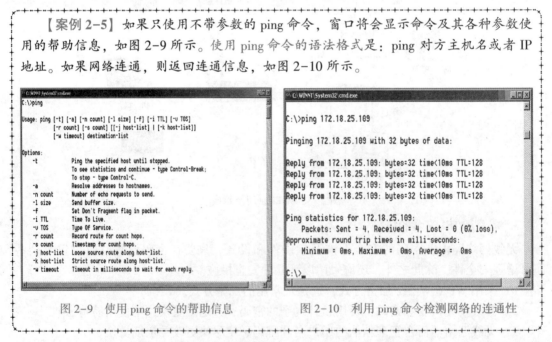

图 2-9　使用 ping 命令的帮助信息

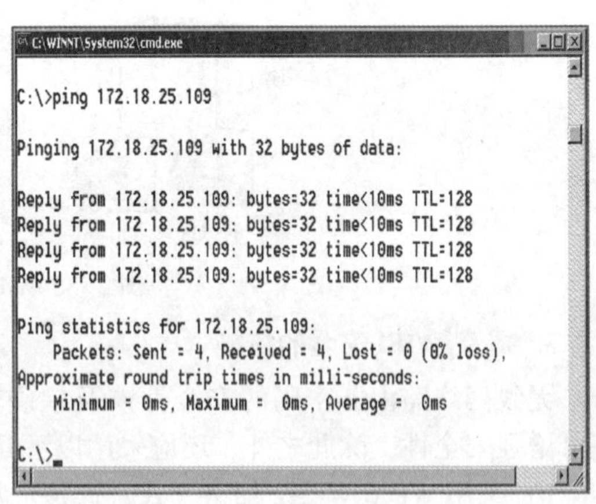

图 2-10　利用 ping 命令检测网络的连通性

2）Quickping 和其他命令。Quickping 命令的功能是快速探测网络中运行的所有主机的情况。也可以使用跟踪网络路由程序 Tracert 命令、TraceRoute 程序和 Whois 程序进行端口扫描检测与探测，还可以利用网络扫描工具软件进行端口扫描检测，常用的网络扫描工具有 SATAN、NSS、Strobe、Superscan 和 SNMP 等。

2.3.2　显示网络配置信息及设置

ipconfig 命令的主要功能是显示所有 TCP/IP 网络的配置信息、刷新动态主机配置协议（Dynamic Host Configuration Protocol，DHCP）和域名系统（DNS）设置。

【案例 2-6】使用不带参数的 ipconfig 命令，可以显示所有适配器的 IP 地址、子网掩码和默认网关。在 DOS 命令行下输入 ipconfig 命令，如图 2-11 所示。

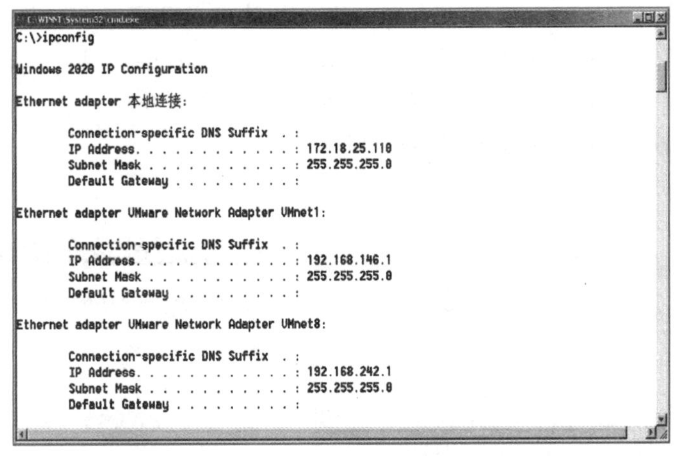

```
C:\>ipconfig

Windows 2000 IP Configuration

Ethernet adapter 本地连接:

        Connection-specific DNS Suffix  . :
        IP Address. . . . . . . . . . . . : 172.18.25.110
        Subnet Mask . . . . . . . . . . . : 255.255.255.0
        Default Gateway . . . . . . . . . :

Ethernet adapter VMware Network Adapter VMnet1:

        Connection-specific DNS Suffix  . :
        IP Address. . . . . . . . . . . . : 192.168.146.1
        Subnet Mask . . . . . . . . . . . : 255.255.255.0
        Default Gateway . . . . . . . . . :

Ethernet adapter VMware Network Adapter VMnet8:

        Connection-specific DNS Suffix  . :
        IP Address. . . . . . . . . . . . : 192.168.242.1
        Subnet Mask . . . . . . . . . . . : 255.255.255.0
        Default Gateway . . . . . . . . . :
```

图 2-11　用 ipconfig 命令查看本机 IP 地址

利用“ipconfig /all”命令可以查看所有完整的 TCP/IP 配置信息。对于具有自动获取 IP 地址的网卡，则可以利用“ipconfig /renew”命令更新 DHCP 的配置。

2.3.3　显示连接监听端口命令

netstat 命令的主要功能是显示正在进行的连接、主机监听端口、以太网统计信息、IP 路由表、统计信息（含 IP、ICMP、TCP 和 UDP）。使用“netstat -an”命令可以查看目前活动连接和开放的端口，该命令也是网络管理员查看网络是否被入侵的最简单方法。使用的方法如图 2-12 所示。如果状态为“LISTENING”表示端口正在被监听，还没有与其他主

```
C:\WINNT\System32\cmd.exe
C:\>netstat -an

Active Connections

  Proto  Local Address          Foreign Address        State
  TCP    0.0.0.0:21             0.0.0.0:0              LISTENING
  TCP    0.0.0.0:25             0.0.0.0:0              LISTENING
  TCP    0.0.0.0:42             0.0.0.0:0              LISTENING
  TCP    0.0.0.0:53             0.0.0.0:0              LISTENING
  TCP    0.0.0.0:80             0.0.0.0:0              LISTENING
  TCP    0.0.0.0:119            0.0.0.0:0              LISTENING
  TCP    0.0.0.0:135            0.0.0.0:0              LISTENING
  TCP    0.0.0.0:443            0.0.0.0:0              LISTENING
  TCP    0.0.0.0:445            0.0.0.0:0              LISTENING
  TCP    0.0.0.0:563            0.0.0.0:0              LISTENING
  TCP    0.0.0.0:1025           0.0.0.0:0              LISTENING
  TCP    0.0.0.0:1026           0.0.0.0:0              LISTENING
  TCP    0.0.0.0:1029           0.0.0.0:0              LISTENING
  TCP    0.0.0.0:1030           0.0.0.0:0              LISTENING
  TCP    0.0.0.0:1032           0.0.0.0:0              LISTENING
  TCP    0.0.0.0:1036           0.0.0.0:0              LISTENING
  TCP    0.0.0.0:2791           0.0.0.0:0              LISTENING
  TCP    0.0.0.0:3372           0.0.0.0:0              LISTENING
  TCP    0.0.0.0:3389           0.0.0.0:0              LISTENING
  TCP    172.18.25.109:80       172.18.25.110:1050     ESTABLISHED
  TCP    172.18.25.109:139      0.0.0.0:0              LISTENING
  UDP    0.0.0.0:42             *:*
```

图 2-12　用“netstat -an”命令查看连接和开放的端口

机相连，如果状态为“ESTABLISHED”表示正在与某主机连接并通信，同时显示该主机的IP地址和端口号。

2.3.4　查询删改用户信息命令

net命令的主要功能是查看主机上的用户列表、添加和删除用户、与对方主机建立连接、启动或停止某网络服务等。

【案例2-7】利用net user查看主机上的用户列表，用“net user”，可以查看主机的用户列表的相关内容，如图2-13所示。还可以用“net user 用户名密码”为用户修改密码，如将管理员密码改为“123456”，如图2-14所示。

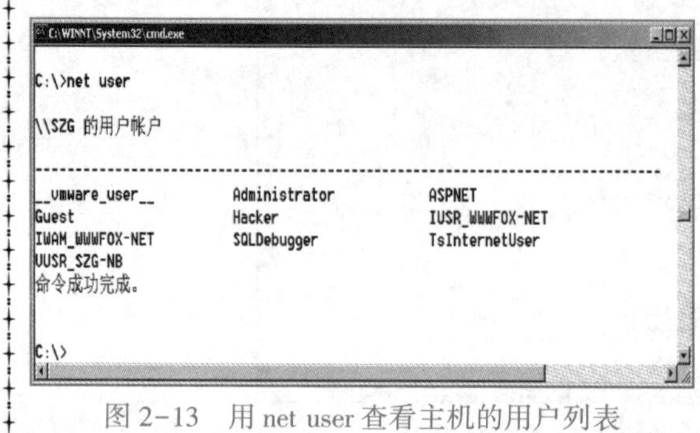

图2-13　用net user查看主机的用户列表

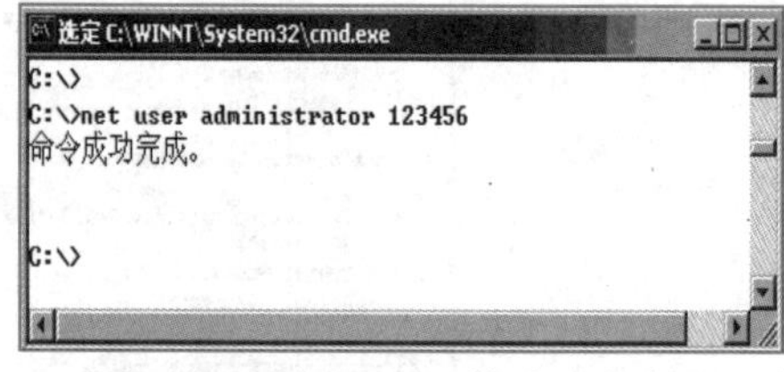

图2-14　用net user修改用户密码

【案例2-8】建立用户并添加到管理员组。

利用net命令可以新建一个用户名为jack的用户，然后将此用户添加到密码为“123456”的管理员组，如图2-15所示。

案例名称：添加用户到管理员组。

文件名称：2-1.bat。

```
net user jack 123456 /add
net localgroup administrators jack /add
net user
```

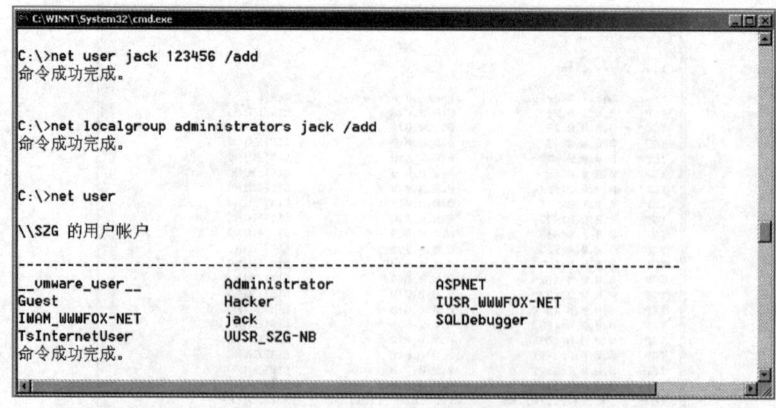

图2-15　添加用户到管理员组

【案例 2-9】与对方主机建立网络信任连接。

■ 拥有某主机的用户名和密码，就可利用 IPC（Internet Protocol Control）与该主机建立信任连接，之后便可在命令行下完全控制对方。

■ 得到 IP 为 172.18.25.109 主机的管理员密码为 123456，可利用命令 net use \\172.18.25.109\ipc $ 123456 /user: administrator，如图 2-16 所示。

■ 建立连接以后便可以通过网络操作对方的主机，如查看对方主机上的文件，如图 2-17 所示。

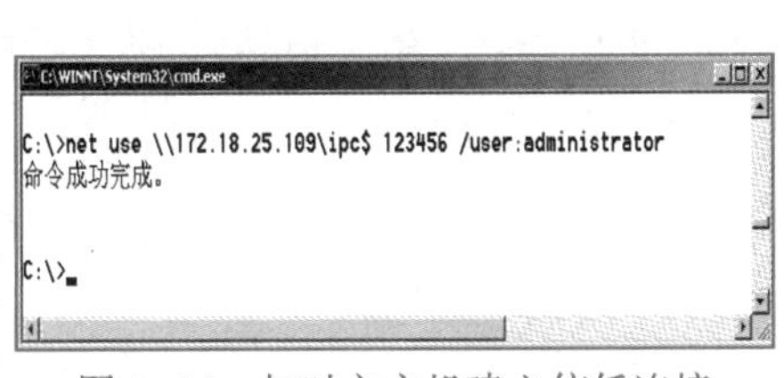

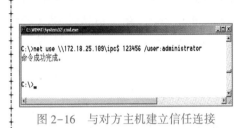

图 2-16　与对方主机建立信任连接

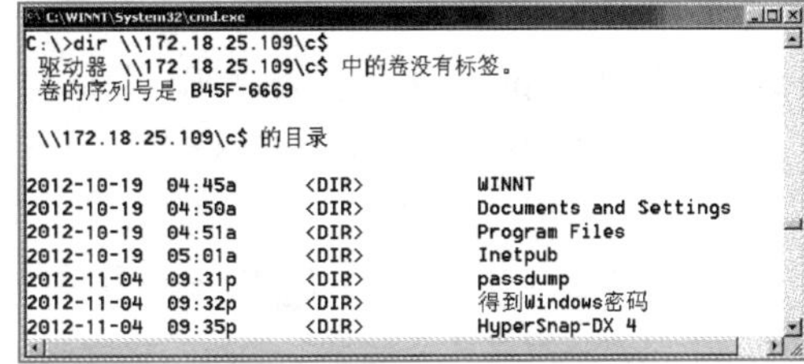

图 2-17　查看对方主机上的文件

2.3.5　创建计划任务命令

主要利用 at 命令在与对方建立信任连接以后，创建一个计划任务，并设置执行时间。

【案例 2-10】创建定时器任务。

在得知对方系统管理员的密码为 123456，并与对方建立信任连接以后，在对方主机上建立一个任务。执行结果如图 2-18 所示。

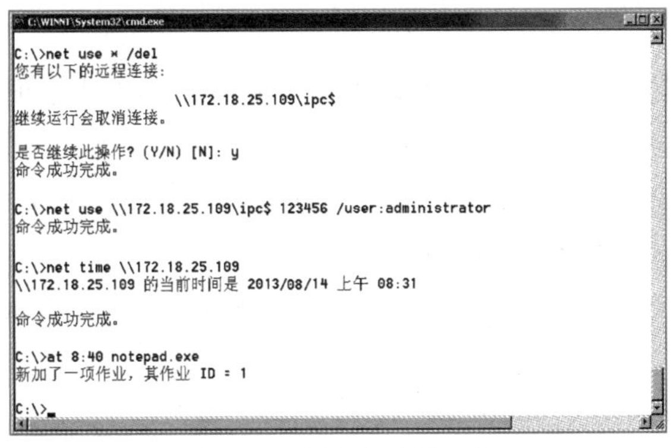

图 2-18　创建定时器任务

文件名称：2-2. bat。

```
net use * /del
net use \\172.18.25.109\ipc$ 123456 /user:administrator
net time \\172.18.25.109
at 8:40 notepad.exe
net user jack 123456 /add
net localgroup administrators jack /add
net user
```

2.4　要点小结

本章重点介绍了常用的网络安全技术基础知识，分析了网络协议安全性和网络体系层次结构，并介绍了TCP/IP层次安全及常用技术。阐述了IPv6的特点优势、IPv6的安全性和移动IPv6的安全机制。概述了虚拟专用网（VPN）的主要特点、VPN常用的实现技术和VPN技术的实际应用。分析了无线网络安全问题、IEEE 802.1x身份认证、无线网络安全技术应用实例和WiFi无线网络安全措施等。简单介绍了常用网络安全管理工具，包括判断主机是否连通的ping命令、查看IP地址配置情况的ipconfig命令、查看网络连接状态的netstat命令、进行网络操作的net命令和行定时器操作的at命令等。

2.5　实验2　无线网络安全设置

无线网络安全设置操作很常用，掌握相关基本方法和应用非常重要。

2.5.1　实验目的

在学习了无线网络安全基本知识、技术、方法及应用的基础上，还要掌握常用的小型无线网络的构建过程和无线网络安全设置方法，进一步了解无线网络的安全机制，理解以WEP算法为基础的身份验证服务和加密服务。

2.5.2　实验要求

1. 实验设备

本实验需要使用至少两台安装有无线网卡和Windows 10操作系统的连网主机。

2. 注意事项

1）预习准备。由于本实验的内容是对Windows 10操作系统进行无线网络安全配置，需要预习Windows 10操作系统（低级别版本请参考本书第3版）的相关基本操作。

2）注意理解实验原理和各步骤的含义。对于操作步骤要着重理解其原理，对于无线网络安全机制要充分理解其作用和含义。

3）实验学时：2学时（约90分钟）

2.5.3　实验内容和步骤

1. 设置移动热点和WiFi

1）在安装了无线网卡的主机上，从“设置/控制面板”中打开“网络和Internet/网络连接”窗口（不同版本略有差异），在打开的页面左边列表上找到“移动热点”选项，选择该选项可以看到如图2-19所示的页面。

2）如果不更改默认的个性化设置，可以找到“与其他设备共享我的Internet连接”开关按钮，使其处于开启状态。如果更改WiFi名称和密码，单击“编辑”按钮会弹出一个编辑网络信息的界面，如图2-20所示，编辑更改完成后单击“保存”按钮。

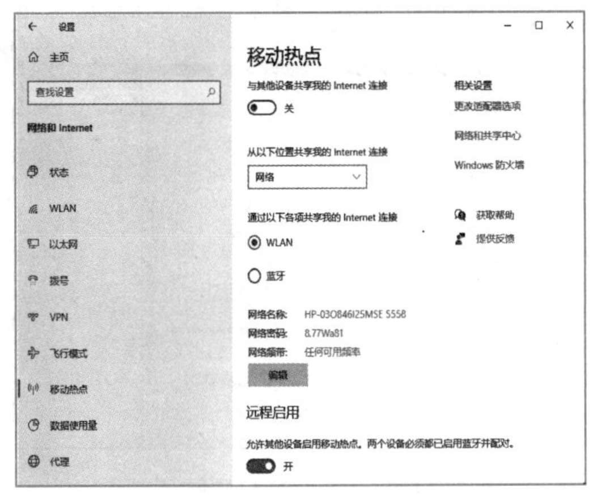

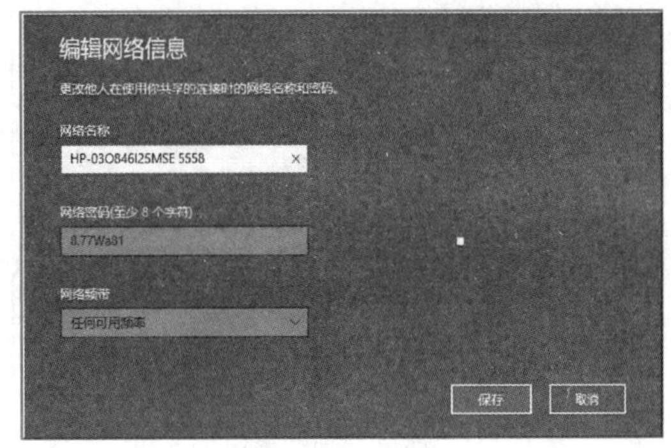

图 2-19 “移动热点”选项窗口

图 2-20 “编辑网络信息”界面

3）如果需要连接网络设备，可以输入密码进行连接。注意：如果使用的设备是 5 GHz 无线网络，要求创建的分享网络也是 5 GHz，一些老旧移动设备可能不支持 5 GHz 的网络，Windows 10 将会提醒告知。

2. 设置 WLAN 或以太网

在图 2-19 所示的网络设置左侧列表中，单击第二项“WLAN”网络，会出现如图 2-21 所示界面，单击“管理已知网络”进行 WLAN 或 WiFi 设置。若单击第三项“以太网”，可以出现如图 2-22 所示的“以太网”界面，可以进行相关设置。

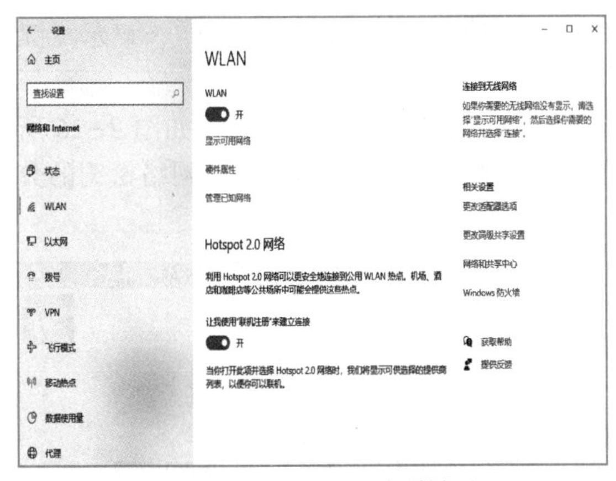

图 2-21 “WLAN”选项界面

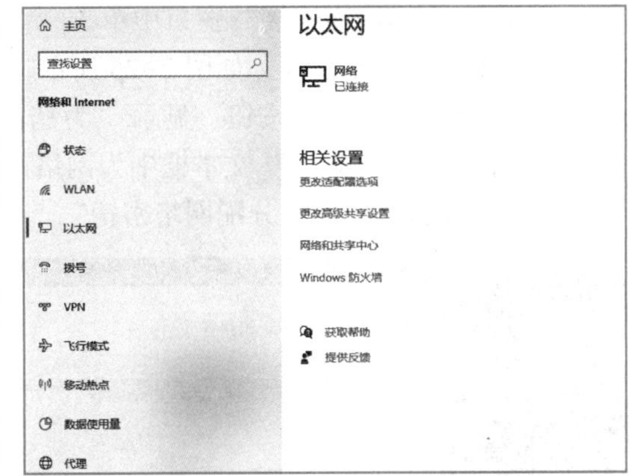

图 2-22 “以太网”选项窗口

3. 设置防火墙和网络保护

在图 2-22 界面中单击“Windows 防火墙”选项，进入如图 2-23 所示的“防火墙和网络保护”界面，就可以对指定的域网络、专用网络或公用网络进行设置，还可单击“高级设置”进入如图 2-24 所示的“高级安全 Windows Defender 防火墙”设置界面。

在图 2-19 的网络设置左侧，选择“状态”，单击“网络和共享中心”，可以进入“查看基本网络信息并设置连接”界面，进行连接以太网、设置新的连接或网络、更改高级共享设置等相关连接或安全性的操作。

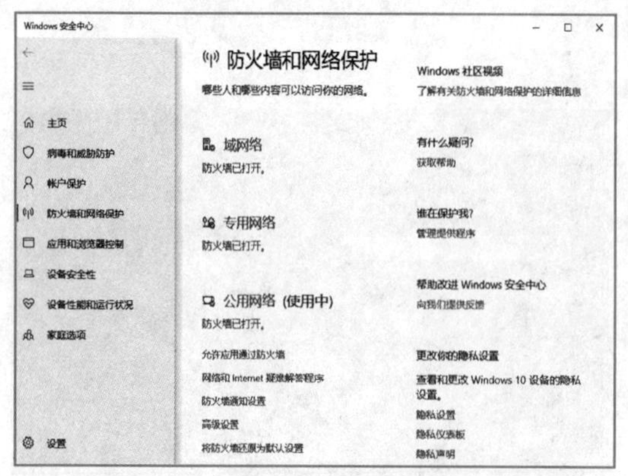

图 2-23　“防火墙和网络保护”窗口

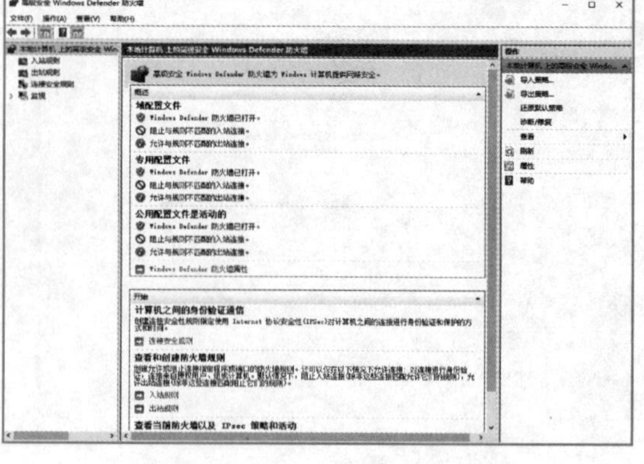

图 2-24　“高级设置”操作窗口

利用路由设置无线网络安全的方法如下。

1）进入路由，选择“无线网络设置”。

2）开启无线网络，并开启常用的广播方式。

3）单击“无线安全设置”，选择频段“WEP”“WAP”“WAP2”“WAP PSK”或“WAP2 PSK”任意一段频段进行加密方式选择。

4）输入密码保存，重启路由。

4. 利用无线网络安全向导

Windows 8 操作系统中可用“无线网络安全向导”设置无线网络，可将其他主机加入该网络。

1）在“无线网络连接”窗口中单击“为家庭或小型办公室设置无线网络”，显示“无线网络安装向导”对话框，如图 2-25 所示。

2）单击“下一步”按钮，显示“为您的无线网络创建名称”对话框，如图 2-26 所示。在“网络名（SSID）”文本框中为网络设置一个名称，如 lab。然后选择网络密钥的分配方式，默认选择“自动分配网络密钥”。

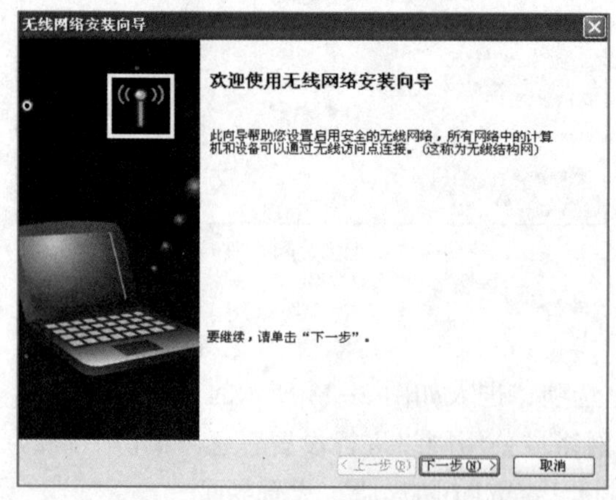

图 2-25　“无线网络安全向导”对话框

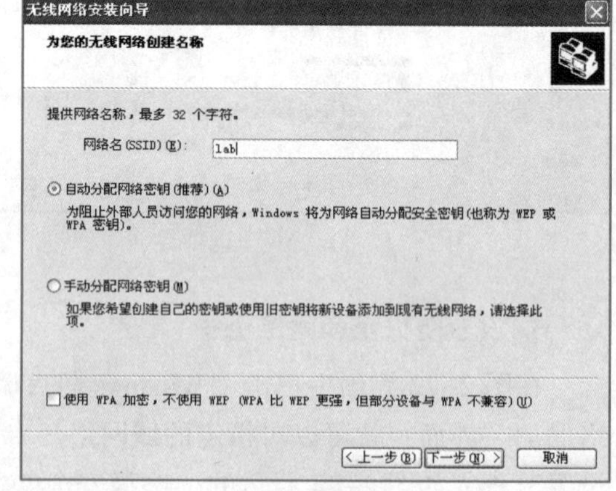

图 2-26　“为您的无线网络创建名称”对话框

若希望用户手动输入密码方式来登录网络，可选择“手动分配网络密钥”按钮，然后单击“下一步”按钮，出现如图 2-27 所示的“输入无线网络的 WEP 密钥”对话框，可设置一个网络密钥。要求符合以下条件之一：5 或 13 个字符；10 或 26 个字符，并使用 0~9 和 A~F 的字符。

3）单击“下一步”按钮，出现如图 2-28 所示的“您想如何设置网络?”对话框，选择合适的创建无线网络的方法。

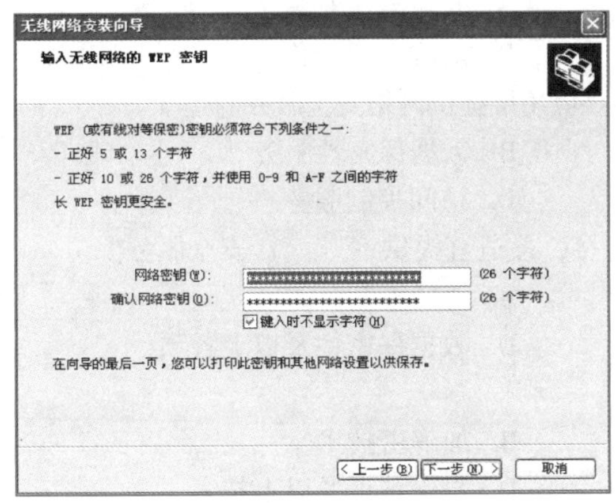

图 2-27　“输入无线网络的 WEP 密钥”对话框

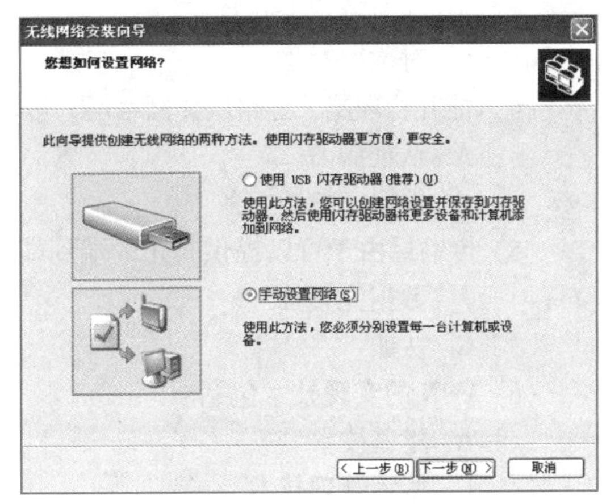

图 2-28　“您想如何设置网络?”对话框

4）可选择“使用 USB 闪存驱动器”和“手动设置网络”两种方式。使用闪存方式比较方便，但如果没有闪存盘，则可选择“手动设置网络”单选按钮，自己动手将每一台主机加入网络。单击“下一步”按钮，显示“向导成功地完成”对话框，如图 2-29 所示，单击“完成”按钮完成安装向导。

按上述步骤在其他计算机中运行“无线网络安装向导”并将其加入 lab 网络。不用无线网络 AP 也可以将其加入该网络，多台计算机可组成一无线网络，可互相共享文件。

5）单击“关闭”和“确定”按钮。

在其他计算机中进行同样设置（须使用同一服务名），然后在“无线网络配置”选项卡中重复单击“刷新”按钮，建立计算机之间的无线连接，表示无线网已成功连接。

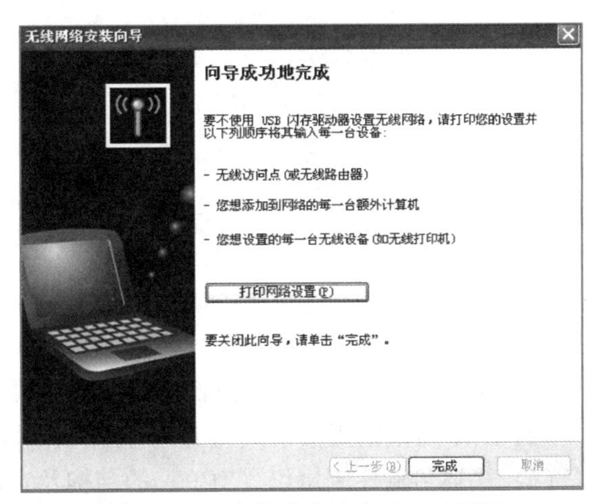

图 2-29　“向导成功地完成”对话框

2.6　练习与实践 2

1. 单选题

（1）对网络系统的加密安全机制提供了数据的（　　）。

A. 保密性和可控　　B. 可靠性和安全性

C. 完整性和安全性　　D. 保密性和完整性

（2）SSL 协议是（　　）之间实现加密传输的协议。

A. 传输层和应用层　　　　B. 物理层和数据层
C. 物理层和系统层　　　　D. 物理层和网络层

（3）实际应用时一般利用（　　）加密技术进行密钥的协商和交换，利用（　　）加密技术进行用户数据的加密。

A. 非对称　非对称　　　　B. 非对称　对称
C. 对称　对称　　　　D. 对称　非对称

（4）能在物理层、链路层、网络层、传输层和应用层提供网络安全服务的是（　　）。

A. 认证服务　　　　B. 数据保密性服务
C. 数据完整性服务　　　　D. 访问控制服务

（5）传输层由于可以提供真正的端到端的连接，最适宜提供（　　）安全服务。

A. 数据完整性　　　　B. 访问控制
C. 认证　　　　D. 数据保密性及以上各项

（6）VPN 的实现技术包括（　　）。

A. 隧道技术　　　　B. 加解密技术
C. 密钥管理技术　　　　D. 身份认证及以上技术

2. 填空题

（1）在网络传输过程中，安全套接层（SSL）协议提供通信双方网络信息________和________，由________和________两层组成。

（2）OSI/RM 开放式系统互联参考模型的 7 层分别是________、________、________、________、________、________、________。

（3）应用层安全分解为________、________、________安全，利用各种协议运行和管理。

（4）与 OSI 参考模型不同，TCP/IP 模型由低到高依次由________、________、________和________ 4 部分组成

（5）一个 VPN 连接由________、________和________ 3 部分组成。

（6）一个高效、成功的 VPN 具有________、________、________、________、________等特点。

3. 简答题

（1）TCP/IP 的 4 层协议与 OSI 参考模型 7 层协议是怎样对应的？

（2）IPv6 协议的报头格式与 IPv4 有什么区别？

（3）简述传输控制协议（TCP）的结构及实现的协议功能。

（4）简述无线网络的安全问题及保证安全的基本技术。

（5）虚拟专用网（VPN）技术有哪些主要特点？

4. 实践题

（1）利用抓包工具，分析 IP 头的结构。

（2）利用抓包工具，分析 TCP 头的结构，并分析 TCP 的三次握手过程。

（3）假定同一子网的两台主机，其中一台运行了 Sniffit。利用 Sniffit 捕获 Telnet 到对方 7 号端口 Echo 服务的包。

（4）配置一台简单的 VPN 服务器。

第3章　网络安全体系与管理

随着时代的进步，5G 网络、大数据中心、工业互联网等“新基建”蓬勃发展，同时也为我国的网络安全带来了新的挑战，因此必须加强网络安全管理，塑造更加完善的网络安全体系。网络安全工作是一项系统工程，涉及各个方面，因此必须同安全保障体系和安全管理有机结合，才能真正发挥实效。网络安全管理已经成为网络管理工作中的首要工作，涉及体系结构、法律、法规、政策、策略、规范、标准、机制、规划和措施等重要方面。

教学目标

- 掌握网络安全体系、法律、评估准则和方法
- 理解网络安全管理规范及策略、过程和制度
- 了解网络安全规划的主要内容和原则
- 学会 Web 服务器安全设置/UTM 实验

3.1　知识要点

【案例 3-1】 我国高度重视网络安全管理工作。2014 年中央网络安全和信息化领导小组成立，习近平总书记亲任组长，强调没有网络安全就没有国家安全，网络安全事关我国国家安全和社会稳定，事关人民群众的切身利益，并将维护网络安全上升为国家战略。2019 年，习近平总书记对国家网络安全宣传周作出重要指示强调：“提升全民网络安全意识和技能，是国家网络安全工作的重要内容。”网络安全是影响国家安全、社会稳定、经济发展和文化传播的关键和基础。

3.1.1　网络安全的体系结构

教学视频
视频资源 3-1

1. ISO、TCP/IP 及攻防体系结构

（1）ISO 网络安全体系结构

在常用的计算机网络中，国际标准化组织（ISO）提出的开放系统互联（Open System Interconnect，OSI）参考模型，主要用于解决异构网络及设备互联的开放式层次结构的问题。ISO 网络安全体系结构主要由网络安全机制和服务构成。

1）网络安全机制。ISO《网络安全体系结构》中规定的**网络安全机制**有加密机制、数字签名机制、访问控制机制、数据完整性机制、鉴别交换机制、信息量填充机制、路由控制机制和公证机制八项内容。

2）网络安全服务。**网络安全服务**主要由鉴别服务、访问控制服务、数据保密性服务、数据完整性服务和可审查性服务五项服务组成。

① 鉴别服务：主要用于网络系统中认定识别实体（包含用户及设备）和数据源等，涉及同等实体鉴别和数据源鉴别两种服务。

② 访问控制服务：访问控制包括身份验证和权限验证。其服务不但可以防止未授权用户非法访问网络资源，也可以防止合法用户越权访问。

③ 数据保密性服务：主要用于信息泄露、窃听等被动威胁的防御措施。可以分为信息保密、保护通信系统中的信息或网络数据库数据。对于通信系统中的信息，又分为面向连接保密和无连接保密。

④ 数据完整性服务：主要包括带恢复功能的面向连接的数据完整性、不带恢复功能的面向连接的数据完整性、选择字段面向连接的数据完整性、选择字段无连接的数据完整性和无连接的数据完整性这五种，主要用于满足不同用户、不同场合对数据完整性的要求。

⑤ 可审查性服务：是防止文件或数据发出者无法否认所发送的原有内容真实性的防范措施，可用于证实已发生过的操作。

（2）TCP/IP 网络安全管理体系结构

TCP/IP 网络安全管理体系结构如图 3-1 所示。包括分层安全管理、安全服务与机制（认证、访问控制、数据完整性、抗抵赖性、可用性及可控性、可审计性）、系统安全管理（终端系统安全、网络系统安全、应用系统安全）三个方面。有机地综合了安全管理、技术和机制各方面，对网络安全整体管理与实施以及效能的充分发挥将起到至关重要的作用。

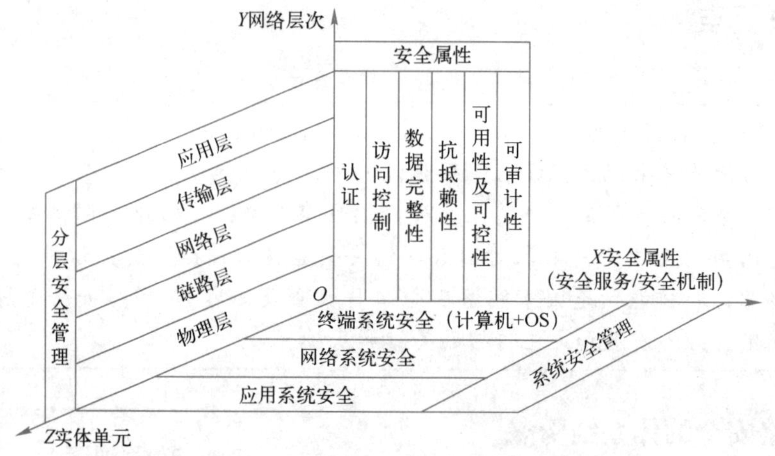

图 3-1　TCP/IP 网络安全管理体系结构

（3）网络安全的攻防体系结构

网络安全的攻防体系结构主要包括攻击技术和防御技术两大方面。知其如何攻击才能有针对性地加以防御，主要的攻防体系结构如图 3-2 所示。

为了做到“知己知彼，百战不殆”，更好地进行网络安全防御，需要掌握网络安全的攻防体系结构、常见的攻击技术和手段。常见的网络攻击技术包括以下六种：隐藏 IP、网络扫描、网络监听、网络入侵、网络后门、隐身退出。主要防御技术包括操作系统安全配置、密码及加密技术、防火墙和查杀病毒、入侵检测技术、入侵防御技术、系统加固与隔离等。

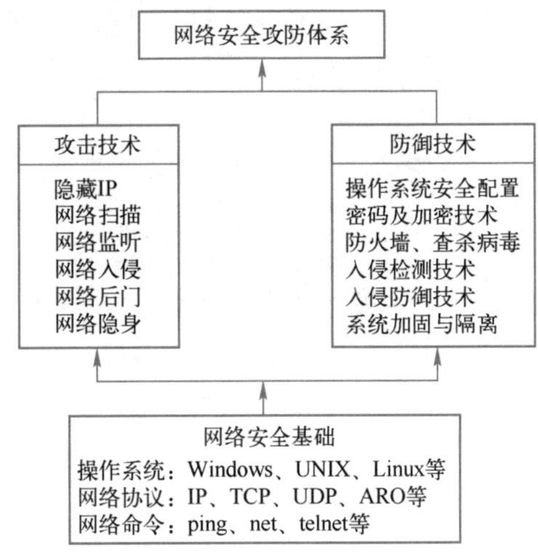

图 3-2 网络安全攻防体系结构

2. 网络空间安全防御体系

国家“863 计划”信息安全专家组首席专家，上海交通大学网络空间安全学院博士生导师李建华教授，2018 年在“第十二届中国网络空间安全学科专业建设与人才培养研讨会”上，所做的“新工科背景多元化网络空间安全人才培养及学科建设创新”报告中提出网络空间安全的学科知识体系，如图 3-3 所示。

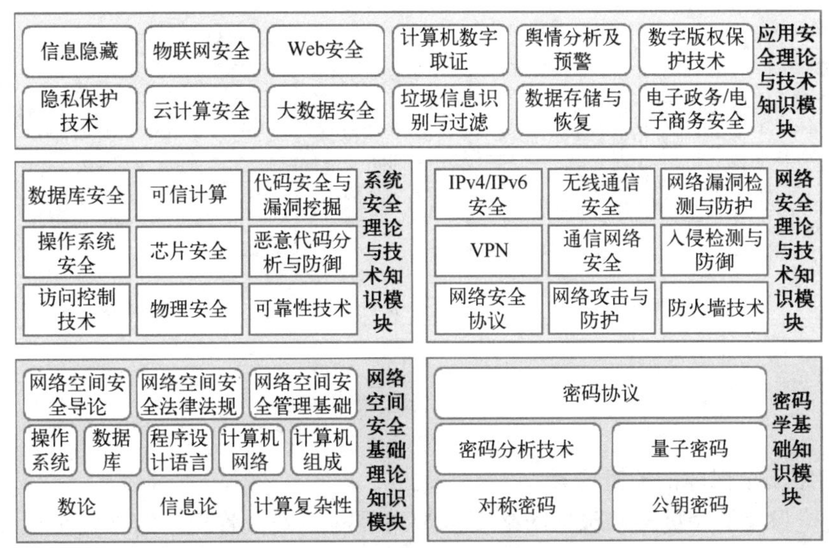

图 3-3 网络空间安全的学科知识体系

由于网络空间安全的威胁和隐患剧增，急需构建新型网络空间安全防御体系，并从传统线性防御体系向新型多层次的立体式网络空间防御体系发展。以相关法律、准则、策略、机制和技术为基础，将安全管理及运行防御体系贯彻始终，从第一层物理层防御体系、第二层网络层防御体系和第三层系统层与应用层防御体系构成新型网络空间防御体系，可以实现多层防御的立体化安全区域，将网络空间中的节点分布于所有域中，其中的所有活动支撑着其他域中的活动，且其他域中的活动同样可以对网络空间产生影响。构建的网络空间安全立体防御体系如图 3-4 所示。

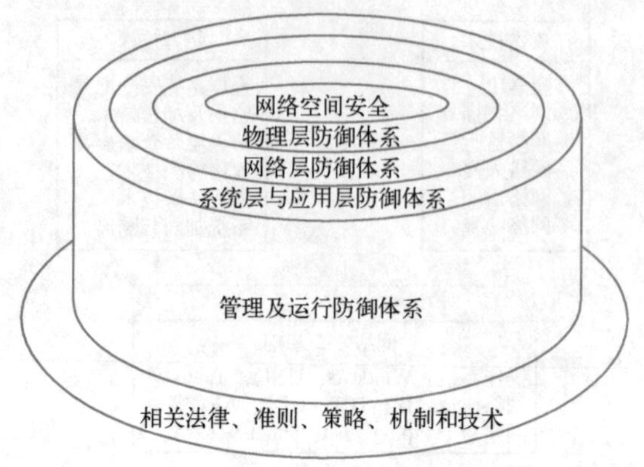

图 3-4　网络空间安全防御体系

3. 网络安全保障体系

网络安全保障体系如图 3-5 所示。其保障功能主要体现在对整个网络系统的风险及隐患进行及时的评估、识别、控制和应急处理等，便于有效地预防、保护、响应和恢复，确保系统安全运行。

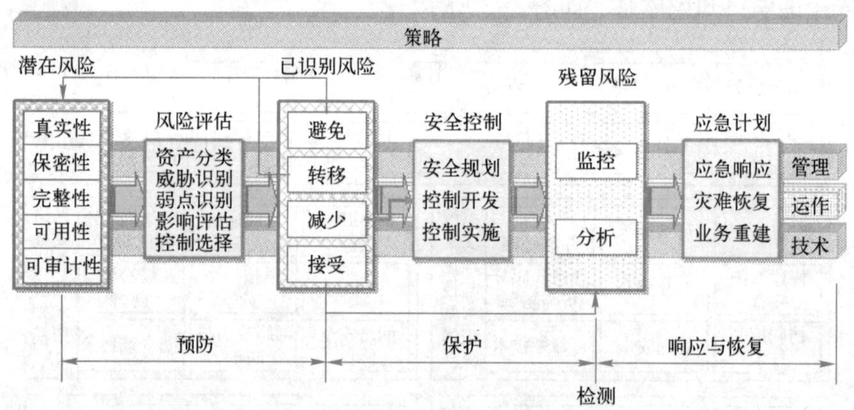

图 3-5　网络安全保障体系

（1）网络安全保障的关键要素

网络安全保障的关键要素包括网络安全策略、网络安全管理、网络安全运作和网络安全技术等四个方面，如图 3-6 所示。

在机构管理机制下，只有利用运作机制和借助技术手段，才可以真正实现网络安全。通过运作认真执行网络安全管理和网络安全技术手段，“七分管理，三分技术，运作贯穿始终”，管理是关键，技术是保障，其中的管理实际上包括管理技术。P2DR 模型是美国 ISS 公司提出的动态网络安全体系的代表模型，也是动态安全模型，包含 Policy（安全策略）、Protection（防护）、Detection（检测）和 Response（响应）四个部分。如图 3-7 所示。

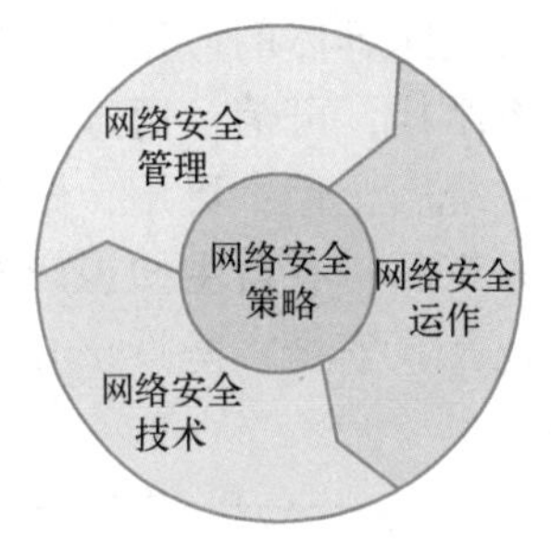

图 3-6　网络安全保障的关键要素

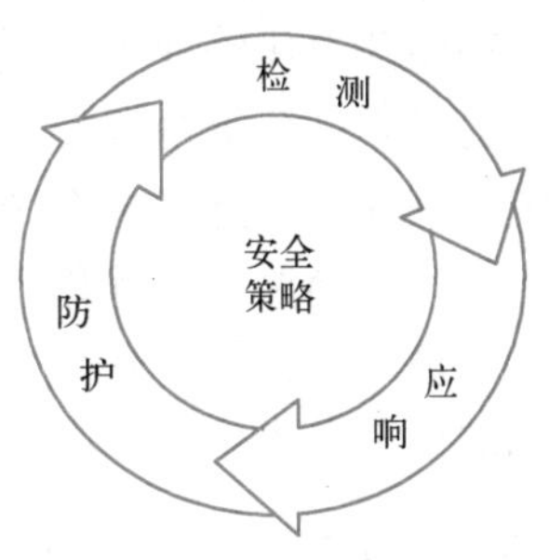

图 3-7　P2DR 模型示意图

（2）网络安全保障总体框架

鉴于网络系统的各种威胁和风险，以往针对单方面具体的安全隐患所提出的具体解决方案具有一定的局限性，应对的措施也难免会顾此失彼。面对新的网络环境和威胁，需要建立一个以深度防御为特点的网络信息安全保障体系。

网络安全保障体系总体框架如图 3-8 所示。此保障体系框架的外围是风险管理、法律法规、标准符合性。

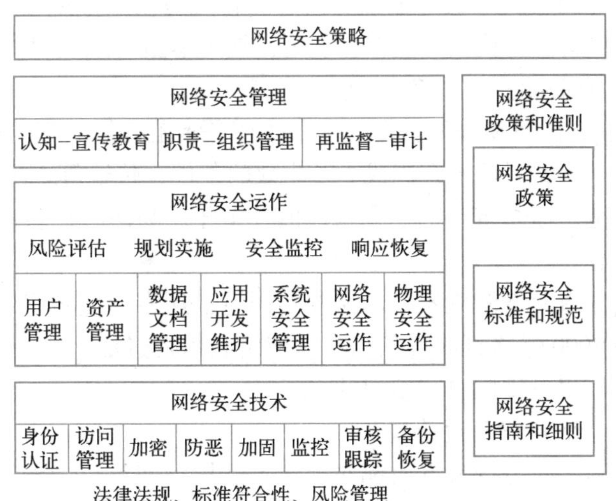

图 3-8　网络安全保障体系总体框架

网络安全管理的本质是对网络信息安全风险进行动态及有效管理和控制。网络安全风险管理是网络运营管理的核心，其中的风险包括信用风险、市场风险和操作风险。网络安全保障体系架构包括五个部分：网络安全策略、网络安全政策和准则、网络安全运作、网络安全管理、网络安全技术。

4. 可信计算网络安全防护体系

国务院《国家中长期科技发展规划纲要（2006—2020 年）》提出“以发展高可信网络为重点，开发网络安全技术及相关产品，建立网络安全技术保障体系”，“十二五”规划有关工程项目都将可信计算列为发展重点，可信计算标准系列逐步制定，核心技术设备形成体系。沈昌祥院士强调：可信计算是网络空间战略最核心技术之一，要坚持“五可一有”的可信计算网络安全防护体系包括：**可知**，是对全部的开源系统及代码完全掌握其细节；

可编，是完全理解开源代码并可自主编写；**可重构**，面向具体的应用场景和安全需求，对基于开源技术的代码进行重构，形成定制化的新体系结构；**可信**，通过可信计算技术增强自主操作系统免疫性，防范自主系统中的漏洞影响系统安全性；**可用**，做好应用程序与操作系统的适配工作，确保自主操作系统能够替代国外产品；**有自主知识产权**，要对最终的系统拥有自主知识产权，保护好自主创新的知识产权及其安全，坚持核心技术专利化，专利标准化，标准推进市场化。

3.1.2　网络安全相关法律法规

教学视频
视频资源 3-2

1. 国外网络安全相关的法律法规

（1）国际合作立法打击网络犯罪

20世纪90年代后，世界多国或组织都采用法律手段来更好地打击利用计算机网络的各种违法犯罪活动，欧盟已成为在刑事领域做出国际规范的典型。

（2）数字化技术保护措施的法律

1996年12月，世界知识产权组织做出了“禁止擅自破解他人数字化技术保护措施”的规定，以此作为保障网络安全的一项主要内容进行规范。后来欧盟、日本、美国等大多数国家和组织都将其作为一种网络安全保护规定，纳入本国（或组织）的法律条款。

（3）同“入世”有关的网络法律

1996年12月，联合国贸易法委员会的《电子商务示范法》在联合国第51次大会上通过，对网络市场中数据电文、网上合同成立及生效的条件、传输等专项领域的电子商务等，都做了十分明确的规范。1998年7月，新加坡的《电子交易法》出台。

（4）其他相关立法

很多国家在制定保障网络健康发展的法规的同时，还专门制定了综合性的、原则性的网络基本法。如韩国2000年修订的《信息通信网络利用促进法》，包括对“信息网络标准化”和实名制的规定，以及民间自律组织的规定等。

（5）民间管理、行业自律及道德规范

世界各国在规范网络使用行为方面都非常注重发挥民间组织的作用，特别是行业自律功能。德国、英国、澳大利亚等国家网络使用的“行业规范”十分严格。

2. 国内网络安全相关的法律法规

【案例3-2】全国人民代表大会常务委员会于2016年11月7日发布了《中华人民共和国网络安全法》，自2017年6月1日起施行，同时于2019年10月26日全国人民代表大会通过了《中华人民共和国密码法》。《中华人民共和国网络安全法》是我国第一部全面规范网络空间安全管理方面问题的基础性法律，是我国网络空间法治建设的重要里程碑，是依法治网、化解网络风险的法律重器，是让互联网在法治轨道上健康运行的重要保障，《中华人民共和国密码法》是为了规范密码应用与管理、促进密码事业发展、保障网络与信息安全、维护国家公共和社会公共利益而颁布的法律。

我国从网络安全整治管理的需要出发，国家及相关部门、行业和地方政府相继制定了多项有关网络安全的法律法规。**我国网络安全立法体系**分为以下三个层面。

第一层面：法律。是全国人民代表大会及其常委会通过的法律规范。我国与网络安全相关的法律有《中华人民共和国宪法》《中华人民共和国刑法》《中华人民共和国治安管理处罚法》《中华人民共和国刑事诉讼法》《中华人民共和国国家安全法》《中华人民共和国保守国家秘密法》《中华人民共和国行政处罚法》《中华人民共和国行政诉讼法》《中华人民共和国行政复议法》《中华人民共和国国家赔偿法》《中华人民共和国立法法》等。

第二个层面：行政法规。主要是国务院为执行宪法和法律而制定的法律规范。与网络信息安全有关的行政法规包括《中华人民共和国计算机信息系统安全保护条例》《中华人民共和国计算机信息网络国际联网管理暂行规定》《计算机信息网络国际联网安全保护管理办法》《商用密码管理条例》《中华人民共和国电信条例》《互联网信息服务管理办法》《计算机软件保护条例》等。

第三个层面：地方性法规、规章、规范性文件。主要是国务院各部、委根据法律和国务院行政法规与法律规范，以及省、自治区、直辖市和较大的市人民政府根据法律、行政法规和本省、自治区、直辖市的地方性法规制定的法律规范性文件。例如，公安部制定的《计算机信息系统安全专用产品检测和销售许可证管理办法》《计算机病毒防治管理办法》《中国人民银行计算机安全管理暂行规定》和有关计算机安全员培训要求等。工业和信息化部制定的《互联网电子公告服务管理规定》《软件产品管理办法》《计算机信息系统集成资质管理办法》《国际通信出入口局管理办法》《国际通信设施建设管理规定》《中国互联网络域名管理办法》《电信网间互联管理暂行规定》等。

3.2　案例分析　网络安全评估准则和方法

网络安全标准是保障网络安全技术和产品在设计、建设、研发、实施、使用、测评和管理维护过程中，解决一致性、可靠性、可控性、先进性和符合性的技术规范和依据，也是政府进行宏观管理的重要手段，是各国信息安全保障体系的重要组成部分。

3.2.1　网络安全评估准则和方法

1. 国外网络安全评估标准

（1）美国 TCSEC（橙皮书）

1983 年，由美国国防部制定的可信计算系统评价准则（Trusted Computer Standards Evaluation Criteria，TCSEC），即网络安全橙皮书，主要利用计算机安全级别评价计算机系统的安全性。它将安全分为安全政策、可说明性、安全保障和文档四个方面（类别）。将这四个方面（类别）又分为七个安全级别，从低到高依次为 D、C1、C2、B1、B2、B3 和 A 级。国际上，对于数据库系统和网络子系统一直用此评估，见表 3-1。

表 3-1　安全级别分类

类别	级别	名　称	主要特征
D	D	低级保护	没有安全保护
C	C1	自主安全保护	自主存储控制
	C2	受控存储控制	单独的可查性，安全标识

（续）

类别	级别	名　　称	主要特征
B	B1	标识的安全保护	强制存取控制，安全标识
	B2	结构化保护	面向安全的体系结构，较好的抗渗透能力
	B3	安全区域	存取监控、高抗渗透能力
A	A	验证设计	形式化的最高级描述和验证

通常，网络系统的安全级别设计需要从数学角度上进行验证，而且必须进行秘密通道分析和可信任分布分析。

（2）美国联邦准则（FC）

美国联邦准则（FC）标准参照了橙皮书 TCSEC 与加拿大的评价标准 CTCPEC，目的是提供 TCSEC 的升级版本，同时保护已有建设和投资。FC 是一个过渡标准，之后结合 ITSEC 发展为联合公共准则。

（3）欧洲 ITSEC（白皮书）

信息技术安全评估标准（Information Technology Security Evaluation Criteria，ITSEC），俗称欧洲的白皮书，将保密作为安全增强功能，仅限于阐述技术安全要求，并未将保密措施直接与计算机功能相结合。ITSEC 是位于欧洲的英国、法国、德国和荷兰四国在借鉴橙皮书的基础上，于 1989 年联合提出的。

（4）通用评估准则（CC）

通用评估准则（Common Criteria for IT Security Evaluation，CC）由美国等国家与国际标准化组织联合提出，并结合 FC 及 ITSEC 的主要特征，强调将网络信息安全的功能与保障分离，将功能需求分为 9 类 63 族（项），将保障分为 7 类 29 族。CC 的先进性体现在其结构的开放性、表达方式的通用性，以及结构及表达方式的内在完备性和实用性四个方面。CC 标准于 1996 年发布第一版，充分结合并替代了 ITSEC、TCSEC、CTCPEC、FC 等国际上重要的信息安全评估标准，从而成为通用评估准则。

（5）ISO 安全体系结构标准

开放系统标准建立框架的依据是国际标准 ISO 7498-2-1989《信息处理系统　开放系统互联、基本模型　第 2 部分：安全体系结构》。此标准给出了网络安全服务与有关机制的基本描述，确定了在参考模型内部可提供的服务与机制。并在身份认证、访问控制、数据加密、数据完整性和防止抵赖方面，提供五种网络安全服务，见表 3-2。

表 3-2　ISO 提供的安全服务

服　务	用　途
身份验证	身份验证是证明用户及服务器身份的过程
访问控制	用户身份一经过验证就发生访问控制，这个过程决定用户可以使用、浏览或改变哪些系统资源
数据保密	这项服务通常使用加密技术保护数据免于未授权的泄露，可避免被动威胁
数据完整性	这项服务通过检验或维护信息的一致性，避免主动威胁
防止抵赖	抵赖是指否认曾参加全部或部分事务的能力，防抵赖服务提供关于服务、过程或部分信息的起源证明或发送证明

目前，国际上通行的同网络信息安全有关的标准主要可以分为三大类，如图 3-9 所示。

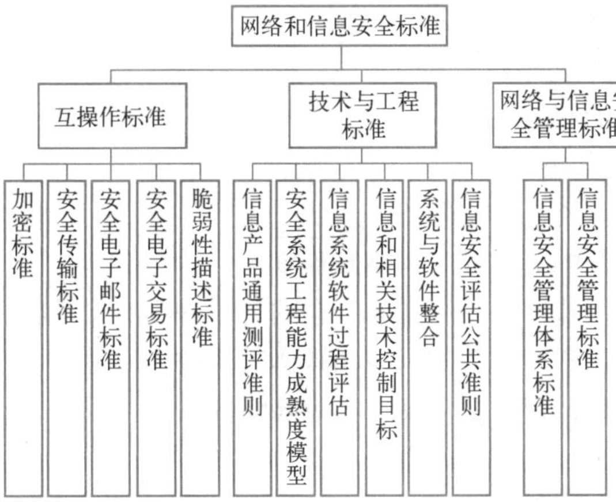

- 网络和信息安全标准
  - 互操作标准
    - 加密标准
    - 安全传输标准
    - 安全电子邮件标准
    - 安全电子交易标准
    - 脆弱性描述标准
  - 技术与工程标准
    - 信息产品通用测评准则
    - 安全系统工程能力成熟度模型
    - 信息系统软件过程评估
    - 信息和相关技术控制目标
    - 系统与软件整合
    - 信息安全评估公共准则
  - 网络与信息安全管理标准
    - 信息安全管理体系标准
    - 信息安全管理标准

图 3-9　有关网络信息安全的标准

2. 国内网络安全评估准则

（1）系统安全保护等级划分准则

1999 年 10 月，国家质量技术监督局批准发布了“系统安全保护等级划分准则”，主要依据 GB 17859《计算机信息系统安全保护等级划分准则》和 GA 163《计算机信息系统安全专用产品分类原则》，将计算机系统安全保护划分为用户自我保护级、系统审计保护级、安全标记保护级、结构化保护级和访问验证保护级五个级别，见表 3-3。

表 3-3　我国计算机系统安全保护等级划分

等级	名　称	具体描述
第一级	用户自我保护级	安全保护机制可以使用户具备安全保护的能力，保护用户信息免受非法的读写破坏
第二级	系统审计保护级	除具备第一级所具有的安全保护功能外，要求创建和维护访问的审计跟踪记录，使所有用户对自身行为的合法性负责
第三级	安全标记保护级	除具备前一级所具有的安全保护功能外，还要求以访问对象标记的安全级别限制访问者的权限，实现对访问对象的强制访问
第四级	结构化保护级	除具备前一级所具有的安全保护功能外，还将安全保护机制划分为关键部分和非关键部分，对关键部分可直接控制访问者对访问对象的存取，从而加强系统的抗渗透能力
第五级	访问验证保护级	除具备前一级所具有的安全保护功能外，还特别增设了访问验证功能，负责仲裁访问者对访问对象的所有访问

（2）我国网络信息安全标准化现状

网络信息安全的标准事关国家安全利益，各国均在借鉴国际标准的基础上，结合本国国情制定并完善信息安全标准化组织和标准。其标准不仅是网络信息安全保障体系的重要组成部分，还是政府进行宏观管理的重要依据。

3.2.2　网络安全的测评方法

相关机构根据网络安全评估结果、业务的安全需求、安全策略和安全目标，提出了合理的安全防护措施建议和解决方案，具体测评可从网络安全管理的计划、规划、设计、策略和技术措施等方面进行。

1. 网络安全测评的目的和方法

（1）网络安全测评的目的

网络安全测评的目的如下。

1）搞清机构具体信息资产的实际价值及状况。

2）确定机构信息资源的具体威胁风险及程度。

3）通过调研分析并了解网络系统实际存在的具体漏洞隐患及状况。

4）明确与该机构信息资产有关的风险和具体需要改进之处。

5）提出改变现状的具体建议和方案，将风险降低到可接受程度。

6）为构建合适的安全计划和策略做好准备。

（2）网络安全常用测评类型

网络安全通用的测评类型分为5个，具体如下。

1）系统级漏洞测评。主要检测系统漏洞、系统安全隐患和基本安全策略及状况等。

2）网络级风险测评。主要测评相关的所有网络及信息基础设施的风险范围情况。

3）机构的风险测评。对整个机构进行整体风险分析，分析对其信息资产的具体威胁和隐患，分析处理信息漏洞和隐患，对实体系统及运行环境的各种信息进行检验。

4）实际入侵测试。对具有成熟系统安全程序的机构，检验该机构对具体模式网络入侵的实际反应能力。

5）审计。深入实际检查具体的安全策略和记录情况，以及该组织具体执行的情况。

（3）网络安全常用调研及测评方法

调研和测评时主要收集调研对象、文本查阅和物理检验这三种基本信息源。调研对象主要是指现有系统安全和组织实施相关人员，重点为熟悉情况和管理者。

2. 网络安全测评标准和内容

1）安全测评前提。在进行网络安全实际测评前，主要重点考查服务器和终端及其网络设备安装区域环境的安全性、设备和设施的质量安全可靠性、外部运行环境及内部运行环境相对安全性这三个方面的测评因素，以及系统管理员可信任度和配合测评愿意情况等。

2）测评依据和标准。以ISO或国家有关的通用评估准则CC、《信息技术安全性评估通用准则》《计算机信息系统安全保护等级划分准则》和《信息安全等级保护管理办法（试行）》等作为评估标准。

经过各方认真研究和协商达成的标准及协议，也可作为网络安全测评的重要依据。

3）具体测评内容。网络安全的评估内容主要包括安全策略测评、网络实体（物理）安全测评、网络体系安全测评、安全服务测评、病毒防护安全性测评、审计安全性测评、备份安全性测评、紧急事件响应测评和安全组织与管理测评等。

3. 网络安全策略测评

1）测评事项。利用网络系统规划及设计文档、安全需求分析文档、网络安全风险测评文档和网络安全目标，测评网络安全策略的有效性。

2）测评方法。采用专家分析的方法，主要测评安全策略实施及效果，如安全需求是否满足、安全目标是否能够实现、安全策略是否有效、实现是否容易、是否符合安全设计原则、各安全策略一致性等。

3）测评结论。依据测评的具体结果，对比网络安全策略的完整性、准确性和一致性。

4. 网络实体安全测评

1）实体安全的测评项目。测评项目包括网络基础设施、配电系统，服务器、交换机、路由器、配线柜、主机房，工作站、工作间，记录媒体及运行环境。

2）测评方法。采用专家分析法，主要测评对物理访问控制、安全防护措施、备份及运行环境等的要求是否实现、是否满足安全需求。

3）测评结论。依据实际测评结果，确定网络系统的实际实体安全及运行环境情况。

5. 网络体系的安全性测评

（1）网络隔离的安全性测评

1）测评项目。主要包括网络系统内部与外部的隔离安全性、内部虚网划分和网段划分的安全性、远程连接（VPN、交换机、路由器等）的安全性 3 个方面。

2）测评方法。主要利用检测侦听工具，测评防火墙过滤和交换机、路由器实现虚拟网划分的情况。采用漏洞扫描软件测评防火墙、交换机和路由器是否存在安全漏洞及其程度。

3）测评结论。依据实际测评结果，表述网络隔离的安全性情况。

（2）网络系统配置安全性测评

1）测评项目。主要包括网络设备（如路由器、交换机、集线器）网络管理代理默认值修改，防止非授权用户远程登录路由器、交换机等网络设备等，服务模式的安全设置是否合理，服务端口开放及具体管理情况，应用程序及服务软件版本加固和更新程度；操作系统的漏洞及更新情况，网络系统设备的安全性情况。

2）测评方法和工具。常用的测评方法和工具包括采用漏洞扫描软件测试网络系统存在的漏洞和隐患情况；检查网络系统采用的各设备安全性得到认证情况；依据设计文档，检查网络系统配置是否被更改和更改原因等是否满足安全需求。

3）测评结论。依据测评结果，表述网络系统配置的安全情况。

（3）网络防护能力测评

1）测评内容。主要测评对拒绝服务、电子欺骗、网络侦听、入侵等攻击形式是否采取了相应的防护措施及防护措施是否有效。

2）测评方法。用模拟攻击和漏洞扫描软件测评网络防护能力。

3）测评结论。依据具体测评结果，具体表述网络防护能力。

（4）服务的安全性测评

1）测评项目。测评项目主要包括两个方面：一方面是服务隔离的安全性，以信息机密级别要求进行服务隔离；另一方面是服务的脆弱性分析，主要测试系统开放的服务，如 DNS、FTP、E-mail、HTTP 等，是否存在安全漏洞和隐患。

2）测评方法。常用的测评方法主要有两种，一种是采用系统漏洞检测扫描工具，测试网络系统开放的服务是否存在安全漏洞和隐患；另一种是模拟各项业务和服务运行环境及条件，检测具体运行情况。

3）测评结论。依据实际测评结果，表述网络系统服务的安全性。

（5）应用系统的安全性测评

1）测评项目。主要测评应用程序是否存在安全漏洞；应用系统的访问授权、访问控制等防护措施（加固）的安全性。

2）测评方法。主要采用专家分析和模拟测试的方法。

3）测评结论。依实际测评结果，对应用程序的安全性进行全面评价。

6. 安全服务的测评

1）测评项目。主要包括认证、授权、数据安全性（保密性、完整性、可用性、可控性、可审查性）、逻辑访问控制等。

2）测评方法。采用扫描检测等截获数据包，分析上述各项是否满足安全需求情况。

3）测评结论。依据测评结果，表述安全服务的充分性和有效性。

7. 病毒防护安全性测评

病毒防护安全性测评主要包括以下几个方面。

1）测评项目。主要检测服务器、工作站和网络系统配备有效的防病毒软件及病毒清查的执行情况。

2）测评方法。主要利用专家分析和模拟测评等测评方法。

3）测评结论。依据测评结果，表述计算机病毒防范实际情况。

8. 审计的安全性测评

审计的安全性测评主要包括以下几个方面。

1）测评项目。主要包括审计数据的生成方式安全性、数据充分性、存储安全性、访问安全性及防篡改的安全性。

2）测评方法。主要采用专家分析和模拟测试等测评方法。

3）测评结论。依据测评的具体结果表述审计的安全性。

9. 备份的安全性测评

备份的安全性测评主要包括以下几个方面。

1）测评项目。主要包括备份方式的有效性、备份的充分性、备份存储的安全性和备份的访问控制情况等。

2）测评方法。采用专家分析的方法，依据系统的安全需求、业务的连续性计划，测评备份的安全性情况。

3）测评结论。依据测评结果，表述备份系统的安全性。

10. 紧急事件响应测评

紧急事件响应测评主要包括以下几个方面。

1）测评项目。主要包括紧急事件响应程序及其有效应急处理情况，以及平时的应急准备情况（备份、培训和演练）。

2）测评方法。模拟紧急事件响应条件，检测响应程序是否有序且有效处理安全事件。

3）测评结论。依据实际测评结果，对紧急事件响应程序和应急预案及措施的充分性、有效性进行对比评价。

11. 安全组织和管理测评

安全组织和管理测评主要包括以下几个方面。

(1) 相关测评项目

1) 建立安全组织机构和设置安全机构（部门）情况。

2) 检查网络管理条例及落实情况，明确规定网络应用目的、应用范围、应用要求、违反惩罚规定、用户入网审批程序等情况。

3) 每个相关网络人员的安全职责是否明确及落实情况。

4) 查清合适的信息处理设施授权程序。

5) 实施网络配置管理情况。

6) 规定各作业的合理工作规程情况。

7) 明确具体的人员安全管理规程情况。

8) 记载翔实、有效的安全事件响应程序情况。

9) 有关人员涉及各种管理规定，对其详细内容掌握情况。

10) 机构相应的保密制度及落实情况。

(2) 安全测评方法

主要利用专家分析的方法、考核法、审计方法和调查的方法。

(3) 主要测评结论

由实际测评结果，评价安全组织机构和安全管理有效性。

*3.3　典型应用　网络安全制度、策略和规划

【案例 3-3】针对大中规模虚拟专用网（VPN）网络管理的解决方案，上海安达通信息安全技术有限公司（ADT）推出了“ADT 安全网管平台”，通过该平台可实现对 ADT 系列安全网关和第三方 VPN 设备进行全面的集中管理、监控、统一认证等功能。网管平台由网关监控平台、策略服务平台、安全网关单机配置软件和数字证书平台四部分组成。基于 ADT 安全网管平台可以快速高效工作，具备上千节点的 VPN 网络可在很短时间内完成以前几个月才能完成的繁重网络管理和调整任务。

3.3.1　网络安全的管理制度

网络安全管理机构和规章制度是实现网络安全的组织与制度保障。网络安全管理制度包括人事资源管理、资产物业管理、教育培训、资格认证、人事考核鉴定制度、动态运行机制、日常工作规范、岗位责任制度等。

1. 完善管理机构和岗位责任制

网络安全涉及整个机构和系统的安全、效益及声誉。系统安全保密工作最好由单位主要领导负责，必要时设置专门机构（如安全管理中心等），协助主要领导管理。

完善专门的安全防范组织和人员。各单位须建立相应的网络信息系统安全委员会、安全小组、安全员。网络安全组织成员应由主管领导、安全保卫、信息中心、人事、审计等

部门的工作人员组成，必要时可聘请相关部门的专家。

制定各类人员的岗位责任制，严格纪律、管理和分工的原则，不准串岗、兼岗，严禁程序设计师同时兼任系统操作员，严格禁止系统管理员、终端操作员和系统设计人员混岗。

专职安全管理人员具体负责本系统区域内安全策略的实施，保证安全策略长期有效。

安全审计人员监视系统运行情况，收集对系统资源的各种非法访问事件，并对非法事件进行记录、分析和处理。及时将审计事件上报主管部门。

保安人员负责非技术性常规安全工作，如系统场所的警卫、办公安全、出入门验证等。

2. 健全安全管理规章制度

建立健全完善的安全管理规章制度，并认真贯彻落实非常重要。常用的**网络安全管理规章制度**包括以下 7 个方面：系统运行维护管理制度、计算机处理控制管理制度、文档资料管理、建立健全操作及管理人员的管理制度、机房安全管理规章制度、其他的重要管理制度和风险分析及安全培训。

3. 坚持合作交流制度

维护互联网安全是全球的共识和责任，网络运营商更负有重要责任，应对此高度关注，发挥互联网积极、正面的作用，包括对青少年在内的广大用户负责。各级政府也有责任为企业和消费者创造一个共享、安全的网络环境，同时也需要行业组织、企业和各利益相关方的共同努力。因此，应当大力加强与相关业务往来单位和安全机构的合作与交流，密切配合共同维护网络安全，及时获得必要的安全管理信息以及专业技术上的支持与更新。

3.3.2　网络安全策略及规划

网络安全策略是指在某个特定的环境中，为达到一定级别的网络安全保护需求所遵循的各种规则和条例。包括对企业各种网络服务的安全层次和权限的分类，确定管理员的安全职责，主要涉及实体（物理）安全策略、访问控制策略、信息加密策略和网络安全管理策略四个方面。

1. 网络安全策略总则

网络安全策略是实现网络安全的指导性文件，包括总体安全策略和具体安全管理实施细则。制定时应按网络安全特点，遵守的原则有均衡性原则、最小限度原则、动态性原则。

2. 网络安全策略的内容

网络基本都由网络硬件、网络连接、操作系统、网络服务和数据组成，网络管理员或安全管理员负责安全策略的实施，网络用户则应当严格按照安全策略的规定使用网络提供的服务。根据不同的安全需求和对象，可以确定不同的安全策略。如访问控制策略是网络安全防范的主要策略，任务是保证网络资源不被非法访问和使用。主要包括入网访问控制策略、操作权限控制策略、目录安全控制策略、属性安全控制策略、网络服务器安全控制策略、网络监测、锁定控制策略和防火墙控制策略 8 个方面的内容。

3. 网络安全策略的制定与实施

（1）网络安全策略的制定

网络安全策略是在指定安全需求等级、环境和区域内，与安全活动有关的规则和条例，是网络安全管理过程的重要内容和方法。

网络安全策略包括 3 个**重要组成部分**：安全立法、安全管理、安全技术。安全立法是第一层，有关网络安全的法律法规可分为社会规范和技术规范；安全管理是第二层，主要指一般的行政管理措施；安全技术是第三层，是网络安全的重要物质和技术基础。

(2) 网络安全策略的实施

网络安全策略的实施主要包括以下几个方面。

1）存储重要数据和文件。

2）及时更新和加固系统。

3）加强系统检测与监控。

4）做好系统日志和审计。

5）提高网络安全检测和整体防范能力以及技术措施。

4. 网络安全的规划

网络安全的规划主要内容包括网络安全规划的基本原则、安全管理控制策略、安全组网、安全防御措施、网络安全审计和规划实施等。规划种类较多，其中，网络安全建设规划包括指导思想、基本原则、现状及需求分析、建设政策依据、实体安全建设、运行安全策略、应用安全建设和规划实施等。篇幅所限只概述制定规划的基本原则。

制定网络安全规划的基本原则重点考虑 6 个方面：统筹兼顾、全面考虑、整体防御与优化、强化管理、兼顾性能、科学制定与实施。

3.4　要点小结

网络安全管理保障体系与安全技术的紧密结合至关重要。本章简要介绍了网络安全管理与保障体系和网络安全管理的基本过程。网络安全保障包括信息安全策略、信息安全管理、信息安全运作和信息安全技术，其中，管理是企业管理行为，主要包括安全意识、组织结构和审计监督；运作是日常管理的行为；技术是信息系统的行为。网络安全是在企业管理机制下，通过运作机制借助技术手段实现的。“七分管理，三分技术，运作贯穿始终”，管理是关键，技术是保障。

本章还概述了国外在网络安全方面的法律法规和我国网络安全方面的法律法规。介绍了包括国外网络安全评估准则、国内安全评估通用准则、网络安全评估的目标内容和方法等各种国内外网络安全评估准则和测评相关内容。同时，概述了网络安全策略和规划，包括网络安全策略的制定与实施、网络安全规划基本原则；还介绍了网络安全管理的基本原则，以及健全安全管理机构和制度，最后，联系实际应用，概述了 Web 服务器的安全设置与管理实验的实验目的、要求、内容和步骤。

3.5　实验 3-1　Web 服务器安全设置

Web 服务器的安全设置与管理操作对网络系统的安全管理而言是十分重要的，并且可以为 Web 安全应用与服务及以后就业奠定重要的基础。

3.5.1　实验目的

Web 服务器的安全设置与管理是网络安全管理中一项十分重要的内容。学生可以通过实验较好地掌握 Web 服务器的安全设置与管理的内容、方法和过程，从而理论联系实际，提高对服务器安全管理、分析问题和解决问题的实际能力。

3.5.2　实验要求

在 Web 服务器的安全设置与管理实验过程中，应当先做好实验的准备工作，实验时应注意掌握具体的操作界面、实验内容、实验方法和实验步骤，重点是服务器的安全设置与服务器日常管理实验过程中的具体操作要领、顺序和细节。

3.5.3　实验内容和步骤

在以往出现过服务器被黑客攻击的事件中，由于对服务器安全设置或管理不当等原因造成的较多。一旦服务器被恶意破坏，就会造成重大损失，需要花费更多的时间来恢复。

（1）服务器准备工作

通常需要先将服务器硬盘格式化为 NTFS 类型，而不用 FAT32 类型。分区安排：C 盘为系统盘，存放操作系统等系统文件；D 盘存放常用的应用软件；E 盘存放网站。然后，设置磁盘权限：C 盘为默认，D 盘安全设置为 Administrator 和 System 完全控制，并将其他用户删除；E 盘只存放一个网站，设置为 Administrator 和 System 完全控制，Everyone 读取，如果网站上某段代码需要写操作时，应更改该文件所在的文件夹权限。

安装操作系统 Windows Server 2022 如图 3-10 所示。系统安装过程中应本着最小服务原则，不选择无用的服务，达到系统的最小安装，在安装 IIS（互联网信息服务）的过程中，只安装必要的最基本功能。

（2）网络安全配置

网络安全最基本的设置是端口。在“Windows 防火墙”界面的左侧选择“高级设置”，然后单击“入站规则”或者是“出站规则”，选择“新建规则”设置端口。只打开网站服务所需要使用的端口，配置界面如图 3-11 所示。在进行安全设置后，服务器不能使用域名解析，可以防止一般规模的分布式拒绝服务攻击（DDoS），从而使外部上网访问更为安全。

图 3-10　安装 Windows Server 2022

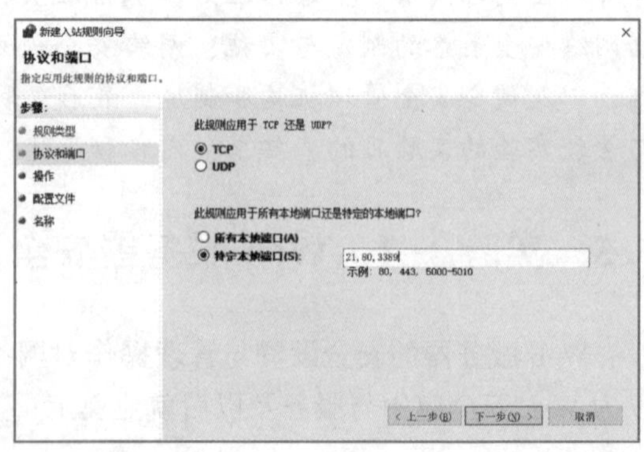

图 3-11　配置打开网站服务所需端口

(3) 安全模板设置

运行 MMC，添加独立管理单元“安全模板”，右键选择“新加模板”添加“new”模板，双击“new”配置“账户策略”“本地策略”“系统服务”等信息，注意可能会导致某些“被限制”软件无法运行或运行出错。如查看设置的 IE 禁用网站，则可将该网站添加到“本地 Intranet”或“受信任的站点”区域包含列表中。如图 3-12 所示。

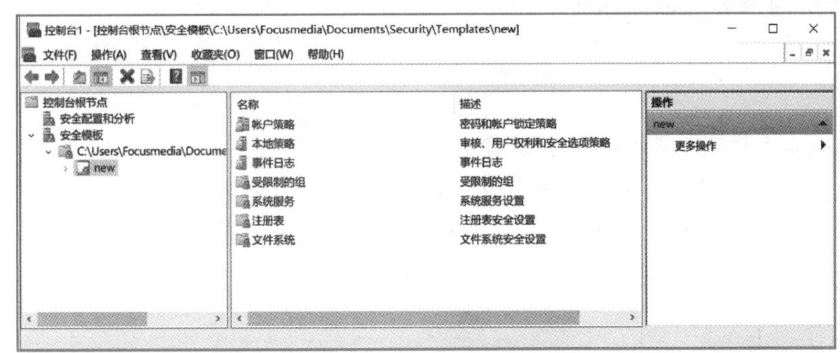

图 3-12　安全模板设置界面

(4) Web 服务器的设置

以 IIS 为例，一定不要使用 IIS 默认安装的 Web 目录，而需要在 E 盘新建立一个目录。然后在 IIS 管理器中右击“主机”，选择“属性”和“WWW 服务”，在“编辑”中选择“主目录配置”及“应用程序映射”，只保留 asp 和 asa，其余全部删除。

(5) ASP 的安全

由于大部分木马都是用 ASP 编写的，因此，在 IIS 系统上 ASP 组件的安全非常重要。

(6) 服务器日常管理

服务器管理工作必须规范，特别是有多个管理员时，**服务器日常管理工作**包括以下几个方面。

1) 定时重启服务器。各服务器保证每周重新启动一次并复查，确认启动后服务器各项服务都恢复正常。对于没有启动或服务未能及时恢复的情况，要采取相应措施。

2) 检查安全性能。至少保证每周登录及大致检查服务器各两次，并将结果登记在册。如需使用工具进行检查，可直接在 e：tools 中查到相关工具。

3) 备份数据。保证至少每月备份一次服务器系统数据，通常采用 ghost 方式。

4) 监控服务器。每天监视服务器状态，若发现服务停止要及时采取相应措施。

5) 清理相关日志。对各服务器保证每月对相关日志进行一次保存后清理，对应的各项日志有应用程序日志、安全日志、系统日志等。

6) 更新补丁及应用程序。对于新发布的系统漏洞补丁或应用程序在安全等方面的更新，一定要及时对各服务器打上补丁和更新，尽量选择自动更新。

7) 服务器的隐患检查。主要包括安全隐患、性能等方面的检测及扫描。各服务器必须保证每月重点单独检查一次，对每次检查结果应进行记录。

8) 变动告知。当服务器的软件更改或由于其他原因需要安装/卸载新的应用程序等操作，必须告知所有管理员。

9) 定期更改管理密码。以保证服务器安全。

3.6 实验 3-2 统一威胁资源管理

统一威胁管理（Unified Threat Management，UTM）平台，实际上类似于多功能安全网关，与路由器和三层交换机不同的是，UTM 不仅可以连接不同的网段，在数据通信过程中还提供了丰富的网络安全管理功能。

3.6.1 实验目的

1）掌握应用 UTM 的主要功能、设置与管理方法和过程。

2）提高利用 UTM 进行网络安全管理、分析和解决问题的能力。

3）为以后更好从事相关网络安全管理工作奠定重要的基础。

3.6.2 实验要求和方法

通过对 UTM 平台的功能、设置与管理方法和过程的实验，应当先做好实验的准备工作，实验时注意掌握具体的操作界面、实验内容、实验方法和实验步骤，重点是 UTM 功能、设置与管理方法和实验过程中的具体操作要领、顺序和细节。

3.6.3 实验内容和步骤

（1）UTM 集成的主要功能

各种 UTM 平台的功能略有差异。H3C 的 UTM 功能较全，特别是具备在应用层识别用户的网络应用，控制网络中各种应用的流量，并记录用户上网行为的上网行为审计功能，相当于更高集成度的多功能安全网关。不同的 UTM 平台比较见表 3-4。

表 3-4　不同的 UTM 平台比较

品牌 功能列表	H3C	Cisco	Juniper	Fortinet
防火墙功能	✓（HC3）	✓（Cisco）	✓（Juniper）	✓（Fortinet）
VPN 功能	✓（HC3）	✓（Cisco）	✓（Juniper）	✓（Fortinet）
防病毒功能	✓（卡巴斯基）	✓（趋势科技）	✓（卡巴斯基）	✓（Fortinet）
防垃圾邮件功能	✓（Commtouch）	✓（趋势科技）	✓（赛门铁克）	✓（Fortinet）
网站过滤功能	✓（Secure Computing）	✓（WebSense）	✓（WebSense；SurControl）	○（无升级服务）
防入侵功能	✓（H3C）	✓（Cisco）	✓（Juniper）	○（未知）
应用层流量识别和控制	✓（H3C）	×	×	×
用户上网行为审计	✓（H3C）	×	×	×

UTM 集成软件的主要功能包括访问控制功能、防火墙功能、VPN 功能、入侵防御系统功能、病毒过滤、网站及 URL 过滤、流量管理控制、上网行为审计等。

（2）操作步骤及方法

经过登录并简单配置，即可直接管理 UTM 平台。

1）通过命令行设置管理员账号，登录设备方法：console 登录 XX 设备，命令行设置管理员账号→设置接口 IP →启动 Web 管理功能→设置 Web 管理路径→使用 Web 登录访问。

2）通过命令行接口 IP 登录设备方法：console 登录 XX 设备，命令行接口 IP →启动 Web 管理功能→设置 Web 管理路径→使用 Web 登录访问。

3）利用默认用户名密码登录：H3C 设置管理 PC 的 IP 为 192.168.0.X →默认用户名密码直接登录，如图 3-13 所示。

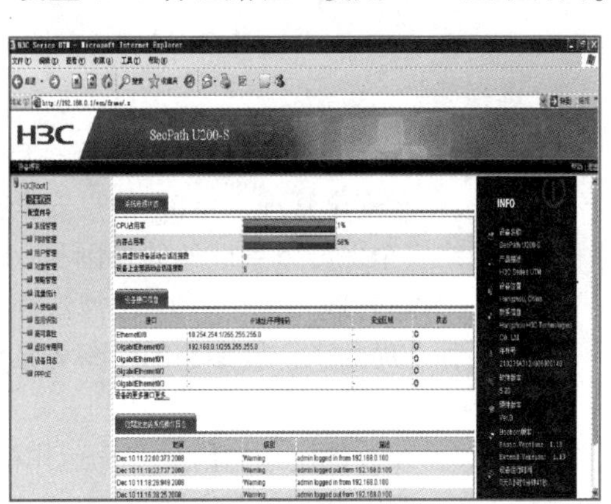

图 3-13　利用默认用户名密码登录

通常，防火墙的配置方法如下。

1）只要设置管理 PC 的网卡地址，连接 g0/0 端口，就可以从此进入 Web 管理界面。

2）配置外网端口地址，将外网端口加入安全域，如图 3-14 所示。

3）配置内网到外网的静态路由，如图 3-15 所示。

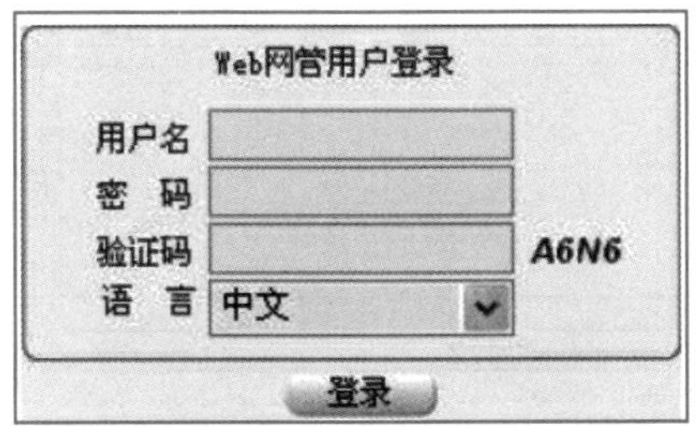

图 3-14　配置外网端口地址并加入安全域

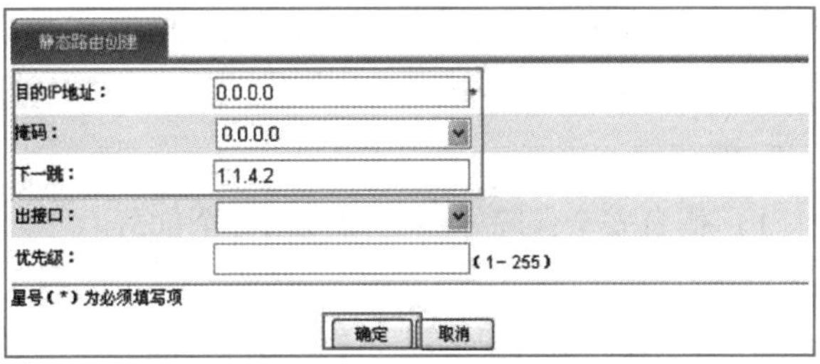

静态路由创建
目的IP地址：0.0.0.0
掩码：0.0.0.0
下一跳：1.1.4.2
出接口：
优先级：（1-255）
星号（*）为必须填写项
确定　取消

图 3-15　配置内网到外网的静态路由

在防火墙设置完成之后，就可以直接登录上网。

流量定义和策略设定。激活高级功能，然后“设置自动升级”，并依此完成定义全部流量、设定全部策略、应用全部策略，如图 3-16 所示。可以设置防范病毒等 5 大功能，还可以管控网络的各种流量、用户应用流量及统计情况，如图 3-17 所示。

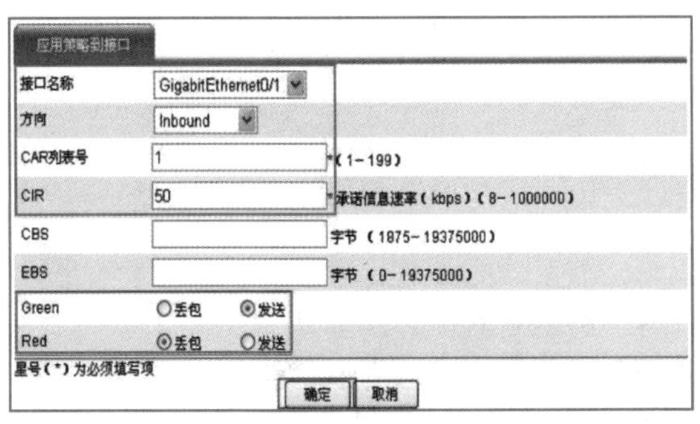

图 3-16　流量定义和策略设定

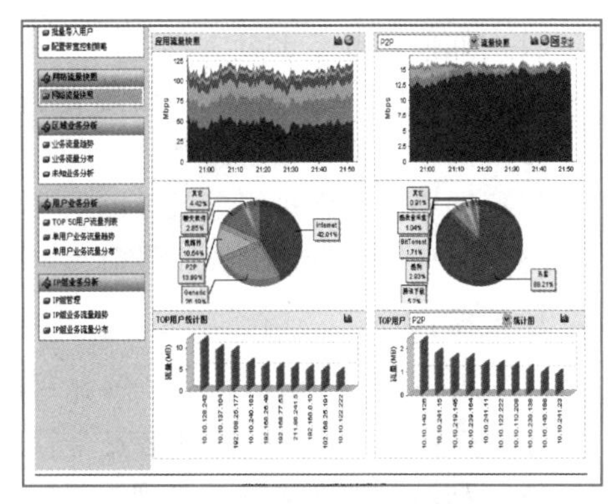
图 3-17　管控及统计网络流量

3.7 练习与实践3

1. 选择题

(1) 网络安全保障包括信息安全策略和（　　）。

A. 信息安全管理　　B. 信息安全技术　　C. 信息安全运作　　D. 上述三点

(2) 网络安全保障体系框架的外围是（　　）。

A. 风险管理　　B. 法律法规　　C. 标准的符合性　　D. 上述三点

(3) 一种全局的、全员参与的、事先预防、事中控制、事后纠正、动态的运作管理模式，是基于风险管理理念和（　　）。

A. 持续改进模式的信息安全运作模式　　B. 网络安全管理模式

C. 一般信息安全运作模式　　D. 以上都不对

(4) 我国网络安全立法体系框架分为（　　）。

A. 构建法律、地方性法规和行政规范

B. 法律、行政法规和地方性法规、规章、规范性文档

C. 法律、行政法规和地方性法规

D. 以上都不对

2. 填空题

(1) 信息安全保障体系架构包括五个部分：________、________、________、________和________。

(2) TCP/IP网络安全管理体系结构，包括三个方面：________、________、________。

(3) ________是信息安全保障体系的一个重要组成部分，按照________的思想，为实现信息安全战略而搭建。一般来说防护体系包括________、________和________三层防护结构。

(4) 网络安全策略包括3个重要组成部分：________、________和________。

(5) 网络安全保障包括________、________、________和________四个方面。

3. 简答题

(1) 如何理解“七分管理，三分技术，运作贯穿始终”？

(2) 国外的网络安全法律法规和我国的网络安全法律法规有何差异？

(3) 网络安全评估准则和方法的内容是什么？

(4) 网络安全管理规范及策略有哪些？

(5) 简述安全管理的原则及制度要求。

4. 实践题

(1) 调研一个网络中心，了解并写出实体安全的具体要求。

(2) 查看一台计算机的网络安全管理设置情况，如果不合适进行调整。

(3) 利用一种网络安全管理工具，对网络安全性进行实际检测并分析。

(4) 调研一个企事业单位，了解计算机网络安全管理的基本原则与工作规范情况。

(5) 结合实际论述如何贯彻落实机房的各项安全管理规章制度。

第4章　黑客攻防与检测防御

随着互联网的广泛普及和应用，各行各业基于网络的依赖程度对社会的发展产生了巨大深远的影响，人们的生活和工作方式在很大程度上也得到了改变。随之而来的是日益突出的网络安全问题，尤其是黑客的攻击和威胁严重影响了网络环境的安全。近年来的大数据、云计算、物联网、移动互联网等新一代应用和技术的发展，在促进应用创新发展的同时，安全威胁也在不断加大。2017年6月1日，《中华人民共和国网络安全法》正式颁布与实施，也预示着网络安全的要求上升到了一个新的高度。

教学目标

- 掌握黑客攻击的目的及攻击步骤
- 熟悉黑客常用的攻击技术和工具软件
- 理解防范黑客的具体有效措施
- 熟悉入侵检测与防御系统的概念、功能、特点和应用方法
- 学会网络扫描和入侵攻防操作实验

4.1　知识要点

【案例4-1】 SolarWinds供应链攻击从规模、影响力和潜在威胁性来看，被认为是过去十年最重大的网络安全事件。2020年12月，SolarWinds供应链攻击渗透了美国五角大楼、财政部、白宫、国家核安全局等在内的几乎所有关键部门，电力、石油、制造业等十多个关键基础设施中招，思科、微软、英特尔、VMware、英伟达等科技巨头以及超过9成的500强企业也未能幸免，其被CISA定义为“美国关键基础设施迄今面临的最严峻的网络安全危机”。

4.1.1　黑客的概念及攻击途径

教学视频

视频资源4-1

1. 黑客的概念及产生

(1) 黑客的相关概念

黑客（Hacker）是音译词，最早源自英文动词“hack”。黑客最初并不是“贬义词”，它原本指的是那些对计算机及计算机网络漏洞有深入研究的爱好者及专业技术人员。但是随着近年来“勒索病毒”“网络攻击”“信息泄密”等网络安全事件的日益凸显，以至于人们谈“黑客”色变。实际上人们把以窃取他人信息、破坏重要数据来达到牟利的“黑客”称为“骇客”，该名称来自英文“Cracker”，意为“破坏者”或“入侵者”。

黑客的概念随着信息技术的快速发展和网络安全问题的出现被**定义**为，泛指在计算机技术上有一定特长，并通过各种不正当的手段躲过网络系统安全措施和访问控制，进入他

人的计算机网络进行非授权活动的人。

(2) 黑客的分类

从黑客进行网络攻击的目的可以将其分为两类。

1) 普通黑客：没有牟利目的的黑客，这类黑客多为技术的爱好者，有一定的职业操守与道德、法制观念，但是此类行为仍然不被提倡和允许。

2) 恶意攻击黑客：其网络攻击的目的就是获得目的主机的控制权，从而通过植入木马、暴力破解等形式获得、窃取和损坏数据、信息，此类黑客即为“Cracker”。

2. 黑客的攻击途径

(1) 黑客攻击的漏洞

黑客攻击主要借助计算机网络系统的漏洞。漏洞又称系统漏洞，是指在硬件、软件、协议的具体实现或系统安全策略上存在的缺陷，以及网络系统的漏洞和隐患，才使黑客攻击有机可乘。产生漏洞并为黑客所利用的原因包括计算机网络协议本身的缺陷、系统研发的缺陷、系统配置不当、系统安全管理中的问题。

(2) 黑客入侵通道

计算机是通过网络端口实现与外部通信的连接，黑客攻击是将系统和网络设置中的各种端口作为入侵通道，包括数据结构和输入/输出缓冲区、通信传输与服务的接口。

4.1.2 黑客攻击目的及过程

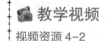

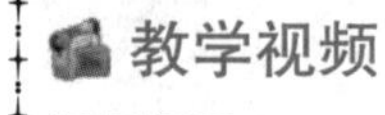

视频资源 4-2

1. 黑客攻击的目的

经过大量的案例分析，概括出黑客实施攻击主要目的有以下两种。

1) 为了得到物质利益，主要是指获取金钱和财物，包括窃取情报、报复、金钱、政治目的。

2) 为了满足精神需求，主要是指满足个人心理欲望，包括好奇心、个人声望、智力炫耀。

2. 黑客攻击的过程

黑客攻击无论存在何种目的，采用何种技术，其攻击过程通常表现出一定的规律性，将其归纳为五个步骤，常被称作“**攻击五部曲**”。

(1) 隐藏IP地址

隐藏IP地址就是隐藏黑客自己真实的IP地址，以免被发现。

(2) 踩点扫描准备

踩点扫描是黑客攻击的预先阶段，以信息的收集为主要目的，通过各种途径和手段对所要攻击的目标对象进行多方探寻搜集，确保信息准确，确定攻击时间和地点等。

(3) 获得特权

获得特权即获得管理权限。目的是通过网络登录到远程计算机上，对其实施控制，达到攻击目的。

(4) 种植后门

种植后门是黑客利用程序漏洞进入系统后安装后门程序，为日后不被察觉地再次入侵做好准备。后门程序潜伏在计算机中，从事收集信息或便于黑客进入的操作，入侵者可以使用最短的时间进入系统，并且在系统中不易被发现，同时系统管理员也难以阻止入侵者再次进入系统。

（5）隐身退出

黑客在确认自身安全之后，便可以实施网络攻击。一旦黑客入侵系统，就会留下痕迹，因此，为了避免被检测出来，黑客在入侵完毕后会及时清除攻击痕迹，主要方法是清除系统和服务日志，最后隐身退出。

4.1.3　常用的黑客攻防技术

随着网络新技术的不断兴起，新时期网络黑客的手段层出不穷，黑客攻击的防范成为网络安全管理工作的首要任务，掌握黑客攻击防御技术可以有效地预防攻击，做到“知己知彼，百战不殆”。根据黑客攻防技术随着时间的演变，下面将从传统的黑客攻防技术和新时期的黑客攻防技术两个方面对常见的攻防技术进行分析，如图 4-1 所示。

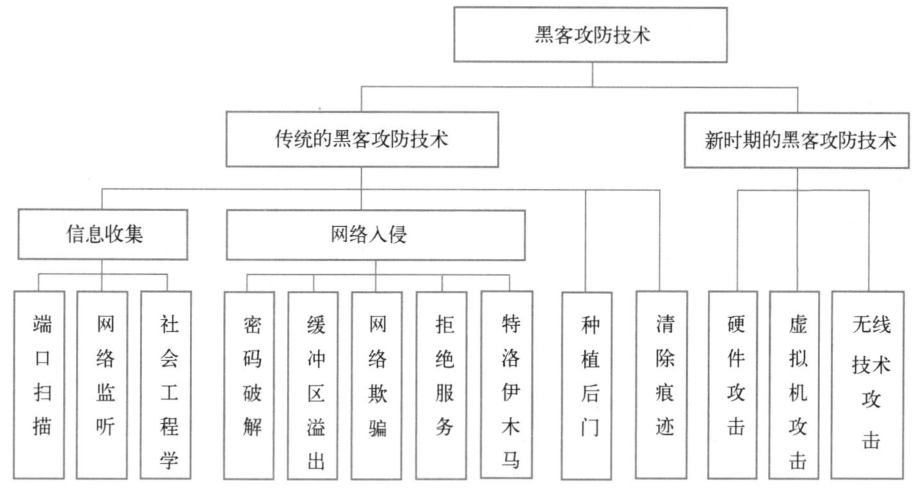

图 4-1　黑客的主要攻防技术

1. 传统的黑客攻防技术

（1）端口扫描的攻防

【案例 4-2】由国家互联网应急中心发布的《2020 年上半年我国互联网网络安全监测数据分析报告》可知，国家信息安全漏洞共享平台（CNVD）收录通用型安全漏洞 11073 个，同比大幅增长 89.0%。其中，高危漏洞收录数量为 4280 个（占 38.7%），同比大幅增长 108.3%，“零日”漏洞收录数量为 4582 个（占 41.4%），同比大幅增长 80.7%。安全漏洞主要涵盖的厂商或平台为谷歌（Google）、WordPress、甲骨文（Oracle）等。按影响对象分类统计，排名前三的是应用程序漏洞（占 48.5%）、Web 应用漏洞（占 26.5%）、操作系统漏洞（占 10.0%）。2020 年上半年，CNVD 处置涉及政府机构、重要信息系统等网络安全漏洞事件近 1.5 万起。

1）端口的概念。端口是计算机与外部通信的接口。

2）端口扫描及扫描器。端口扫描器也称扫描工具、扫描软件，是一种自动检测远程或本地主机安全性弱点的程序。

3）端口扫描方式。利用 TCP 端口的连接定向特性，根据与目标计算机某些端口建立连接的应答，从而收集目标计算机的有用信息，发现系统的安全漏洞。

4）端口扫描攻击与防范对策。端口扫描攻击采用探测技术，攻击者可将它用于寻找他们能够成功攻击的服务。常用**端口扫描攻击**如下。

① **秘密扫描**：不能被用户使用审查工具检测出来的扫描。

② **SOCKS 端口探测**：SOCKS 是一种允许多台计算机共享公用 Internet 连接的系统。如果 SOCKS 配置有错误，将能允许任意的源地址和目标地址通行。

③ **跳跃扫描**：攻击者快速在 Internet 中寻找可供他们进行跳跃攻击的系统。FTP 跳跃扫描使用了 FTP 自身的一个缺陷。

④ **UDP 扫描**：对 UDP 端口进行扫描，寻找开放的端口。

（2）网络监听的攻防

1）网络监听。又称为网络嗅探，是指通过某种手段监视网络状态，并截获他人网络上通信的数据流，以非法获得重要信息的一种方法。

注意：网络监听只能应用于物理上连接于同一网段的主机，也就是其能力范围目前只限于局域网。

2）网络监听检测。是网络管理员管理网络的手段，用于监测网络传输数据、排除网络故障等作用，后来成为黑客获取在局域网上传输的敏感信息的一种重要手段。通常将网络监听攻击放置在被攻击主机或网络附近，也可将其放在网关或路由器上。常用的网络监听工具有 Sniffer 软件，其工作原理如图 4-2 所示。

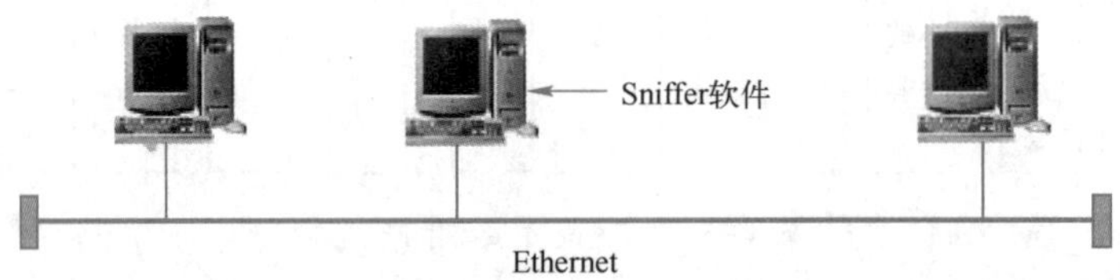

图 4-2　Sniffer 软件工作原理

3）网络监听的防范，主要包括从逻辑/物理上对网络分段、以交换式集线器代替共享式集线器、加密技术、划分 VLAN、使用动态口令技术等。

（3）社会工程学的攻防

1）社会工程学攻击。社会工程学攻击是一种利用社会工程学来实施的网络攻击行为，通常利用大众疏于防范的诡计，骗取对方信任，获取机密情报。

2）社会工程学攻击的防范。社会工程学攻击的形式多样，其成功率取决于人类在尝试谨慎分析不同情况时出现的盲点。

（4）密码破解的攻防

1）口令攻击的方法，如暴力攻击、字典攻击、组合攻击、口令存储攻击等。

2）口令破解工具。用于破解口令的应用程序，大多数口令破解工具并不是真正意义上的解码，而是通过尝试加密后的口令与要解密的口令进行比较，直到数据一致，则认为这个数据就是要破解的密码。防范主要是单击、下载、安装、使用时注意“5 不要”，即不要选取容易被黑客猜测到的密码；不要将密码写到计算机等设备中，以免泄露；不要长期不更换密码；不要让别人知道密码，以免增加风险和误会；不要在多个不同系统上使用同一密码。

（5）缓冲区溢出的攻防

缓冲区溢出是一种非常普遍、危险的漏洞，在各种操作系统、应用软件中广泛存在。利用缓冲区溢出攻击，可以导致程序运行失败、系统关机、重新启动等后果。

保护缓冲区免受缓冲区溢出攻击和影响的主要方法是强制编写正确代码，利用编译器的边界检查功能来实现缓冲区的保护。

（6）拒绝服务的攻防

【案例 4-3】 DDoS 攻击是互联网用户面临的最常见、影响较大的网络安全威胁之一。由国家互联网应急中心发布的《2020 年上半年我国互联网网络安全监测数据分析报告》可知，累计监测发现用于发起 DDoS 攻击的活跃 C&C 控制服务器为 2379 台，其中位于境外的占比为 95.5%，主要来自美国、荷兰、德国等国家；活跃的受控主机约 122 万台，其中来自境内的占比为 90.3%，主要来自江苏省、广东省、浙江省、山东省、安徽省等；反射攻击服务器约 801 万台，其中来自境内的占比为 67.4%，主要来自辽宁省、浙江省、广东省、吉林省、黑龙江省等。

1）拒绝服务（DoS）攻击。是指黑客利用服务请求占用过多的资源，使合法用户无法得到服务的响应，直至瘫痪而停止正常网络服务的攻击方式。DoS 攻击的目的是使目标主机停止网络服务，而其他类型攻击的目的往往是获取主机的控制权利。

分布式拒绝服务（Distributed Denial of Service，DDoS）攻击是利用更多的傀儡机（也称“肉鸡”）来发起进攻，以比从前更大的规模来进攻受害者，DDoS 攻击是在传统的 DoS 攻击基础之上产生的一类攻击方式。DDoS 攻击的原理如图 4-3 所示，是通过制造伪造的流量，使得被攻击的服务器、网络链路或是网络设备（如防火墙、路由器等）负载过高，最终导致系统崩溃，无法提供正常的 Internet 服务。

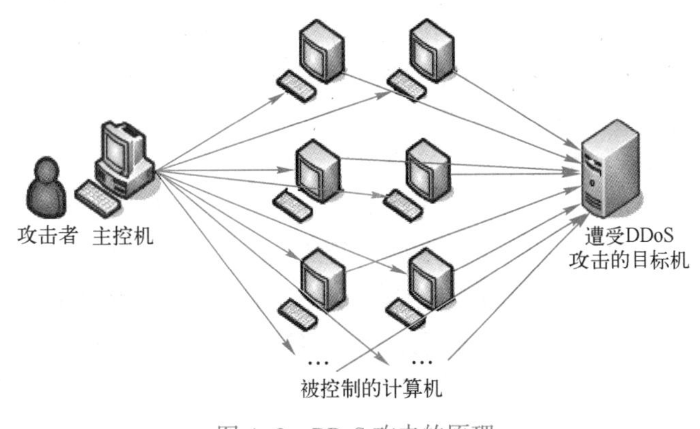

图 4-3　DDoS 攻击的原理

2）常见的拒绝服务攻击。

① TCP SYN 拒绝服务攻击。利用了 TCP/IP 的固有漏洞，面向连接的 TCP 三次握手是 TCP SYN 拒绝服务攻击存在的基础，如图 4-4 所示。

② Smurf 攻击。利用了 TCP/IP 中的定向广播特性，广播信息可以通过广播地址发送到整个网络中的所有主机，当某台主机使用广播地址发送一个 ICMP echo 请求包时，一些系统会回应 ICMP echo 回应包，也会收到许多的响应包，Smurf 攻击基于此原理来实现。

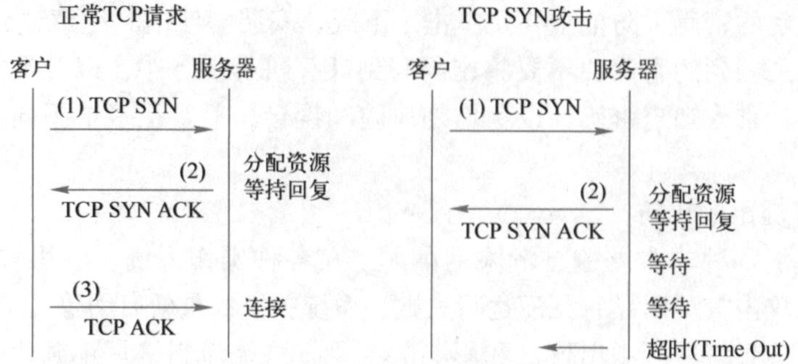

图4-4　TCP SYN 拒绝服务攻击

③ Ping 洪流攻击。利用了早期操作系统在处理 ICMP 数据包时存在的漏洞。早期许多操作系统将 TCP/IP 的 ICMP 包长度规定为固定大小 64 KB，在接受 ICMP 数据包时，只开辟 64 KB 的缓存区来存储接受的数据包。一旦发送过来的 ICMP 数据包实际尺寸超过 64 KB，操作系统会将收到的数据报文向缓存区填写，报文长度大于 64 KB 时，就会产生一个缓存溢出，将导致 TCP/IP 堆栈的崩溃，造成主机的重启或是死机。这种攻击也被称为“Ping of Death”。针对此类攻击，接受方可以使用新的补丁程序，判断接受的数据包字节数大于其值时，则丢弃该数据包，并进行系统审计。

④ 泪滴攻击。泪滴攻击也被称为分片攻击，它是一种典型的利用 TCP/IP 的问题进行拒绝服务攻击的方式，由于第一个实现这种攻击的程序名称为 Teardrop，所以这种攻击也被称为泪滴攻击。泪滴攻击的工作原理是向被攻击者发送多个分片的 IP 包，当某些操作系统收到含有重叠偏移的伪造分片数据包时将会出现系统崩溃、重启等现象。泪滴攻击利用在 TCP/IP 堆栈中实现信任 IP 碎片中数据包标题头所包含的信息来实现攻击。

⑤ Land 攻击。工作原理与 SYN floods 类似，不过在 Land 攻击包中的源地址和目标地址都是攻击对象的 IP。这种攻击会导致被攻击的机器死循环，最终因为耗尽运行的系统资源而死机，难以正常运行。

3）拒绝服务攻击的检测与防范。

检测 DDoS 攻击的方法主要有 2 种：根据异常情况分析和使用 DDoS 攻击检测工具。通常，对 DDoS 攻击的主要防范策略如下。

① 尽早发现网络系统存在的攻击漏洞，及时安装系统补丁程序。

② 在网络安全管理方面，要经常检查系统的物理环境，禁止那些不必要的网络服务。

③ 利用网络安全设备（如防火墙）等来加固网络的安全性。

④ 对网络安全访问控制和限制。比较有效的防御措施就是与网络服务提供商协调工作，帮助用户实现路由的访问控制和对带宽总量的限制。

⑤ 当发现主机正在遭受 DDoS 攻击时，应当启动应付策略，尽快追踪攻击包，并及时联系互联网服务提供商（ISP）和有关应急组织，分析受影响的系统，确定涉及的其他节点，从而阻挡已知攻击节点的流量。

⑥ 对于潜在的 DDoS 攻击应当及时清除，以免留下后患。

(7) 特洛伊木马的攻防

【案例 4-4】近期奇安信病毒响应中心在日常监测中，发现了一种新的移动银行木马 Eventbot，其最早可以追溯到 2020 年 3 月 1 日。Eventbot 使用了全新的代码结构，与目前已知的银行木马完全不同。经过分析发现，Eventbot 目前可能只是处于测试阶段，其功能烦琐，影响的金融应用众多。目前，其主要针对欧洲一些国家的银行、加密货币钱包等共 234 个应用。

1）特洛伊木马。特洛伊木马（Trojan Horse）简称“木马”，是一种隐藏在正常程序下的一段具有特殊功能的恶意程序，它们在用户毫无察觉的情况下运行在宿主机器上，从而使攻击者获取远程访问和控制的权限。隐蔽性是区分木马与远程控制软件最主要的特性，主要表现为木马在计算机系统中不产生图标，不会出现在任务管理器中。

注意：木马一般不具有普通病毒所具有的自我繁殖、主动感染传播等特性，主要具备寄生性，习惯上可以将其纳入广义病毒的范畴。

2）木马的植入方式。木马的植入方式主要是利用单击链接、邮件、下载软件等，先设法将木马程序放置到被攻击者的系统里，然后通过提示故意误导被攻击者打开可执行文件（木马）。木马也可以通过 Script、ActiveX 及 Asp. CGI 交互脚本的方式植入，以及利用系统的一些漏洞植入，如微软著名的 US 服务器溢出漏洞。植入方式包括网站植入、升级植入、漏洞植入、U 盘植入、程序绑定等方式。

3）木马的攻击过程。木马攻击途径：主要在客户端和服务端通信协议的选择上，绝大多数木马都使用 TCP/IP，但是，也有一些木马由于特殊情况或原因，使用 UDP 进行通信。当服务端程序在被感染机器上成功运行以后，攻击者就可以使用客户端与服务端建立连接，并进一步控制被感染的机器。木马会尽量将自己隐藏在计算机的某个角落里面，以防被用户发现；同时监听某个特定的端口，等待客户端与其取得连接，实施攻击；另外，为了下次重启时仍然能正常工作，木马程序常通过修改注册表或者其他的方式成为自启动程序。

使用木马工具进行网络入侵的基本过程可以分为 6 个步骤：配置木马、传播木马、运行木马、泄露信息、建立连接和远程控制。

4）木马的防范对策和措施，主要包括以下几个方面。

① 提高安全防范意识，不要轻易打开电子邮件附件（尽管有时并非陌生人的邮件），如果要阅读，可以先以纯文本方式阅读邮件。

② 在打开或下载文件之前，一定要确认文件的来源是否可靠。

③ 安装和使用最新的杀毒软件，特别是带有木马病毒拦截功能的杀毒软件。

④ 监测系统文件、注册表、应用进程和内存等的变化，定期备份文件和注册表。

⑤ 需要注意的是不要轻易运行来历不明的软件或从网上下载的软件，即使通过了一般反病毒软件的检查也不要轻易运行。

⑥ 及时更新系统漏洞补丁，升级系统软件和应用软件。

⑦ 不要随意浏览陌生网站，特别是网站上的一些广告条和来历不明的网络链接，这些很可能是木马病毒的入口。

⑧ 在计算机上安装并运行防火墙。

随着智能手机的应用功能越来越强大，原本集中在计算机间传播的木马已经在手机之间传播，手机木马成为黑客谋取利益、获取重要信息的主要手段之一。手机木马一般有两大特征：一是多以图片、网址、二维码的形式伪装；二是需要用户单击下载操作。

（8）网络欺骗的攻防

1）WWW欺骗。WWW欺骗是指黑客篡改访问站点页面内容或将用户浏览网页URL（统一资源定位符）改写为指向黑客的服务器。当用户浏览目标网页时，就会向黑客服务器发出请求，黑客就可以窃取信息。

网络钓鱼（Phishing）是指利用欺骗性很强、伪造的Web站点来进行诈骗活动，目的在于钓取用户的账户资料，假冒受害者进行欺诈性金融交易，从而获得经济利益。近几年来，这种网络诈骗数量在我国急剧攀升，接连出现了利用伪装成某银行主页的恶意网站诈骗钱财的事件。

【案例4-5】 钓鱼邮件附带恶意链接与包含恶意代码的Office文档附件，利用仿冒页面实现对用户信息的收集，诱导用户执行恶意宏文档，向受害用户主机植入木马程序，实现远程控制和信息窃取。

2）电子邮件欺骗，主要包括以下几种方式。

① 电子邮件攻击方式。电子邮件欺骗是指攻击者佯称自己是系统管理员（邮件地址和系统管理员完全相同），给用户发送邮件要求用户修改口令（口令为指定字符串）或在貌似正常的附件中加载病毒或其他木马程序。电子邮件欺骗的主要目的是在隐藏自己身份的同时，冒充他人骗取敏感信息。

② 防范电子邮件攻击的方法。使用邮件程序中的Email-notify功能过滤信件，该功能不会将信件直接从主机上下载下来，只会将所有信件的头部信息（Headers）发送过来，其中包含了信件的发送者、信件的主题等信息；用View功能检查头部信息，看到可疑信件，可直接通过指令将它从主机的Server端删除掉。拒收某用户信件方法是在收到某特定用户的信件后，自动退回（相当于查无此人）。

③ IP欺骗。IP欺骗是黑客的一种攻击形式。黑客在与网络上的目标计算机通信时，借用第三方的IP地址，从而冒充另一台计算机与目标计算机进行通信。这是利用了TCP/IP的缺陷，根据IP，数据包的头部包含源地址和目的地址。而一般情况下，路由器在转发数据包时只根据目的地址检查路由表并转发，并不检查源地址。黑客正是利用这一缺陷，在向目标计算机发送数据包时，将源地址改写为被攻击者的IP地址，这样这个数据包在到达目标计算机后，便可能向被攻击者进行回应，这就是所谓的IP地址欺骗攻击。

（9）种植后门

【案例4-6】 国家互联网应急中心发布的《2020年我国互联网网络安全监测上半年数据分析报告》显示，我国境内被植入后门的网站数量较2019年上半年增长36.9%。其中，约有1.8万个境外IP地址（占全部IP地址总数的99.3%）对境内约3.57万个网站植入后门，位于美国的IP地址最多，占境外IP地址总数的19.0%。此外，随着我国IPv6规模部署工作的加速推进，支持IPv6的网站范围不断扩大。攻击源、攻击目标为IPv6地址的网站后门事件达592起，共涉及攻击源IPv6地址累计35个、被攻击IPv6地址解析网站域名累计72个。

黑客实施攻击后，为了对侵入的主机保持长久控制，常会在主机上种植网络后门。

（10）清除痕迹

黑客一旦入侵过系统，并非毫无痕迹留下，系统会记录黑客的 IP 地址以及相应操作事件，系统管理员可以通过有关的文件记录查找出入侵证据。因此，黑客在完成入侵任务后，除了断开与远程主机/服务器的连接之外，还要尽可能避免留下攻击取证数据。

2. 新时期的黑客攻防技术

（1）硬件攻击

黑客从最关键的硬件芯片入手，对 CPU 的电路做一些细微的修改，以达到刷入一些恶意固件的目的，一旦成功就可以逃避所有防火墙以及杀毒软件、安全辅助工具的追踪。

（2）虚拟机攻击

黑客不仅可以通过虚拟机对目标主机实施攻击，同时还可以隐藏攻击主机的行踪。目前，虚拟机相关知识已经成为黑客必备，当发生恶意病毒时，黑客可以利用虚拟机作案，随即关闭虚拟机系统并删除该虚拟机文件夹。寻找攻击者的任务变得异常困难，首先必须发现虚拟机痕迹，再从中寻找黑客制造病毒并传播的证据，需要特殊技术和工具。

（3）无线技术攻击

黑客利用无线通信进行窃听，通过恶意代码获取用户的信息和机密，侵犯用户的隐私权。黑客还可以通过无线通信技术接入网络的核心部分，实施进一步的行动。无线通信在扩大网络边界的同时，也使得网络接入的控制变得更加复杂，无线网络的管理愈加困难。

4.1.4　网络攻击的防范措施

黑客攻击事件给网络系统的安全带来了严重的威胁与严峻的挑战。采取积极有效的防范措施将会减少损失，并提高网络系统的安全性和可靠性。普及网络安全知识教育，提高对网络安全重要性的认识，增强防范意识，强化防范措施，切实增强用户对网络入侵的认识和自我防范能力，是抵御和防范黑客攻击、确保网络安全的基本途径。

通常，具体防范攻击措施与步骤如下。

1）加强网络安全防范法律法规等方面的宣传和教育，提高安全防范意识。

2）加固网络系统，及时下载、安装系统补丁程序。

3）尽量避免从 Internet 下载不知名的软件、游戏程序。

4）不要随意打开来历不明的电子邮件及文件、运行不熟悉的人给用户的程序。

5）不随便运行黑客程序，这类程序运行时通常会发出用户的个人信息。

6）在支持 HTML 的 BBS 上，如发现提交警告，应先查看源代码，预防骗取密码。

7）设置安全密码。使用字母数字混排，常用的密码应设置成不同的重要密码应经常更换。

8）使用防病毒、防黑客等防火墙软件，以阻挡外部网络的侵入。

9）隐藏自己的 IP 地址。使用代理服务器进行中转，用户上网聊天、BBS 等不会留下自己的 IP；使用工具软件来隐藏主机地址，避免在 BBS 和聊天室暴露个人信息。

10）切实做好端口防范。安装端口监视程序，并将不用的一些端口关闭。

11）加强 IE 浏览器对网页的安全防护。个人用户应通过对 IE 属性的设置来提高 IE 访问网页的安全性。

12）上网前备份注册表。许多黑客攻击会对系统注册表进行修改。

13）加强管理。将防病毒、防黑客形成惯例，定时更新防毒软件。由于黑客经常会针对特定的日期发动攻击，计算机用户在此期间应特别提高警戒。对于重要的个人资料要做好严密的保护，并养成资料备份的习惯。

4.1.5　入侵检测与防御系统

1. 入侵检测系统

（1）入侵检测相关概念

入侵是指对信息系统的非授权访问及未经许可在信息系统中进行操作，而入侵检测（Intrusion Detection，ID）就是对正在入侵或已经发生的入侵行为进行检测和识别。根据GB/T 18336给出的定义，入侵检测是指“通过对行为、安全日志或审计数据或其他网络上可以获得的信息进行操作，检测到对系统的闯入或企图”。

入侵检测系统（Intrusion Detection System，IDS）是指对入侵行为进行自动检测、监控和分析过程的软件与硬件的组合系统，是一种自动监测信息系统内、外入侵事件的安全设备。IDS通过从计算机网络或系统中的若干关键点收集信息，并对其进行分析，从中发现网络或系统中是否有违反安全策略的行为和遭到攻击的迹象。

（2）入侵检测系统的主要功能

一般的入侵检测系统包括如下几个功能。

1）具有对网络流量的跟踪与分析功能。跟踪用户从进入网络到退出网络的所有活动，实时监测并分析用户在系统中的活动状态。

2）对已知攻击特征的识别功能。识别特类攻击，向控制台报警，为防御提供依据。

3）可以对异常行为的分析、统计与响应功能。分析系统的异常行为模式，统计异常行为，并对异常行为做出响应。

4）具有特征库的在线升级功能。提供在线升级、实时更新入侵特征库、不断提高IDS的入侵监测能力。

5）数据文件的完整性检验功能。通过检查关键数据文件的完整性，识别并报告数据文件的改动情况。

6）自定义特征的响应功能。定制实时响应策略；根据用户定义，经过系统过滤，对报警事件及时做出响应。

7）系统漏洞的预报警功能。对未发现的系统漏洞特征进行预报警。

（3）入侵检测实现方式

1）基于主机的入侵检测系统（Hostbased Intrusion Detection System，HIDS）是以系统日志、应用程序日志等作为数据源，也可以通过其他手段（如监督系统调用）从所在的主机收集信息进行分析。HIDS一般是保护所在的系统，它经常运行在被监测的系统之上，监测系统上正在运行的进程是否合法。这些系统已经被用于多种平台。

2）基于网络的入侵检测系统（Network Intrusion Detection System，NIDS）又称嗅探器，通过在共享网段上对通信数据的侦听采集数据，分析可疑现象（将NIDS放置在比较重要的网段内，不停地监视网段中的各种数据包。NIDS的输入数据来源于网络的信息流）。该类系统一般被动地在网络上监听整个网络上的信息流，通过捕获网络数据包进行分析，检测该网段上发生的网络入侵。

3）分布式入侵检测系统（Distributed Intrusion Detection System，DIDS）是将基于主机和基于网络的检测方法集成到一起，即混合型入侵检测系统。系统一般由多个部件组成，分布在网络的各个部分，完成相应的功能，分别进行数据采集、数据分析等操作。通过中心的控制部件进行数据汇总、分析、产生入侵报警等。在这种结构下，不仅可以检测到针对单独主机的入侵，同时也可以检测到针对整个网络系统上的主机入侵。

4）无线入侵检测系统（Wireless Intrusion Detection System，WIDS）应用于无线局域网，可实现对用户活动的监视分析、入侵事件类型的判断、非法网络行为的检测和对异常网络流量的警报等功能。WIDS 有集中式和分散式两种，集中式 WIDS 用于连接单独的探测器，搜集数据并转发到存储和处理数据的中央系统中。分散式 WIDS 包括多种设备来完成 IDS 的处理和报告功能。由于分散式 WIDS 价格便宜且易于管理，更加适合于较小规模的无线局域网。分散式 WIDS 的多线程处理和报告的探测器管理要比集中式无线入侵检测系统花费更多的时间。

2. 入侵防御系统

（1）入侵防御系统的概念

入侵防御系统（Intrusion Prevent System，IPS）是能够监视网络或网络设备的网络资料传输行为的计算机网络安全设备，能够及时地中断、调整或隔离一些不正常或是具有伤害性的网络资料传输行为。由于 IDS 只能被动地检测攻击，不能主动地阻止网络威胁，因此需要一种能主动入侵防护的解决方案来确保企业网络安全，IPS 应运而生。IPS 是一种智能化的入侵检测和防御产品，不但能检测入侵，更能通过一定的响应方式实时中止入侵行为，实时保护信息系统不受实质性的攻击。

（2）入侵防御系统的种类

1）单机入侵防御系统（Hostbased Intrusion Prevension System，HIPS）。通过在主机/服务器上安装软件代理程序，防止网络攻击入侵操作系统以及应用程序，保护服务器的安全弱点不被不法分子所利用。单机入侵防御技术可以根据自定义的安全策略以及分析学习机制来阻断对服务器、主机发起的恶意入侵。

2）网络入侵防御系统（Network Intrusion Prevension System，NIPS）。通过检测流经的网络流量，提供对网络系统的安全保护。由于它采用在线连接方式，所以一旦辨识出入侵行为，NIPS 就可以去除整个网络会话，而不仅仅是复位会话。同样由于实时在线，NIPS 需要具备很高的性能，以免成为网络的瓶颈，因此 NIPS 通常被设计成类似于交换机的网络设备，提供线速吞吐速率以及多个网络端口。NIPS 实现了实时检测应答，一旦发生恶意访问或攻击，基于网络的 IPS 可以随时发现它们，因此能更快地做出反应，从而将入侵活动的破坏降到最低。另外，基于网络的 IPS 不依赖主机的操作系统作为检测资源，独立于操作系统。

（3）入侵防御系统的工作原理

IPS 实现实时检查和阻止入侵的原理如图 4-5 所示。主要利用多个 IPS 的过滤器，当新的攻击手段被发现后，就会创建一个新的过滤器。IPS 数据包处理引擎是专业化定制的集成电路，可以深层检查数据包的内容。如果有攻击者利用 Layer 2（介质访问控制）~Layer 7（应用）的漏洞发起攻击，IPS 能够从数据流中检查出其攻击并加以阻止。IPS 可以做到逐字节地检查数据包。所有流经 IPS 的数据包都被分类，分类依据是数据包中的报头信息，如源 IP 地址和目的IP地址、端口号和应用域。每种过滤器负责分析相对应的数据包。通过检查的数据包可继续前进，包含恶意内容的数据包则被丢弃，被怀疑的数据包需进一步检查。

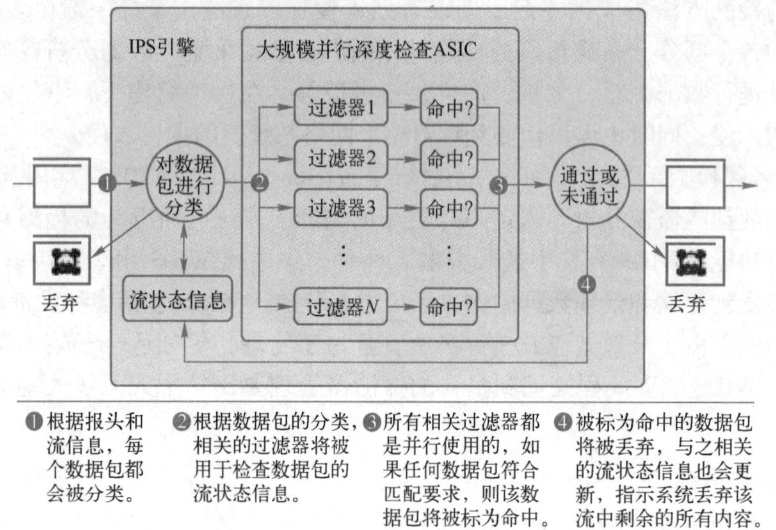

IPS引擎
大规模并行深度检查ASIC
对数据包进行分类
过滤器1
过滤器2
过滤器3
过滤器N
命中?
通过或未通过
流状态信息
丢弃
丢弃
❶根据报头和流信息，每个数据包都会被分类。
❷根据数据包的分类，相关的过滤器将被用于检查数据包的流状态信息。
❸所有相关过滤器都是并行使用的，如果任何数据包符合匹配要求，则该数据包将被标为命中。
❹被标为命中的数据包将被丢弃，与之相关的流状态信息也会更新，指示系统丢弃该流中剩余的所有内容。

图4-5　IPS的工作原理

3. 入侵检测及防御技术的发展态势

入侵检测与防御技术随着网络安全问题的日益突出，越来越受到人们的广泛关注，其发展迅速。随之而来也存在不少问题，如入侵或攻击的综合化与复杂化、入侵主体对象的间接化、入侵规模的扩大化、入侵技术的分布化、攻击对象的转移等。目前的网络环境对入侵检测与防御技术的要求也越来越高，检测与防御的方法手段也越来越复杂。

4.2　案例分析　防范网络端口扫描

端口扫描的防范又称系统“加固”，防范端口扫描的主要方法有如下两种。

1. 关闭闲置及有潜在危险的端口

在Windows中关闭这些闲置或危险的端口时，可以采用两种方式。

（1）方式一：定向关闭指定服务的端口

计算机中的一些网络服务拥有系统分配的默认端口，一旦这些服务被关闭，其所对应的端口也随之停用了。以关闭DNS服务为例说明操作方法与步骤，其步骤如下。

第一步：打开“控制面板”窗口。

第二步：打开“服务”窗口，具体步骤如图4-6所示（因操作系统版本可能会有所不同）。

1）在“控制面板”窗口上，双击“管理工具”图标。

2）在“管理工具”窗口上，双击“服务”选项。

3）在“服务”窗口的右侧选择“DNS Client”选项。

第三步：关闭DNS服务。

1）在“DNS Client的属性”对话框中，设置“启动类型”为“自动”。

2）设置“服务状态”为“停止”。

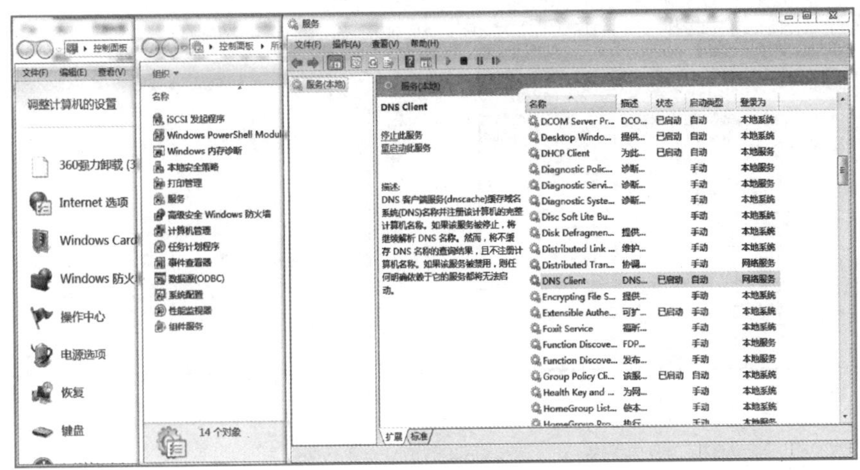

图 4-6　“服务”窗口的操作界面

3）单击“确定”按钮，如图 4-7 所示。

（2）方式二：只开放允许端口

利用系统的“TCP/IP 筛选”功能进行设置，只允许开放系统的一些满足基本网络通信需要的端口即可。这种方法有些“死板”，其本质就是逐个关闭所有的用户需要的端口。就黑客而言，所有的端口都有可能成为攻击的目标，而系统的一些必要的通信端口，如访问网页需要的 HTTP（80 端口）、QQ（8000 端口）等不能被关闭。

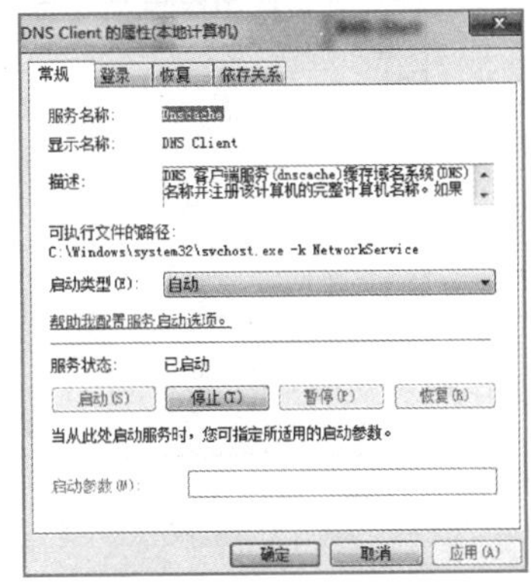

图 4-7　关闭 DNS 端口停止服务

2. 屏蔽出现扫描症状的端口

当某端口出现了扫描症状时，应该立刻屏蔽该端口。通常利用网络防火墙和入侵检测系统等完成端口的屏蔽。2017 年 5 月爆发的“WannaCry”勒索病毒正是利用了 Windows 操作系统 445 端口存在的漏洞进行传播。针对该病毒的临时解决方案是，在 Windows 7/8/10 系统中利用系统防火墙高级设置阻止向 445 端口进行连接，具体操作方法与步骤如下。

第一步：启动防火墙。

1）打开“控制面板”窗口。

2）打开“Windows 防火墙”窗口。

3）单击左侧启动或关闭 Windows 防火墙。

4）选择启动防火墙，并单击“确定”按钮，如图 4-8 所示。

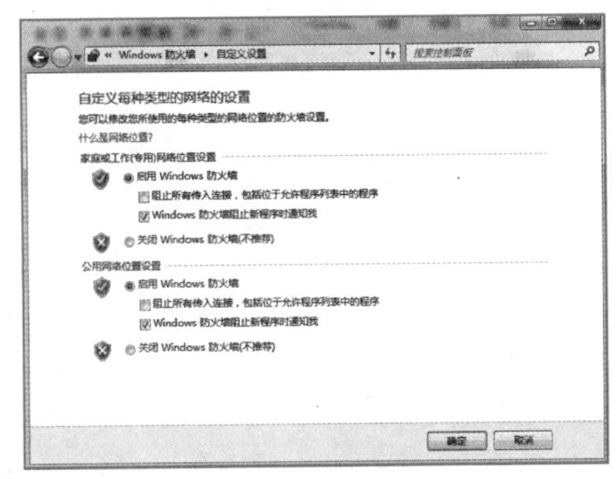

图 4-8　启动防火墙

第二步：建立入站规则，阻止 445 端口的连接。

1）单击“高级设置”。

2）单击“入站规则”→“新建规则”，如图 4-9 所示。

3）选择“端口”选项，单击“下一步”按钮，如图 4-10 所示。

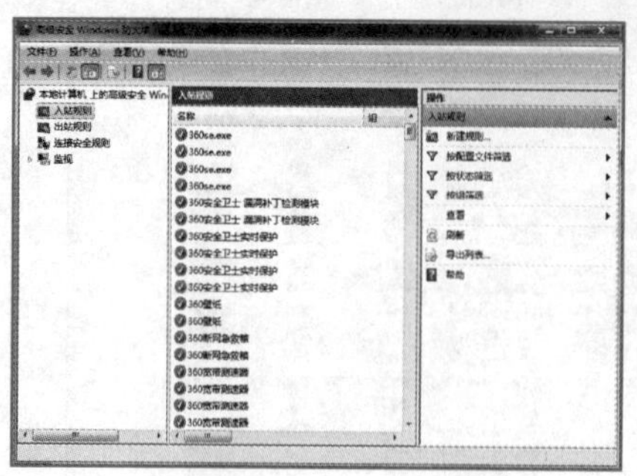

图 4-9　入站规则

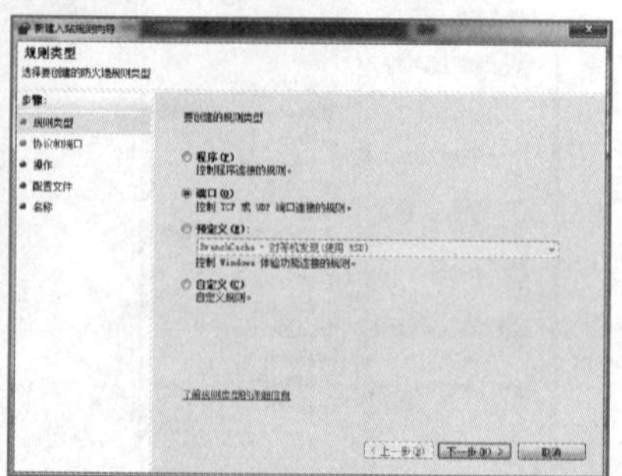

图 4-10　选择“端口”选项

4）选择“特定本地端口”，输入 445，单击“下一步”按钮，如图 4-11 所示。

5）选择“阻止连接”，单击“下一步”按钮，如图 4-12 所示。

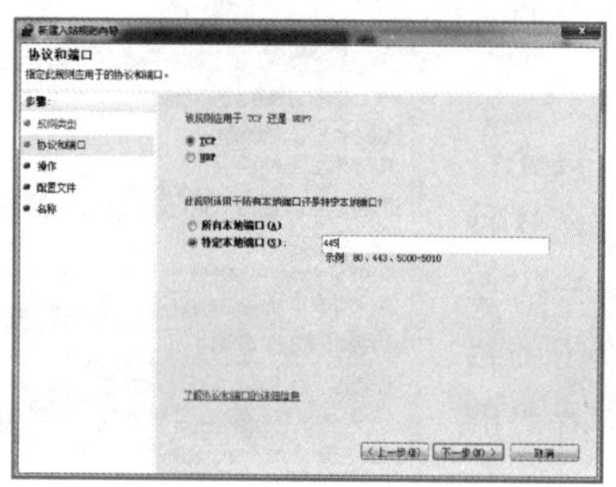

图 4-11　特定本地端口“445”

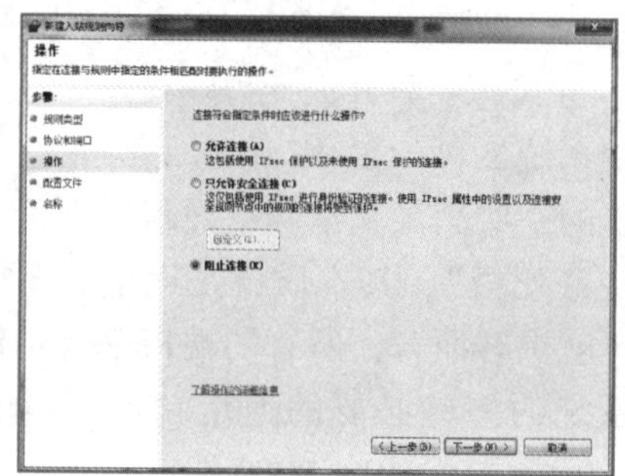

图 4-12　阻止连接特定本地端口“445”

6）在配置文件中全选所有选项，单击“下一步”按钮，如图 4-13 所示。

7）在“名称”文本框中输入名称，名称可以任意选择，单击“完成”按钮，如图 4-14 所示。

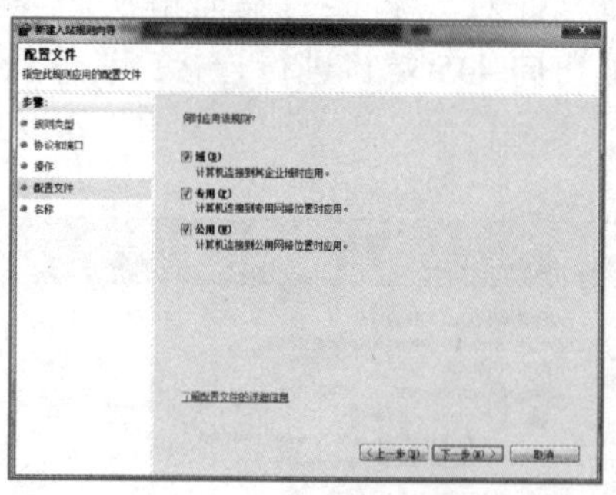

图 4-13　配置文件设置

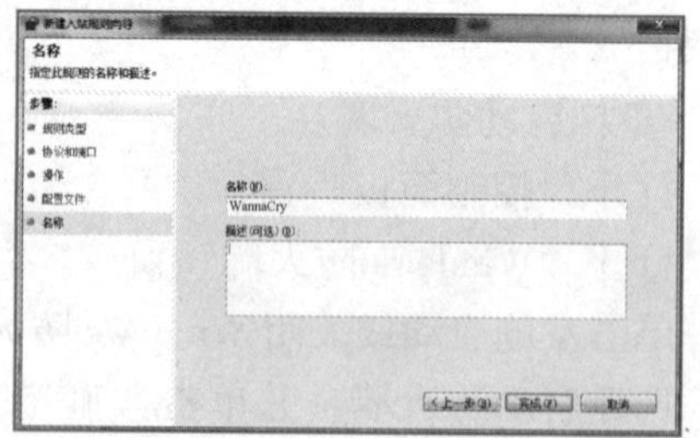

图 4-14　输入新建规则的名称

4.3　要点小结

本章概述了黑客的概念、产生、分类以及黑客攻击的目的，简单介绍了黑客攻击的步骤及攻击的分类；根据时间的演变，从传统的攻防技术和新时期的攻防技术两个方面重点介绍常见的黑客攻防技术，包括用于信息收集的网络端口扫描攻防、网络监听攻防、社会工程学攻防；用于网络入侵的密码破解攻防、特洛伊木马攻防、缓冲区溢出攻防、拒绝服务攻击和网络欺骗攻防技术；同时简要讨论了种植后门的方法及清除痕迹。

在网络安全技术中需要防患于未然，检测防御技术至关重要。在上述对各种网络攻击及防范措施进行分析的基础上，概述了入侵检测与防御系统的概念、功能、特点、分类、检测与防御过程、入侵检测与防御技术的发展趋势等。

4.4　实验 4-1　Sniffer 网络漏洞检测

Sniffer 软件是 NAI 公司研发的功能强大的协议分析软件。利用这个工具，可以监视网络的状态、数据流动变动情况和网络上传输的信息等。

4.4.1　实验目的

1）利用 Sniffer 软件捕获网络数据包，然后通过解码进行检测分析。
2）掌握网络安全检测工具的操作方法，进行具体检测并写出结论。

4.4.2　实验要求和方法

1）硬件：两台计算机，CPU 为 2 GHz 以上，内存为 1 GB 以上，网卡为 10 MB 或者 100 MB。
2）软件：操作系统 Windows 2003 Server SP4 以上，Sniffer 软件。

4.4.3　实验内容和步骤

1. 实验内容

1）利用 Sniffer 软件捕获一台主机上的所有数据包。
2）利用 Sniffer 软件捕获 Telnet 用户名和密码。

2. 实验步骤

1）安装 Sniffer 软件，启动 Sniffer 进入主窗口，如图 4-15 所示。
2）选择网卡，将网卡设成混杂模式，目的是接收所有数据包，并将其放入内存进行分析。单击“File”→“Select Settings”命令，在弹出的对话框中设置网卡，如图 4-16 所示。

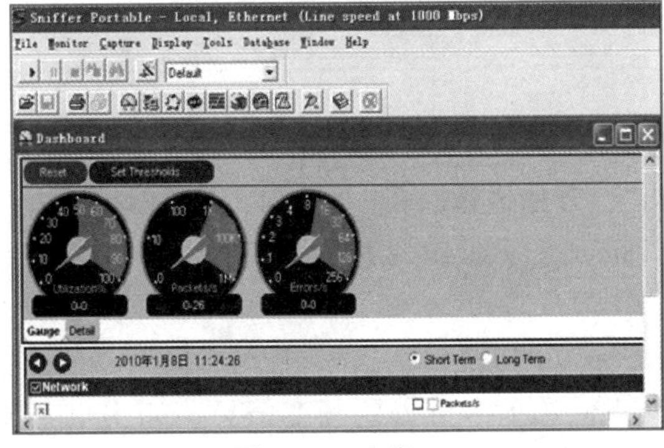

图 4-15　主窗口

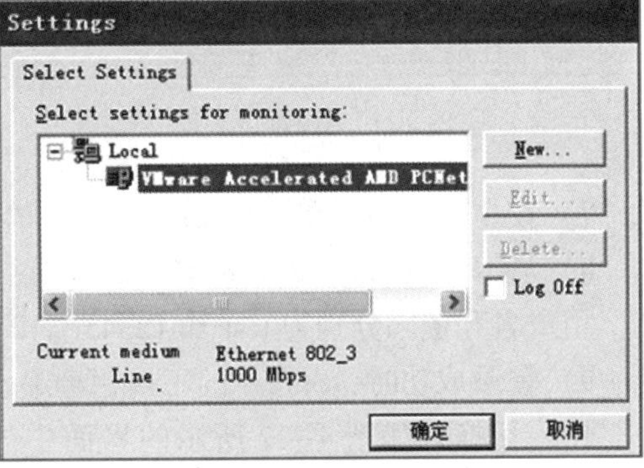

图 4-16　设置网卡

3）如图 4-17 所示，若抓取 IP 地址为 192. 168. 113. 208 的主机上所有的数据包，首先选择列表中的 IP 地址 192. 168. 113. 208，接下来单击方框中的按钮。

4）当捕获到数据后，切换到 Decode 选项卡即可查看捕获到的所有包，如图 4-18 所示。

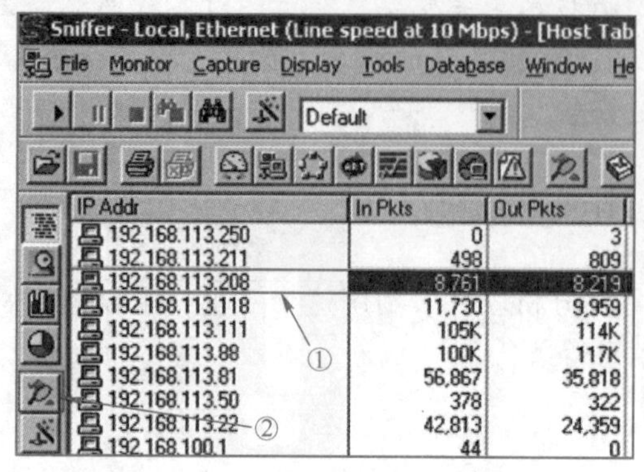

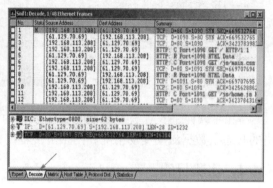

图 4-17　抓取 IP 地址为 192. 168. 113. 208 的主机上的数据包

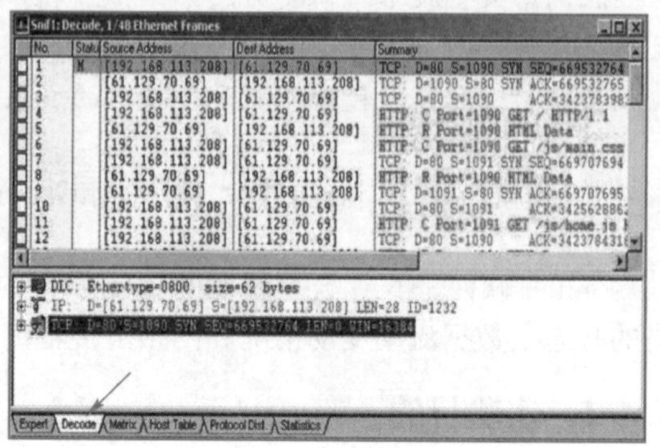

图 4-18　查看捕获到的数据包

5）新建一个过滤器。单击“Capture”→“Define Filter”命令，进入“Define Filter”对话框。在“Define Filter”对话框的 Address 选项卡中，设置地址的类型为 IP，并在 Station1 和 Station2 中分别指定要捕获的地址对，如图 4-19 所示。

6）在“Define Filter”对话框的 Advanced 选项卡中，指定要捕获的协议为 IP/TCP/TELNET，将 Packet Size 设置为 Equal 55，Packet Type 设置为 Normal，如图 4-20 所示。

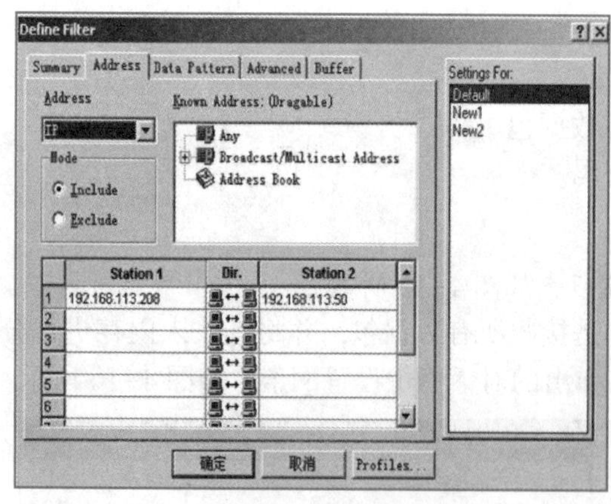

图 4-19　设置过滤器

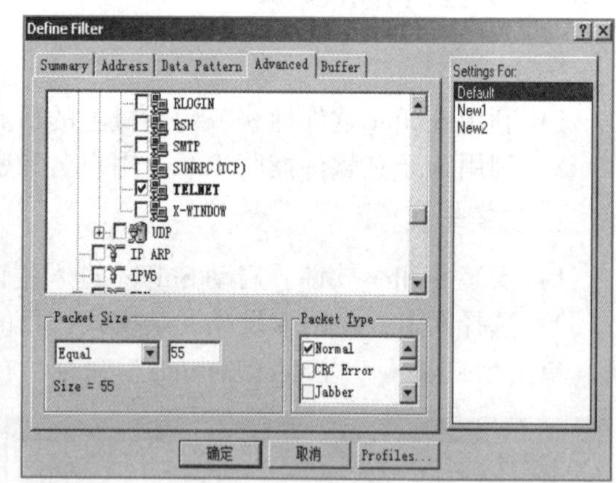

图 4-20　高级选项设置

7）在主窗口中，单击“Capture”→“Start”，开始进行捕获，如图 4-21 所示。

8）从 IP 地址为 192. 168. 113. 208 的主机 Telnet 登录到 IP 地址为 192. 168. 113. 50 的主机，用户名和密码分别为 test 和 123456。

9）登录成功时，Sniffer 的工具栏会显示捕获成功的标志。

10）切换到如图 4-22 所示的界面中的 Decode 选项卡可得到基本信息，如用户名和密码等。

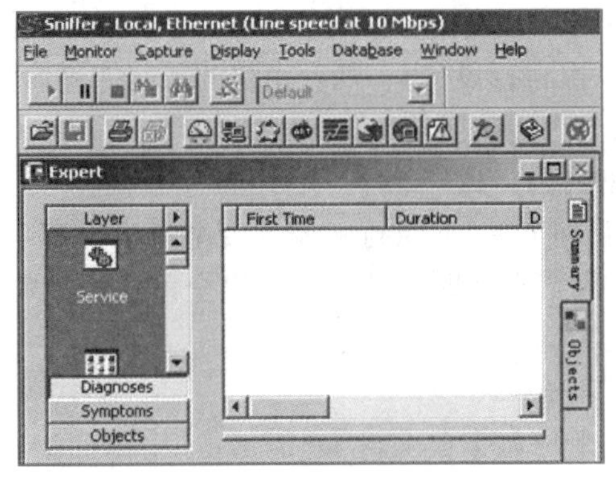

图 4-21　开始捕获数据

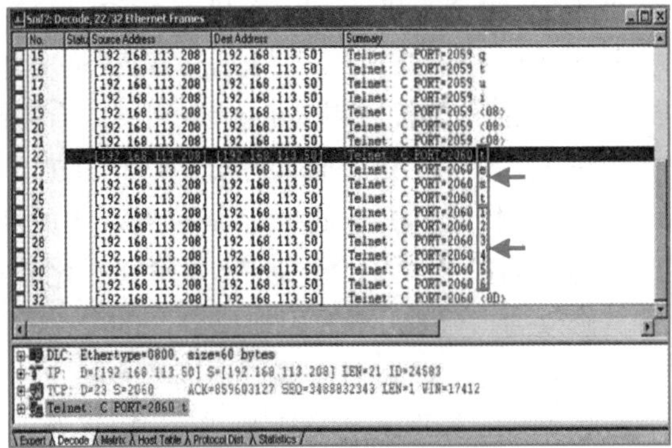

图 4-22　查看捕获的数据

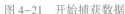

*4.5　实验 4-2　黑客入侵攻防模拟演练

4.5.1　实验目的

1）了解常用的黑客入侵工具及其使用方法（仅用于教学，切勿用于非法用途）。

2）理解黑客入侵的基本过程，以便进行防范。

3）了解黑客入侵攻击的危害性。

4.5.2　实验内容

1）模拟黑客在实施攻击前的准备工作。

2）利用 X-Scan 扫描器得到远程主机 B 的弱口令。

3）利用 Recton 工具远程入侵主机 B。

4）利用 DameWare 软件远程监控主机 B。

4.5.3　实验准备和环境

1）装有 Windows 操作系统的计算机 1 台，作为主机 A（攻击机）。

2）装有 Windows Server 2022 的计算机 1 台，作为主机 B（被攻击机）。

3）X-Scan、Recton、DameWare 工具软件各 1 套。

4.5.4　实验步骤

（1）模拟攻击前的准备工作

步骤 1：由于本次模拟攻击所用到的工具软件均可被较新的杀毒软件和防火墙检测出来并自动进行隔离或删除，因此，在模拟攻击前要先将两台主机安装的杀毒软件和 Windows 防火墙等全部关闭。

步骤 2：在默认的情况下，两台主机的 IPC $共享、默认共享、135 端口和 WMI 服务均处于开启状态，在主机 B 上禁用 Terminal Services 服务（主要用于远程桌面连接）后重新启动计算机。

步骤3：设置主机A（攻击机）的IP地址为192.168.1.101，主机B（被攻击机）的IP地址为192.168.1.102（IP地址可以根据实际情况自行设定），两台主机的子网掩码均为255.255.255.0。设置后用ping命令测试两台主机是否连接成功。

步骤4：为主机B添加管理员用户“abc”，密码为“123”。

步骤5：打开主机B的“控制面板”中的“管理工具”，执行“本地安全策略”命令，在“本地策略”的“安全选项”中找到“网络访问：本地账户的共享和安全模式”策略，并将其修改为“经典-本地用户以自己的身份验证”，如图4-23所示。

（2）利用X-Scan扫描器得到远程主机B的弱口令

步骤1：在主机A上安装X-Scan扫描器。在用户名字典文件nt_user.dic中添加由a、b、c三个字母随机组合的用户名，如abc、cab、bca等，每个用户名占一行，中间不要有空行。

步骤2：在弱口令字典文件weak_pass.dic中添加由1、2、3这三个数字随机组合的密码，如123、321、213等，每个密码占一行，中间不要有空行。

步骤3：运行X-Scan扫描器，选择“设置”→“扫描参数”命令，打开“扫描参数”对话框，指定IP范围为192.168.1.102，如图4-24所示。

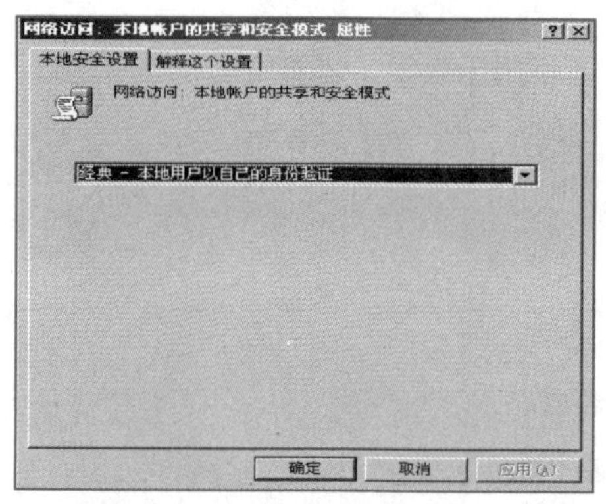

图4-23　本地安全设置界面

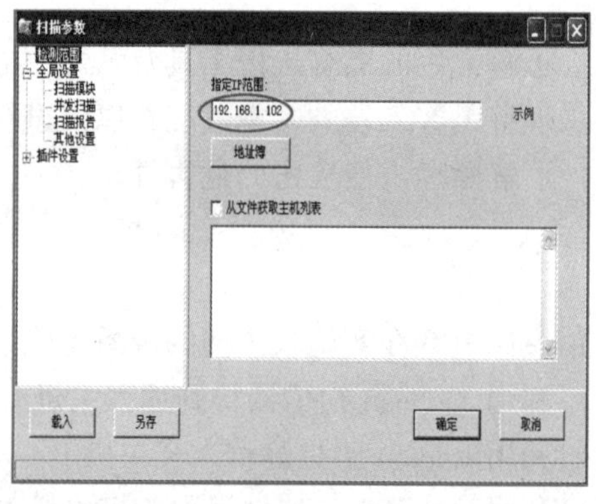

图4-24　“扫描参数”对话框

步骤4：选择图4-24左侧的“全局设置”→“扫描模块”选项，在右侧窗格中，为了加快扫描速度，这里仅选中“NT-Server弱口令”复选框，单击“确定”按钮。

步骤5：在X-Scan主窗口界面中，单击工具栏中的“开始扫描”按钮后，便开始扫描。

步骤6：经过一段时间后，扫描结束，弹出一个扫描结果报告，如图4-25所示，可见已经扫描出用户abc的密码为123。

（3）利用Recton工具远程入侵主机B

1）远程启动Terminal服务。

步骤1：在主机B上，设置允许远程桌面连接，如图4-26所示。在主机A中运行mstsc.exe命令，设置远程计算机的IP地址（192.168.1.102）和用户名（abc）后，再单击“连接”按钮，弹出无法连接到远程桌面的提示信息，如图4-27所示，这是因为主机B上没有开启Terminal服务。

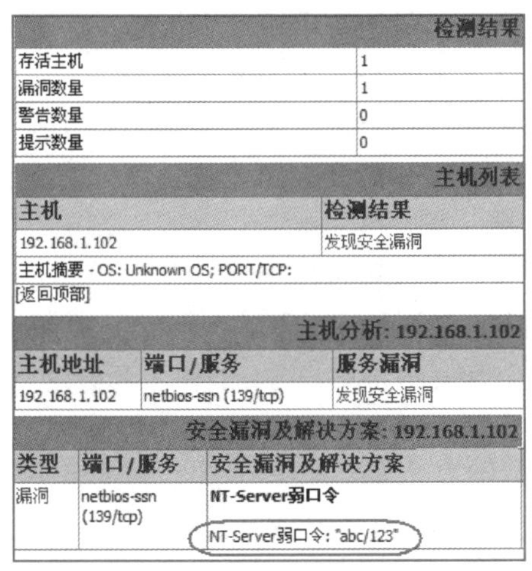

检测结果	
存活主机	1
漏洞数量	1
警告数量	0
提示数量	0

主机列表	
主机	检测结果
192.168.1.102	发现安全漏洞
主机摘要 - OS: Unknown OS; PORT/TCP:	
[返回顶部]	

主机分析: 192.168.1.102		
主机地址	端口/服务	服务漏洞
192.168.1.102	netbios-ssn (139/tcp)	发现安全漏洞

安全漏洞及解决方案: 192.168.1.102		
类型	端口/服务	安全漏洞及解决方案
漏洞	netbios-ssn (139/tcp)	NT-Server弱口令 NT-Server弱口令: "abc/123"

图 4-25　扫描结果报告

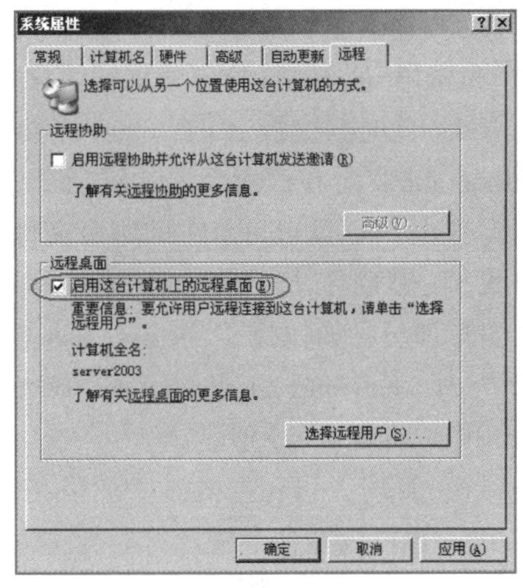

图 4-26　设置允许远程桌面连接

步骤 2：在主机 A 中运行入侵工具 Recton v2.5，在“Terminal”选项卡中，输入远程主机（主机 B）的 IP 地址（192.168.1.102）、用户名（abc）、密码（123），端口（3389）保持不变，并选中“自动重启”复选框，如图 4-28 所示。

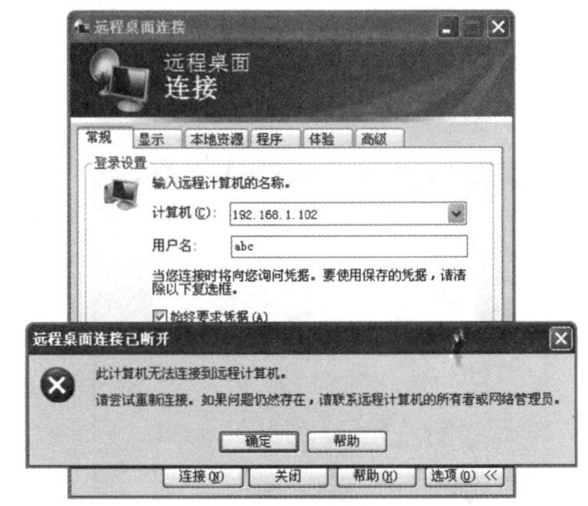

图 4-27　无法连接到远程桌面的提示信息

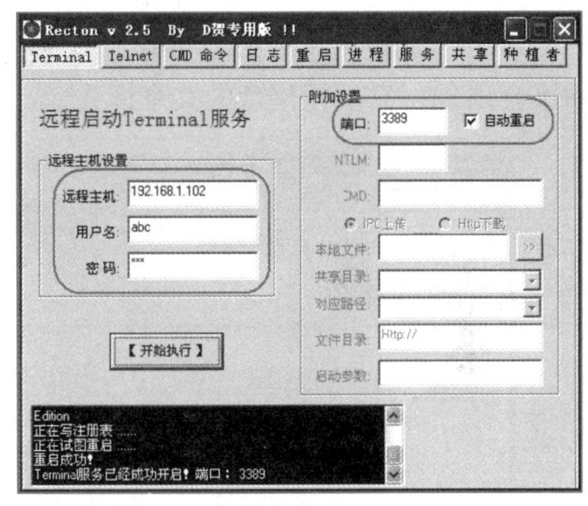

图 4-28　远程启动 Terminal 服务

步骤 3：单击“开始执行”按钮，则会开启主机 B 上的 Terminal 服务，然后主机 B 会自动重新启动。

步骤 4：主机 B 自动重新启动完成后，在主机 A 上再次运行 mstc.exe 命令，设置远程计算机的 IP 地址（192.168.1.102）和用户名（abc）后，再单击“连接”按钮，此时出现了远程桌面登录界面，输入密码后即可实现远程桌面登录。

2）远程启动和停止 Telnet 服务。主要步骤如下。

步骤 1：在 Telnet 选项卡中，输入远程主机的 IP 地址、用户名和密码后，单击“开始执行”按钮，即可远程启动主机 B 上的 Telnet 服务。如果再次单击“开始执行”按钮，则会远程停止主机 B 上的 Telnet 服务。

步骤 2：远程启动主机 B 上的 Telnet 服务后，在主机 A 上运行“Telnet 192.168.1.102”命令，与主机 B 建立 Telnet 连接，此时系统询问“是否将本机密码信息送到远程计算机（y/n）”。

步骤 3：输入 n，表示 no，再按〈Enter〉键。此时系统要求输入主机 B 的登录用户名（login）和密码（password），分别输入 abc 和 123，密码在输入时没有回显。

步骤 4：此时与主机 B 的 Telnet 连接已成功建立，命令提示符也变为“C:\Documents and Setting\abc>”。在该命令提示符后面输入并执行 DOS 命令，如“dir c:\”命令，即可显示主机 B 上的 C 盘根目录中的所有文件和文件夹信息。

步骤 5：黑客可以利用 Telnet 连接和 DOS 命令，在远程主机上建立新用户，并将新用户提升为管理员，如执行“net user user1 123/add”命令表示新建用户 user1，密码为 123；再执行“net localgroup administrators user1/add”命令表示将用户 user1 加入到管理员组 administator 中，如图 4-29 所示。

步骤 6：此时，可在主机 B 上验证是否新增了用户 user1，并验证其是否隶属于 Administrators 组。也可以在命令提示符后面输入“net user user1”命令来验证。

步骤 7：黑客可以利用新建的管理员账号 user1 作为后门，方便下次入侵该计算机。

如果需要远程删除该账号，可输入“net user user1 /del”命令。

如果需要断开本次 Telnet 连接，可输入“exit”命令。

3）在远程主机上执行 CMD 命令。

步骤 1：在“CMD 命令”选项卡中，输入远程主机的 IP 地址、用户名和密码后，在 CMD 文本框中输入“net share D $= D:\”命令，如图 4-30 所示，单击“开始执行”按钮，即可开启远程主机的 D 盘共享，这种共享方式隐蔽性较高，而且是完全共享，在主机 B 中不会出现一只手托住盘的共享标志。

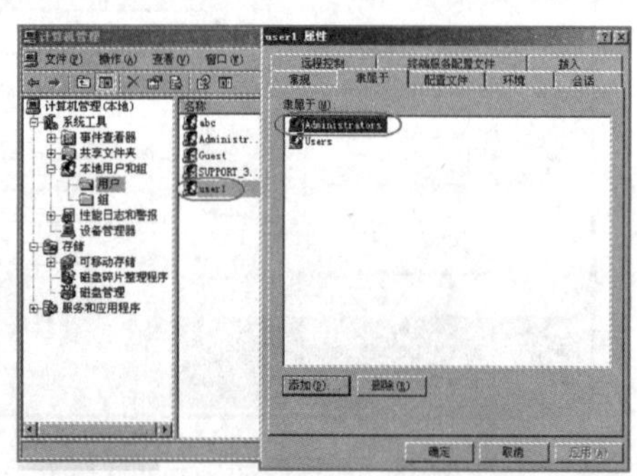

图 4-29　在主机 B 上验证新增用户

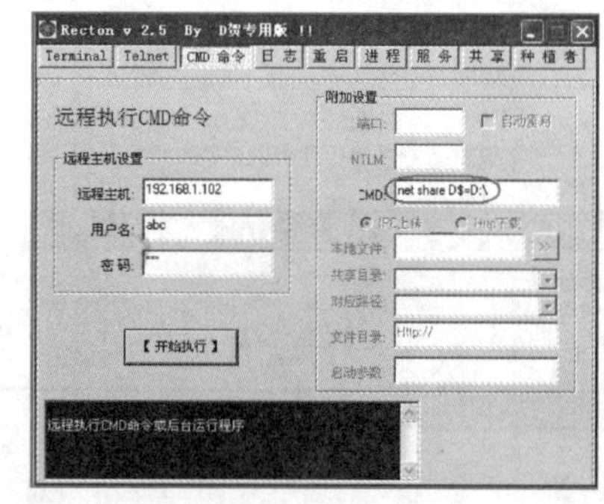

图 4-30　远程执行 CMD 命令

步骤 2：此时若在主机 A 的浏览器地址栏中输入“\\192. 168. 1. 102\d$”，即可访问主机 B（已开启 Guest 账户）的 D 盘，并可以进行复制、删除等操作，如图 4-31 所示。

步骤 3：如果需要关闭远程主机的 D 盘共享，可在 CMD 文本框中输入“net share D $/delete”命令。

4）清除远程主机上的日志。在“日志”选项卡中，输入远程主机的 IP 地址、用户名和密码后，单击“开始执行”按钮，可以清除远程主机上的日志。

5）重新启动远程主机。在“重启”选项卡中，输入远程主机的 IP 地址、用户名和密码后，单击“开始执行”按钮，即可重新启动远程主机。

6）控制远程主机中的进程，主要步骤如下。

步骤 1：在“进程”选项卡中，输入远程主机的 IP 地址、用户名和密码后，右击进程列表，在弹出的快捷菜单中选择“获取进程信息”命令，可以显示主机 B 上目前正在运行的所有进程。

步骤 2：如果需要关闭某进程，如 360 杀毒进程“360sd. exe”，防止以后要上传的木马文件被杀毒软件等删除，可右击该进程，在弹出的快捷菜单中选择“关闭进程”命令即可，如图 4-32 所示。

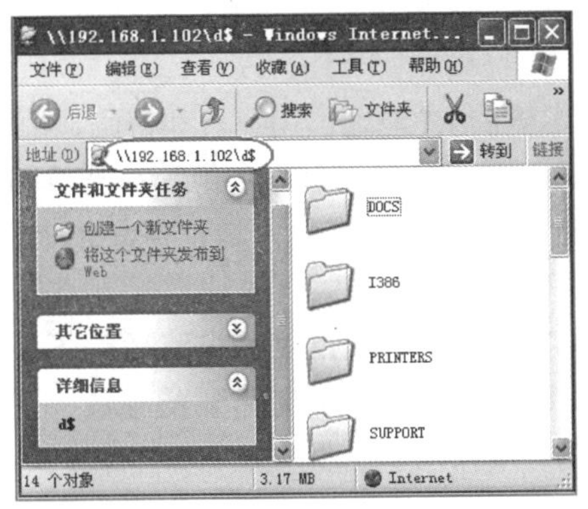

图 4-31　输入要访问的地址

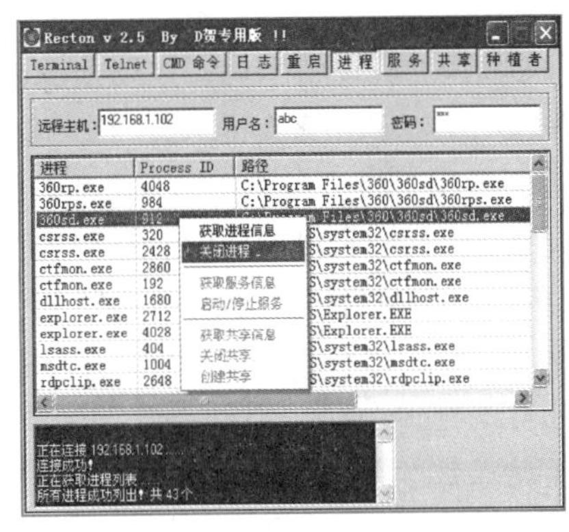

图 4-32　“关闭进程”界面

7）控制远程主机中的服务，主要步骤如下。

步骤 1：在“服务”选项卡中，输入远程主机的 IP 地址、用户名和密码后，右击服务列表，在弹出的快捷菜单中选择“获取服务信息”命令，可以显示主机 B 上的所有服务名、状态和启动类型等信息，如图 4-33 所示。其中在“状态”列中，Running 表示该服务已经启动，Stopped 表示该服务已经停止。在“启动类型”列中，Auto 表示自动启动，Manual 表示手动启动，Disabled 表示已禁用。

步骤 2：可以右击某个服务，在弹出的快捷菜单中选择“启动/停止服务”命令，改变所选服务的当前状态。

8）控制远程主机中的共享，主要步骤如下。

步骤 1：在“共享”选项卡中，输入远程主机的 IP 地址、用户名和密码后，右击共享列表，在弹出的快捷菜单中选择“获取共享信息”命令，可以查看远程主机当前所有的共享信息，如图 4-34 所示。

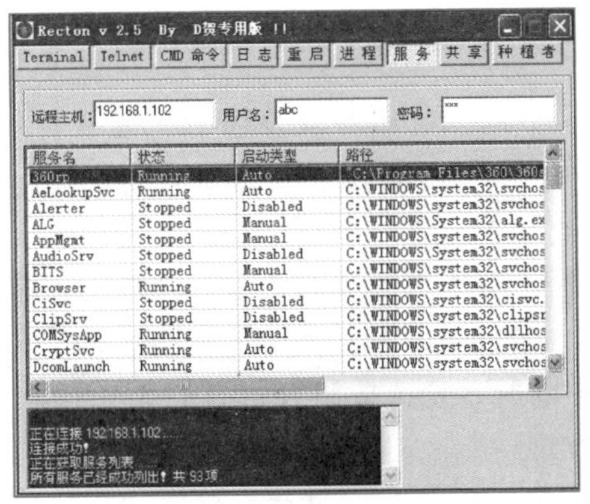

图 4-33　选择“获取服务信息”

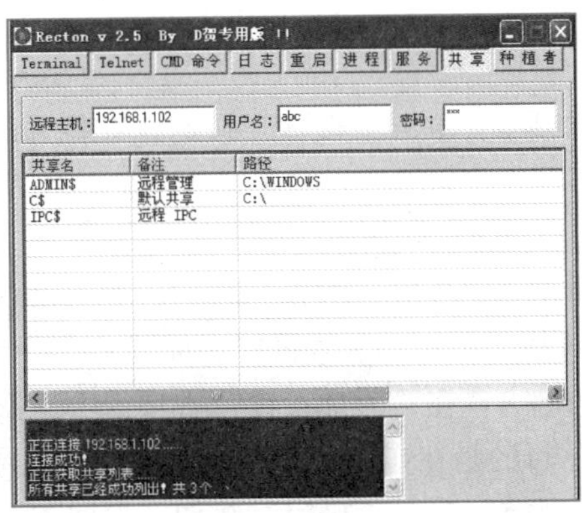

图 4-34　查看远程主机当前所有的共享信息

步骤 2：如果要在远程主机上新建共享，可以右击共享列表，在弹出的快捷菜单中选择“创建共享”命令，此时会连续弹出 3 个对话框，根据提示分别输入要创建的共享名、共享路径和备注信息后，即可在远程主机上新建共享磁盘或文件夹。用此方法新建的共享与使用 CMD 命令新建的共享一样，在远程主机不显示共享图标，且为完全共享。

步骤 3：如果需要关闭某共享，可以右击该共享，在弹出的快捷菜单中选择“关闭共享”命令即可。

9）向远程主机种植木马，主要步骤如下。

步骤 1：在“种植者”选项卡中，输入远程主机的 IP 地址、用户名和密码。由图 4-35 可以知道，远程主机上已有 IPC $共享，因此在这里可以选择“IPC 上传”单选按钮，单击“本地文件”文本框右侧的按钮，在弹出的对话框中选择要种植的木马程序，如“C:\木马.exe”，该程序必须为可执行文件。

步骤 2：单击“获取共享目录”按钮，再在“共享目录”和“对应路径”下拉列表框中选择相应的选项。在“启动参数”文本框中设置木马程序启动时需要的参数，这里不需要设置启动参数。

步骤 3：单击“开始种植”按钮后，所选择的木马程序文件将被复制到远程主机的共享目录中，木马程序还将进行倒计时，60 s 后启动已经种植在远程主机上的木马程序。

（4）利用 DameWare 软件远程监控主机 B

步骤 1：在主机 A 中安装并运行 DameWare（迷你中文版 4.5）软件，如图 4-36 所示，输入远程主机 B 的 IP 地址、用户名和口令（密码）。

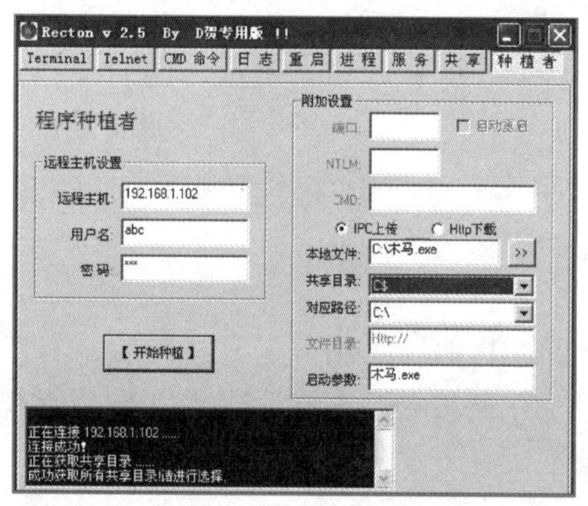

图 4-35　设置木马启动时所需参数

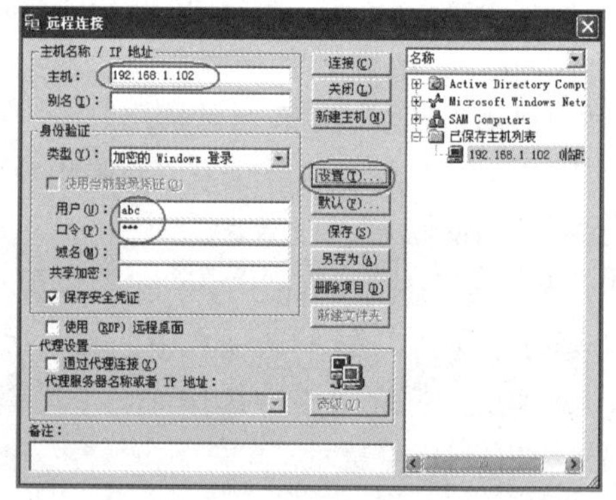

图 4-36　设置远程连接主机

步骤 2：单击“设置”按钮，在打开的对话框中选择“服务安装选项”选项卡，选中“设置服务启动类型为‘手动’-默认为‘自动’”和“复制配置文件 DWRCS.INI”复选按钮，如图 4-37 所示。

步骤 3：单击“编辑”按钮，在打开的对话框中选择“通知对话框”选项卡，取消选中“连接时通知”复选按钮，如图 4-38 所示。

步骤 4：在“附加设置”选项卡中，取消选中的所有复选按钮，如图 4-39 所示，这样设置的目的是在连接并监控远程主机时不易被其发现。

步骤 5：单击“确定”按钮，返回到“远程连接”对话框，然后，单击“连接”按钮进行远程连接。

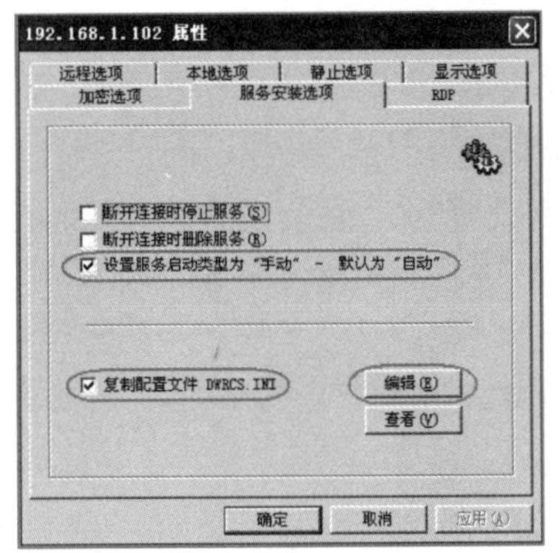

图 4-37　设置“服务安装选项”

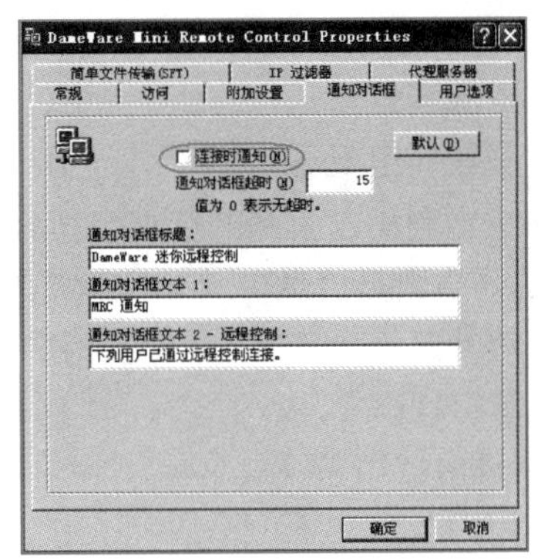

图 4-38　“通知对话框”选项卡

步骤 6：在第一次连接远程主机 B 时，会弹出连接“错误”提示对话框，提示远程控制服务没有安装在远程主机上，如图 4-40 所示，单击“确定”按钮，开始安装远程控制服务。

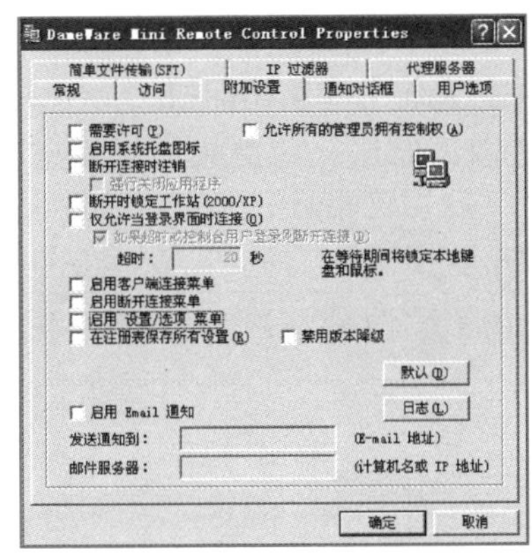

图 4-39　“附加设置”选项卡

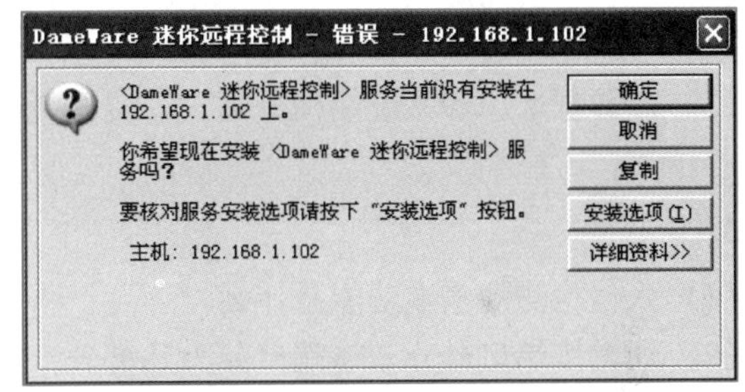

图 4-40　连接“错误”提示对话框

服务安装完成后，会显示远程主机 B 的当前桌面，并且同步显示主机 B 的所有操作，实现远程监视主机 B 的目的。

4.6　练习与实践 4

1. 选择题

(1) 在黑客攻击技术中，(　　) 是黑客发现获得主机信息的一种最佳途径。

A. 端口扫描　　B. 缓冲区溢出

C. 网络监听　　D. 口令破解

(2) 一般情况下，大多数监听工具不能够分析的协议是 (　　)。

A. 标准以太网　　B. TCP/IP

C. SNMP 和 CMIS　　D. IPX 和 DECNet

(3) 改变路由信息、修改 Windows NT 注册表等行为属于拒绝服务攻击的 (　　)

方式。

A. 资源消耗型　　　　B. 配置修改型

C. 服务利用型　　　　D. 物理破坏型

（4）（　　）利用以太网的特点，将设备网卡设置为“混杂模式”，从而能够接收到整个以太网内的网络数据信息。

A. 缓冲区溢出攻击　　　　B. 木马程序

C. 嗅探程序　　　　D. 拒绝服务攻击

（5）字典攻击被用于（　　）。

A. 用户欺骗　　　　B. 远程登录

C. 网络嗅探　　　　D. 破解密码

2. 填空题

（1）黑客的“攻击五部曲”是＿＿＿＿＿、＿＿＿＿＿、＿＿＿＿＿、＿＿＿＿、＿＿＿＿。

（2）端口扫描的防范也称为＿＿＿＿，主要有＿＿＿＿和＿＿＿＿。

（3）黑客攻击计算机的手段可分为破坏性攻击和非破坏性攻击。常见的黑客行为有＿＿＿＿、＿＿＿＿、＿＿＿＿、告知漏洞、获取目标主机系统的非法访问权。

（4）＿＿＿＿就是利用更多的傀儡机对目标发起进攻，以比从前更大的规模进攻受害者。

（5）按数据来源和系统结构分类，入侵检测系统分为3类，即＿＿＿＿＿、＿＿＿＿和＿＿＿＿。

3. 简答题

（1）入侵检测的基本功能是什么？

（2）通常按端口号分布将端口分为几部分？并简单说明。

（3）什么是统一威胁管理？

（4）什么是异常检测？什么是特征检测？

（5）为什么在网络安全攻防的实践中，人们经常说“三分技术，七分管理”？

4. 实践题

（1）利用一种端口扫描工具软件，练习对网络端口进行扫描，检查安全漏洞和隐患。

（2）调查一个网站的网络防范配置情况。

（3）使用X-Scan对服务器进行评估。（上机操作）

（4）安装配置和使用绿盟科技“冰之眼”。（上机操作）

（5）通过调研及参考资料，写出一篇黑客攻击原因与预防的研究报告。

第 5 章　密码与加密技术

密码与加密技术是实现网络安全的重要手段，作为现代信息化社会中一项最常用的防范措施，已被广泛地运用到网络安全应用中。密码技术保障了网络中数据传输和信息交换的安全性，是数据加密、数字签名、消息认证与身份识别、防火墙及反病毒技术等众多信息安全技术的基础。网络安全采用防火墙、病毒查杀等，属于被动防御措施；数据安全主要对数据加密，属于主动保护。

教学目标

- 掌握密码学的基本概念和基本术语、密码体制
- 理解密码破译与密钥管理的常用方法
- 掌握实用加密技术、数据及网络加密方式
- 了解银行加密技术应用实例
- 掌握常用邮件及文件加密应用实验

5.1　知识要点

【案例 5-1】2010 年 1 月 7 日，美国网络安全与基础设施安全局（CISA）更新了其对 SolarWinds 供应链攻击事件的调查报告。报告指出，攻击者在对 SolarWinds 植入 SUNBURST 后门之前，使用了密码猜测和密码喷洒技术攻陷了其云基础设施。Volexity 公司透漏了 SolarWinds 公司 Outlook Web App（OWA）邮件系统的多因素认证（MFA）被绕过、Exchange 服务器被漏洞攻陷、特定邮件被窃取的技术细节。因为具有相同的 TTP，所以认为与此次供应链攻击是同一组织所为。

5.1.1　密码技术概述

教学视频
视频资源 5-1

1. 密码学的基本概念

密码学（Cryptology）是密码编码学和密码分析学的总称，是研究编制密码和破译密码的技术科学。密码编码学是研究密码变化的客观规律，并应用于编制密码以保守密码信息的科学；密码分析学是研究密码变化的规律，并应用于破译密码以获取通信情报的科学，亦称为密码破译学。密码学一词来源于古希腊的 Crypto 和 Graphein 两个词，希腊语的原意是隐写术，即将易懂的信息通过一些变换转换成难以理解的信息进行隐秘传递。在现代特指对信息及其传输的数学性研究，是应用数学和计算机科学相结合的一门交叉学科，和信息论也密切相关。密码学研究保密信息和如何实现信息保密的问题，以认识密码变换的本质、研究密码保密与破译的基本规律为对象，主要以可

靠的数学方法和理论为基础，对信息安全中的保密性、数据完整性、认证和身份识别，以及信息的可控性和不可抵赖性等问题提供系统的理论、方法和技术。

密码学的发展历史悠久，按照时间的进程其发展过程大致分为**古代密码、古典密码和近现代密码学三个阶段**。第一阶段，从古代到1949年，可以看作是密码学科学的前夜时期。第二阶段，1949—1975年，香农发表了“保密系统的通信理论”，为密码学的发展奠定了基础理论，使密码学成为一门真正的科学。第三阶段，1976年至今，Diffie和Hellman发表了“密码学的新方向”一文，提出了一种新的密码设计思想，从而开创了公钥密码学的新纪元。随着时代进步，计算机的广泛应用又为密码学的进一步发展提出新的客观要求。

2. 密码学与加密技术的重要意义

密码学是研究编制密码和破译密码的科学，它是一门结合了数学、计算机科学、电子与通信等多种学科的交叉学科，密码技术是利用密码学的知识和技术保护信息安全的基础核心手段之一。

1）随着以移动互联网、云计算、物联网、大数据为代表的新型网络形态及网络服务的兴起，世界范围的信息实现了更加方便、快捷的共享和交流。

2）在信息安全的理论体系和应用技术研究中，密码技术经历了长期的发展，形成了较完整的密码学理论体系。

3）围绕信息安全和密码学中的前沿和热点问题，世界范围的信息安全与密码学国际会议每年举行，通过与会学者们的广泛讨论和交流，探讨如何运用密码学基础理论探索信息安全技术和保障网络空间安全。

4）密码技术始终在信息安全领域处于核心技术地位，经历了古典密码及现代密码技术的发展，出现了许多新兴的密码技术。

3. 密码学发展态势分析

【案例5-2】2019年10月26日，十三届全国人民代表大会常务委员会第十四次会议表决通过《中华人民共和国密码法》，自2020年1月1日起施行，这标志着我国在密码的应用和管理等方面有了专门性的法律保障。《中华人民共和国密码法》的出台，将大大提升密码管理科学化、规范化、法治化水平，有力促进密码技术进步、产业发展和规范应用，切实维护国家安全、社会公共利益，以及公民、法人和其他组织的合法权益。

密码学在网络安全领域成为不可或缺的安全技术，随着各类新技术的产生以及计算机运算速度的不断提高，新的密码技术和手段被研究和应用，主要围绕量子密码、混沌密码、神经网络密码、DNA密码等展开。另外，值得关注的是大数据时代的到来，伴随着移动互联网、物联网和云计算等新兴技术和服务的涌现和应用，大数据的存储、搜索、计算等环节都可能发生数据泄露等问题。现阶段的云计算为大数据提供了专业的存储服务，而云端的存储为不可全信的第三方，使数据面临着偷窃或篡改的风险，大数据安全及隐私保护成为新型安全问题。当前，同态密码技术被用于大数据隐私存储保护，其作为支撑云计算安全的关键技术仍然处于探索阶段，是当前大数据应用领域最大的挑战之一。

4. 密码学中的基本术语

要了解密码学中的基本原理和密码体制，首先要对相关术语进行了解。

1）明文（Plaintext）：是原始的信息，即待加密的信息，记为 P 或 M。明文可以是文本、图形、数字化存储的语音流或数字化视频图像的比特流等。

2）密文（Ciphertext）：是明文经过变换加密后的信息，记为 C。

3）加密（Enciphering）：是从明文变成密文的过程，记为 E。

4）解密（Deciphering）：是密文还原成明文的过程，记为 D。

5）加密算法（Encryption Algorithm）：是实现加密所遵循的规则。用于对明文进行各种代换和变换，生成密文。

6）解密算法（Decryption Algorithm）：是实现解密所遵循的规则，是加密算法的逆运算，由密文得到明文。

7）密钥（Key）：为了有效地控制加密和解密算法的实现，密码体制中要有通信双方专门的保密“信息”参与加密和解密操作，这种专门信息称为密钥，分为加密密钥和解密密钥，记为 K。

8）加密协议定义了如何使用加密、解密算法来解决特定的任务。

5. 密码系统基本原理

密码系统通常由明文、密文、密钥（包括加密密钥和解密密钥）与密码算法（包括加密算法和解密算法）四个基本要素组成。其中密钥是一组二进制数，由进行密码通信的专人掌握，而算法则是公开的，任何人都可以获取使用。

密码系统可以用一个五元组（P，C，K，E，D）来定义，该五元组应满足以下条件。

1）明文空间：P 是可能明文的有限集。

2）密文空间：C 是可能密文的有限集。

3）密钥空间：K 是一切可能密钥构成的有限集。

4）加密算法空间：E 是可能加密算法的有限集。

5）解密算法空间：D 是可能解密算法的有限集。

6）任意 $k\in K$，有一个加密算法 $ek\in E$ 和相应的解密算法 $dk\in D$，使得 $ek:P\to C$ 和 $dk:C\to P$ 分别为加密、解密函数，满足 $dk(ek(x))=x$，这里 $x\in P$。

以上是密码系统的数学描述，密码系统加密、解密的基本原理模型如图 5-1 所示。明文 P 由加密算法 ek 和加密密钥 ke 进行加密得到密文 C，接收者用解密算法 dk 和解密密钥 kd 对得到的密文 C 进行解密得到明文 P。

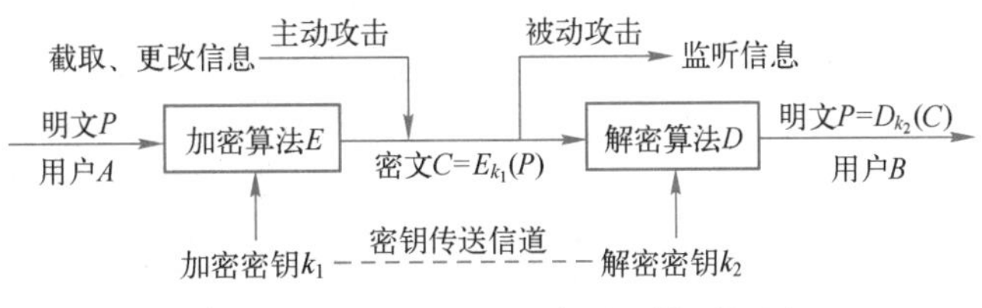

图 5-1　密码系统的基本原理模型框图

为了实现网络信息的保密性，密码系统要求满足以下 4 点。

1）系统密文不可破译。从网络系统截获的密文中，确定密钥或任意明文在计算上应当是不可行的，或解密时间超过密码要求的保护期限。

2）系统的保密性不依赖于对加密体制或算法的保密，而是依赖于密钥。

3）加密和解密算法适用于所有密钥空间中的元素。

4）密码系统便于实现和推广使用。

6. 密码体制及其分类

【案例 5-3】名为“WannaRen”的新型比特币勒索病毒大规模传播，在各类贴吧、社区报告中求助人数更是急剧上升，不幸感染“WannaRen”勒索病毒的用户，其重要文件会被加密并被黑客索要 0.05 比特币赎金。2020 年 4 月 9 日，“WannaRen”勒索病毒的制作者主动提供解密密钥，相关研究者已经制作出针对该病毒的解密工具。

密码体制即密码系统，其主要的作用是能够完整地解决信息安全中的**保密性、数据完整性、认证、身份识别、可控性及不可抵赖性**等几个基本问题。按照密码的不同原理和用途有多种分类方式。

根据加解密算法所使用的密钥是否相同可以分为对称密码体制和非对称密码体制。

(1) 对称密码体制

对称密码体制又称为单钥体制、私钥体制或对称密码密钥体制。是指在加解密过程中使用相同或可以推出本质上相同的密钥，即加密与解密密钥相同，且密钥需要保密。对称密钥加密的基本原理及过程如图 5-2 所示。

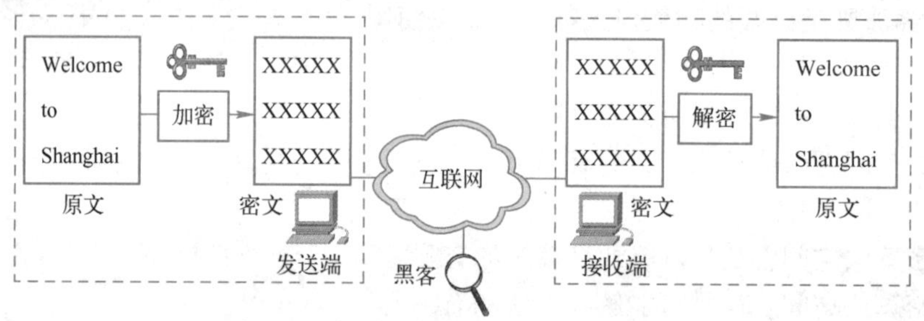

图 5-2　对称密钥加密原理及过程

对称密码体制的**优点**是加密和解密速度快、保密度高、加密算法简单高效、密钥简短、破译难度大，且能经受时间的检验和攻击。**缺点**是密钥管理困难，当多人通信时，密钥组合的数量会出现快速增长，使密钥分发复杂化。如有 N 个用户各自通信，共需要密钥数 $N(N-1)/2$个。采用对称加密的方式传输信息，必须保证密钥在网络上的安全传输，不被截取或破解，因此密钥自身的安全是对称密码体制的关键问题。除此之外，对称密钥体制还存在数字签名困难问题，如通信双方的发送方可以否认发送过的某些信息，而接收方可以伪造签名等。

对称密码体制根据对明文信息的加密方式不同可以分为流密码和分组密码两类。

(2) 非对称密码体制

非对称密码体制也称为非对称密钥密码体制、公开密钥密码体制（PKI）、公开密钥加密系统、公钥体制或双钥体制。密钥成对出现，加密密钥和解密密钥不同，难以相互推导。其中一个为加密密钥，可以公开通用，称为公钥；另一个为解密密钥，是只有解密者知道的密钥，称为私钥。对称密钥加密的基本原理及过程如图 5-3 所示。信息的发送方利用接收方的公钥对要发送的信息进行加密，加密后的密文通过网络传送给接收方，接收方用自己的私钥对接收的密文进行解密，得到信息明文。

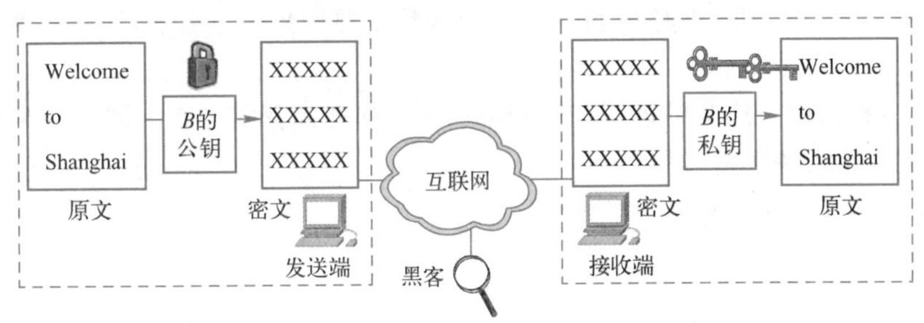

图 5-3　非对称密钥加密的基本原理及过程

相对于对称加密体制，非对称加密体制的加密密钥和解密密钥不同，无法从任意一个密钥推导出另一个密钥，这样安全程度更高，解决了常规密钥密码体制的密钥管理与分配问题，如 N 个用户仅需产生 N 对密钥，密钥数量少，每个用户只需保存自己的私钥。密钥的分配不需要秘密的通道和复杂的协议来传送，公钥可基于公开的渠道分发给其他用户，私钥由用户保管，同时还能实现数字签名。然而非对称密码体制的加密、解密处理速度较慢，同等安全强度下非对称密码体制的密钥位数会要求较多一些。**典型的非对称密码体制有**RSA 算法、ElGamal 算法、ECC 算法等。

对称密码体制与非对称密码体制特点的比较见表 5-1。

表 5-1　对称密码体制与非对称密码体制特性对比表

特　征	对称密码体制	非对称密码体制
密钥的数目	单一密钥	密钥是成对的
密钥种类	密钥是保密的	需要公钥和私钥
密钥管理	简单、不好管理	需要数字证书及可信任第三方
计算速度	非常快	比较慢
用途	加密大块数据	加密少量数据或数字签名

混合密码体制由对称密码体制和非对称密码体制结合而成，图 5-4 是混合密码体制加密基本原理。

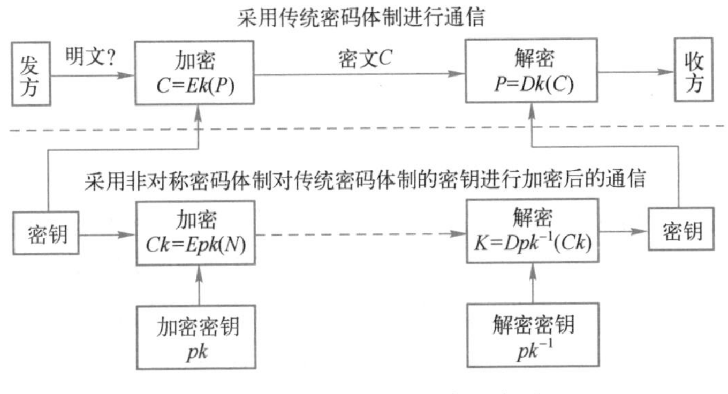

图 5-4　混合密码体制加密基本原理

根据加密变换是否可逆，可以分为单向函数密码以及双向变换密码体制。

1）单向函数密码：是从明文到密文的不可逆映射。哈希函数（又称为散列函数）就是一种单向密码体制。主要的特征是只有加密过程，不存在解密过程。单向函数的目的不在于加密，主要用于密钥管理和鉴别，如哈希函数主要用来保证数据完整性并应用于数字签名上。

2）双向变换密码：通常的加密和解密都属于双向变换密码体制，即存在对明文的加密过程，也存在对密文的解密过程。

7. 数据及网络加密方式

（1）数据加密方式

数据加密的实现方式有两种：软件加密和硬件加密。

1）软件加密：用户在发送信息前，先调用信息安全模块对信息进行加密，然后发送出去，到达接收方后，由用户用相应的解密软件进行解密，还原成明文。采用软件加密方式的优点是实现简单，兼容性好。

2）硬件加密：采用标准的网络管理协议，如 SNMP、CMIP 等进行管理，或者采用统一的自定义网络管理协议进行管理。密钥的管理比较方便，可以对加密设备进行物理加密，使得攻击者无法对其进行直接攻击，其速度快于软件加密。

（2）网络加密方式

网络加密的实现方式有三种：链路加密、节点对节点加密和端对端加密。

1）链路加密方式：把网络上传输的数据报文的每一位加密，链路两端都用加密设备加密，使整个通信链路传输安全。它在数据链路层进行，不考虑信源和信宿，是对相邻节点之间的链路上所传输的数据进行加密，用于保护通信节点间的数据，不仅对数据加密还对报头加密。它的接收方是传送路径上的各台节点机，信息在每台节点机内都要被解密和再加密，依次进行，直至到达目的地。链路加密方式的优点是在链路加密方式下，只对传输链路中的数据加密，而不对网络节点内的数据加密，中间节点上的数据报文是以明文出现的。链路加密对用户来说比较容易，使用的密钥较少，网络传输主要采这种方式。

2）节点对节点加密方式：节点对节点加密是在节点处采用一个与节点机相连的密码装置，密文在该装置中被解密并被重新加密，明文不通过节点机，避免了链路加密节点处易受攻击的缺点。从 OSI 七层参考模型的坐标（逻辑空间）来讲，它在第一层、第二层之间进行；从实施对象来讲，是对相邻两节点之间传输的数据进行加密，不过它仅对报文加密，而不对报头加密，以便于传输路由的选择。节点对节点加密方式的缺点是需要公共网络提供者配合，修改其交换节点，增加安全单元或保护装置；同时，节点加密要求报头和路由信息以明文形式传输，以便中间节点能得到如何处理消息的信息，因此也容易受到攻击。

3）端对端加密方式：端对端加密也称为面向协议加密方式，是为数据从一端到另一端提供的加密方式。数据在发送端被加密，在接收端解密，中间节点处不以明文的形式出现。端对端加密是在应用层完成的。在端对端加密中，除报头外的报文均以密文的形式贯穿于全部传输过程，只是在发送端和接收端才有加、解密设备。端对端加密方式的优点是网络上的每个用户可以有不同的加密关键词，而且网络本身不需要增添任何专门的加密设备。其缺点在于每个系统必须有一个加密设备和相应的管理加密关键词的软件，或者每个系统自行完成加密工作，当数据传输率按 MB/s 为单位计算时，加密任务的计算量是很大的。

注意：链路加密和端对端加密方式的区别是，链路加密方式是对整个链路的传输采取保护措施，而端对端方式则是对整个网络系统采取保护措施。端对端加密方式是未来发展的主要方向。对于重要的特殊机密信息，可以采用将二者结合的加密方式。

5.1.2　密码破译与密钥管理

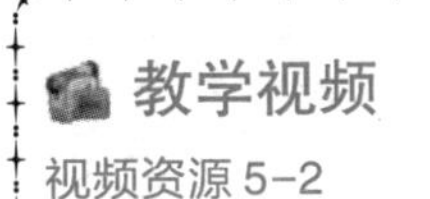

1. 密码破译

(1) 密码破译概念

密码破译是在不知道密钥的情况下，恢复出密文中隐藏的明文信息的过程。密码破译也是对密码体制的攻击，成功的密码破译能恢复出明文或密钥，也能发现密码体制的弱点。穷举破译法和统计分析法是最基本的破译方法，虽然烦琐却是有效的密码破译方法。

影响密码破译的主要因素涉及算法的强度、密钥的保密性和密钥长度。通常在相同条件下，密钥越长破译越困难，而且加密系统也越可靠。各种加密系统使用不同长度的密钥。常见加密系统的口令及其对应的密钥长度见表 5-2。

表 5-2　常见加密系统的口令及其对应的密钥长度

加密系统	口令长度	密钥长度
银行自动取款机密码	4 位数字	约 14 个二进制位
UNIX 系统用户账号	8 个字符	约 56 个二进制位

(2) 密码破译的方法

1) 穷举破译法。对截取的密文依次用各种可解的密钥试译，直到得到有意义的明文；或在不变密钥下，对所有可能的明文加密直到得到与截获密报一致为止。此法又称为穷举破译法（Exhaustive Decoding Method）、完全试凑法（Complete Trial-and-error Method）或暴力破解法。此种方法需要事先知道密码体制或加密算法，但不知道密钥或加密的具体方法。

【案例 5-4】移位密码分析

密文：BJQHTRJYTXMFSLMFN

明文：welcome to shanghai

方法：知道当前采用了移位加密算法，依次尝试所有可能的密钥 0，1，2，…，25，当尝试到密钥 5 时，得到明文。

注意：只要有足够的计算时间和存储容量，原则上穷举法总是可以成功的。但实际中，任何一种能保障安全要求的实用密码都会设计得使这一方法不可行。

2) 统计分析法。统计分析法是根据统计资料进行猜测。一般情况下，在一段足够长且非特别专门化的文章中，字母的使用频率是比较稳定的。而在某些技术性或专门化文章中字母的使用频率可能有微小变化。据报道，密码学家对英文字母的出现频率进行统计，见表 5-3，该统计为截获的密文中各字母出现的概率提供了重要的密钥信息。

表 5-3　英文字母使用频率统计表

字母	A	B	C	D	E	F	G	H	I	J	K	L	M
频率	8.17%	1.49%	2.78%	4.25%	12.70%	2.23%	2.02%	6.09%	6.97%	0.15%	0.77%	4.03%	2.41%
字母	N	O	P	Q	R	S	T	U	V	W	X	Y	Z
频率	6.75%	7.50%	1.93%	0.10%	5.99%	6.33%	9.06%	2.76%	0.98%	2.36%	0.15%	1.97%	0.06%

【案例 5-5】 福尔摩斯探案集——《跳舞的人》。福尔摩斯探案集《跳舞的人》中出现了“小人密码”，如图 5-5 所示。福尔摩斯推测该图代表一串单词或数字。根据应用字母使用统计，在 26 个字母中 E 出现的频率最高，有 12.70%。在小纸条中 15 个小人有 4 个相同，可以大胆推测这个小人就是代表“E”。知道的小人越多对破解密码越有利，再联系案情做进一步推理即可得知该纸条传达的信息。

图 5-5　“小人密码”剧照

3）其他密码破译方法。除了穷举破译法和统计分析法外，在实际生活中，破密者更可能针对人机系统的弱点进行攻击，而不是攻击加密算法本身。利用加密系统实现中的缺陷或漏洞等都是破译密码的方法，虽然这些方法不是密码学所研究的内容，但对于每一个使用加密技术的用户来说都是不可忽视的问题，甚至比加密算法本身更为重要。常见的密码破译方法如下。

① 通过各种途径或办法欺骗用户口令密码。

② 在用户输入口令时，应用各种技术手段，“窥视”或“偷窃”密钥内容。

③ 利用加密系统实现过程中的缺陷。

④ 对用户使用的密码系统偷梁换柱。

⑤ 从用户工作或生活环境获得未加密的保密信息，如进行的“垃圾分析”。

⑥ 让口令的另一方透露密钥或相关信息。

⑦ 利用各种手段威胁用户交出密码。

（3）防止密码破译的措施

防止密码破译，采取的具体措施如下。

1）强壮加密算法。通过增加加密算法的破译复杂程度和破译的时间，进行密码保护。

2）动态会话密钥。每次会话所使用的密钥不相同。

3）定期更换加密会话的密钥。定期更换加密会话的密钥，以免泄露引起严重后果。

4）只有用穷举法才能得到密钥的加密算法才是一个好的加密算法，只要密钥足够长就会很安全。

2. 密钥管理

密钥体制的安全取决于密钥的安全，而不取决于对密码算法的保密，因此密钥管理是至关重要的。密钥管理的内容包括密钥的产生、存储、装入、分配、保护、丢失和销毁等各个环节中的保密措施，其主要目的是确保使用中密钥的安全。对称密码体制的密钥管理和非对称密码体制的密钥管理是不同的，只有当参与者对使用密钥管理方法的环境认真评估后，才能确定密钥管理的方法。

1）对称密码体制的密钥管理。对称加密是基于共同保守秘密来实现的。采用对称加密技术的通信双方保证采用相同的密钥，要保证彼此密钥的交换是安全可靠的，同时还要设定防止密钥泄密和更改密钥的程序。

2）公钥密码体制的密钥管理。通信双方可以使用数字证书（公开密钥证书）来交换公开密钥。

注意：数字证书又称公钥证书，是一种包含持证主体标识、持证主体公钥等信息，并由可信任的 CA（证书颁发机构）签署的信息集合。由于公钥证书不需要保密，可以在互联网上安全分发，同时公钥证书有 CA 的签名，攻击者不能伪造合法的公钥证书，因此，只要 CA 是可信的，公钥证书就是可信的。

5.1.3　实用加密技术基础

1. 古典密码体制

古典密码的基本加密方法是代换和置换，虽然古典密码技术目前应用较少，加密原理比较简单，安全性较差，但是研究和学习古典密码，有助于对于近代密码的分析和理解。

（1）代换密码

代换密码是明文中的每一个字符由另一个字符所代替，接受者对密文作反向代换就可以恢复出明文。单表代换密码和多表代换密码是古典密码学中典型的密码算法。

1）凯撒（Caesar）密码。是单表代换密码的典型代表，一般意义上的单表代换密码也称为移位密码、乘法密码、仿射密码等。凯撒密码是根据字母表中的顺序，利用每个字母的后面第三个字母进行替代，见表 5-4，字母表看作是循环的，即 z 后面的字母是 a。

表 5-4　凯撒密码

明文	a	b	c	d	e	f	g	h	i	j	k	l	m	n	o	p	q	r	s	t	u	v	w	x	y	z
密文	D	E	F	G	H	I	J	K	L	M	N	O	P	Q	R	S	T	U	V	W	X	Y	Z	A	B	C

将英文字母表左环移 $k(0\leqslant k\leqslant 26)$ 位得到替换表，则得到一般的凯撒算法，其共有 26 种可能的密码算法（25 种可用）。

【案例 5-6】凯撒密码分析

明文：this is a computer.

密文：WKLV LV D FRPSXWHU.

方法：明文/密文空间是 26 个字母循环，字母 z 后面是 a，密钥为 3 且大写。

注意：凯撒密码的加密和解密算法是已知的，且需要尝试的密钥只有 25 个，所破译的明文语言已知，其意义易于识别，因此，凯撒密码的安全性较差。

2）维吉尼亚（Vigenère）密码。使用不同的策略创建密钥流。该密钥流是一个长度为 m（$1 \leqslant m \leqslant 26$）的起始密钥流的重复。此密码利用一个凯撒方阵来修正密文中字母的频率。在明文中不同地方出现的同一字母在密文中一般用不同的字母替代。

（2）置换密码

置换密码是将明文通过某种处理得到类型不同的映射，如将明文字母的顺序重新排列，但保持明文字母不变。常用的置换密码有列置位密码和矩阵置位密码。

1）列置位密码。将明文按行排列，以密钥的英文字母大小顺序排出序号，通常密钥不含重复字母的单词或短语，按照密钥的顺序得到密文。

【案例 5-7】列置换密码分析

明文：general

密钥：4263715

密文：aeeglnr

2）矩阵置位密码。将密钥的英文字母按照字母表中的大小顺序排列，把明文中的字母按给定顺序排列在一个矩阵中，矩阵的列数与密钥字母数量相同，然后按照另一种顺序读出明文字母，便产生了密文。

【案例 5-8】矩阵置位密码分析。采用一个字符串"network"为密钥，把明文"electoral law revision key to equal right"进行矩阵置位加密。

明文：electoral law revision key to equal right

密钥：network

密文：LLIYLREKUTEAVEATWOEGORNQHELSTRCAIOI

方法：根据密钥中各个字母在英文字母表中出现次序确定其排序为 3167452，即 n 第 3 个出现，e 第 1 个出现，…，k 第 7 个出现。将明文按照密钥长度 7 个字符逐行列出，见表 5-5。然后按照密钥的次序按列依次读出。

表 5-5　置换表

密钥	n	e	t	w	o	r	k
顺序	3	1	6	7	4	5	2
	E	L	E	C	T	O	R
	A	L	L	A	W	R	E
	V	I	S	I	O	N	K
	E	Y	T	O	E	Q	U
	A	L	R	I	G	H	T

在矩阵置换加密算法中，将明文按行排列到一个矩阵中（矩阵的列数等于密钥字母的个数，行数以够用为准，如果最后一行不全，可以用 A、B、C、…填充），然后按照密钥各个字母大小的顺序排出列号，以列的顺序将矩阵的字母读出，就构成了密文。

2. 对称密码体制

对称密码体制又称为单密钥加密体制、秘密密钥密码体制或常规密码体制。在对称密码体制中，加密密钥和解密密钥相同，发送者和接收者使用相同的密钥，因此，对称密码体制的安全性不仅涉及加密算法本身，密钥的传递和管理的安全性也极为重要。

对称加密算法具有算法公开、计算量小、加密速度快以及加密效率高等优点，其密钥长度通常 40~169 bit 不等。到目前为止，出现了许多著名的对称加密算法。

（1）数据加密标准（DES/3DES）

数据加密标准（Data Encryption Standard，DES）是 IBM 于 20 世纪 70 年代为美国国家标准局［美国国家标准与技术研究院（NIST）的前身］而研制的，1977 年 7 月 15 日，该算法被正式采纳为美国联邦信息处理标准，成为事实上的国际商用数据加密标准。由于 DES 密钥位数和迭代次数较少的缺陷，三重 DES（3DES）被提出，即应用 DES 算法三遍。DES 和 3DES 已经成为许多公司和组织加密的标准，目前，国内 DES 算法在 POS、ATM、磁卡、IC 卡等领域应用广泛。

（2）国际数据加密算法（IDEA）

国际数据加密算法（International Data Encryption Algorithm，IDEA）是一个迭代分组密码，分组长度为 64 位，密钥长度为 128 位。IDEA 密码中使用三种不同的运算：①逐位异或运算；②模 216 加运算；③模 216+1 乘运算，0 与 216 对应。

（3）RC 系列

RC5 分组密码算法是 1994 年由麻省理工学院的 Ronald L. Rivest 教授发明的，并由 RSA 实验室分析，它是参数可变的分组密码算法，分组大小、密钥大小和加密轮数这三个参数都可变。RC4 是流模式加密算法，面向 bit 操作，算法随机置换，应用较为广泛。

（4）高级数据加密标准（AES）

NIST 在 2001 年发布了高级加密标准（Advanced Encryption Standard，AES）。NIST 从最终的五个候选者中选择 Rijndael 算法作为 AES 标准。目前最流行的版本是密钥长度为 128 位的 AES-128，其对 128 位的消息块使用 10 轮迭代后得到密文。相比 DES，AES 的安全性更好，但其加密步骤和解密步骤不同，因而其硬件实现没有 DES 简单。

3. 非对称密码体制

非对称密码体制公钥和私钥之间存在成对与唯一对应的数学关系，且利用公钥去推导私钥在计算上不可行，可以加强信息保护程度。利用密钥对的原理可以实现数字签名和电子信封。使用过程中，发送者用接收者的公钥加密信息后将其发给接收者，接收者利用自己的私钥进行解密。

公钥密码算法根据所基于的数学基础不同，主要分为三类。第一类是基于因子分解难题的，典型的有 RSA 密码体制、Rabin 密码等；第二类是基于离散对数难题的，如 ElGamal 密码以及数字签名算法（DSA）；第三类是基于椭圆曲线的公钥密码体制。

（1）RSA 算法

RSA 密码算法是美国麻省理工学院的 Rivest、Shamir 和 Adleman 三位学者于 1978 年提出的。RSA 密码算法方案是唯一被广泛接受并实现的通用公开密码算法，它能够抵抗目前为止已知的绝大多数密码攻击，已经成为公钥密码的国际标准。在互联网中，电子邮件收、发的加密和数字签名软件 PGP 就采用了 RSA 密码算法。

（2）ElGamal 算法

ElGamal 算法由 T. ElGamal 于 1985 年提出，是一种基于离散对数问题的公钥密码体制。它既能用于数据加密，也能用于数字签名，其安全性依赖于计算有限域上离散对数这一难题。著名的美国数字签名标准 DSA 就是 ElGamal 签名的变形。其公钥体制的公钥加密算法是非确定性的，即使加密相同明文，得到的密文也不同，因此又称为**概率加密体制**。

4. 单向加密体制

单向加密也称哈希（Hash）加密（Hash Encryption），是一种单向密码体制，即它是一个从明文到密文的不可逆映射，只有加密过程，不存在解密过程。主要利用一个含有 Hash 函数的哈希表，确定用于加密的十六位进制数，Hash 函数可以将“任意”长度的输入经过变换以后得到固定长度的输出。Hash 函数的这种单向特征和输出数据长度固定的特征使得它可以生成消息或数据块的“数据指纹”（也称消息摘要或 Hash 值），因此在数据完整性和数字签名等领域有广泛的应用，哈希函数在现代密码学中起着重要作用。目前最为常用的两种 Hash 函数如下。

（1）MD5

消息摘要 MD5（Message Digest 5）是信息安全领域广泛使用的一种 Hash 函数，用以提供消息的完整性保护。MD5 在计算中使用了 64 个 32 位常数，最终生成一个 128 位的 Hash 值，也就是将任意长度的字符串变换成固定长度的十六进制数字串。MD5 主要应用于信息的一致性验证、数字签名以及安全访问认证。

（2）SHA

安全 Hash 算法（Secure Hash Algorithm）由 NIST 和 NSA 在 1993 年提出，修订版于 1995 年发布，称作 SHA，是美国 DSA 数字签名方案的标准。SHA 算法以 MD5 为原型，在计算中使用了 79 个 32 位常数，最终产生一个 160 位 Hash 值。SHA 接受任意有限长度的输入消息，并产生长度为 160 位的 Hash 值（MD5 仅仅生成 128 位的摘要），因此抗穷举性更好。

5. 无线网络加密技术

（1）WEP 加密技术

有线等效协议（Wired Equivalent Protocal，WEP）是为了保证 802.11b 协议数据传输的安全性而推出的安全协议，该协议通过对传输的数据进行加密，以保证无线局域网中数据传输的安全性。WEP 作为一种数据加密算法，提供了等同于有线局域网的保护能力。WEP 安全技术源自名为 RC4 的 RSA 数据加密技术，在无线网络中传输的数据使用一个随机产生的密钥来进行加密。在使用该技术的无线局域网中，所有客户端与无线接入点的数据都会以一个共享的密钥进行加密。密钥越长，需要越多的时间进行破解，因此能够提供更好的安全保护。

WEP 主要通过无线网络通信双方共享的密钥来保护传输的加密帧数据，WEP 的加密过程如图 5-6 所示。

1）计算校验和。①对输入数据进行完整性校验和计算；②把输入数据和计算得到的校验和组合起来得到新的加密数据，也称之为明文，作为下一步加密过程的输入。

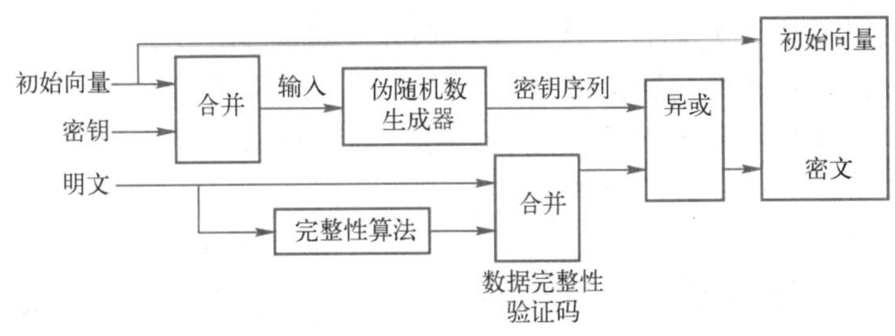

图 5-6　WEP 的加密过程

2）加密。在这个过程中，将第一步得到的数据明文采用算法加密。对明文的加密有两层含义：明文数据的加密，保护未经认证的数据。

① 将 24 位的初始向量和 40 位的密钥连接进行校验和计算，得到 64 位的数据。

② 将这个 64 位的数据输入伪随机数生成器中，它将对初始向量和密钥的校验和计算值进行加密计算。

③ 经过校验和计算的明文与伪随机数生成器的输出密钥流进行按位异或运算得到加密后的信息，即密文。

3）传输。将初始向量和密文串接，得到要传输的加密数据帧，在无线链路上传输。

WEP 的**缺陷**：WEP 中不提供密钥管理，所以对于许多无线连接网络中的用户而言，同样的密钥可能需要使用很长时间。WEP 的共享密钥为 40 位，用来加密数据显得过短，不能抵抗某些具有强大计算能力的组织或个人的穷举攻击或字典攻击。WEP 没有对加密完整性提供保护。协议中使用了循环冗余校验（CRC）来保证数据包的完整性，并利用正确的检查和来确认数据包。未加密的检查再加上与密钥数据流一起使用会带来安全隐患，并常会降低安全性。

（2）WPA 加密技术

WPA（Wi-Fi 保护访问）是针对 WEP 自身存在的不足而改进的新加密协议，其继承了 WEP 的基本原理又解决了 WEP 的缺陷，极大地提高了数据加密的安全性，完整的 WPA 标准在 2004 年 6 月通过。WPA 有两种基本的方法可以使用，根据要求的安全等级而定。大多数家庭和小企业用户可以使用 WPA-Personal 安全，它单独基于一个加密密钥。

实施 WPA 的综合防范措施是使用 WPA 加密密钥、802. 1x 认证、访问控制和相关安全设置等。除了上述加密方法之外，还有很多其他加密模式，其参数对比见表 5-6。

表 5-6　各种加密模式参数对比

加密模式	破解难易程度	降低无线路由器性能	实用性
禁用 SSID 广播	PP	P	PPP
禁用 DHCP 服务器	PPP		PP
设置网络密钥	PPPP	PP	PPPP
MAC 地址过滤	PPPP	PP	PPPPP
IP 地址过滤	P	PP	P

从表 5-6 可以看出每种加密模式在实际应用中的综合表现。在破解难易程度中，P 越多则破解越难；在降低无线路由器性能中，P 越多则降低无线路由器性能越显著；在实用性中，P 越多则该种加密模式越实用。用户可以根据实际应用环境选择适合的加密模式。

(3) 隧道加密技术

使用加密技术可以保证数据报文传输的保密性。加密系统提供一种安全数据传输，如果没有正确的解密密钥，将无法读出负载的内容，使接收方收到的数据报文不仅是加密的，而且确实来自发送方。加密隧道的长度和安全加密层是加密系统的主要属性。

1) **隧道加密方式**。在无线局域网中，隧道加密方式主要有 3 种，如图 5-7 所示。

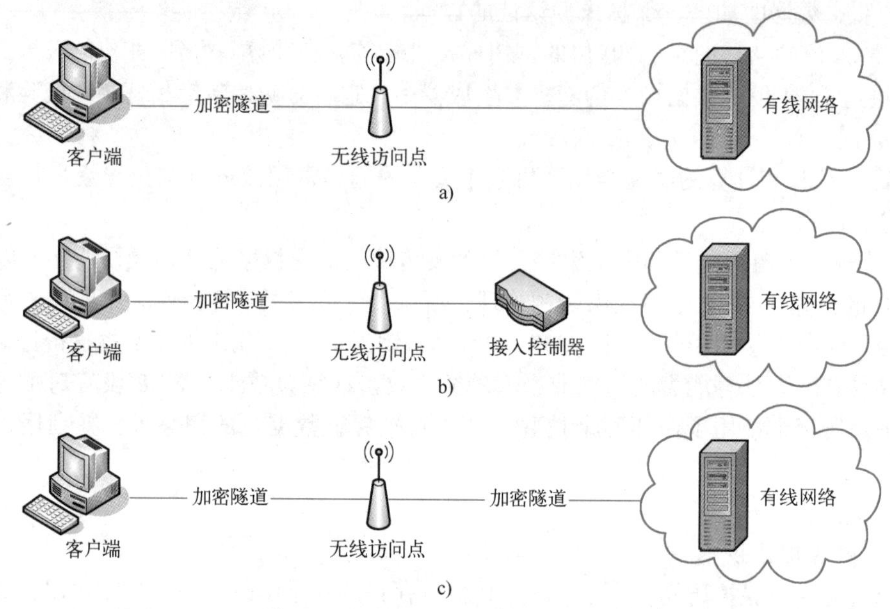

图 5-7　无线局域网隧道加密方式

a）第一种隧道加密方式　b）第二种隧道加密方式　c）第三种隧道加密方式

第一种隧道加密方式中，加密隧道位于客户端和无线访问点之间，这种加密隧道保证了无线链路间的传输安全，但是无法保证数据报文和有线网络服务器之间的安全。

第二种隧道加密方式中，加密隧道穿过了无线访问点，但是仅到达网络接入的一种用于分离无线网络和有线网络的控制器就结束，这种安全隧道同样不能达到端到端的安全传输。

第三种隧道加密方式即端到端加密传输，从客户端到服务器，在无线网络和有线网络中都保持了加密状态，是真正的端到端加密。

2) **加密层的选择**。除了加密隧道的长度外，决定加密安全的另外一个关键属性是加密层的选择。加密隧道可以在第四层（如 Secure Socket 或 SSL）和第三层（如 IPSec 或 VPN）实施，也可以在第二层（如 WEP 或 AES）实施。第三层加密隧道加密了第四层和更高层的内容，但是本层的报头没有加密；同样，第二层加密隧道加密了第二层数据和更高层的信息，如源和目的 IP 地址等。

6. 非数学的加密技术

(1) 信息隐藏

信息隐藏主要研究如何将某一机密信息隐藏于另一公开的信息中，然后通过公开信息的传输来传递机密信息，即将重要的信息隐藏于其他信息中，从而掩饰它的存在。常用的非数学加密技术有图像叠加、数字水印、潜信道、隐匿协议等。信息隐藏技术主要由信息嵌入算法和隐蔽信息提取算法（又称检测器）两个部分组成，其中信息嵌入算法负责利用密钥实现秘密信息的隐藏；检测器负责利用密钥将秘密信息从隐蔽载体中恢复出来。一般来说，很难从隐蔽载体中获取密钥，甚至发现秘密信息。信息隐藏技术的特性如下。

1) 鲁棒性。指不因图像文件的某种改动而导致隐藏信息丢失的能力，如信道噪声、滤波操作、重采样、有损编码压缩等。

2) 不可检测性。隐蔽载体与原始载体具有一致的特性，如具有一致的统计噪声分布等，导致他人无法判断是否有隐蔽信息。

3) 透明性。利用人类视觉系统或人类听觉系统属性，经过一系列隐藏处理，使目标数据没有明显的降质现象，而隐藏的数据却无法被人为地看见或听见。

4) 安全性。隐藏的信息内容应是安全的，应经过某种加密后再隐藏，同时隐藏的具体位置也应是安全的，至少不会因格式变换而遭到破坏。

5) 自恢复性。经过一些操作或者变换后，可能会对原始信息产生较大的破坏，应仍能从留下的少量数据中恢复隐藏信息（并非一定要恢复出宿主信息）。

信息隐藏技术在现实中的主要应用如下。

1) 数据保密：可通过信息隐藏技术来保护在网上交流的信息，如电子商务中的敏感信息、谈判双方的秘密协议和合同、网上银行交易中的敏感数据信息、重要文件的数字签名和个人隐私等。

2) 数据的不可抵赖性：可以使用信息隐藏技术中的水印技术，在交易体系的任何一方发送或接收信息时，将各自的特征标记以水印的形式加入到传递的信息中，通过不能去除的水印，以达到确认其行为的目的。

3) 数据的完整性：利用水印技术要确认数据在网上传输或存储过程中并没有被篡改，一旦被篡改就会破坏水印，从而很容易被识别。

4) 数字作品的版权保护：数字图书馆、数字图书出版、数字电视、数字新闻等服务提供的数字作品，易被修改和复制，可以将信息代码以水印的形式隐藏在作品中，当发现数字作品遭受非法传播时，可提取水印代码追查非法散播。

5) 防伪：在数字票据中隐藏的水印经过打印后仍然存在，可以通过再扫描得到数字形式，提取防伪水印来证实票据的真实性。

(2) 生物识别

生物识别技术是将生物和信息两大热门技术融合为一体的一种技术，其通过计算机与光学、声学、生物传感器和生物统计学原理等手段结合，利用人体固有的生理特性和行为特征来进行个人身份的鉴定。目前的生物识别技术种类主有两大类。

1) 生理特征有手形、指纹、脸形、虹膜、视网膜、脉搏、耳郭、基因等，应用于生物识别发展出了手形识别、指纹识别、人脸识别、虹膜识别等技术。

2）行为特征有签字、声音、按键力度等，应用于生物识别发展出了签名识别、发音识别等技术。

（3）量子密码

量子密码术是利用当前的物理学知识开发的不能被破解的密码系统，即如果不了解发送者所使用的密钥，接收者几乎无法破解并获得内容。量子密码术是经典密码学与量子力学结合的产物，它是在“海森堡测不准定理”和“单量子不可复制定理”的基础之上逐渐形成的。

1）“海森堡测不准定理”指的是在同一时刻以相同精度测定量子的位置与动量是不可能的，只能精确测定两者之一，它是量子力学的基本原理。

2）“单量子不可复制定理”是“海森堡测不准定理”的推论，指的是在不知道量子状态的情况下复制单个量子是不可能的，因为要复制单个量子就只能先做测量，而测量必然改变量子的状态。

量子密码采用量子态（量子比特）作为信息载体，经过量子通道传送，在合法用户之间建立共享的密钥，这个密钥是安全的，任何窃听都会被发现。量子密码学利用量子的不确定性构造安全的通信通道，任何在信道上的窃听行为都不可能对通信本身产生影响，使得窃听失败从而保证信道的安全。其安全性由量子力学原理所保证，具体如下。

① 在通信过程中，任何截获或者测试量子密钥的操作都会改变量子的状态，因此信息的合法接收者可以通过量子态的变化知道密钥曾被截取，截获者得到的只能是无意义的信息。

② 窃听者企图通过复制传送密钥的量子态来获得信息，此时量子不可复制定理确保这种复制不可能成功。量子密码突破了传统加密方式的束缚，以量子状态作为密钥具有不可复制性，可以说是“绝对安全”的。

量子密码的主要研究内容如下。

① 量子密钥管理：包括量子密钥产生、分配、存储和校验等几个部分，其中在理论和技术上最成熟的是量子密钥分配。

② 量子密码算法：与经典密码一样，量子密码的目的也是有效保护信息，这种保护是通过变换实现的。

③ 量子认证：涉及量子认证码、量子签名以及量子信道认证等。

④ 量子秘密共享：以量子物理为基础的秘密共享，借助量子物理加密技术保证安全性。

⑤ 量子密码安全协议：主要包括量子掷币、量子比特承诺、量子不经意传输、量子安全多方计算等。

7. 实用综合加密方法

为了确保网络的长距离安全传输，常采用将对称、非对称和Hash加密综合运用的方法。如IIS、PGP、SSL和S-MIME的应用程序都是用对称密钥对原始信息加密，再用非对称密钥加密所用的对称密钥，最后用一个随机码标记信息。综合加密方法兼有各种加密方式的优点，由于非对称加密速度比较慢，可以只对对称密钥进行加密，并不用对原始信息进行加密；而对称密钥的加密速度很快，可以用于加密原始信息，同时单向加密又可以有效标记信息。

【案例 5-9】发送和接收邮件加密和解密的实现过程如图 5-8 和图 5-9 所示。

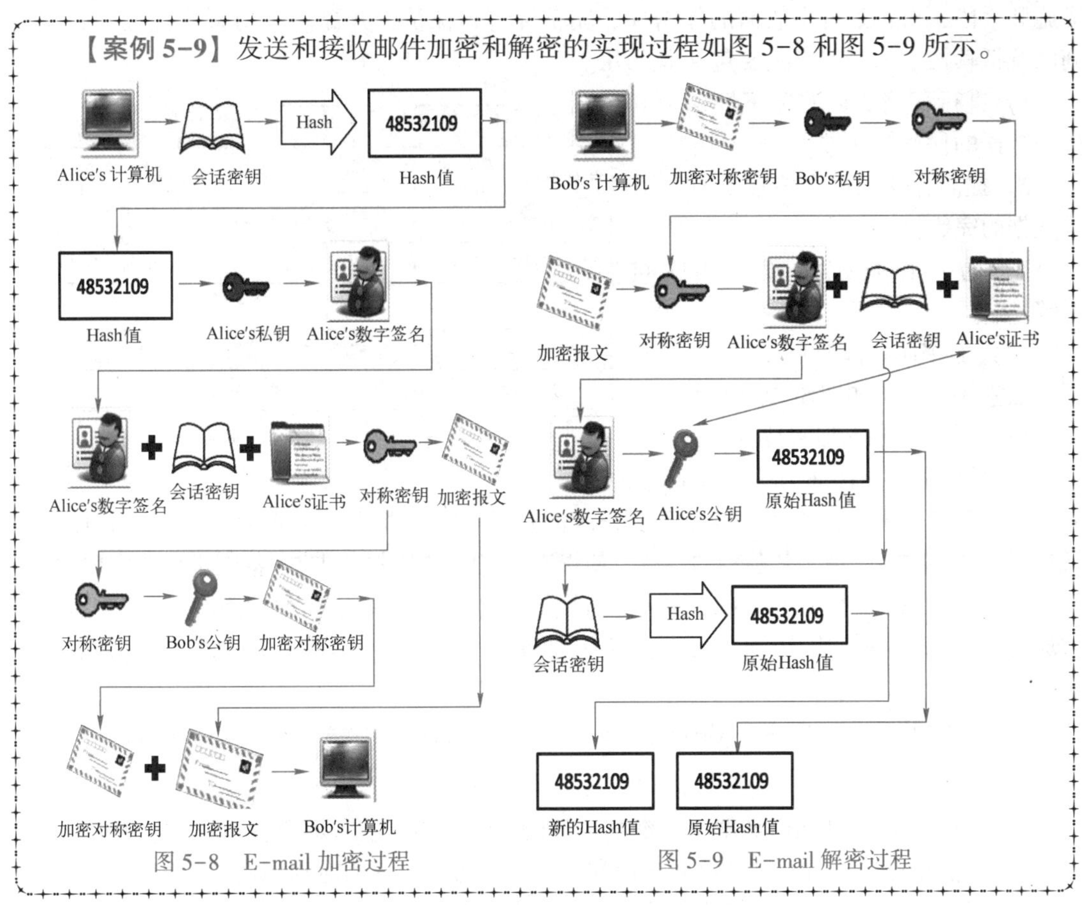

图 5-8　E-mail 加密过程　　图 5-9　E-mail 解密过程

1）发送信息之前，发送方和接收方要得到对方的公钥。

2）发送方产生一个随机的会话密钥，用于加密 E-mail 信息和附件，这个密钥是根据时间的不同、文件的大小和日期而随机产生的，算法可以通过使用 DES、RC5 得到。

3）发送者将该会话密钥和信息进行一次单向加密，得到一个 Hash 值，这个值用于保证数据的完整性。

4）发送者用自己的私钥对这个 Hash 值加密，通过使用发送者自己的私钥加密，接收者可以确定信息确实是从这个发送者发过来的。加密后的 Hash 值称为信息摘要。

5）发送者用步骤 2）产生的会话密钥对邮件和所有附件加密，提供数据保密性。

6）发送者用接收者的公钥对此会话密钥加密，确保信息只能被接收者用其私钥解密。

7）将加密后的信息和数字摘要发送给接收方。解密的过程正好顺序相反。

*5.2　案例分析　银行加密技术应用

5.2.1　银行加密体系及服务

1. 加密体系及应用技术

（1）加密目标及解决的关键问题

加密是非常重要的信息安全服务，其目标是通过使用加密技术、数字签名和数字认证措施和手段，对各系统中数据的保密性、完整性进行保护，并提高应用系统服务和数据访问的抗抵赖性。加密要求主要包括以下几个。

1）进行存储数据的保密性保护和传输数据的保密性保护。

2）提高存储数据、传输数据和处理数据的完整性。

3）防止原发抗抵赖和接收抗抵赖。

(2) 加密体系框架

加密体系框架如图 5-10 所示。

加密服务					
单向散列	加密和解密	消息认证码	数字签名	密钥安置	随机数生成
基本加密算法					
对称加密		公钥加密		单向散列	

密钥生命周期管理			
准备阶段	运行阶段	维护阶段	废弃阶段

图 5-10　加密体系框架

(3) 采用的基本加密技术

1）单向散列（Hash Cryptography）。散列算法无需密钥。散列算法接受可变长度的数据输入，并生成输入数据的固定长度表示（输入数据的摘要）。由于其独特的特性，使得逆过程的实现非常困难，甚至不可能实现。

2）对称密钥加密（Symmetric Key Cryptography）。对称密钥算法使用单一密钥进行数据的加密和解密。在使用中分为两类：分组加密（块加密）体制和序列加密（流加密）体制。

3）公钥加密（Public Key Cryptography）。加密算法包括 RSA、DH 和 DSA 等。

2. 加密服务

加密服务一般包括加密和解密、消息认证码、数字签名、密钥安置和随机数生成。

1）加密和解密。用于保障数据交换和存储的保密性，常用对称加密算法加解密。

2）消息认证码。用于保障数据的真实性和完整性。

3）数字签名。数字签名用于保障真实性、完整性和不可否认性。数字签名一般需要结合散列算法和公钥加密算法，如图 5-11 所示。

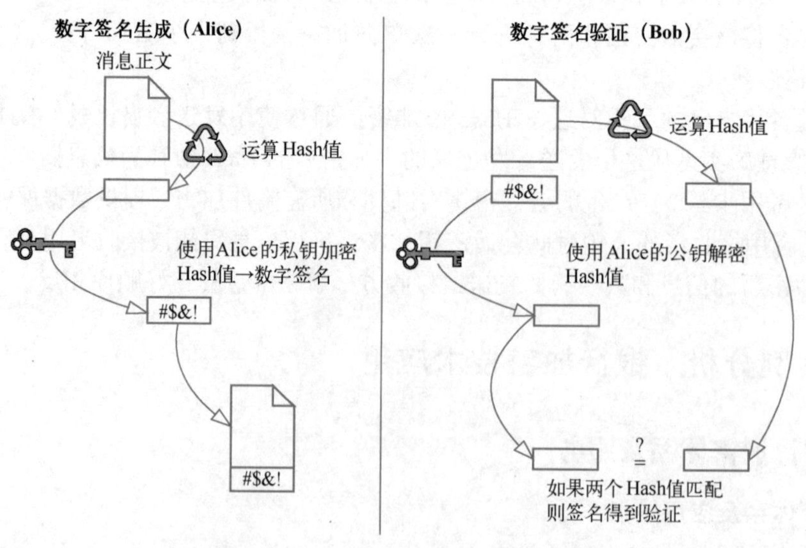

图 5-11　数字签名的生成与验证

发送方和接收方的数字签名过程也包括生成和验证过程，如图 5-12 所示。

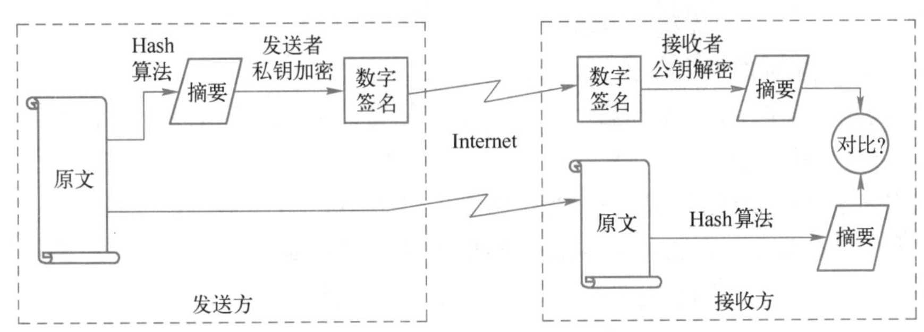

图 5-12　数字签名的过程

4）密钥安置。用于在相互通信的实体之间建立密钥。

5）随机数生成。用于密钥信息（如密钥、初始向量等）的生成。

5.2.2　银行密钥及证书管理

1. 密钥的安全管理

（1）密钥的种类

密钥有多种类型。根据公钥、私钥、对称密钥和用途的不同，可将密钥分为签名私钥、签名验证公钥、对称认证密钥、认证私钥、认证公钥、对称加密密钥、对称密钥包裹密钥、随机数生成密钥、对称主密钥、私钥传输密钥、公钥传输密钥、对称密钥协议密钥、静态私钥协议密钥、静态公钥协议密钥、短暂私钥协议密钥、短暂公钥协议密钥、对称授权密钥、授权私钥和授权公钥。

（2）密钥的管理过程

密钥的全生命周期管理包括准备、运行、维护和废弃4 个阶段。

1）准备阶段：密钥准备阶段的主要内容是密钥的生成和分发。

2）运行阶段：密钥运行阶段的主要内容是密钥的存储、输入/输出和更新。

3）维护阶段：密钥维护阶段的主要内容是密钥的恢复和销毁。

4）废弃阶段：密钥信息不再有用的时候，进入密钥的废弃阶段。

2. 数字证书的管理

（1）公钥/私钥对的生成和存储

公钥/私钥对的生成、传输和存储是公钥基础设施（PKI）乃至所有公钥体系最基础的工作。高质量的 PKI 平台，应该支持业界最通用的对称加密、公钥加密和数字签名算法，以提供不同平台之间的互通性。同时支持 PKCS 系列标准，以提供对新算法及新认证方式的支持。

（2）证书的生成和发放

证书的生成和发放的步骤通常如下。

1）证书申请者提交必要的申请信息。

2）CA 确认网络用户等各种信息的准确性。

3）CA 对证书和 CA 的私钥进行数字签名。

4）将数字证书的一个备份转发至申请者。

5）将证书的一个备份转发至申请者。

6）CA将证书生成的必要细节记录在审计日志中。

其中重要的前提是CA对申请者的确认。对自服务（自助式）管理较为困难。

（3）证书的合法性校验

证书可以被撤销，因此需要有一个机制通告已被撤销的证书。证书验证主要有CRL、OCSP和短生命周期证书。CRL使用的是广播的方式，CRL数据需要由CA不断广播。为了解决这一问题，一般的做法是建立一个服务中心。通过查询该中心，可以验证证书是否仍然有效。另一种证书撤销方式是缩短证书生存期，如系统每天自动生成新证书替换老证书。

（4）交叉认证

当一个CA认证域中的用户需要获取另一个CA认证域的信息时，需要进行互相操作，即交叉认证。交叉认证主要有桥接CA和多个CA的根CA互相签发根证书两种方式。

5.2.3　网络加密方式及管理策略

1. 网络应用的加密方式

在网络应用中，有3种不同的加密方式。

1）链路层加密。链路层加密是在节点间或主机间进行的，信息刚好是在进入物理通信链路前被加密的。

2）网络层加密。在网关之间进行。加密网关位于被保护站点与路由器之间，信息在进入路由器前已被加密处理。网络层加密IPSec是在TCP/IP通信模型的IP层实现的。

3）应用层加密。也称端到端加密，即提供传输的一端到另一端的全程保密。

2. 加密服务管理策略

（1）提供全面一致的加密保护服务

通过统一制定加密策略或统一实施加密服务基础件，为各应用系统提供全面的、一致的加密服务。加密服务的内容包括数据保密性保护、数据完整性保护、不可否认性保护和密钥管理服务。数据保密性保护包括存储数据的保密性保护和传输数据的保密性保护。

（2）统一管理，分布部署

由银行总行组织建立全行统一的信息安全服务平台，提供统一的信息安全服务，其中包括统一的密码支持服务，定义密钥管理机制、加密算法和密钥长度的标准并统一执行。同时，各应用利用信息安全基础设施，基于总行制定的统一标准和规格，各自实现应用内部的安全服务，其中包括加密服务。

（3）加密信息共享

1）采用标准算法，为系统之间加密数据的共享打下良好的基础。

2）在应用平台的基础上提供统一秘密支持服务，确保需要信息交换的两个或多个系统之间的密钥管理、加密算法和密钥长度的统一。

3）对于和第三方的数据交换，应通过硬件加密机完成。在保障银行信息安全的情况下，同第三方协商确定加密方式，达到第三方的要求。

5.3　要点小结

本章介绍了密码技术相关概念、密码学与密码体制、数据及网络加密方式；讨论了密码破译方法与密钥管理；详述了实用加密技术，包括古典密码体制、对称加密技术、非对称加密、单向加密体制、非数学的加密技术、实用综合加密方法；最后，介绍了基于 RSA 公钥加密体系的邮件加密软件 PGP 的实验和使用方法。

5.4　实验 5　PGP 加密软件应用

PGP（Pretty Good Privacy）加密技术是一个基于 RSA 公钥加密体系的邮件加密软件，提出了公共钥匙或不对称文件的加密技术。PGP 加密技术的创始人是美国的 Phil Zimmerman，他创造性地把 RSA 公钥体系和传统加密体系结合起来，并且在数字签名和密钥认证管理机制上做了巧妙的设计，因此，PGP 成为目前主流的公钥加密软件包。

PGP 可以对邮件保密以防止非授权者阅读，还能对邮件加上数字签名从而使收信人可以确认邮件的发送者，并能确信邮件没有被篡改。PGP 可以提供一种安全的通信方式，采用了一种 RSA 和传统加密的组合算法，用于数字签名的邮件文摘算法、加密前压缩等，还有一个良好的人机工程设计。PGP 功能强大，有很快的速度，而且它的源代码是免费的。

5.4.1　实验目的

通过 PGP 软件的使用，进一步加深对非对称算法 RSA 的认识和掌握，主要目的是熟悉软件的操作及主要功能，学会使用加密邮件、普通文件和操作应用等。

5.4.2　实验要求和方法

1. 实验环境与设备

在网络实验室，每组必备两台装有 Windows 操作系统的计算机。

实验用时：2 学时（90~120 min）

2. 实验的注意事项

1）实验课前必须预习实验内容，做好实验前准备工作，实验课上实验时间有限。

2）注重技术方法。由于网络安全技术更新快，软硬件产品种类繁多，可能具体版本和界面等不尽一致或有所差异。在具体实验中应多注重方法，注意实验过程、步骤和要点。

3. 实验方法

建议 2 人一组，每组两台计算机，每人操作一台，相互操作。

可以在 PGP 中国网站（网址为 http://www.pgp.cn/）等处下载 PGP 软件后，相互进行加密及认证操作。

5.4.3　实验内容和步骤

1. 实验内容

1）在A机上新建一个名为test. doc的文本文档，输入一些字符后保存。利用PGP软件对test. doc文件加密，对生成的加密文件进行解密。

2）A机上的用户user1传送一个保密信息给B机上的用户user2。首先user1对一封信用自己的私钥签名，再利用user2的公钥加密后发给user2。当user2收到user1的加密信件后，使用其相对的私钥解密，再用user1的公钥进行身份验证。

2. 实验步骤

1）两台计算机上分别安装PGP软件。实验步骤如下。

① 运行安装文件PGP Desktop 10. 0. 3，经过短暂的自解压准备安装过程后，进入安装。

② 选择语言后，进入是否接受协议页面，选择“I accept the license agreement”后，进入下一步，如图5-13所示。

③ 进入是否跳转到解释页面，选择“Do not display the Release Notes”，进入下一步，不重启进入破解软件步骤，如图5-14所示。

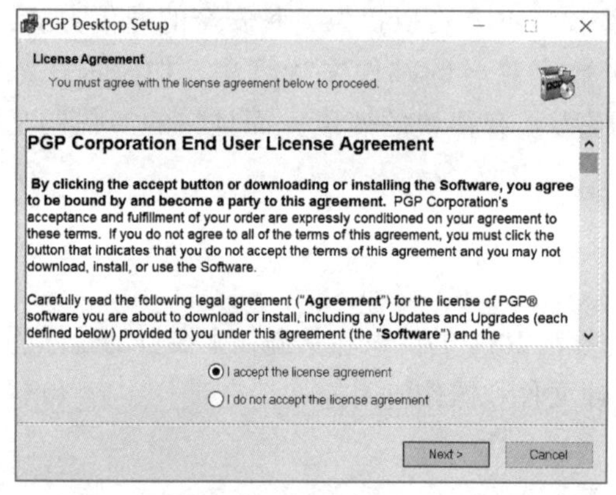

图5-13　PGP选择

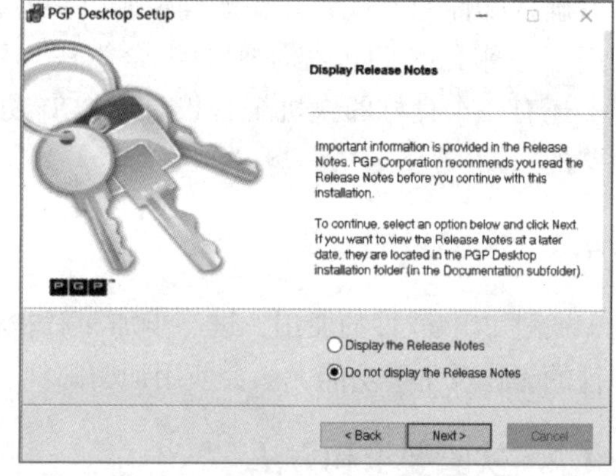

图5-14　PGP解释页面

④ 输入序列号进行认证，之后根据提示完成后续操作，不需要改动默认设置，直至出现安装结束提示。

⑤ 关闭PGP软件解压文件，解压中文语言包，复制到C:\Program Files\Common Files\PGP Corporation\Strings目录下，选择全部替换进行PGP软件的汉化。

2）利用PGP实现文件的加密和解密。

① 启动PGP软件，进入新用户创建与设置。选择主界面的菜单“新建PGP密钥”，如图5-15所示，在出现的PGP密钥生成助手中，单击“下一步”按钮，在分配名称和邮件窗口中，设置全名和主要邮件，如图5-16所示。

② 接下来设置保护私钥的用户口令，这里以“test123456”作为私钥密码，如图5-17所示。等待主密钥和次密钥的创建过程，直到出现如图5-18所示的完成PGP密钥生成助手界面。

③ 添加主密钥。在PGP软件的菜单栏选择“工具”→“选项”命令，打开“PGP选

项”对话框，选择“主密钥”选项卡进行添加，如图 5-19 所示。接下来在选择主密钥对话框左侧的密钥列表中选择一个添加到右侧密钥列表，如图 5-20 所示。

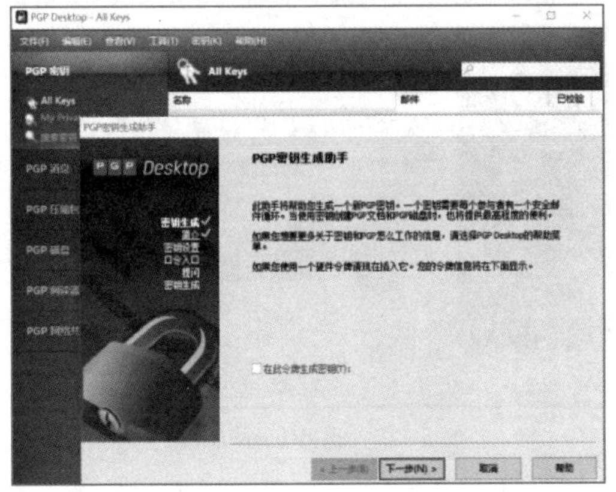

图 5-15　新建 PGP 密钥

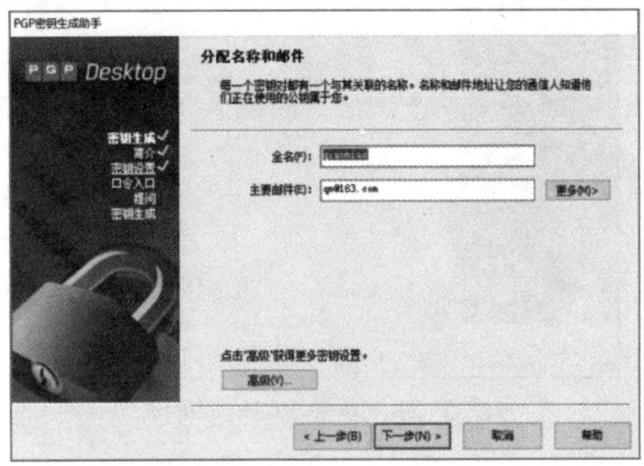

图 5-16　分配名称和邮件

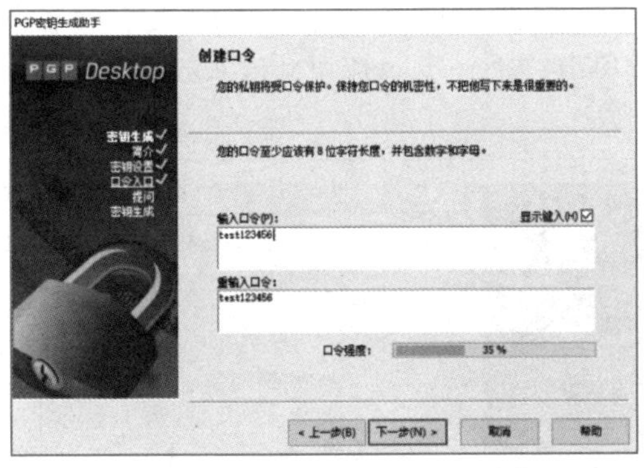

图 5-17　创建口令

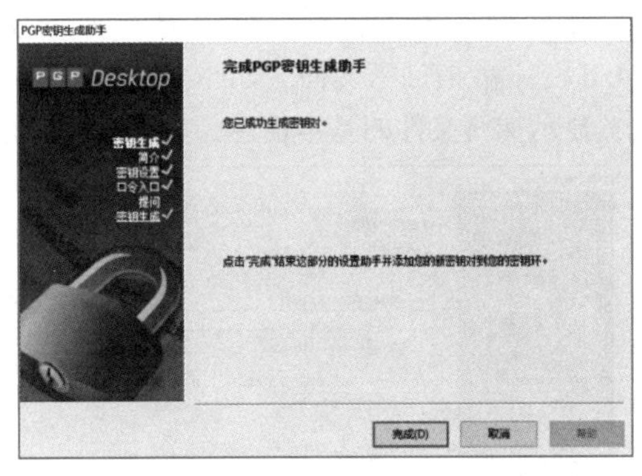

图 5-18　密钥生成完成

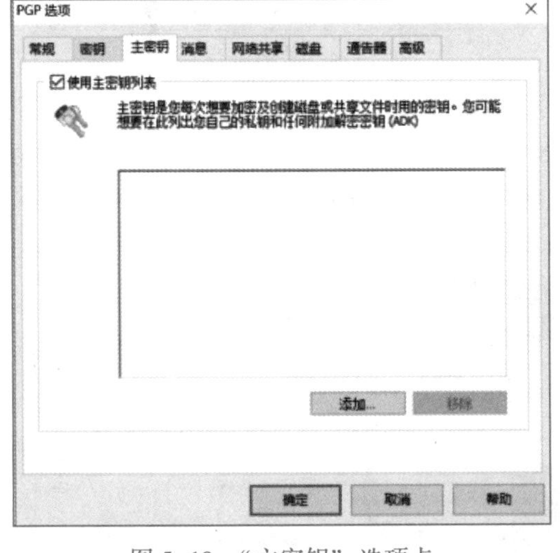

图 5-19　“主密钥”选项卡

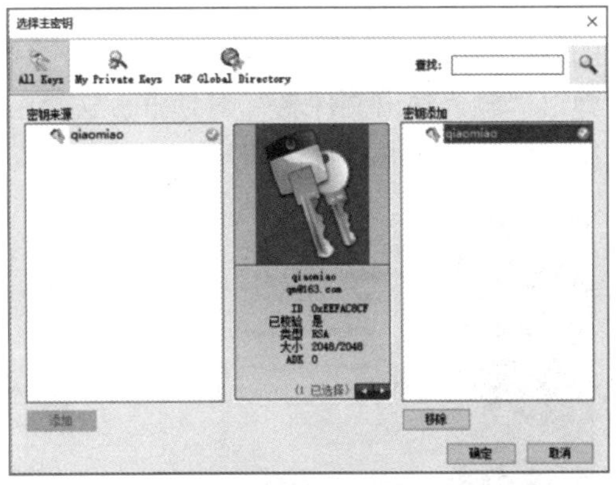

图 5-20　选择主密钥

④ 新建一个名为 test. docx 的文本文件，输入一些字符并保存。在 PGP 软件的主界面的左侧单击 PGP 压缩包选项，单击“新建 PGP 压缩包”选项，在弹出的对话框中选择进行

加密的文件 test. docx，如图 5-21 所示。单击“下一步”按钮，进入选择加密方式对话框，如图 5-22 所示，选择利用密钥加密的方式。

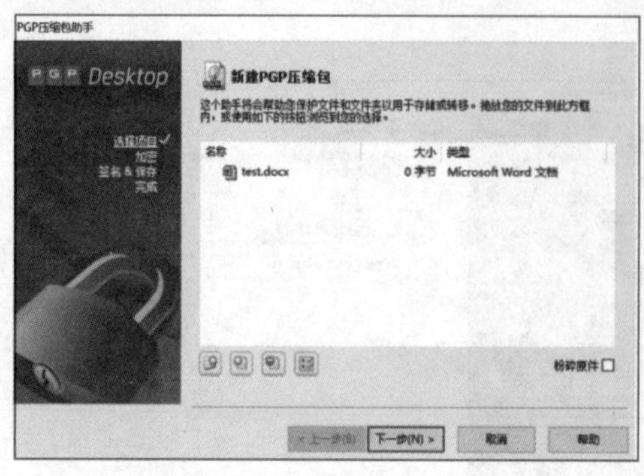

图 5-21　新建 PGP 压缩包

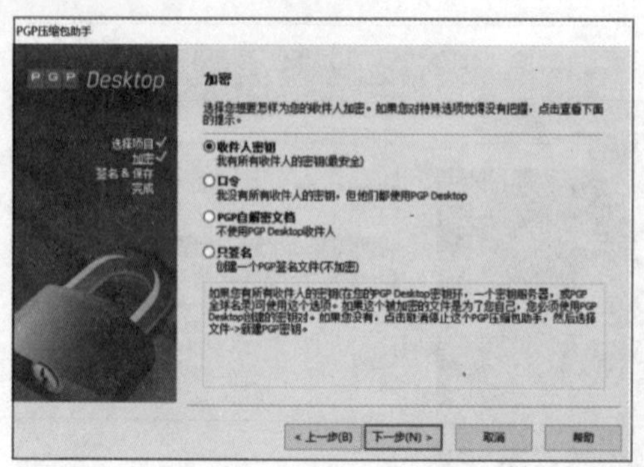

图 5-22　选择加密方式

⑤ 单击选择加密方式对话框的“下一步”按钮，打开添加用户密钥对话框，选择一个密钥进行添加，如图 5-23 所示。单击“下一步”按钮，进入签名并保存对话框，选择保存加密文件的位置，加密文件名是在原始文件名后增加扩展名 . pgp，生成了一个名为 test. docx. pgp 的加密文件，如图 5-24 所示。继续单击“下一步”按钮，进入加密完成对话框，显示加密文件的基本信息，如图 5-25 所示。

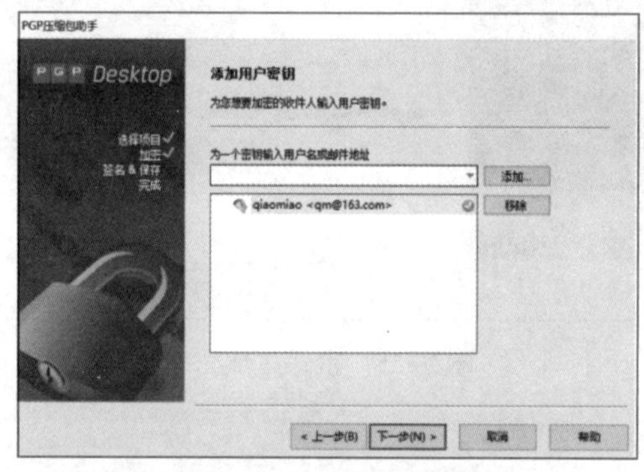

图 5-23　添加密钥

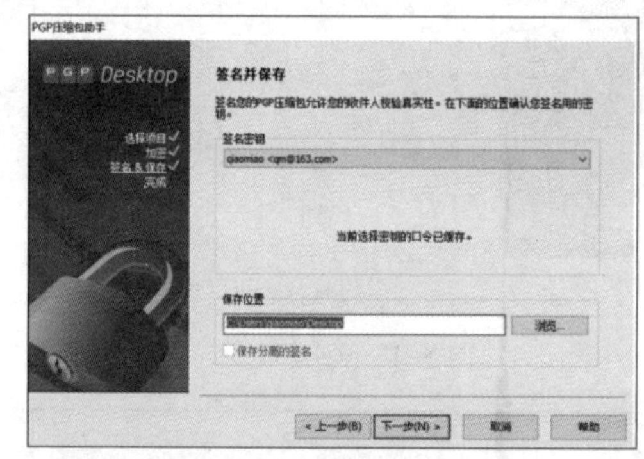

图 5-24　签名并保存

⑥ 文件解密。在文件系统中找到经过加密后的文件 test. docx. pgp，右击该文件，在弹出的快捷菜单中选择“PGP Desktop”→“解密 & 校验 test. docx. pgp”，出现解密文件进度后弹出“输入输出文件名”对话框，选择解密文件存储位置和文件名，如图 5-26 所示。经过解密后的文件可以直接打开。

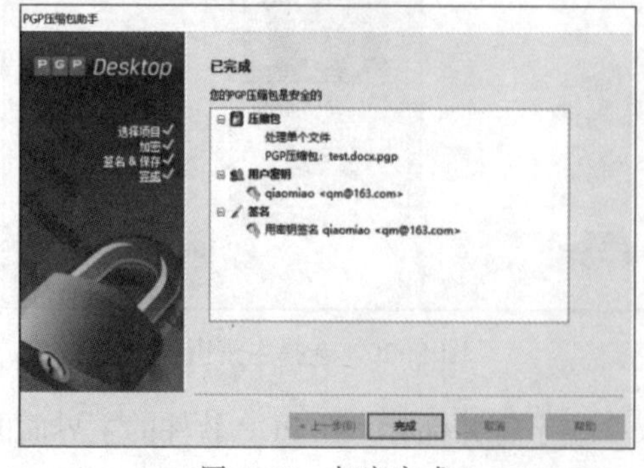

图 5-25　加密完成

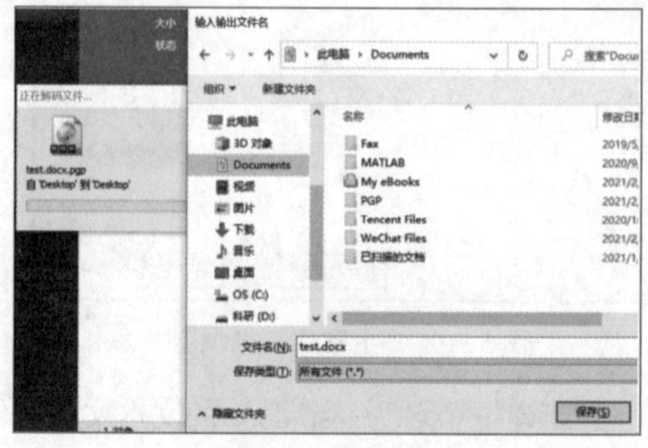

图 5-26　解密文件

3）利用 PGP 实现邮件的加密。以 pgp_user 用户为例，生成密钥对、获得对方公钥和签名。实验步骤如下。

① 导出公钥。单击任务栏上的带锁的图标按钮，选择“PGP 密钥”选项，在 PGP 密钥主界面的用户列表中选择刚刚创建的用户，如图 5-27 所示。右击会弹出快捷菜单，选择“导出”命令，导出公钥。将导出的公钥放在一个指定的位置，文件的扩展名为 .asc，如图 5-28 所示。

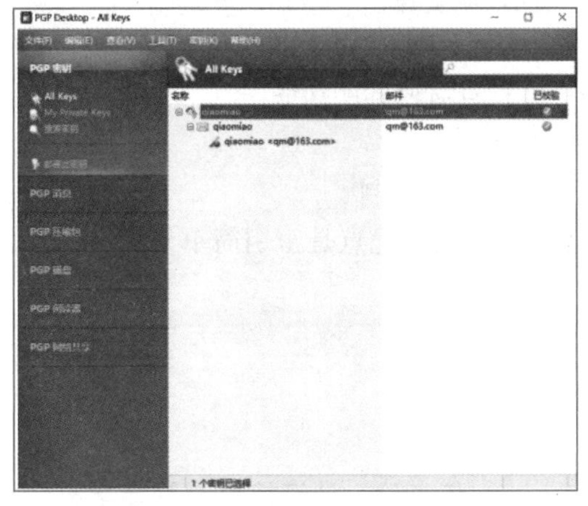

图 5-27　选择用户导出

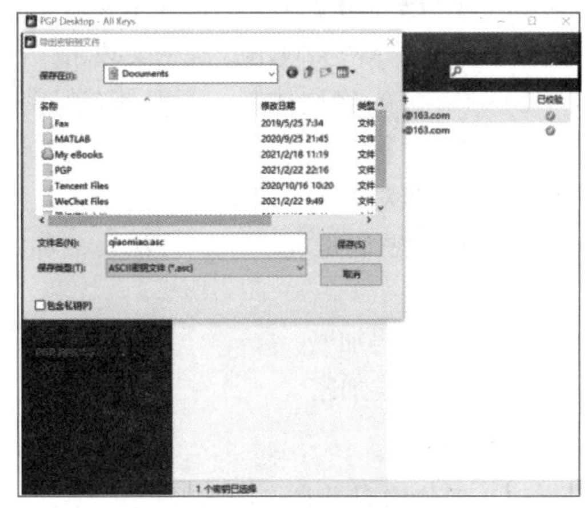

图 5-28　导出公钥

② 导入公钥。可以直接双击对方发送来的扩展名为 .asc 的公钥，将出现选择公钥的窗口，这里可以查看该公钥的基本属性，如有效性、创建时间、信任度等，便于了解是否应该导入该公钥。选好后，单击“导入”按钮，即可导入 PGP。

③ 文件签名。user1 对导入的公钥签名。右击文件，在弹出的快捷菜单中选择 sign 命令，输入 user1 的密钥。

同样，以上操作用户 user2 可以在 B 机上实现。

4）user1 用私钥对文件签名，再用 user2 的公钥加密并传送文件给 user2。

① 创建一个文档并右击，在弹出的快捷菜单中选择 PGP→Encrypt&Sign 命令。

② 选择接收方 user2，按照提示输入 user1 的私钥。

③ 此时将产生一个加密文件，将此文件发送给 user2。

5）user2 用私钥解密，再进行身份验证。

① user2 右击收到的文件后，在弹出的快捷菜单中选择 PGP→Decrypt&Verify 命令。

② 在输入框中根据提示输入 user2 的私钥进行解密并验证。

5.5　练习与实践 5

1. 选择题

(1) 使用密码技术不仅可以保证信息的（　　），还可以保证信息的完整性和准确性，防止信息被篡改、伪造和假冒。

A. 保密性　　　　　　　　　　B. 抗攻击性

C. 网络服务正确性　　D. 控制安全性

(2) 网络加密常用的方法有链路加密、(　　) 加密和节点对节点加密三种。

A. 系统　　B. 端对端

C. 信息　　D. 网站

(3) 根据密码分析者破译时已具备的前提条件，通常人们将攻击类型分为四种：一是(　　)，二是（　　），三是选定明文攻击，四是选择密文攻击。

A. 已知明文攻击、选择密文攻击　　B. 选定明文攻击、已知明文攻击

C. 选择密文攻击、唯密文攻击　　D. 唯密文攻击、已知明文攻击

(4) (　　) 密码体制，不但具有保密功能，并且具有鉴别的功能。

A. 对称　　B. 私钥

C. 非对称　　D. 混合加密体制

(5) 凯撒密码是（　　）方法，被称为循环移位密码，优点是密钥简单易记，缺点是安全性较差。

A. 代码加密　　B. 替换加密

C. 变位加密　　D. 一次性加密

2. 填空题

(1) 现代密码学是一门涉及________、________、信息论、计算机科学等多学科的综合性学科。

(2) 密码技术包括________、________、安全协议、________、________、________、消息确认、密钥托管等多项技术。

(3) 在加密系统中原有的信息称为________，由________变为________的过程称为加密，由________还原成________的过程称为解密。

(4) 常用的传统加密方法有4种：________、________、________、________。

3. 简答题

(1) 任何加密系统不论形式多么复杂至少应包括哪四个部分？

(2) 网络的加密方式有哪些？

(3) 简述RSA算法中密钥的产生、数据加密和解密的过程，并简单说明RSA算法安全性的原理。

(4) 简述密码破译方法和防止密码破译的措施。

4. 实践题

(1) 已知RSA算法中，素数 $p=5$，$q=7$，模数 $n=35$，公开密钥 $e=5$，密文 $c=10$，求明文。试用手工完成RSA公开密钥密码体制算法的加密运算。

(2) 已知密文C = abacnuaiotettgfksr，且已知其是使用替代密码方法加密的。请用程序分析出其明文和密钥。

(3) 通过调研及借鉴资料，写出一份分析密码学与网络安全管理的研究报告。

(4) 凯撒密码加密运算公式为 $c=m+k\text{mod}26$，密钥可以是0～25的任何一个确定的数，试用程序实现算法，要求可灵活设置密钥。

第 6 章　身份认证与访问控制

身份认证与访问控制技术是网络安全的最基本要素。身份认证是安全系统中的第一道"关卡"，是实施访问控制、安全审计等一系列网络安全措施的前提。访问控制是防止非法用户使用系统或者合法用户越权使用系统的重要安全屏障。同时，用户在整个访问过程中的活动应当被识别、记录和存储，以确保可审查。

教学目标

- 掌握身份认证技术的概念、种类和常用方法
- 理解数字签名的概念、功能、原理和过程
- 掌握访问控制的概念、类型、机制和策略
- 理解安全审计的概念、类型、跟踪和实施
- 学会用户申请网银身份认证方法的实验

6.1　知识要点

【案例 6-1】据外媒报道，2020 年 Instagram、TikTok 和 YouTube 均发生严重的约 2.35 亿用户数据被泄露事件，包含账户名称、电话、邮件、个人照片等关键信息，这类事件已不是大型企业第一次发生。其根本原因在于企业数字化转型中大量的业务上云，所有用户数据都被存储在云端，一旦网络安全稍有疏漏，就极易受到黑客攻击。在 Gartner 发布的"2020 规划指南：身份识别和访问管理"中也指出：所有 500 强企业的 IT 部门都必须推进身份识别和访问管理（Identity and Access Management，IAM）建设，应重点关注无密码认证、增强的消费者隐私要求及混合/多云环境。

6.1.1　身份认证技术

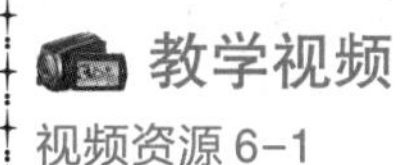

视频资源 6-1

1. 认证技术的基本概念

认证（Authentication）是指通过对网络系统使用过程中的主客体双方互相鉴别确认身份后，对其赋予恰当的标志、标签、证书的过程。它可以解决主体本身的信用问题和客体对主体访问的信任问题，并为下一步的授权奠定基础，是对用户身份和认证信息的生成、存储、同步、验证和维护的全生命周期的管理。

认证技术的主要作用是进行信息认证。信息认证的目的，一是确认信息发送者的身份，二是验证信息的完整性，即确认信息在传送或存储中未被篡改过。从鉴别对象上可以分为两种：用户身份认证和消息认证。

1）用户身份认证。用户身份认证用于鉴别用户身份。包括识别和验证两部分，识别是

鉴别访问者的身份，验证是对访问者身份的合法性进行确认。从认证关系上看，身份认证也可以分为用户与主机间的认证和主机之间的认证。

2）消息认证。消息认证用于保证信息的完整性和不可否认性。通常用来检测主机收到的信息是否完整，以及检测信息在传递过程中是否被修改或伪造。

2. 身份认证的基本概念

（1）身份认证的概念

身份认证（Identity and Authentication），是网络系统的用户在进入系统或访问不同保护级别的系统资源时，系统确认该用户的身份是否真实、合法和唯一的过程。目前可以用来验证用户身份的方法有以下3种。

1）用户所知道的事物，如口令、密码等。

2）用户拥有的物品，如身份证、智能卡（如信用卡）、USB Key 等。

3）用户所具有的生物特征，如指纹、虹膜、声纹、人像、笔迹等。

（2）身份认证的作用

在网络系统中，身份认证是网络安全中的第一道防线，是其他安全机制的基础。用户在访问系统前，先要经过身份识别，再通过访问监控设备（系统）对用户授权数据库进行访问，确定用户对所访问系统资源的权限。授权数据库由安全管理员按照需要进行配置。审计系统按照设置来记载用户的请求和行为，入侵检测系统提供对异常行为的检测。访问控制和审计系统都依赖于身份认证系统提供的“认证信息”来进行鉴别和审计，如图6-1所示。

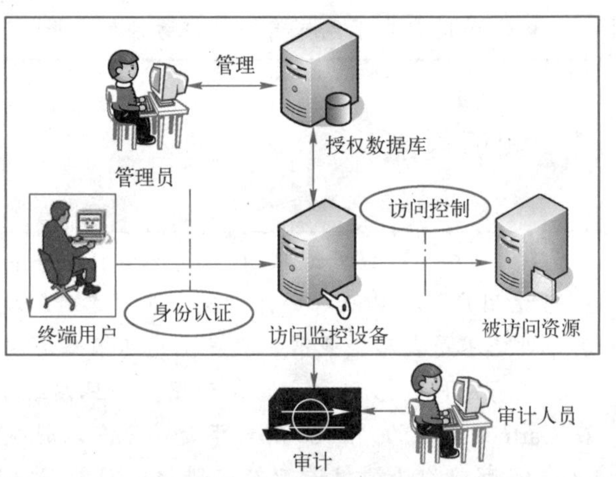

图6-1　身份认证和访问控制过程

身份认证可以确保用户身份的真实、合法和唯一性，并能保证访问控制、安全审计、入侵检测、APT 攻击防范等安全机制的有效应用，进而防止非授权用户进入系统，并防止其通过各种违法操作获取不正当利益、非法访问受控信息、恶意破坏系统数据完整性的情况发生，严防“病从口入”。

3. 身份认证常用方式

网络系统中常用的身份认证方式，主要有以下几种。

（1）静态密码方式

静态密码方式是指以用户名及密码的方式认证，是最简单、最广泛应用的身份认证方法。由于密码是静态数据，系统在验证过程中需要在网络介质中传输，很容易被木马程序或监听设备截获。因此，用户名及密码方式是安全性比较低的身份认证方式。在该类型中，用户只能通过设置强密码来提高认证的强度。

（2）动态口令认证

动态口令是应用较广的一种身份识别方式，采用 Hash 函数产生。基于动态口令认证的方式主要有动态短信密码和动态口令牌（卡）两种方式，口令一次一密，每次登录都用不同的密码，可以避免口令丢失的逻辑漏洞。前者是将系统发给用户注册手机的动态短信密码进行身份认证。后者则以发给用户的动态口令牌进行认证。动态口令认证方式不需要用户定期修改密码，无须担心密码泄露，该认证方式广泛应用在 VPN、网上银行、电子商务等领域。

（3）USB Key 认证

USB Key（U 盾）认证方式，采用软硬件相结合、一次一密的强双因素认证模式，较好地解决了安全性与易用性之间的矛盾。以 USB 接口，内置单片机或智能卡芯片，可存储用户的密钥或数字证书，利用其内置的密码算法实现对用户身份的认证。其身份认证系统主要有两种认证模式：基于冲激/响应模式和基于 PKI 体系的认证模式。

（4）生物识别技术

【案例 6-2】 2014 年是我国人脸识别技术的转折点，人脸识别技术从理论走向了应用。2018 年，人脸识别技术进入全面应用时期。2019 年 6 月，全国信息安全标准化技术委员会发布了《信息技术 安全技术 生物特征识别信息的保护要求》（征求意见稿），将生物特征识别数据定义为“生物特征样本、生物特征、生物特征模型、生物性质、原始描述数据的生物识别特征，或上述数据的聚合”，而“人脸”被列为可对个体进行识别的生理特征之一。2021 年 11 月 1 日起施行的《中华人民共和国个人信息保护法》中将生物识别定义为敏感个人信息。

生物识别技术是指通过可测量的生物信息和行为等特征进行身份认证的一种技术。认证系统测量的生物特征一般是用户唯一生理特征或行为方式。生物特征分为生理特征和行为特征两类。身体特征包括指纹、掌形、视网膜、人体气味、脸形、手的血管和 DNA 等；行为特征包括签名、语音、行走步态、情景感知、击键特征等，其中，目前应用发展最广的技术是人脸识别技术，其主要应用领域见表 6-1。

表 6-1　人脸识别技术应用领域及具体应用

应用领域	具体应用
公共安全	刑侦追逃、罪犯识别、边防安全
信息安全	计算机和网络的登录、文件的加密和解密
政府职能	电子政务、户籍管理、社会福利和保险
商业企业	电子商务、电子货币和支付、考勤、市场营销
场所进出	军事机要部门、金融机构的门禁控制和进出管理等

（5）CA 认证

CA（Certification Authority）是国际认证机构的通称，是对数字证书的申请用户进行发放、管理、检验或取消的机构。**数字证书**是各类实体（持卡人/个人、商户/企业、网关/银行等）在网上进行信息交流及商务活动的身份证明，在电子交易的各个环节，交易的各方都需要验证对方证书的有效性，从而解决相互间的信任问题。数字证书由权威 CA 机构颁发给用户，是数字领域中证实用户身份的一种数字凭证，表 6-2 为不同用户申请使用的数字证书类型与主要功能描述表。数字证书的发放、管理和认证是一个复杂的过程，即**CA 认证过程**。

表 6-2　不同用户申请的数字证书类型与主要功能

证书名称	证书类型	主要功能描述
个人证书	个人证书	个人网上交易、网上支付、电子邮件等相关操作
单位证书	单位身份证书	用于企事业单位网上交易、网上支付等
	E-mail 证书	用于企事业单位内安全电子邮件通信
	部门证书	用于企事业单位内某个部门的身份认证
服务器证书	企业证书	用于服务器、安全站点认证等
代码签名证书	个人证书	用于个人软件开发者对其软件的签名
	企业证书	用于软件开发企业对其软件的签名

注：数字证书标准有 X. 509 证书、简单 PKI 证书、PGP 证书和属性证书。

CA 作为网络安全可信认证及证书管理机构，其主要职能是审查证书持有者身份的合法性、签发管理证书并管理和维护所签发的证书、提供各种证书服务，包括证书的签发、更新、回收、归档等，以防证书被伪造或篡改。图 6-2 为支付宝网站页面，单击鼠标右键，在弹出的对话框中单击“属性”，在打开的“属性”对话框中单击“证书”按钮便可以查看支付宝网站的数字证书及其详细信息。

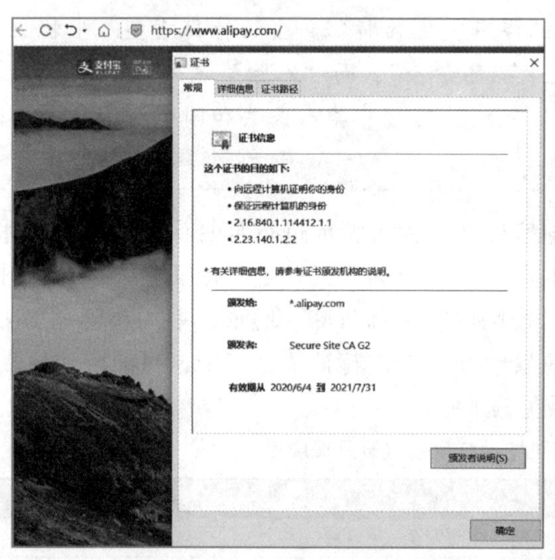

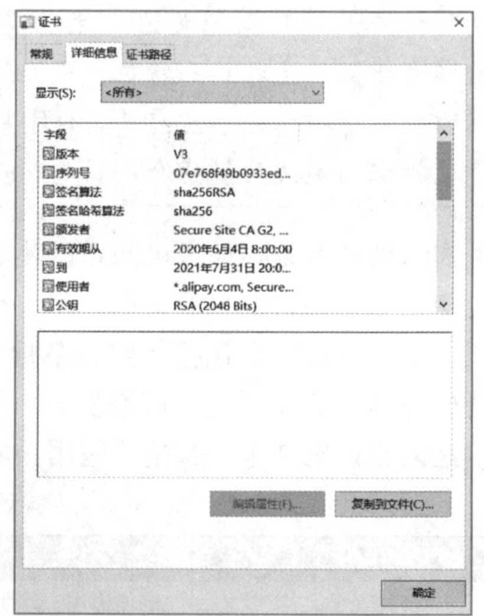

图 6-2　支付宝网站的 CA 证书

CA 的主要职能体现在以下 3 个方面。

1）管理和维护客户的证书和证书作废表（CRL）。

2）维护整个认证过程的安全。

3）提供安全审计的依据。

4. 身份认证系统构成及方法

（1）身份认证系统的构成

身份认证系统一般包括三个部分：认证服务器、认证系统客户端和认证设备。系统主要通过身份认证协议和认证系统软硬件进行实现。其中，**身份认证协议又分**为单向认证协议和双向认证协议。若通信双方只需一方鉴别另一方的身份，则称为单向认证协议；如果双方都需要验证身份，则称为双向认证协议。

（2）身份认证机制

在网络系统中，身份认证机制定义了参与认证的通信方在身份认证过程中所需要交换的消息格式、消息发生次序以及消息语义，为网络中的各种资源提供安全保护。认证机制与授权机制常结合在一起，只有通过认证的用户才可以获得使用权限。常用的认证机制有固定口令方式、一次性口令认证、双因素安全令牌、单点登录等。

【案例 6-3】MyHeritage 是一个家庭基因和 DNA 检测的网站，用户信息中不但存储有私人信息，甚至还有个人的 DNA 测试结果。2018 年 6 月，MyHeritage 发出公告称，网站服务器被攻击，攻击者从中截取了超过 9200 万用户的信息，其中包含了电子邮件和 Hash 密码。为了彻底解决这种攻击，网站启用了双因子身份验证功能，即使黑客设法解密 Hash 密码，如果没有第二步验证码，第一步的破解也将毫无用处。

6.1.2　数字签名技术

【案例 6-4】随着网络应用的发展，数字签名技术应用领域也在不断扩大。例如，当信息安全组织发布一些关于安全漏洞的警告时，为确保发布这些信息的网页没有被第三方篡改，可以对警告信息的文件施加数字签名，以验证警告信息的发布者是否合法。软件下载时通过验证其数字签名，可以识别出软件是否遭到了主动攻击者的篡改，当然并不能保证软件本身不会做出恶意的行为。

1. 数字签名的概念

教学视频
视频资源 6-2

数字签名（Digital Signature）又称为公钥数字签名、电子签章或电子签名，是以电子形式存储于数据信息中或作为其附件或逻辑上与之有联系的数据。用于辨别签署人的真实身份，并标明签署人对数据信息内容认可的技术，也用于保证信息来源的真实性、数据传输的完整性和防抵赖性，在电子银行、证券和电子商务等方面应用非常广泛。《中华人民共和国电子签名法》中对数字签名电子签名的定义为“数据电文中以电子形式所含、所附用于识别签名人身份并表明签名人认可其中内容的数据。”ISO 7498-2 标准中定义数字签名为：附加在数据单元上的一些数据，或是对数据单元所做的密码变换，这种数据和变换允许数据单元的接收者用来确认数据单元来源和完整性，并保护数据，防止被他人伪造。

2. 数字签名的方法和功能

【案例 6-5】由于不同的颁发机构可以为同一家公司颁发数字证书，但是审核标准不一致，所以黑客就利用了这点成功申请了知名公司的数字证书。以某家颁发机构数字证书的申请流程为例，公司申请证书只有两个必要条件：单位授权书和公对公付款。如此简单的审查，导致部分颁发机构给木马制作者颁发了知名公司的数字证书，使得木马制作者利用手中的数字签名签发了大量木马文件，由于此类文件非常容易被加入到可信任文件列表，因而给用户带来了极大的危害。

实现电子签名的技术手段有多种，主要方法包括：①基于 PKI 的公钥密码技术的数字签名；②用一个以生物特征统计学为基础的识别标识，如手书签名和图章的电子图像模式识别；③手印、声音印记或视网膜扫描的识别；④一个让收件人能识别发件人身份的密码代号、密码或个人识别码 PIN；⑤基于量子力学的计算机等。但比较成熟的、使用方便具有可操作性的、在世界先进国家和我国普遍使用的电子签名技术还是基于 PKI 的数字签名技术。

一个数字签名**算法组成**主要有两部分：签名算法和验证算法。签名者可以使用一个秘密的签名算法签一个消息，所得的签名可通过一个公开的验证算法来验证。

数字签名的主要**功能如下**。

1）签名是可信的。文件的接收者相信签名者是慎重地在文件上签名的。

2）签名不可抵赖。发送者事后不能抵赖对报文的签名，且可以核实。

3）签名不可伪造。签名可以证明是签字者而不是其他人在文件上签字。

4）签名不可重用。签名是文件的一部分，不可以将签名移动到其他的文件。

5）签名不可变更。签名和文件不能改变，也不可分离。

6）数字签名有一定的处理速度，能够满足所有的应用需求。

3. 数字签名过程及实现

对一个电子文件进行数字签名并在网上传输，通常需要的**实现过程**包括网上身份认证、进行签名和对签名的验证。网上通信的双方，在互相认证身份之后，即可发送签名的数据电文。数字签名过程分两部分：签名和验证，如图 6-3 所示。

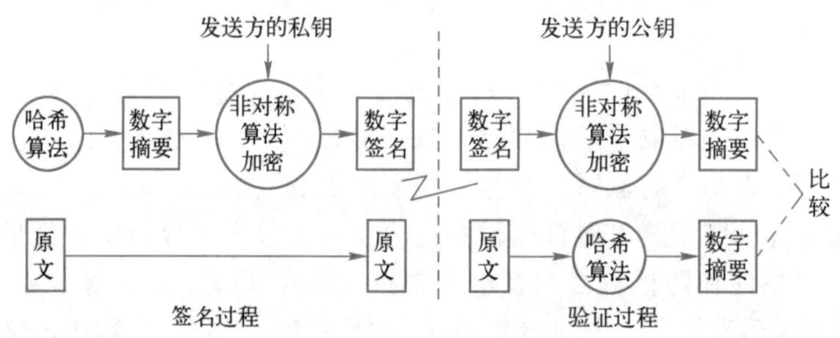

图 6-3　数字签名原理及过程

签名过程需要有发送方签名证书的私钥及其验证公钥。签名的具体过程为：①生成被签名的电子文件（《中华人民共和国电子签名法》中称为数据电文）；②对电子文件用哈希算法做数字摘要；③对数字摘要用签名私钥做非对称加密，即做数字签名；④将以上的签名和电子文件原文以及签名证书的公钥加在一起封装，形成签名结果发送给接收方验证。

接收方收到数字签名的结果包括数字签名、电子文件原文和发送方公钥，即待验证的数据。收到后进行验证，验证的具体过程为：①接收方首先用发送方公钥解密数字签名，导出数字摘要；②对电子文件原文用同样的哈希算法得到一个新的数字摘要；③将两个摘要的哈希值进行比较，结果相同则签名得到验证，否则签名无效。《中华人民共和国电子签名法》中要求对签名不可改动，对签署的内容和形式也不可改动。

4. 原文保密的数据签名的实现方法

上述数字签名原理及过程是对原文做数字摘要及签名，并以原文进行传输。实际上，在很多场合传输的原文都要求保密，不许别人接触。要求对原文进行加密的数字签名方法的实现涉及“数字信封”的问题，此处理过程稍微复杂一些，但数字签名的基本原理仍相同，其签名过程如图 6-4 所示。基本原理是将原文用对称密钥加密传输，而将对称密钥用接收方的公钥加密发送给对方。如同将对称密钥放在同一个数字信封，接收方收到数字信封，用自己的私钥解密信封，取出对称密钥解密得原文。

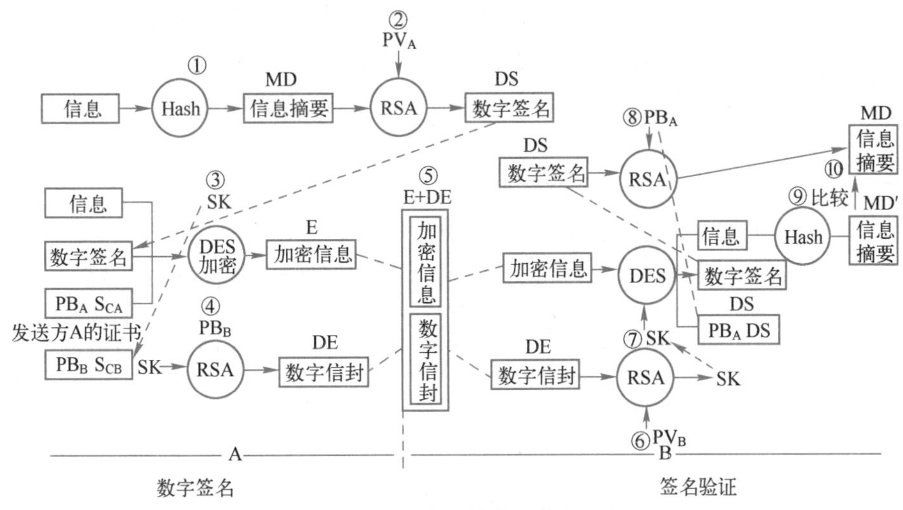

图 6-4　原文加密的数字签名实现方法

6.1.3　访问控制技术

【案例 6-6】2020 年 6 月，在中国产业互联网发展联盟标准专委会指导下，腾讯联合零信任领域共 16 家机构企业，共同成立“零信任产业标准工作组”；2020 年 8 月，举行线上发布会，发布国内首个基于攻防实践总结的零信任安全白皮书《零信任实战白皮书》。2020 年 9 月，由腾讯主导的“服务访问过程持续保护参考框架”国际标准成功立项，成为国际上首个零信任安全技术标准。零信任是新一代网络安全防护理念，打破了默认的“信任”，即“持续验证，永不信任”。默认不信任任何人、设备和系统，基于身份认证和授权重新构建访问控制的信任基础，从而确保身份、设备、应用和链路可信，以保障办公系统的终端、链路和访问控制安全。

1. 访问控制的概念及内容

访问控制（Access Control）是针对越权使用资源的防范措施，即判断使用者是否有权限使用，或更改某一项资源，并防止非授权的使用者滥用资源。网络的访问控制技术是通过对访问的申请、批准和撤销的全过程进行有效控制，从而确保只有合法用户的合法访问才能给予批准，而且相应的访问只能执行授权的操作。

（1）访问控制的概念及任务

访问控制包含三方面含义：一是保密性控制，保证数据资源不被非法读出；二是完整性控制，保证数据资源不被非法增加、改写、删除和生成；三是有效性控制，保证资源不被非法访问主体使用和破坏。访问控制是系统保密性、完整性、可用性和合法使用性的基础，是网络安全防范和保护的主要策略。

访问控制是主体依据某些控制策略或权限对客体本身或其资源进行的不同授权访问。访问控制包括**三个要素**，即主体、客体和控制策略。

1）**主体**S（Subject）是指一个提出请求或要求的实体，它是动作的发起者，但不一定是动作的执行者。可以是某个用户或是用户启动的进程、服务和设备。

2）**客体**O（Object）是接受其他实体访问的被动实体。客体的概念也很广泛，凡是可以被操作的信息、资源和对象都可以认为是客体。在信息社会中，客体可以是信息、文件、记录等的集合体，也可以是网络上的硬件设施，无线通信中的终端，甚至一个客体可以包含另外一客体。

3）**控制策略**A（Attribution）是主体对客体的访问规则集，即属性集合。访问策略实际上体现了一种授权行为，也就是客体对主体的权限允许。

访问控制的**目的**是限制访问主体对访问客体的访问权限，从而使计算机网络系统在合法范围内使用；它决定用户能做什么，也决定代表一定用户身份的进程能做什么。访问控制需要完成两个**主要任务**：识别和确认访问系统的用户、决定该用户可以对某一系统资源进行何种类型的访问。

（2）访问控制的功能和内容

访问控制的**主要功能**包括保证合法用户访问受保护的网络资源，防止非法的主体进入受保护的网络资源，或防止合法用户对受保护的网络资源进行非授权的访问。访问控制首先需要对用户身份的合法性进行验证，同时利用控制策略进行管理。当用户身份和访问权限经过验证之后，还需要对越权操作进行监控。因此，访问控制包括**三个方面的内容**：认证、控制策略的实现和安全审计，如图 6-5 所示。

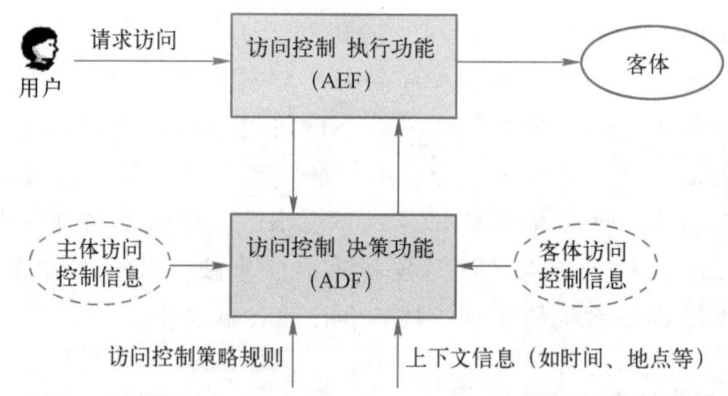

图 6-5　访问控制功能及原理

1）认证：包括主体对客体的识别认证和客体对主体的检验认证。

2）控制策略的实现：如何设定规则集合从而确保正常用户对信息资源的合法使用，既要防止非法用户，也要考虑敏感资源的泄露，对于合法用户而言，更不能越权行使控制策略所赋予其权利以外的功能。

3）安全审计：使系统自动记录网络中的“正常”操作、“非正常”操作以及使用时间、敏感信息等。安全审计类似于飞机上的“黑匣子”，它为系统进行事故原因查询、定位、事故发生前的预测、报警以及为事故发生后的实时处理提供详细可靠的依据或支持。

2. 访问控制实现方法

最早对访问控制的抽象是访问矩阵（Access Matrix）。1971 年，B. W. Lampson 第一次使用主体、客体和访问矩阵的概念形式化地对访问控制进行抽象，开始真正意义上计算机访问控制系统安全模型的研究。

（1）访问控制矩阵（Access Control Matrix，ACM）

访问控制矩阵模型的基本思想是将所有的访问控制信息存储在一个矩阵中进行集中管理。当前的访问控制模型都是在此基础上建立起来的。如图 6-6 所示，访问矩阵的每行对应一个主体，是访问操作中的主动实体；每列对应一个客体，是访问操作中的被动实体；每个单元格用于描述主体可以对客体执行的访问操作。

主体＼客体	O_1	O_2	O_3
S_1	读/写		
S_2	执行	写	
S_3			读

图 6-6　访问矩阵示例图

（2）访问控制列表（Access Control List，ACL）

【案例 6-7】对于采用 DAC 的集中式操作系统（如 Linux、Windows 等），全部采用 ACL 的方式实现。例如在 Linux 系统中，客体都通过指针指向一个 ACL 列表的数据结构，在该数据结构中以链表的形式依次存储了客体拥有者、拥有者所属用户组及其他用户所具有的读、写、执行权限。

访问控制列表是按访问控制矩阵的列来实施对系统中客体的访问控制。每个客体都有一张 ACL，用于说明可以访问该客体的主体及其访问资源。对于共享客体，系统只要维护一张 ACL 即可。图 6-7 说明了不同主体对客体（Example 文件）的访问权限。其中客体 Example 文件的访问控制列表为< John，r >　< Jane，rw>，其中，John 和 Jane 表示用户的注册 ID；r 和 w 表示所允许的访问类型为读和写。

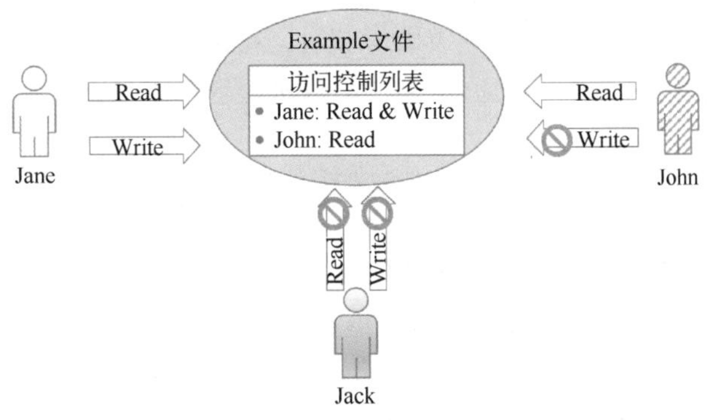

图 6-7　访问控制列表

（3）能力表（Capability List，CL）

能力表访问控制方法借用了系统对文件的目录管理机制，为每一个想要实施访问操作的主体，建立一个能被其访问的“客体目录表”，如某个主体的客体目录表（见表 6-3）。

表 6-3　某个主体的客体目录表

客体 1：权限	客体 2：权限	…	客体 i：权限	客体 j：权限	…	客体 n：权限

目录中的每一项称为能力，它由特定的客体和相应访问权限组成，表示主体对该客体所拥有的访问能力。把主体所拥有的所有能力组合起来就得到了该主体的能力表，这种方法相当于把访问控制矩阵按照行进行存储。

3. 访问控制模型

【案例 6-8】Linux、UNIX、Windows 或其他 Server 版本的操作系统都提供自主访问控制功能。在实现上，首先要对用户的身份进行鉴别，然后按照访问控制列表所赋予用户的权限允许和限制用户使用客体资源。主体控制权限的修改通常由特权用户或特权用户组（管理员）实现。

(1) 自主访问控制

自主访问控制（Discretionary Access Control，DAC）又称为随意（或任选）访问控制，是在确认主体身份及所属组的基础上，根据访问者的身份和授权来决定访问模式、对访问进行限定的一种控制策略，具有很大的灵活性且易于理解使用，也存在两个重要缺陷：权限传播可控性差、不能抵抗木马攻击。

(2) 强制访问控制

强制访问控制（Mandatory Access Control，MAC），是根据客体中信息的敏感标签和访问敏感信息主体的访问等级，对客体访问实行限制的一种方法。主要用于保护那些处理特别敏感的数据的系统。在强制访问控制中，用户的权限和客体的安全属性都是固定的，由系统决定一个用户能否对某个客体进行访问。

(3) 基于角色的访问控制

【案例 6-9】某金融机构访问控制一个实例，给用户 1 分配的角色为 A（角色维度 1）和 B（角色维度 2）。在访问的过程中，访问控制规则引擎查询授权信息（如 ACL），判断用户 1 所具有的访问权限。当用户具有角色 A 的时候，将具有权限 1、权限 2 和权限 3；当用户具有角色 B 的时候，将具有权限 4；当用户同时具有角色 A 和 B 的时候，将具有权限 5 和权限 6。因此，用户 1 具有的权限为权限 1~6。访问控制规则引擎返回授权信息，实现访问控制。

基于角色的访问控制（Role-Based Access Control，RBAC）的核心思想是将访问许可权分配给一定的角色，用户通过充当不同的角色获得角色所拥有的访问许可权，如图 6-8 所示。角色是主体（用户）和客体之间关系的桥梁，角色不仅是用户的集合，也是一系列权限的集合。当用户或权限发生变动时，系统可以很灵活地将该用户从一个角色移到另一个角色来实现权限的转换，降低了管理的复杂度。

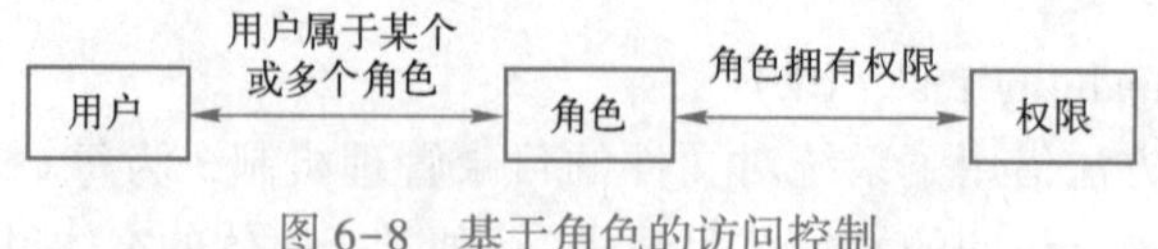

图 6-8 基于角色的访问控制

角色由系统管理员定义，角色成员的增减也只能由系统管理员来执行，即只有系统管理员有权定义和分配角色。

(4) 基于任务的访问控制

传统的访问控制模型都是基于主体-客体观点的被动安全模型，在被动安全模型中，授权是静态的，没有考虑到操作的上下文，因此存在如下缺点：在执行任务之前，主体就已有权限，或者在执行完任务后继续拥有权限，这样就导致主体拥有额外的权限，系统安全面临极大的危险，针对上述问题，人们提出了基于任务的访问控制（TBAC）模型。

基于任务的访问控制模型是一种以任务为中心，并采用动态授权的主动安全模型，该模型的基本思想是授予用户的访问权限不仅仅依赖于主体、客体，还依赖于主体当前执行的任务、任务的状态。当任务处于活动状态时，主体拥有访问权限。一旦任务被挂起，主体拥有的访问权限就会被冻结。

(5) 基于属性的访问控制

基于属性的访问控制（Attribute-Based Access Control，ABAC）是基于用户、资源、操作和运行上下文属性所提出的，其将主体和客体的属性作为基本的决策要素，灵活利用请求者所具有的属性集合决定是否赋予其访问权限，能够很好地将策略管理和权限判定相分离。由于属性是主体和客体内在固有的，不需要手工分配，同时访问控制是多对多的方式，使得 ABAC 在管理上相对简单。并且属性可以从多个角度对实体进行描述，因此可以根据实际情况改变策略。

4. 访问控制的安全策略

(1) 访问控制安全策略

访问控制技术的实现以访问控制策略的表达、分析和实施为主。其中，访问控制策略定义了系统安全保护的目标，访问控制模型对访问控制策略的应用和实施进行了抽象和描述，访问控制框架描述了访问控制系统的具体实现、组成架构和部件之间的交互流程。访问控制安全策略主要有 7 种：入网访问控制策略、网络的权限控制策略、目录级安全控制策略、属性安全控制策略、网络服务器安全控制策略、网络监测和锁定控制策略、网络端口和节点的安全控制策略。

(2) 安全策略的实施原则

访问控制安全策略的实施原则围绕主体、客体和安全控制规则集之间的关系展开，具体安全策略实施原则如下。

1) 最小特权原则。是指主体执行操作时，按照主体所需权利的最小化原则分配给主体权力。最小特权原则的优点是最大限度地限制了主体实施授权行为，可以避免来自突发事件、错误和未授权主体的危险。

2) 最小泄露原则。指主体执行任务时，按照主体所需要知道的信息最小化的原则分配给主体权力。

3) 多级安全策略。是指主体和客体间的数据流向和权限控制按照安全级别的绝密（TS）、秘密（S）、机密（C）、限制（RS）和无级别（U）这 5 级来划分。多级安全策略的优点是避免敏感信息的扩散。

(3) 访问控制安全策略的实现

主要有两种方式：基于身份的安全策略和基于规则的安全策略。

5. 认证服务与访问控制系统

(1) AAA 技术概述

在新的网络应用环境中，虚拟专用网（VPN）、远程拨号、移动办公室等网络移动接入应用非常广泛，传统用户身份认证和访问控制机制已经无法满足广大用户的需求，由此产生了AAA（Authentication，Authorization，Accounting）认证授权机制。其中，认证（Authentication）是验证用户身份与可使用网络服务的过程，授权（Authorization）是依据认证结果将网络服务开放给用户的过程，审计（Accounting）是记录用户对各种网络操作及服务的用量，并进行计费的过程。

AAA认证系统的功能，主要包括如下3个部分。

1）认证。只有对网络用户身份进行识别后，才允许远程登入访问网络资源。

2）授权。为远程访问控制提供方法，如一次性授权或给予特定命令或服务的授权。

3）审计。主要用于网络计费、审计和制作报表。

（2）远程登入认证

远程登入认证也称为远程授权接入用户服务（Remote Authentication Dial in User Service，RADIUS），主要用于管理远程用户的网络登入。它主要基于C/S架构，其客户端最初是NAS（Net Access Server）服务器，现在任何运行RADIUS客户端软件的计算机都可以成为其客户端。RADIUS协议认证机制灵活，可采用PAP、CHAP或UNIX登入认证等多种方式。RADIUS是一种完全开放的协议，分布源码格式，这样，任何安全系统和厂商都可以用，并且RADIUS可以和其他AAA安全协议共用。此协议规定了网络接入服务器与RADIUS服务器之间的消息格式。此服务器接受用户的连接请求，根据其账户和密码完成验证后，将用户所需的配置信息返回给网络接入服务器。

（3）终端访问控制器访问控制系统

终端访问控制器访问控制系统（Terminal Access Controller Access Control System，TACACS）由RFC1492定义，其功能是通过一个或几个中心服务器为网络设备提供访问控制服务。标准的TACACS协议只认证用户是否可以登录系统，目前已经很少使用。与RADIUS的区别是，TACACS协议由思科（Cisco）公司提出，主要应用于Cisco公司的产品中，运行于TCP之上，具有独立身份认证、授权和审计等功能。

6.1.4 网络安全审计

【案例6-10】2008年，某国企由于业务需求，需要多家技术支持厂商对同一台办公计算机进行操作，但是该企业没有设置适当的权限并忽视了审计环节，没有开启该计算机的审计功能，也没有专人对审计日志进行维护，致使该计算机上一份重要文件泄露时，由于没有证据和线索，无法对该事件进行追查，蒙受了巨额损失。

1. 安全审计基本概念

系统安全审计是计算机网络安全的重要组成部分，是对防火墙技术和入侵检测技术等网络安全技术的重要补充和完善。在我国的计算机系统安全保护等级划分中，系统审计保护级属于第二级，是在用户自主保护级的基础上，要求创建和维护访问的审计跟踪记录，使所有用户对自身行为的合法性负责。

安全审计（Audit）是通过特定的安全策略，利用记录及分析系统活动和用户活动的历史操作事件，按照顺序检查、审查和检验每个事件的环境及活动。其中，系统活动包括操作系统和应用程序进程的活动；用户活动包括用户在操作系统中和应用程序中的活动，如在用户使用的资源、使用的时间、执行的操作等方面，发现系统的漏洞和入侵行为并改进系统的性能和提高系统安全性。安全审计就是对系统的记录与行为进行独立的审查与估计，其作用和目的包括 5 个方面。

1）对潜在的攻击者起到重大震慑和警告作用。

2）测试系统的控制，以便进行调整，保证与既定安全策略和操作能够协调一致。

3）对于系统破坏行为，做出损害评估并提供有效的灾难恢复依据和追责证据。

4）对系统控制、安全策略与规程等特定改变做出评价和反馈，便于修订决策和部署。

5）为系统管理员提供有价值的系统使用日志，帮助其及时发现入侵行为或潜在漏洞。

【案例 6-11】 2019 年 5 月，网络安全等级保护基本要求（等保 2.0）正式发布并于 2019 年 12 月 1 日开始施行。等保 2.0 明确对企业、安全厂家、系统集成商提出了要求，强调要在网络边界、重要网络节点处进行网络行为审计，企业在进行网络安全防护项目时要充分考虑网络边界和重要网络节点的行为审计能力。而这仅仅靠原有的日志审计类产品是不够的，无法满足等保 2.0 的要求。

2. 安全审计的类型

通常，安全审计有 3 种类型：系统级审计、应用级审计和用户级审计。

1）系统级审计。系统级审计的内容主要包括登录情况、登录识别号、每次登录尝试的日期和具体时间、每次退出的日期和时间、所使用的设备、登录后运行的内容，如用户启动应用的尝试，无论成功或失败。典型的系统级日志还包括和安全无关的信息，如系统操作、费用记账和网络性能。

2）应用级审计。系统级审计可能无法跟踪和记录应用中的事件，也可能无法提供应用和数据拥有者需要的足够的细节信息。通常，应用级审计的内容包括打开和关闭数据文件，读取、编辑和删除记录或字段的特定操作以及打印报告之类的用户活动。

3）用户级审计。用户级审计的内容通常包括用户直接启动的所有命令、用户所有的鉴别和认证尝试、用户所访问的文件和资源等方面。

3. 安全审计系统的基本结构

安全审计是通过对所关心的事件进行记录和分析来实现的，因此审计过程包括审计发生器、日志记录器、日志分析器和报告机制几部分，如图 6-9 所示。

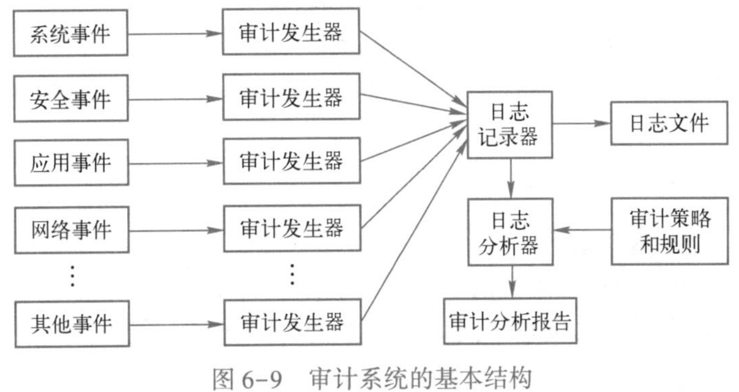

图 6-9　审计系统的基本结构

4. 系统日志审计

（1）系统日志的内容

日志数据是故障排除、除错、监控、安全、反诈骗、合规、电子取证等许多应用的基础。同时，它也是一个强大的分析工具，可以分析点击流、地理空间、社交媒体以及以客户为中心的使用案例中的行为记录数据。系统日志可以根据安全的强度要求，选择记录部分或全部事件，如审计功能的启动和关闭，使用身份验证机制，将客体引入主体的地址空间，删除的全部客体，管理员、安全员、审计员和一般操作人员的操作，其他专门定义的可审计事件。

通常，对于一个事件，日志应包括事件发生的日期和时间、引发事件的用户（地址）、事件和源及目的的位置、事件类型、事件成败等。

（2）日志分析

日志分析的主要目的是在大量的记录日志信息中找到与系统安全相关的数据，并分析系统运行情况，主要内容如下。

1）潜在侵害分析。通过日志分析规则监控审计事件，发现潜在入侵。其规则可以是由已定义的可审计事件子集所指示的潜在安全攻击的积累或组合，或其他规则。

2）基于异常检测的轮廓。日志分析应确定用户正常行为的轮廓，当日志中的事件违反正常访问行为的轮廓或超出正常轮廓一定门限时，能指出将要发生的威胁。

3）简单攻击探测。日志分析对重大威胁事件特征进行描述，可及时指出攻击。

4）复杂攻击探测。日志分析系统可检测多步入侵序列，可预测攻击发生步骤。

（3）审计事件查阅与存储

由于审计系统是追踪、恢复的直接依据，甚至是司法依据，因此其自身的安全性十分重要。审计系统的安全主要是查阅和存储的安全。

应严格限制审计事件的查阅，不能篡改日志。通常以不同的层次保证查阅安全，具体如下。

1）审计查阅。审计系统以可理解的方式为授权用户提供查阅日志和分析结果的功能。

2）有限审计查阅。审计系统只提供对内容的读权限，应拒绝其他的用户访问审计系统。

3）可选审计查阅。在有限审计查阅的基础上限制查阅的范围。

审计事件存储的安全要求，具体包括以下三点。

1）受保护的审计踪迹存储。即要求存储系统对日志事件具有保护功能，防止未授权的修改和删除，并具有检测修改/删除的能力。

2）审计数据的可用性保证。在审计存储系统遭受意外时，能防止或检测审计记录的修改，在存储介质存满或存储失败时，能确保记录不被破坏。

3）防止审计数据丢失。在审计踪迹超过预定门限或记满时，应采取相应措施防止数据丢失。

5. 审计跟踪与实施

（1）审计跟踪的概念及意义

审计跟踪（Audit Trail）是系统活动的记录，这些记录可以重构、评估、审查环境和活动的次序，这些环境和活动可以是与同一项事务的开始到最后结束产生的一项操作、一个过程或一个事件。因此，审计跟踪可以用于实现：确定和保持系统活动中每个人的责任、重建事件、评估损失、检测系统问题区、提供有效的灾难恢复、阻止系统的不当使用等。

作为一种安全机制，系统审计机制的安全目标如下。

1）审查基于每个目标或每个用户的访问模式，并使用系统的保护机制。

2）发现试图绕过保护机制的外部人员和内部人员。

3）发现用户从低等级到高等级的访问权限转移。

4）制止用户企图绕过系统保护机制的尝试。

5）作为另一种机制，确保记录并发现用户企图绕过保护的尝试，为控制损失提供足够的信息。

（2）审计跟踪主要问题

安全审计跟踪主要考虑的问题包括以下几个方面。

1）要选择记录信息内容。审计记录必须包括网络中任何用户、进程、实体获得某一级别安全等级的尝试，包括注册、注销，超级用户的访问，产生的各种票据，其他各种访问状态的改变，并特别注意公共服务器上的匿名或客人账号。

注意：由于保密权限及防止被他人利用，切不可收集口令信息。

2）记录具体相关信息条件和情况。

3）为了交换安全审计跟踪信息所采用的语法和语义定义。

收集审计跟踪信息，通过列举被记录的安全事件的类别（如明显违反安全要求或成功完成操作的）来适应各种不同需要。安全审计还可以对潜在入侵攻击源起到威慑作用。

（3）网络安全审计的实施

为了确保审计数据的可用性和正确性，审计数据需要受到保护。审计应根据需要（经常由安全事件触发）定期审查、自动实时审查或两者兼顾。系统管理人员应根据安全管理要求确定维护审计数据需要的时间，其中包括系统内保存的和归档保存的数据。与安全审计实施有关的问题包括保护审计数据、审查审计数据和用于审计分析的工具。

1）保护审计数据。访问在线审计日志必须受到严格限制。计算机安全管理人员和系统管理员或职能部门经理出于检查的目的可以访问，但是维护逻辑访问功能的安全管理人员没有必要访问审计日志。防止非法修改以确保审计跟踪数据的完整性尤其重要。

2）审查审计数据。审计跟踪的审查和分析可以分为事后检查、定期检查或实时检查。审查人员应该知道如何发现异常活动。

3）审计工具。审计精选工具用于从大量的数据中精选出有用的信息以协助人工检查。在安全检查前，此类工具可以剔除大量对安全影响不大的信息，如剔除由特定类型事件产生的记录、由夜间备份产生的记录等。趋势/差别探测工具可用于发现系统或用户的异常活动。

6.2　典型应用　高校网络准入控制策略

6.2.1　准入控制技术

1. 准入控制技术概述

网络的普及让信息的获取、共享和传播更加方便，同时也增加了重要信息泄露的风险，调查显示超过 85%的安全威胁来自单位内部。内部网络存在未授权存取、遭受攻击等导致数据泄露或者设备瘫痪的现象，严重损害了单位利益。同时，还存在访问关键域的终端安全基线检查、访问权限颗粒度控制、规范难以落实等安全问题。高校普遍重视内网网络安全，针对内网的安全管理、内控、准入控制、核心信息泄密等最新威胁类型，构建内网网络安全管控方案。网络准入控制系统可对高校全网的资产发现、身份认证、安全检查修复、应急响应、安全追溯5个方面进行立体的安全防控，保障入网人员的合法可信和入网终端的安全可控。

网络准入控制是一种网络安全管理技术，可以对入网用户进行主动式的身份识别和安全评估，只有符合安全标准的终端才能够准许访问企事业机构网络，仅允许审批后的终端用户使用网络资源，从而达到保障整个网络安全的目的。当前，网络准入控制技术架构主要有以下3种。

1）基于端点系统的架构（Software-base NAC），此架构主要是桌面厂商的产品，采用ARP干扰、终端代理软件的软件防火墙等技术。

2）基于基础网络设备联动的架构（Infrastructure-base NAC），主要是各个网络设备厂家和部分桌面管理厂商的产品，采用的是802.1x、Portal、EOU、DHCP等技术。

3）基于应用设备的架构（Appliance-base NAC），采用的是策略路由、MVG、VLAN控制等技术。

经过当前系统的进化与发展，完全基于Software-base的架构，其范围及控制力度有限，目前已不被用户接纳。而大多数网络设备厂商现在主要推崇Infrastructure-base的架构，但是其对网络设备要求高，需要特定型号和厂家的设备。

2. 准入控制技术方案应用

在网络准入控制技术中，目前有几个主要的技术，如思科的网络准入控制（Network Admission Control，NAC）、微软的网络接入保护（Network Access Protection，NAP）、Juniper的统一接入控制（Uniform Access Control，UAC）、可信计算组织（TCG）的可信网络连接（Trusted Network Connect，TNC）、H3C的端点准入防御（Endpoint Admission Defense，EAD）等。其他如赛门铁克、北信源、锐捷、启明星辰等国内外厂商也不约而同地基于自身特色提出了准入控制的解决方案。在原理上这些方案基本类似，但是，具体实现方式各不相同，目前市场上各厂家提供的准入技术有PBR（策略路由）、Mirroring（旁路镜像）、透明网桥、802.1x/MAC、Portal、MVG（虚拟网关）、SNMP（端口隔离）、ARP（部分厂家起名为XXRP，本质不变）、DHCP、客户端准入等。

6.2.2　网络准入控制系统功能设计

终端准入控制系统应覆盖终端“入网-在网-退网”整个生命周期的安全管控，包括资产发现、身份认证、安全修复、应急响应、安全追溯五个流程的管理功能，图6-10为网络准入控制系统的功能设计。

6.2.3　准入控制技术中的身份认证

身份认证技术是网络准入控制的基础，目前身份认证管理技术和准入控制进一步融合，向综合管理和集中控制的方向发展。对于各种准入控制方案中所采用的身份认证技术，其发展过程经历了从软件到与硬件结合，从单一因子认证到双因素认证，从静态认证到动态认证。目前常用的身份认证方式包括用户名/密码方式、公钥证书方式、动态口令方式等。无论采用哪种方式，都有其优劣，如采用用户名/密码方式，用户名及弱密码容易被窃取或攻击；而采用公钥证书方式，又涉及证书的生成、发放、撤销等复杂的管理问题；私钥的安全性也取决于用户个体对私钥的保管。

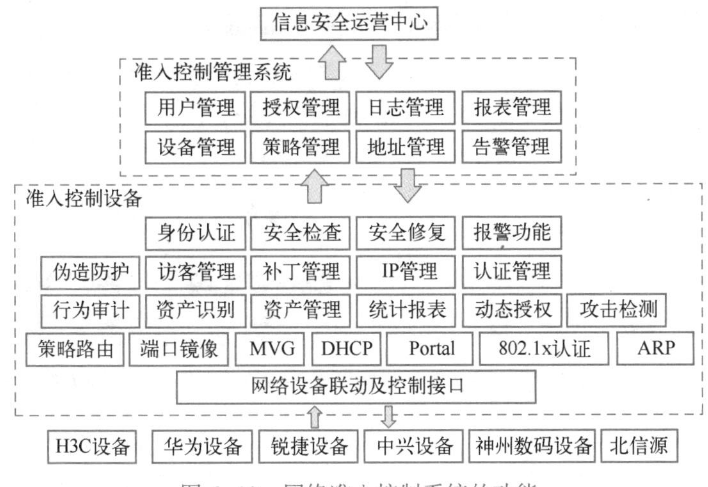

图 6-10　网络准入控制系统的功能

6.3　要点小结

身份认证和访问控制是网络安全的重要技术，也是网络安全登入的首要保障。本章概述了身份认证的概念、种类以及常用的身份认证的方式方法，介绍了双因素安全令牌及认证系统、用户登入认证，介绍了数字签名的概念、功能、种类、原理、应用、技术实现方法和过程，介绍了访问控制的概念、原理、类型、安全机制、安全模式、安全策略、认证服务与访问控制系统、安全审计概念、系统日志审计、审计跟踪、安全审计的实施等，审计的核心是风险评估。此外，还介绍了准入控制与身份认证管理的高效解决方案案例，使理论与实践结合并达到学以致用、融会贯通的目的。

6.4　实验 6-1　申请网银用户的身份认证

6.4.1　实验目的

1）理解网上银行对用户身份认证的重要性。
2）掌握用户网上银行申请的身份认证过程。
3）掌握用户网上银行安全组件的使用。

6.4.2　实验内容和步骤

1. 网银申请过程

登录中国建设银行官方网站 http://www.ccb.com/，找到“注册开通”链接并单击进入，如图 6-11 所示。

选择左侧界面中的“开通个人网银”按钮，进入“网上银行开通指南”页面，如图 6-12 所示，用户可以根据自己的实际需求开通普通客户、便捷支付客户或高级客户等不同的方式。

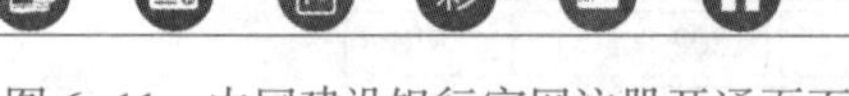
图 6-11　中国建设银行官网注册开通页面

图 6-12　客户开通“网上银行开通指南”页面

单击“普通客户”模块下的“马上开通”按钮，进入“个人网上银行”页面，如图 6-13 所示，认真阅读《中国建设银行电子银行个人客户服务协议》后单击“同意”按钮。

图 6-13　个人客户开通“网上银行”服务协议

根据如图 6-14 所示的“中国建设银行网上银行普通客户开通”页面提示，填写用户相关信息，这些信息要经过系统自动检验真实准确，才可以继续进行操作。

当个人用户信息填写完成后，网上银行系统会对用户所填写的信息进行校验，用户足不出户即可享受建行针对普通客户所提供的服务。

2. 带有数字证书的网银安全组件下载

注册用户成为（无证书）普通客户后，还需要下载数字证书，中国建设银行目前采用的“E 路护航网银安全组件”有 Windows 和 Mac OS X 两个不同系统的安装文件，并有“详细指南”及“常见问题”介绍。下载组件并安装成功后将出现如图 6-15 所示的安装成功界面。单击“完成”按钮，可使用组件中“检测修复”“网银盾管理”“证书更新”“版本更新”等功能。同时，官网会提示证书的有效期为 5 年，到期要进行更新。

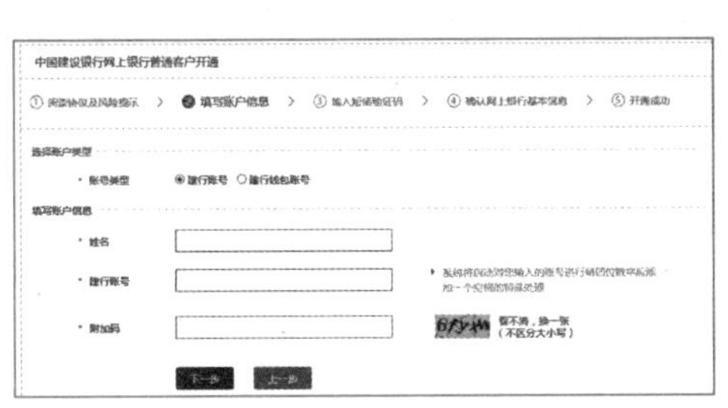

图 6-14　“填写账户信息”界面

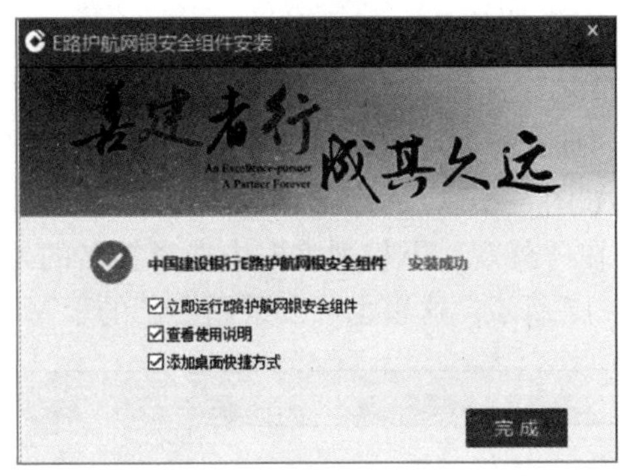

图 6-15　登录网上银行界面

*6.5　实验 6-2　数字签名与访问控制实验

6.5.1　实验目的

1）进一步加深对数字签名的基本原理和过程的理解。
2）掌握利用 PDF 文档创建数字身份证书的主要方法。
3）掌握利用数字身份证书给文档签名的常用方法。
4）掌握利用数字签名对文档进行访问控制的方法。

6.5.2　实验内容和步骤

利用 Adobe Acrobat Professional 软件自带的数字身份证书生成及数字签名等功能，能够在电子文件传递过程中识别双方身份，保证文件的安全性、真实性和不可抵赖性，起到与手写签名或者盖章同等作用的签名的目的。

1. 创建数字身份证书

1）用 Adobe Acrobat Professional 10.1.0 打开一个文档，选择“文件”选项卡中“属性”按钮，打开“文档属性”对话框，选择“安全性”选项卡中安全性方法为“证书安全性”。

2）在打开的“证书安全性设置”对话框中输入证书安全性策略的一般信息，如“策略名称”及“加密算法”。

3）在“文档安全性-选择数字身份证”对话框中，选择“添加数字身份证（A）”，如果出现已经有“我的数字身份证书”，要创建新的证书，需在“数字身份选定时段”单选框中选择“下次询问我要使用哪个数字身份证（N）”，单击“确定”按钮。

4）在打开的“添加数字身份证”对话框中选择“我要立即创建的新数字身份证”，单击“下一步”按钮。选择签名数字身份证的存储位置并填写数字身份证信息。

5）设置数字身份证书的使用口令及证书的存储位置。

6）选择新生成的数字身份证书并设置其选定时限；设置证书许可的收件人信息。

7）单击“下一步”按钮，确定数字签名证书的完成，最后在指定存放位置保存生成的扩展名为 .pfx 的数字签名文件。

2. 文档签名

Adobe Acrobat Professional 提供个性化文档签名方式，在“工具”选项卡的“签名和验证”中选择“签名文档”，会在打开的 PDF 文档上出现“签名区”及“签名文档”对话框，如图6-16所示，在“签名为”下拉列表框中选择所需签名的数字证书并输入对应的口令，在“外观”下拉列表框中选择签名的外观及文字信息，即可实现文档的数字签名，如图6-17所示。这里也可以采用自己的手写签名图片等个性化设置。

图6-16　用证书设置 PDF 文档的数字签名

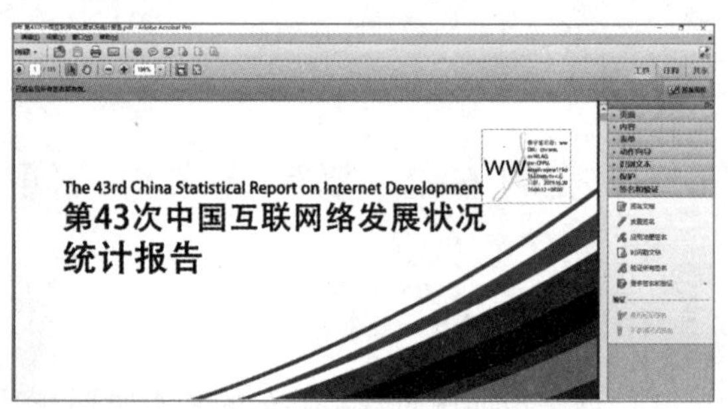

图6-17　已签好的 PDF 文档的数字签名

3. 发送签名文件及证书

第一次发送已签名的文件给客户，需要同时传送自己的授权证书。

1）在已实现数字签名的文档上，单击签名信息，则弹出如图6-18所示“签名验证状态”对话框，单击“签名属性”按钮，弹出“签名属性”对话框，如图6-19所示，可显示文档的签名信息、签名者、时间及法律声明等信息。

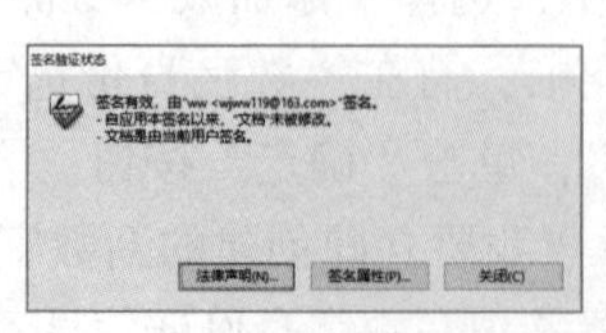

图6-18　文档的签名验证状态

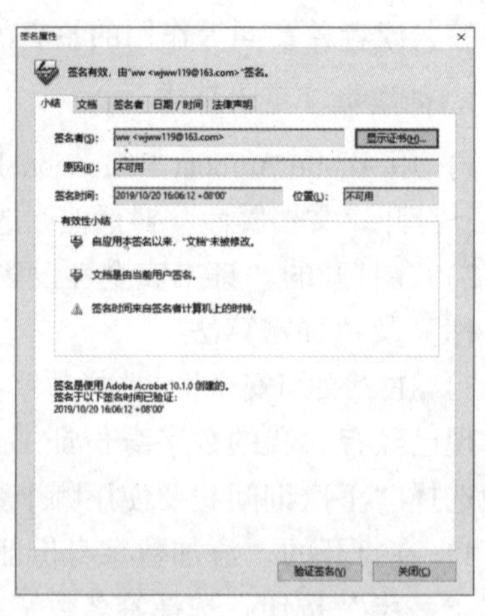

图6-19　文档的签名属性

2）单击图 6-19“签名属性”对话框“小结”选项卡中的“显示证书”按钮，弹出如图 6-20 所示的“证书查看程序”对话框，单击“导出”按钮，将生成的 CertExchange1. fdf 证书数据文件保存。

3）将导出的数字身份证证书及已签名文件发送给需要的客户（此数字身份证证书无签名及加密权限）。

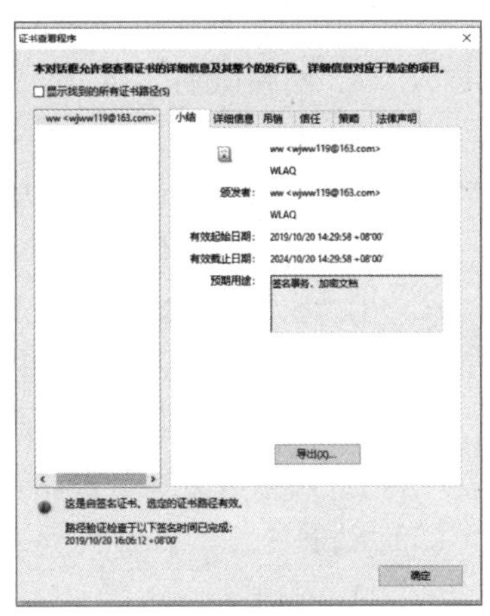

图 6-20　文档证书查看

4. 接收导入授权证书

1）对方接收到数字身份证证书时，直接双击运行数字身份证证书，选择“设置联系人信任”，如图 6-21 所示。

2）在弹出的如图 6-22 所示的“导入联系人设置”对话框中，选择“将本证书用作可信任根”，添加到验证者的可信任身份列表中，并输入相关信息则提示导入成功。此时，接收方拥有了对文档的访问权限。

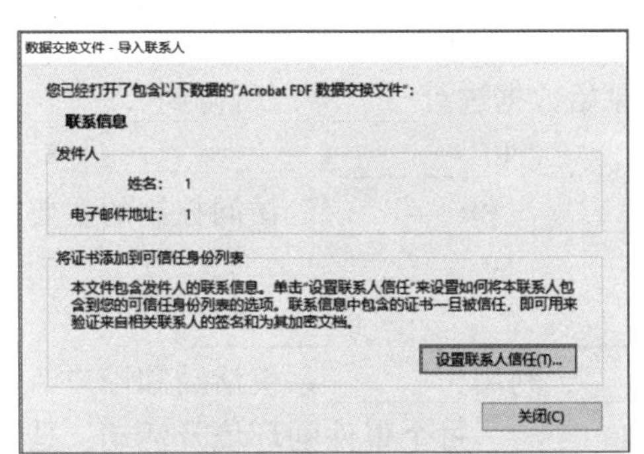

图 6-21　导入授权证书

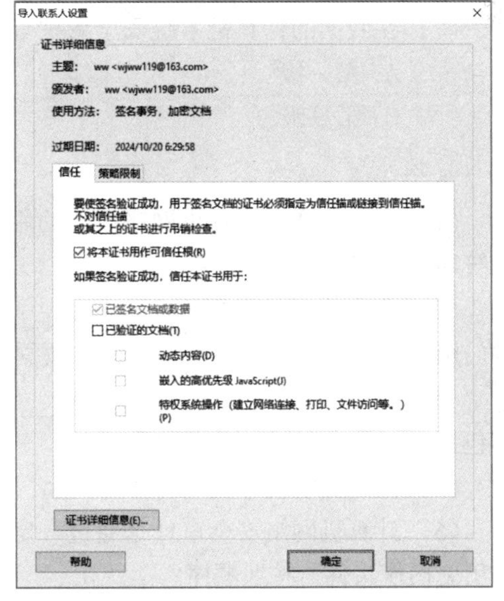

图 6-22　文档的签名属性

6.6　练习与实践 6

1. 选择题

（1）在常用的身份认证方式中，（　　）是采用软硬件相结合、一次一密的强双因子认证模式，具有安全性、移动性和使用的方便性。

A. 智能卡认证　　　　B. 动态令牌认证

C. USB Key　　　　D. 用户名及密码方式认证

（2）（　　）属于生物识别中的次级生物识别技术。
A. 网膜识别　　B. DNA
C. 语音识别　　D. 指纹识别

（3）数据签名的（　　）功能是指可以证明是签字者而不是其他人在文件上签字。
A. 签名不可伪造　　B. 签名不可变更
C. 签名不可抵赖　　D. 签名是可信的

（4）在综合访问控制策略中，系统管理员权限、读/写权限、修改权限属于（　　）。
A. 网络的权限控制　　B. 属性安全控制
C. 网络服务安全控制　　D. 目录级安全控制

（5）以下（　　）不属于AAA系统提供的服务类型。
A. 认证　　B. 授权
C. 访问　　D. 审计

（6）网络准入控制的基础是（　　）。
A. 身份认证　　B. 数字签名
C. 安全审计　　D. 数字证书

（7）在我国的计算机系统安全保护等级划分中，系统审计保护级属于（　　）。
A. 第一级　　B. 第二级
C. 第三级　　D. 第四级

2. 填空题

（1）身份认证是计算机网络系统的用户在进入系统或访问不同________的系统资源时，系统确认该用户的身份是否________、________和________的过程。

（2）数字签名是指用户用自己的________对原始数据进行________所得到________，专门用于保证信息来源的________、数据传输的________和________。

（3）访问控制包括三个要素，即________、________和________。访问控制的主要内容包括________、________和________ 三个方面。

（4）访问控制技术主要有3种类型，即 ________、________ 和 ________。

（5）计算机网络安全审计是通过一定的________，利用________系统活动和用户活动的历史操作事件，按照顺序________、________和________每个事件的环境及活动，是对________和________等网络安全技术的重要补充和完善。

（6）安全审计的3种类型为________、________和________。

（7）多级安全策略的安全级别分为________、________、________、________和________。

（8）网络准入控制技术架构有__________、__________和________。

3. 简答题

（1）简述数字签名技术的实现过程。

（2）简述访问控制的安全策略以及实施原则。

（3）简述安全审计的目的和类型。

（4）简述Windows NT的安全模型及访问控制过程。

（5）用户认证与认证授权的目标是什么？

（6）身份认证的技术方法有哪些？它们的特点是什么？

4. 实践题

（1）通过一个银行网站深入了解数字证书的获得、使用方法和步骤。

（2）查阅一个计算机系统日志的主要内容，并进行日志的安全性分析。

（3）实地考察校园网的访问控制过程和技术方法。

（4）通过 Windows 系统练习审计系统的功能和实现步骤。

（5）查看支付宝网站数字证书的详细信息，包括颁发者、有效期等。

（6）查看个人数字凭证的申请、颁发和使用过程，用软件和上网练习演示个人数字签名和认证过程。

第 7 章　计算机及手机病毒防范

随着网络技术的发展，计算机及手机病毒问题日益突出。近年来计算机及手机病毒借助网络爆发并传播，带来了重大损失，也给网络应用安全带来严峻挑战。软硬件系统可能具有安全漏洞或病毒，这会导致信息系统资源被抢占，数据资产被破坏或者篡改。服务器、各种终端系统被感染后，很容易受到干扰、攻击或破坏，甚至导致重大损失和整个生产环境系统瘫痪。掌握计算机及手机病毒防范技术，有利于有效采取防范措施消除安全威胁和隐患。

教学目标

- 理解计算机及手机病毒的概念、产生、特点及种类
- 掌握病毒的构成、传播、触发以及新型病毒实例
- 掌握病毒与木马程序的检测、清除与防范方法
- 学会火绒安全软件常用应用操作方法

7.1　知识要点

【案例 7-1】据报道，2020 年一场病毒攻击了德国杜塞尔多夫的一家医院，造成 30 多台内部服务器遭到勒索病毒感染，关键入院和病人记录系统无法服务。一名需要紧急入院的病人被送往另一家医院，因为无法获取其医疗记录，错失了宝贵的时间，最终没能抢救回来。德国警方最终确认攻击杜塞尔多夫医院的病毒为勒索病毒，这是有史以来第一次因勒索病毒攻击间接影响人类生命安全的公开报道。同年，富士康在墨西哥的 CTBG MX 工厂也遭受了勒索病毒软件 DoppelPaymer 的攻击，勒索金额超两亿元人民币。

7.1.1　病毒的概念、发展及命名

教学视频
视频资源 7-1

1. 计算机及手机病毒的概念

计算机及手机病毒是一段可执行代码，像生物病毒一样，具有独特的复制能力。根据《中华人民共和国计算机信息系统安全保护条例》，对计算机病毒（Computer Virus）的**定义为**：“编制或者在计算机程序中插入的破坏计算机功能或者毁坏数据，影响计算机使用，并能自我复制的一组计算机指令或者程序代码。”实际上，计算机病毒通常是指具有影响或破坏服务器、计算机、手机、平板等系统正常运行的功能、人为编制的一组指令或程序。

计算机病毒同生物学“病毒”的特性很相似而由此得名。现在，计算机病毒也可以通过网络系统或其他媒介进行传播、感染、攻击和破坏，也称为计算机网络病毒，简称网络病

毒或病毒。

【案例 7-2】计算机病毒的起源。1983 年，还是南加州大学在读研究生的弗雷德·科恩（Fred Cohen）在 UNIX 系统下，编写了第一个会自动复制并在计算机间进行传染从而引起系统死机的程序，其导师艾德勒曼（Len Adleman）将它正式命名为计算机病毒（Computer Viruses），艾德勒曼即著名的 RSA 密码算法中的 A，是一位图灵奖获得者。弗雷德·科恩也因此被称为“计算机病毒之父”。

2. 计算机及手机病毒的产生

计算机及手机病毒的产生起因和来源情况各异，主要是出于某种目的和需求，分为个人行为和集团行为两种。一些计算机及手机病毒还曾是为研究或实验而设计的“有用”程序，后来出现失控扩散或被利用。

计算机及手机病毒的产生及因由主要有以下 4 个方面。

1）恶作剧型。个别计算机及手机爱好者为了炫耀个人的高超技能和智慧，凭借其对软硬件的深入了解，编制一些特殊的程序。通过载体传播后，在一定条件下被触发。

2）报复心理型。个别软件研发人员因为不满而编制的发泄程序。如某公司职员在职期间编制了一段代码隐藏在其系统中，当检测到他的工资减少时，立即发作破坏系统。

3）版权保护型。由于很多商业软件经常被非法复制，一些开发商为了保护自己的经济利益制作了一些特殊程序附加在软件产品中。如 Pakistan 病毒，制作目的是保护自身利益，并追踪那些非法复制其产品的用户。

4）特殊目的型。一些集团组织或个人为达到某种特殊目的而研发的程序，对政府机构、单位的特殊系统进行宣传或破坏，或用于军事目的，或为了某种职位安排或报酬不满预留陷阱程序予以发泄等。

3. 计算机病毒的发展阶段

随着信息技术的快速发展和广泛应用，计算机病毒日趋繁杂多变，其破坏性和传播能力不断增强。计算机病毒的发展主要经历五个阶段。

1）原始病毒阶段（第一阶段）。1986—1989 年，当时计算机应用程序较少，大部分为单机运行，其病毒种类也少，且难以广泛传播，清除也相对容易。

2）混合型病毒阶段（第二阶段）。1989—1991 年，计算机病毒由简到繁。随着计算机局域网的应用与普及，给其带来第一次流行高峰。

3）多态性病毒阶段（第三阶段）。1992 年—20 世纪 90 年代中期，此阶段病毒的主要特点是在传染后大部分都可变异且向多维化方向发展，致使对病毒的查杀极为困难。

4）网络病毒阶段（第四阶段）。从 20 世纪 90 年代中后期开始，随着互联网的广泛发展，邮件病毒和宏病毒等大肆泛滥，呈现出病毒传播快、隐蔽性强、破坏性大等特点。

5）主动攻击型病毒阶段（第五阶段）。病毒具有主动攻击性，利用系统漏洞进行传播扩散，用户只要接入互联网就可能被感染，甚至无须任何物理媒介或操作，病毒对网络系统软硬件和重要信息的威胁增大。其典型代表为木马和勒索病毒等。

4. 病毒的命名方式

为了对计算机病毒进行防范和研究，需要规范其命名。病毒名称通常根据病毒的特征和造成的影响等方面确定，先由防病毒研发厂商给出一个合适的名称，然后通过公安机关规范审批，基本上采用前后缀方式进行命名。通常计算机病毒的命名格式为[前缀].[病毒名].[后缀]。如震荡波蠕虫病毒的变种“Worm. Sasser. c”，其中Worm指病毒的种类为蠕虫，Sasser是病毒名，c指该病毒的变种。

1）病毒前缀。表示计算机病毒的种类，如木马病毒的前缀是“Trojan”。

2）病毒名。指病毒的名称，如“病毒之母”CIH病毒及其变种的名称一律为“CIH”，冲击波蠕虫的病毒名为“Blaster”。

【案例7-3】 CIH病毒是历史上最知名的具有破坏力的病毒之一，这个病毒最早随盗版光盘在欧美等地广泛传播，随后进一步通过网络传播到全世界各个角落，其破坏力持续了6年时间。CIH病毒能够破坏计算机系统硬件，当其发作条件成熟时，将破坏硬盘数据，同时有可能破坏计算机BIOS程序，其发作特征是以扇区为单位，从硬盘主引导区开始依次往硬盘中写入垃圾数据，直到硬盘数据被全部破坏为止。最坏的情况是硬盘所有数据均被破坏，某些主板上的BIOS信息将被清除。

3）病毒后缀。表示一个病毒的变种特征，通常采用英文中的26个字母表示。如“Worm. Sasser. c”是指震荡波蠕虫病毒的变种c。如果病毒的变种太多，也可以采用数字和字母混合的方法表示。

7.1.2　计算机及手机病毒的特点

进行病毒的有效防范，必须掌握其特点和行为特征。根据对病毒的产生、传播和破坏行为的分析，可将其概括为6个主要特点：传染性（传播性）、隐蔽性、潜伏性、触发及控制性、影响破坏性、多态及不可预见性。

7.1.3　计算机及手机病毒的种类

由于各种计算机及手机病毒和其变异不断涌现、快速增长。按照病毒的特点及特性，其分类方法有多种，同一种病毒从不同方面也可能有多种称谓。

1. 以病毒攻击的操作系统分类

1）攻击DOS的病毒。DOS是人们最早广泛使用的操作系统，无自我保护的功能和机制，因此，这类病毒出现最早、最多，变种也最多。

2）攻击Windows的病毒。随着Windows系统的广泛应用，其已经成为计算机病毒攻击的主要对象。首例破坏计算机硬件的CIH病毒就属于这种病毒。

3）攻击UNIX的病毒。由于许多大型主机采用UNIX作为主要的网络操作系统，针对这些大型主机网络系统的病毒，其破坏性更大、范围更广。

4）攻击OS/2的病毒。现在已经出现专门针对OS/2系统进行攻击的一些病毒和变种。

5）攻击NetWare的病毒。针对此类系统的NetWare病毒已经产生、发展并不断变化。

2. 以病毒的攻击机型分类

1）攻击微机的病毒。微机是人们应用最为广泛的办公及网络通信设备，因此，攻击微型计算机的各种计算机病毒也最为广泛。

2）攻击小型机的病毒。小型机的应用范围也更加广泛，它既可以作为网络的一个节点机，也可以作为小型计算机网络的主机，因此，计算机病毒也伴随而来。

3）攻击服务器的病毒。随着计算机网络的快速发展，计算机服务器有了较大的应用空间，并且其应用范围也有了较大的拓展，攻击计算机服务器的病毒也随之产生。

4）手机病毒。随着手机上网及其应用越来越普及，相应的病毒及攻击威胁和隐患及风险也越来越多。

【案例 7-4】2021 年 1 月，国家信息中心联合瑞星公司共同发布了《2020 年中国网络安全报告》，报告对恶意软件、恶意网址、移动安全、企业安全等领域暴露出的安全风险进行了总结分析。报告指出，2020 年手机终端安全形势依然十分严峻，手机病毒和安全事件频发，相关网络安全风险仍不能忽视。瑞星对 2020 年捕获的手机病毒和手机漏洞进行了整理，报告显示，瑞星“云安全”系统共截获手机病毒样本 581 万个，病毒总体数量比 2019 年同期上涨 69.02%。病毒类型以信息窃取、资费消耗、流氓行为、恶意扣费等类型为主。

3. 按照病毒的链接方式分类

通常，计算机及手机病毒攻击的对象是系统可执行部分，按照病毒链接方式主要可以分为以下 4 种。

1）源码型病毒。这种计算机病毒主要攻击高级语言编写的源程序，在高级语言所编写的程序被编译前插入到源程序中，经编译成为合法程序的一部分，以后就会终身伴随合法程序，一旦达到设定的触发条件就会被激活、运行、传播并进行破坏活动。

2）嵌入型病毒。可以将病毒自身嵌入到现有系统的程序中，将计算机病毒的主体程序与其攻击对象以插入的方式进行链接，一旦进入程序中就难以清除。

3）外壳型病毒。可以将其自身包围在合法的主程序周围，对原来的程序并不做任何修改。这种病毒最为常见，又易于编写，也易于发现，一般通过测试文件的大小即可察觉。

4）操作系统型病毒。将自身的程序代码加入到操作系统之中或取代部分操作系统进行运行，具有极强的破坏力，甚至可以导致整个系统的瘫痪。

4. 按照病毒的破坏能力分类

根据病毒破坏的能力可将其划分为以下 4 种。

1）无害型。除了传染时减少磁盘空间外，对系统无其他影响。

2）轻微危险型。只减少内存，对图像显示、音响发声等略有影响。

3）危险型。可以对计算机系统的功能和操作造成一定的干扰和破坏。

4）非常危险型。可以删除程序、破坏数据、清除系统内存区和操作系统中重要的文件信息，甚至控制机器、盗取账号和密码。

5. 按照传播媒介不同分类

按照计算机及手机病毒的传播媒介分类，可分为单机病毒和网络病毒。

1）单机病毒。单机病毒的载体是磁盘、光盘、U 盘或其他存储介质，病毒通过这些存储介质传入硬盘，感染计算机系统后再传播到其他存储介质，进而互相交叉传播到其他系统。

2）网络病毒。网络病毒的传播媒介不再是移动式载体，而是相连的网络通道，这种病毒的传播能力更强、范围更广，因此其破坏性和影响力也更大。

6. 按传播方式不同分类

按照病毒传播方式可将其分为引导型病毒、文件型病毒和混合型病毒3种。

1）引导型病毒。主要是感染磁盘的引导区，在用受感染的磁盘（包括U盘）启动系统时就先取得控制权，驻留内存后再引导系统，并传播到其他硬盘引导区，一般不感染磁盘文件。

2）文件型病毒。以传播 .com 和 .exe 等可执行文件为主，在调用传染病毒的可执行文件时，病毒首先被运行，然后病毒驻留在内存再传播其他文件，其特点是附着于正常程序文件上。已感染病毒的文件执行速度会减缓，甚至无法执行或一执行就会被删除。

3）混合型病毒。也称为综合型、复合型病毒，既具有引导型病毒的特点，又具有文件型病毒的特点，即这种病毒既可以感染磁盘引导扇区，又可以感染可执行文件。

7. 以病毒特有的算法不同分类

根据病毒程序特有的算法分类，可将病毒划分为6种。

1）伴随型病毒。不改变原有程序，由算法产生 .exe 文件的伴随体，具有相同文件名（前缀）和不同的扩展名（.com），当操作系统加载文件时，伴随体优先被执行，再由伴随体加载执行原来的 .exe 文件。

2）“蠕虫”型病毒。将病毒通过网络发送和传播，但不改变文件和资料信息。其存在于系统中时，一般除了内存不再占用其他资源。“蠕虫”型病毒有时传播速度很快，甚至可以达到阻塞网络通信的程度，会对网络系统造成干扰和破坏。

3）寄生型病毒。主要依附在系统的引导扇区或文件中，通过系统运行进行传播扩散。

4）练习型病毒。病毒自身包含错误，不能进行很好的传播，如一些在调试中形成的病毒。

5）诡秘型病毒。用DOS空闲的数据区工作，不直接修改DOS和扇区数据，而是通过设备技术和文件缓冲区等修改不易察觉到的资源。

6）幽灵病毒。也称为变形病毒，使用一些复杂算法，每次传播不同内容和长度。常由一段混有无关指令的解码算法和被变化过的病毒体组成。

8. 以病毒的寄生部位或传染对象分类

传染性是计算机病毒的本质属性，根据寄生部位或传染对象分类，即根据计算机病毒传染方式进行分类，有以下三种：磁盘引导区传染的病毒、操作系统传染的病毒、可执行程序传染的病毒。这三种病毒可归纳为两大类：引导区型传染的病毒和可执行文件型传染的病毒。

9. 以病毒激活的时间分类

按照病毒激活时间可将其分为定时的和随机的。定时病毒仅在某一特定时间发作，而随机病毒一般不是由时钟来激活的。

7.2　案例分析　病毒危害、中毒症状及后果

7.2.1　计算机及手机病毒的危害

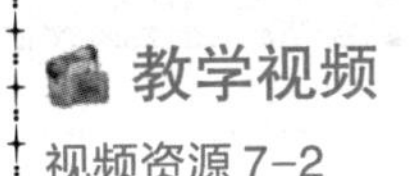

网络空间成为继海、陆、空、天之后，人类“同呼吸、共命运”的新空间，成为各国力量博弈的新战场。病毒会危及网络空间的安全态势。

计算机及手机病毒的主要危害如下。

1）破坏系统、文件和数据。导致用户无法正常使用系统。

2）窃取机密文件和信息。

3）造成网络堵塞或瘫痪。

4）消耗内存、磁盘空间和系统资源。

5）自动打印指定内容，如广告文件等。

7.2.2　病毒发作的症状及后果

在感染病毒后，根据中毒的情况会出现不同的症状：系统运行速度变慢、无法上网，无故自动弹出对话框或网页，篡改部分信息，甚至死机或系统瘫痪，除了这些之外，还包括以下症状。

1. 病毒发作时的其他症状

1）提示无关对话。操作时提示一些无关对话。

2）发出声响。一些恶作剧式病毒，在发作时会发出一些音乐等声响。

3）显示异常图像。有出现异常图像的病毒，发作时影响用户显示界面。

4）硬盘灯不断闪烁。在正常读写操作情况下，出现对硬盘大量持续的异常读写操作，造成硬盘指示灯连续闪烁不停。

5）算法游戏。这种病毒常以某些算法的游戏中断运行，赢了才可以继续。

6）桌面图标偶然变化。通常也属于恶作剧式病毒。

7）突然重启或死机。

8）自动发送邮件。

9）自移动鼠标指针。没进行操作，屏幕上的鼠标指针却自移动。

2. 病毒发作的异常后果

绝大部分计算机病毒都属于“恶性”病毒，发作后常会带来重大损失。恶性计算机病毒发作后的情况及造成的后果如下。

1）硬盘无法启动，数据丢失。

2）文件丢失或被破坏，可能影响系统启动。

3）文件目录混乱，如目录结构被病毒破坏。

4）BIOS 程序混乱使主板遭破坏，如 CIH 病毒。

5）部分文档自动加密。

6）计算机重启时格式化硬盘。

7）导致计算机网络瘫痪，无法正常提供服务。

当终端出现下列异常现象（见表7-1），极可能是中毒的后果。

表7-1　计算机病毒发作的异常后果

非连网状态下	连网状态下
无法开机	不能连网或上网
计算机蓝屏	连网或上网缓慢
开机启动速度变慢	文件下载或打开异常
系统运行速度慢	自动弹出多个网页
无法找到硬盘分区	杀毒软件不能正常升级
开机后弹出异常提示信息或声音	使用网络功能操作异常
文件名称、扩展名、日期以及属性等被非人为方式更改过	非连网状态下的一切异常现象
数据非常规丢失或损坏	（以下同非连网状态下的情形类似）
无法打开、读取、操作文件	
硬盘存储空间意外变小	
计算机无故死机或自动重启	
CPU 利用率接近100%或内存占用值居高不下	
计算机自动关机	

7.3　知识拓展　计算机病毒的构成与传播

7.3.1　计算机病毒的构成

计算机病毒的主要构成如图7-1所示，通常包括三个单元：引导单元、传染单元和触发单元。

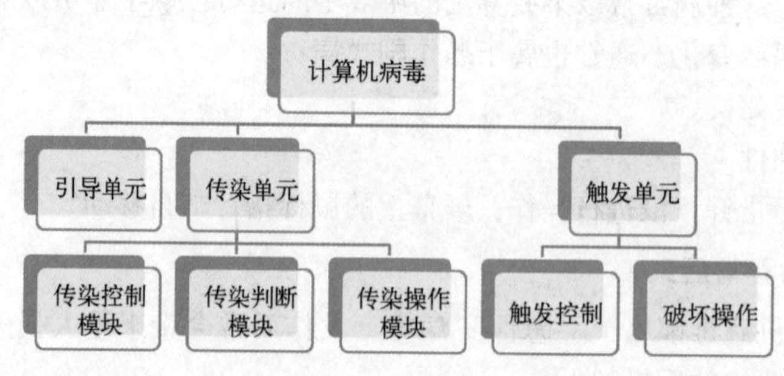

图7-1　计算机病毒的主要构成

1. 引导单元

通常，计算机病毒程序在感染计算机之前，首先需要将病毒的主体以文件的方式引导安装在具体的各种计算机（服务器、手机、平板等）存储设备中，为其以后的传染程序和触发影响等做好基本的准备工作。不同类型的病毒程序使用不同的安装方法，多数使用隐蔽方式，在用户单击冒充的应用网站、应用软件或邮件附件时将引导自动下载安装。

2. 传染单元

传染单元主要包括三部分内容，由三个模块构成。

1）传染控制模块。病毒在安装至内存后获得控制权并监视系统的运行。

2）传染判断模块。监视系统，当发现被传染的目标时，开始判断是否满足传染条件。

3）传染操作模块。设定传播条件和方式，在触发控制的配合下，便于将计算机病毒传播到计算机系统的指定位置。

3. 触发单元

触发单元包括两部分：一是触发控制，当病毒满足触发条件时，病毒就会发作；二是破坏操作，满足破坏条件时病毒立刻影响破坏，不同病毒都具有不同的操作控制方法，如果不满足设定的触发条件或影响破坏条件则继续携带病毒进行潜伏，以寻找时机发作。

7.3.2　计算机病毒的传播

传播性是计算机病毒具有最大威胁和隐患的特点之一。计算机病毒潜伏在系统内，用户在不知情的情况下进行相应的操作激活触发条件，使其得以由一个载体传播到另一个载体，完成传播过程。随着计算机的广泛普及和应用，以及互联网的飞速发展，计算机病毒的传播也从传统的常用交换媒介传播，逐渐发展到通过互联网进行的全球化传播。

1. 移动式存储介质

计算机和手机等数码产品常用的移动存储介质主要包括硬盘、移动硬盘、光盘、闪存、U 盘、SD 卡、记忆棒（Memory Stick）等。

2. 各种网络传播

1）电子邮件、通信工具。电子邮件、QQ、微信、Skype 等即时通信聊天工具常被用于病毒传播。

2）浏览网页、下载文件或插件。

3）各类 App 或红包及链接。

7.3.3　病毒的触发与生存

1. 病毒的触发条件及方式

计算机病毒的触发条件一般是指以时间或操作为特定条件，也就是说，当处于病毒程序规定的某一时间点或某一种操作时，程序中的发作指令被激活，从而在计算机等终端设备上反映出不同的中毒症状。

【案例 7-5】快乐时光病毒（VBS. Happytime）是一个脚本病毒，该病毒采用 VB-Script 语言编写，其可以作为电子邮件附件，利用邮件系统的性能缺陷对自身传播，可在用户未运行任何附件时运行。并可以利用邮件系统的信纸功能，将自身复制在信纸的 html 模板上，以便传播。一旦用户收到这种含有病毒的邮件，无论是否打开附件，只要浏览了邮件内容，即可达到该病毒的触发条件，计算机就会立刻感染病毒。

注意： 病毒程序还可以融合多个触发条件，这类病毒程序将多个触发条件精心搭配，使其更具威胁性、隐蔽性和杀伤力。某些多触发条件的病毒只需满足其中一个条件即可发作，有些是满足部分触发条件才会发生破坏，其余是必须满足所有触发条件病毒才能触发。

2. 病毒的寄生对象和生存方式

传染性是计算机病毒的本质属性，根据寄生部位或传染对象可以将其分为以下几种。

（1）磁盘引导区传染的计算机病毒

磁盘引导区传染的病毒主要是用病毒的全部或部分逻辑取代正常的引导记录，而将正常的引导记录隐藏在磁盘的其他地方。

（2）操作系统传染的计算机病毒

操作系统是一个计算机系统得以运行的支持环境，它包括 .com、.exe 等可执行程序及程序模块。操作系统传染的计算机病毒就是利用操作系统所提供的一些程序及程序模块寄生并传染的。

（3）可执行程序传染的计算机病毒

可执行程序传染的病毒通常寄生在可执行程序中，一旦程序被执行，病毒也就被激活，病毒程序首先被执行，并将自身驻留在内存中，然后设置触发条件，进行传染。

7.3.4　特种及新型病毒实例

1. 木马病毒

特洛伊木马（Trojan Horse）简称为木马，其名源于古希腊传说，引申到计算机或手机等领域，可以理解为一类可以远程控制的恶意程序。木马和其他病毒一样，均是人为编写的应用程序，都属于计算机病毒的范畴。相对于普通病毒，木马具有更快的传播速度以及更加严重的危害性，但其最大的破坏性在于通过修改图标、捆绑文件、仿制文件等方式进行伪装和隐藏自己，误导用户下载程序或打开文件，同时收集用户计算机信息并将其泄露给黑客供其远程控制，甚至进一步向用户发动攻击。

【案例 7-6】 据报道，深圳一公司在 330 余万部手机主板中非法植入木马病毒程序，非法获取公民个人信息 500 余万条并将其出售，严重侵害了公民个人隐私和人身、财产安全，滋生了大量网络违法犯罪，社会危害巨大。2020 年 1 月 25 日，最高人民检察院召开以“充分发挥检察职能，推进网络空间治理”为主题的新闻发布会，公布了这起涉网络黑灰产的典型案例。

木马病毒的典型实例是冰河木马。

冰河木马诞生伊始是一款正当的网络远程控制软件，但随着升级版本的发布，其强大的隐蔽性和使用简单的特点越来越受到国内外黑客们的青睐，最终演变为黑客进行破坏活动所使用的工具。

（1）冰河木马的主要功能

1）连接功能：木马程序可以理解为一个网络客户机/服务器程序。由一台服务器提供服务，另一台主机（客户机）接受服务。服务器一般会打开一个默认的端口并进行监听，一旦服务器端口接到客户端的连接请求，服务器上的相应程序就会自动运行，接受连接请求。

2）控制功能：可以通过网络远程控制对方终端设备的鼠标、键盘或存储设备等，并监视对方的屏幕，远程关机、远程重启机器等。

3）口令的获取：查看远程计算机口令信息，浏览远程计算机上的历史口令记录。

4）屏幕抓取：监视对方屏幕的同时进行截图。

5）远程文件操作：打开、创建、上传、下载、复制、删除、压缩文件等。

6）冰河信使：冰河木马提供的一个简易的点对点聊天室，客户端与被监控端可以通过信使进行对话。

（2）冰河木马的原理

冰河木马激活服务端程序 G-Server. exe 后，可在目标计算机的 C:\Windows\system 目录下自动生成两个可执行文件，分别是 Kernel32. exe 和 Syselr. exe。如果用户只找到 Kernel32. exe，并将其删除，那么冰河木马并未完全根除，只要打开任何一个文本文件或可执行程序，Syselr. exe 就会被激活而再次生成一个 Kernel32. exe，这就是导致冰河木马屡删无效、死灰复燃的原因。

2. 蠕虫病毒

蠕虫病毒具有计算机病毒的共性，同时还具有一些个性特征，它并不依赖宿主寄生，而是通过复制自身在网络环境下进行传播。同时，蠕虫病毒比普通病毒的破坏性更强，其可以借助共享文件夹、电子邮件、恶意网页、存在漏洞的服务器等伺机传染整个网络内的所有计算机，破坏系统，并使系统瘫痪。

（1）I_WORM/EMANUEL 网络蠕虫

该病毒通过 Microsoft 的 Outlook Express 来自动传播给受感染计算机地址簿里的所有人，给每人发送一封带有该附件的邮件。该网络蠕虫长度为 16896~22000 字节，有多个变种。在用户执行该附件后，该网络蠕虫程序会在系统状态区域的时钟旁边放置一个“花”一样的图标，如果用户单击该“花”图标，就会出现一个消息框，内容是不要单击此按钮。如果单击该按钮，会出现一个以 Emmanuel 为标题的信息框，当用户关闭该信息框时又会出现一些别的提示信息。

该网络蠕虫程序与其他常见的网络蠕虫程序一样，是通过网络上的电子邮件系统 Outlook 来传播的，同样是修改 Windows 系统下主管电子邮件收发的 wsock32. dll 文件。它与别的网络蠕虫程序的不同之处在于，它可以不断通过网络自动发送网络蠕虫程序本身，而且发送的文件名称是变化的。它同时也是世界上第一个可自我将病毒体分解成多个大小可变化的程序块（插件），分别潜藏在计算机的不同位置，以便躲避查毒软件。该病毒可将这些碎块聚合成一个完整的病毒，再进行传播和破坏。

（2）熊猫烧香病毒

熊猫烧香是一种经过多次变种的蠕虫病毒。曾被列为我国 2006 年十大病毒之首，一度成为“毒王”。自爆发后，短时间内出现近百变种，上百万台机器中毒并深受其害。

感染病毒的计算机系统中，可执行文件会出现“熊猫烧香”图案，其他更为明显的中毒症状表现为计算机蓝屏、反复重启、硬盘数据遭破坏等。

7.4 典型应用 病毒的检测、清除与防范

7.4.1 计算机病毒的检测

根据计算机病毒的特点，要想彻底检查出计算机是否感染病毒，必须利用多种方法进行检查，主要有根据异常现象初步检测以及利用专业工具检测查毒。

教学视频
视频资源 7-3

1. 根据异常现象初步检测

虽然不能准确判断系统感染了何种病毒，但是可通过异常现象来判断病毒的存在。根据异常现象进行初步检测是计算机病毒清除防范中十分重要的一个环节。计算机出现的异常现象主要包括以下几个方面。

1）计算机运行异常：包括无法开机、开机速度变慢、系统运行速度慢、频繁重启、无故死机、自动关机等。

2）屏幕显示异常：包括蓝屏、弹出异常对话框、产生特定图像等。

3）声音播放异常：出现非系统正常声音等。

4）文件/系统异常：无法找到硬盘分区、文件名称等相关属性遭更改、硬盘存储空间意外变小、无法打开/读取/操作文件、数据丢失或损坏、CPU 利用率或内存占用过高。

5）外设异常：鼠标、打印机等外部设备出现异常、无法正常使用等。

6）网络异常：连网状态下不能正常上网、杀毒软件无法正常升级、自动弹出网页、主页被篡改、自动发送电子邮件、其他异常现象等。

当以上异常现象出现时，则可以判断计算机极有可能感染了病毒，需要利用专业检测工具进一步检查病毒的存在及杀毒。

2. 利用专业工具检测查毒

由于病毒具有较强的隐蔽性，必须使用专业工具对系统进行查毒，主要是指针对包括特定的内存、文件、引导区、网络在内的一系列属性，能够准确地报出病毒名称。常见的杀毒软件基本都含有查毒功能，如瑞星免费在线查毒、金山毒霸查毒、卡巴斯基查毒、360 查毒、腾讯查毒等。针对云环境，还有云查杀类的杀毒产品。

当前，查毒软件使用的最主要的病毒查杀方式为病毒标记法。此种方式首先对新病毒加以分析，编成病毒码，加入资料库中，然后通过检测文件、扇区和内存，利用标记（即病毒常用代码的特征）来查找已知病毒与病毒资料库中的数据并进行对比分析，即可判断是否中毒。既可在系统运行时检测出计算机病毒，又能够在计算机病毒出现时立刻发现。

7.4.2 常见病毒的清除方法

虽然有多种杀毒软件和防火墙的保护，但计算机中毒情况还是很普遍，如果意外中毒，一定要及时清理病毒。根据病毒对系统的破坏程度，可采取以下措施进行病毒清除。

1）一般常见流行病毒：此种情况对计算机危害较小，一般运行杀毒软件进行查杀即可。若可执行文件的病毒无法根除，可将其删除后重新安装。

2）系统文件破坏：多数系统文件被破坏将导致系统无法正常运行，破坏程度较大。若删除文件重新安装后仍未解决问题，则需请专业计算机人员进行清除和数据恢复。在数据恢复前，要将重要的数据文件进行备份，当出现误杀时方便恢复。有些病毒（如新时光脚本病毒）运行时在内存中不可见，而系统则会将其识别为合法程序加以保护，保证其继续运行，这就造成了病毒不能被清除。而在 DOS 下查杀，Windows 系统无法运行，所以病毒也就不可能运行，在这种环境下，可以将病毒彻底清除干净。

7.4.3　普通病毒的防范措施

杀毒不如搞好预防，防患于未然。如果能够采取全面的防护措施，则会降低被感染的可能，预防为主是避免大规模感染病毒的有效措施之一。

首先用户要在思想上有防病毒的警惕性，依靠防病毒技术和管理措施，部分病毒就无法攻破计算机安全保护屏障，不能广泛传播。个人用户要及时升级操作系统以及防病毒产品，因为病毒以每日 4~6 个的速度产生，防病毒产品必须适应病毒的发展，不断升级，才能识别和杀灭新病毒，为系统提供较为安全的环境。

每一位计算机使用者都要遵守病毒防治的法律和制度，做到不制造病毒，不传播病毒。养成良好的上机习惯，如定期备份系统数据文件、连接外部存储设备前先杀毒再使用、不访问违法或不明网站、不下载或传播不良文件、不连接未知的 WiFi，不随意扫描二维码等。

7.4.4　木马的检测清除与防范

1. 木马的检测

木马程序不同于一般的计算机病毒程序，并不会像病毒程序那样感染文件。木马是以寻找后门、窃取用户名、密码和重要文件为主，还可以对计算机进行跟踪监视、控制、篡改资料等操作，具有很强的隐蔽性、突发性和破坏性。由于木马具有较强的隐蔽性，用户往往是在自己的密码被盗、机密文件丢失、关联银行卡金额被盗的情况下才知道已中木马。检测计算机中木马方法包括以下四个方面。

1）查看开放端口以及网络流量。当前最为常见的木马通常是基于 TCP/UDP 进行 Client 端与 Server 端之间的通信，这样人们就可以通过本机上开放的端口，查看是否有可疑的程序打开了某个可疑的端口，如果查看到有可疑的程序在利用可疑端口进行连接，则很有可能就是中了木马。

系统管理员会发现设备的流量异常，从而反查数据源头的机器是否被木马控制，或者关键的服务器密码是否泄露等异常行为。

2）查看 win. ini 和 system. ini 系统配置文件。

3）查看系统进程。木马也是一个应用程序，需要进程来执行。可以通过查看系统进程来推断木马是否存在。在 Windows 系统下，按下快捷键〈Ctrl+Alt+Delete〉，进入任务管理器，即可查看全部进程。

4）查看注册表。木马一旦被加载，一般都会对注册表进行修改。一般来说，木马在注册表中实现加载文件一般是在以下几个位置。

HKEY_LOCAL_MACHINE\Software\Microsoft\Windows\Current Version\Run
HKEY_LOCAL_MACHINE\Software\Microsoft\Windows\CurrentVersion\RunOnce
HKEY_LOCAL_MACHINE\Software\Microsoft\Windows\Current Version\Run Services
HKEY_LOCAL_MACHINE\Software\Microsoft\Windows\CurrentVersion\RunServicesOnce
HKEY_CURRENT_USER\Software\Microsoft\Windows\Current Version\Run
HKEY_CURRENT_USER\Software\Microsoft\Windows\CurrentVersion\RunOnce
HKEY_CURRENT_USER\Software\Microsoft\Windows\CurrentVersion\RunServices

2. 木马病毒的清除

木马的清除有手动清除和杀毒软件清除两种方式。根据检测的结果来手动清除木马，包括删除可疑的启动程序、恢复 win. ini 和 system. ini 系统配置文件的原始配置、停止可疑的系统进程和修改注册表等方式。另外就是利用常用的杀毒软件如瑞星、诺顿等，这些软件对木马的查杀比较有效。有些木马并不能彻底地被查杀出来，在系统重新启动后还会自动加载，所以要注意经常更新病毒库。根据木马或者病毒的特性，重新安装操作系统和业务系统是较为彻底的解决方法。

3. 木马病毒的防范

在检测清除木马的同时，还要**注意对木马的预防**，做到防患于未然。

（1）不打开不明的网址或邮件、不扫描来历不明的二维码

较多木马是通过网址链接、二维码或邮件传播的，当收到来历不明的邮件时，也不要随便打开，应尽快删除。智能客户端不要随意扫描未经认证的二维码。

（2）不下载非官方提供的软件

如需下载常备软件，最好找一些知名的网站下载，不要下载和运行来历不明的软件。在安装软件前最好用杀毒软件查看有没有病毒，再进行安装。

（3）及时给操作系统打官方补丁包进行漏洞修复，只开常用端口

一般木马是通过漏洞在系统上打开端口留下后门，以便上传木马文件和执行代码，在修复漏洞的同时，需要对端口进行检查，关闭可疑的端口，确保病毒无法传播。

（4）使用实时监控程序

在网上浏览时，最好运行反木马实时监控查杀病毒程序和个人防火墙，并定时对系统进行病毒检查。还要经常升级系统和更新病毒库，注意关注关于网络安全的相关新闻公告等，提前做好预案防范木马。

7.4.5　病毒和防病毒技术的发展趋势

防范与解决计算机病毒已迫在眉睫，但想要防范计算机病毒，首先要对计算机病毒进行系统的了解，才能控制、预防和铲除计算机病毒。

1. 计算机病毒的发展趋势

近年来，伴随着互联网的高速发展，病毒也进入了愈加猖狂和泛滥的阶段，目前计算机病毒的发展主要体现在以下四个方面。

（1）移动端病毒的影响迅速增长

【案例 7-7】移动端病毒情况报告。2019 年，国家计算机病毒应急处理中心在全国范围内组织开展了“第十八次全国计算机和移动终端病毒疫情调查活动”。并发布公告，移动互联网应用形态更加丰富，各类 App 已经全面渗透到所有互联网业态，移动互联网生态环境日益复杂，各种新型网络违法犯罪日益突出。其恶意行为已从针对移动终端的系统破坏、恶意扣费、资费消耗等形式，逐步向强制推广、风险传播、越权收集等行为转变。针对移动 App 领域存在的乱象，公安部深入推进“净网行动”，全面加强 App 安全管理工作，多次开展 App 违法违规收集，使用个人信息专项治理工作，整改安全风险、隐患、威胁，依法查处违法违规企业，下架不实名、违法违规或安全问题突出的 App。

（2）病毒传播手段呈多样化、复合化趋势

计算机病毒木马本土化趋势加剧，变种速度更快、变化更多，潜伏性和隐蔽性增强、识别更难，与防病毒软件的对抗能力更强，攻击目标明确，趋利目的明显。

（3）病毒制作技术水平不断攀升

病毒制造者利用新的技术手段隐藏自身进程，通过不断更新的技术终止杀毒软件的运行，逃避杀毒软件的查杀。

（4）病毒的危害日益增大

越来越多的木马和病毒破坏计算机系统，造成死机、蓝屏、数据丢失、窃取用户账号密码等，给用户造成巨大的损失和破坏。“勒索病毒”等恶意代码迅速在互联网上疯狂肆虐，被感染的计算机数量急速增长，严重影响着个人用户和企业用户的信息安全。

2. 防病毒技术的发展趋势

云安全（Cloud Security）计划是网络时代信息安全的最新体现，它融合了并行处理、网格计算、未知病毒行为判断等新兴技术和概念，通过网状的大量客户端对网络中的软件行为进行异常监测，获取互联网中木马、恶意程序的最新信息，传送到 Server 端进行自动分析和处理，再把病毒和木马的解决方案分发到每一个客户端。病毒库不再保存在本地，而是保存在官方服务器中，在扫描的时候和服务器交互，判断是否有病毒。依托“云安全”进行杀毒能降低升级的频率和查杀的占用率，并可以极大地减小本地病毒数据库的容量。

云安全技术应用的最大优势在于，识别和查杀病毒不再仅仅依靠本地硬盘中的病毒库，而是依靠庞大的网络服务，实时进行采集、分析以及处理。整个互联网就是一个巨大的“杀毒软件”，参与者越多，每个参与者就越安全，整个互联网就会更安全。

7.5　要点小结

计算机及手机病毒的防范应以预防为主，在各方面的共同配合下解决计算机及手机病毒的问题。本章首先介绍了计算机及手机病毒概述，包括计算机及手机病毒的概念及产生，计算机及手机病毒的特点，计算机病毒的种类、危害，计算机中毒的异常现象及出现的后果；介绍了计算机及手机病毒的构成、计算机及手机病毒的传播方式、计算机及手机病毒的触发和生存条件、特种及新型病毒实例分析等；同时还具体介绍了计算机及手机病毒的检测、清除与防范技术，木马的检测清除与防范技术，以及计算机及手机病毒和防病毒技术的发展趋势；总结了恶意软件的类型、危害、清除方法和防范措施；最后，对火绒安全软件的功能、特点、操作界面、常用工具，以及实际应用和具体的实验目的、内容进行了介绍，便于读者理解具体实验过程，掌握方法。

7.6 实验7 火绒安全软件应用

火绒安全软件是针对互联网计算机终端设计的安全软件，主要针对杀、防、管、控这几方面进行功能设计，主要有病毒查杀、防护中心、访问控制、安全工具四部分功能。火绒安全软件由拥有十五年以上网络安全经验的专业团队研发打造而成，特别针对国内安全趋势，自主研发拥有全套自主知识产权的反病毒底层核心技术。火绒安全软件基于目前计算机用户的真实应用环境和安全威胁而设计，除了拥有强大自主知识产权的反病毒引擎等核心底层技术之外，更考虑到目前互联网环境下用户所面临的各种威胁和困境，有效地帮助用户解决病毒、木马、流氓软件、恶意网站、黑客侵害等安全问题，追求“强悍的性能、轻巧的体量”，让用户能够“安全、方便、自主地使用自己的计算机”。

7.6.1 实验目的

火绒安全软件的**实验目的**如下。

1）了解火绒安全软件的主要功能及特点。

2）熟悉火绒安全软件的主要操作界面和方法。

7.6.2 实验内容

（1）主要实验内容

火绒安全软件的**实验内容**主要包括以下三个方面。

1）火绒安全软件的主要功能。

2）火绒安全软件的主要特点。

3）火绒安全软件的主要操作界面和方法。

实验用时：2学时（90~120 min）

（2）火绒安全软件的主要功能

1）病毒查杀。可以一键扫描、查杀病毒，基于“通用脱壳”“行为沙盒”的纯本地反病毒引擎，不受断网环境影响，对查杀结果可阐述（能准确指出样本为病毒的依据），对查杀结果可控（误报率低），对软件的兼容性好。

2）防护中心。具有多个重要的防护功能，可以有效防病毒、木马、流氓软件、恶意网站等，具体功能如下。

① 文件实时监控：程序运行前及时扫描，拦截病毒。

② U盘保护：对接入计算机的U盘第一时间进行扫描。

③ 应用加固：对浏览器、办公软件、设计软件等程序进行保护。

④ 软件安装拦截：实时监控并提示软件安装行为。

⑤ 浏览器保护：保护用户常用的浏览器与搜索引擎不被篡改。

⑥ 网络入侵拦截：阻止病毒、黑客通过系统漏洞进入计算机，并解析出攻击源 IP 地址。

⑦ 暴破攻击防护：阻止黑客通过弱口令暴破入侵系统。

3）访问控制。自定义计算机的使用权限，让用户充分控制自己的计算机不被他人随意使用，功能包括控制上网时间与时间段、限制访问指定网站、限制指定程序运行和管理 U 盘的接入权限。

4）安全工具。提供实用的系统、网络管理小工具，具体如下。

① 弹窗拦截：拦截烦人的弹窗。

② 漏洞修复：及时修复系统高危漏洞。

③ 启动项管理：管理开机启动项目，优化开机时间。

④ 文件粉碎：强制删除或者彻底粉碎用户不需要的文件。

（3）火绒安全软件的主要特点

1）干净：无任何具有广告推广性质的弹窗和捆绑等打扰用户的行为。

2）轻巧：占用资源少，不影响日常办公、娱乐。

3）简单：一键下载，安装后使用默认配置即可获得安全防护。

4）易用：产品性能历经数次优化，兼容性好，运行流畅。

7.6.3　操作方法和步骤

（1）火绒安全软件安装

第一步：登录火绒官方网站下载软件安装包。官网地址为 https://www.huorong.cn/。

第二步：启动下载好的安装包。

第三步：单击极速安装等待安装完成即可（用户也可以根据需要更改安装目录）。软件安装完成后将会自动打开运行。

（2）火绒安全软件操作界面

鉴于火绒安全软件操作界面比较简洁，且限于篇幅，在此只做概述。具体操作过程如图 7-2~图 7-13 所示。

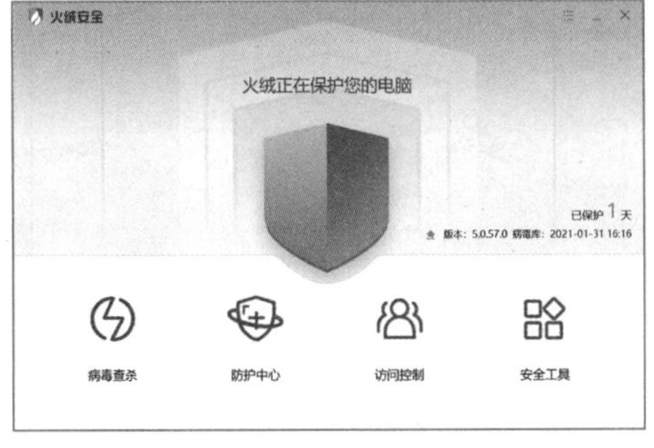

图 7-2　火绒主界面及计算机体验界面

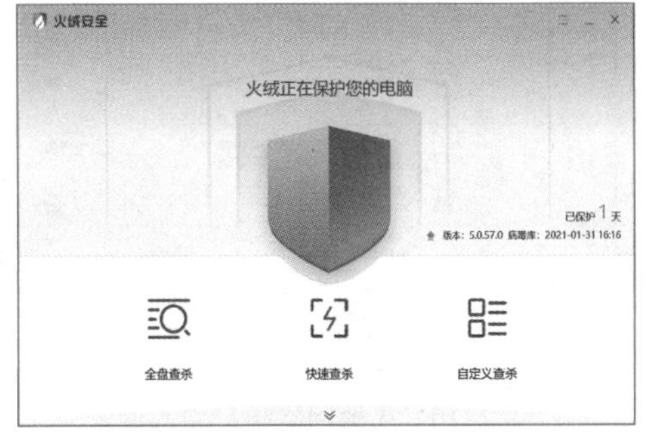

图 7-3　火绒的病毒查杀界面

图 7-4　火绒病毒查杀全盘扫描过程

图 7-5　火绒病毒查杀全盘扫描结束界面

图 7-6　火绒病毒查杀快速扫描过程

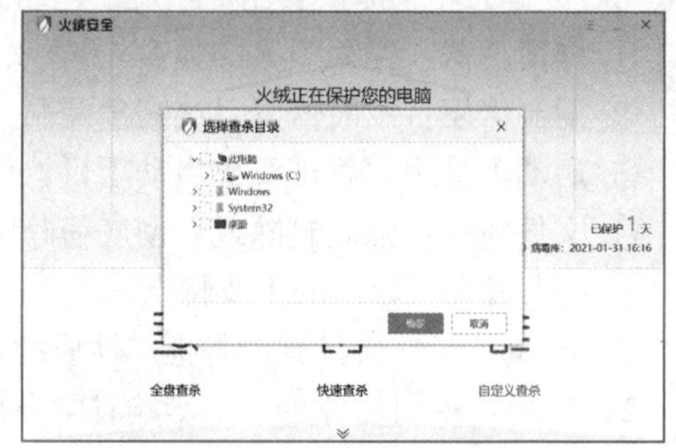

图 7-7　火绒自定义目录病毒查杀

图 7-8　火绒病毒防护中心设置

图 7-9　火绒系统防护中心设置

图 7-10　火绒网络防护中心设置

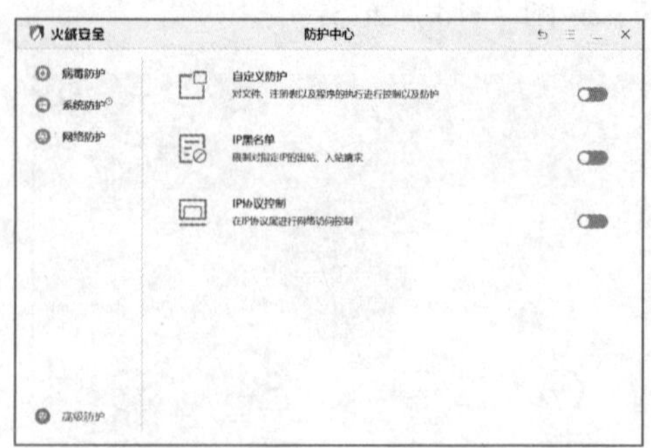

图 7-11　火绒高级防护中心设置

图 7-12　火绒安全工具选项

图 7-13　火绒访问控制选项

7.7　练习与实践 7

1. 选择题

(1) 计算机病毒的主要特点不包括（　　）。

A. 潜伏性　　　　B. 破坏性
C. 传染性　　　　D. 完整性

(2) 熊猫烧香是一种（　　）。

A. 游戏　　　　B. 软件
C. 蠕虫病毒　　　　D. 网站

(3) 木马的清除方式有（　　）和（　　）两种。

A. 自动清除　　　　B. 手动清除
C. 杀毒软件清除　　　　D. 不用清除

(4) 计算机病毒是能够破坏计算机正常工作的、（　　）的一组计算机指令或程序。

A. 系统自带　　　　B. 人为编制
C. 机器编制　　　　D. 不清楚

(5) 强制安装和难以卸载的软件都属于（　　）。

A. 病毒　　　　B. 木马
C. 蠕虫　　　　D. 恶意软件

2. 填空题

(1) 根据计算机病毒的破坏程度可将病毒分为________、________、________。

(2) 计算机病毒一般由________、________、________三个单元构成。

(3) 计算机病毒的传染单元主要包括________、________、________三个模块。

(4) 计算机病毒根据病毒依附载体可划分为________、________、________、________、________。

(5) 计算机病毒的主要传播途径有________、________。

(6) 计算机运行异常的主要现象包括________、________、________、________、________________、________等。

3. 简答题

(1) 简述计算机病毒的特点。

(2) 计算机中毒的异常表现有哪些?

(3) 如何清除计算机病毒?

(4) 什么是恶意软件?

(5) 什么是计算机病毒?

(6) 简述恶意软件的危害。

(7) 简述计算机病毒的发展趋势。

4. 实践题

(1) 下载一种杀毒软件，安装设置后查毒，如有病毒，进行杀毒操作。

(2) 搜索至少两种木马，了解其发作表现以及清除办法。

第 8 章 防火墙技术及应用

防火墙是保护内网安全的一道重要防线，作为网络安全模型（PDRR）中防护、检测、反应与恢复的一个重要环节，可以识别并阻挡许多网络攻击。防火墙技术是一种将内部网络和公众访问网隔离过滤的方式，位于两个（或多个）内外网络之间，通过执行访问策略达到隔离和过滤安全的目的，是保护内部网络免受网络入侵的有效屏障，能够将未授权的访问阻塞，从而保障内部网络数据的安全，是提供网络安全服务，实现网络与信息安全的基础设施。

教学目标

- 理解防火墙的常用相关概念
- 掌握防火墙的基本功能及应用
- 了解防火墙的基本分类方法
- 掌握防范泛洪攻击及防火墙实验

8.1 知识要点

【案例 8-1】面对日益频繁的网络攻击，企业有效评估和解决网络安全很重要。部署防火墙是解决网络安全问题的关键，防火墙如同安装在外部网络和内部网络的由软件和硬件组成的墙，是一项保护内网安全的设备，主要由服务访问规则、验证工具、包过滤和应用网关 4 个部分组成，所有经过防火墙的数据和信息都会被有目的地筛选，使外部网与内部网之间建立起一个安全网关，保护内部网免受非法用户的侵入。

8.1.1 防火墙技术概述

教学视频

视频资源 8-1

1. 防火墙的概念和部署

防火墙位于内外网络之间，是一种通过执行访问控制策略保护网络安全的设备。用于屏蔽、阻拦数据包，只允许授权的数据包通过，以保护网络的安全性。防火墙是内、外部网络通信安全过滤的主要途径，能够根据制定的访问规则对流经它的信息进行监控和审查，从而保护内部网络不受外界的非法访问和攻击。网络防火墙的部署结构如图 8-1 所示。

传统的防火墙通常是基于访问控制列表（ACL）进行包过滤的，位于内部专用网的入口处，所以也俗称“边界防火墙”。

2. 防火墙的主要功能

实际上，**防火墙**是一个分离器、限制器或分析器，能够有效监控内部网络和外部网络之间的所有活动，其**主要功能**如下。

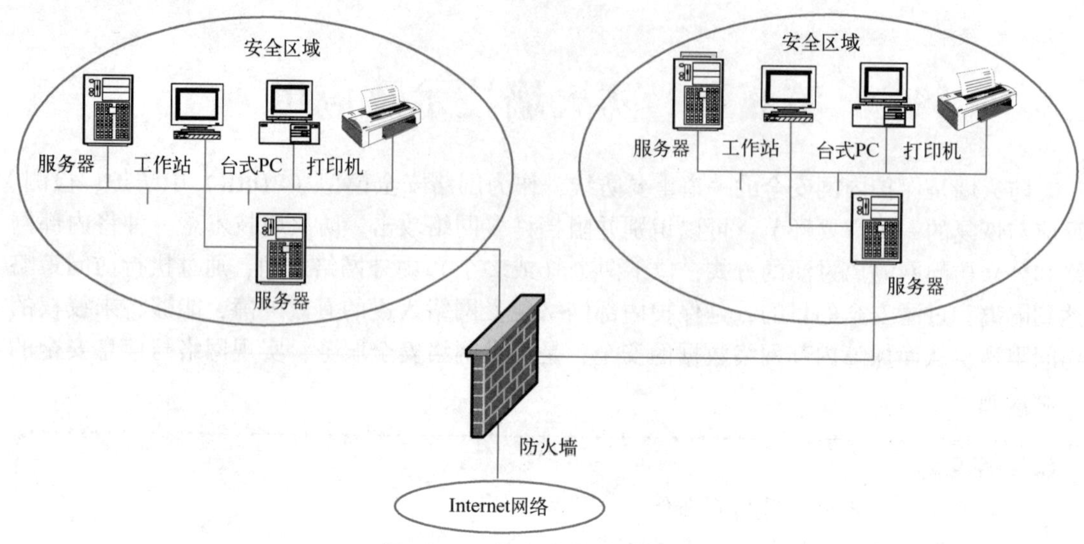

图 8-1　网络防火墙的部署结构

1）建立一个集中的监视点。防火墙位于两个或多个网络之间，对所有流经它的数据包都进行过滤和检查，这些检查点被称为“阻塞点”。通过强制所有进出流量通过阻塞点，网络管理员可以集中在较少地方实现安全的目的。

2）隔绝内、外网络，保护内部网络。这是防火墙的基本功能，通过隔离内、外网络，可以防止非法用户进入内部网络，并能有效防止邮件炸弹、蠕虫病毒、宏病毒的攻击。

3）强化网络安全策略。通过以防火墙为中心的安全方案配置，能将所有的安全软件（如口令、加密、身份认证、审计等）配置在防火墙上。与将网络安全问题分散在各个主机上相比，防火墙的集中安全管理更为经济。

4）有效记录和审计内、外网络之间的活动。防火墙能够对这些数据包进行记录并写进日志系统，同时可以对使用情况进行数据统计。当发生可疑动作时，防火墙能进行适当报警，并提供网络是否受到监测和攻击的详细信息。

3. 防火墙的特性

网络防火墙技术通常具备的功能特性如下。

1）安全、成熟、国际领先的特性，支持内容过滤。

2）具有专有的硬件平台和操作系统平台。

3）采用高性能的全状态检测（Stateful Inspection）技术。

4）具有优异的管理功能，提供优异的 GUI 管理界面。

5）支持多种用户认证类型和多种认证机制。

6）需要支持用户分组，并支持分组认证和授权。

7）支持动态和静态地址翻译（NAT）。

8）支持高可用性，单台防火墙的故障不能影响系统的正常运行。

9）支持本地管理、远程管理和在线升级。

10）支持日志管理和对日志的统计分析。

11）实时告警功能，在不影响性能的情况下，支持较大数量连接。

12）在保持足够性能指标的前提下，能够提供尽量丰富的功能。

13）可以划分很多不同安全级别的区域，相同安全级别可控制相互通信。

14）支持虚拟防火墙及对虚拟防火墙的资源限制等功能。

15）防火墙能够与入侵检测系统互动。

4. 防火墙的主要缺陷

防火墙是网络上使用最多的安全设备，是网络安全的基石。但是，防火墙并不是万能的，其功能和性能都有一定的局限性，只能满足系统与网络特定的安全需求。**防火墙的主要缺陷**如下。

1）无法防范不经由防火墙的攻击。如果数据绕过防火墙，就无法检查。

2）被动执行安全策略，一旦对新的未知攻击或者策略配置有误，防火墙就无能为力。

3）不能防止利用标准网络协议中的缺陷进行的攻击。

4）不能防止利用服务器系统漏洞进行的攻击。

5）不能防止数据驱动式的攻击。

6）无法保证准许服务的安全性。

7）不能防止本身的安全漏洞威胁。

8）不能防止感染了病毒的软件或文件的传输。

此外，防火墙在性能上不具备实时监控入侵的能力，其功能与速度成反比。防火墙的功能越多，对 CPU 和内存的消耗越大，速度越慢。在管理上，人为因素对防火墙安全的影响也很大。因此，仅仅依靠现有的防火墙技术是远远不够的。

8.1.2　防火墙的常用类型

1. 以防火墙的软硬件形式分类

按照防火墙的软硬件形式来分，可以分为软件防火墙、硬件防火墙和芯片级防火墙。

（1）软件防火墙

软件防火墙运行于特定的计算机，需要客户预先安装好的计算机操作系统的支持，一般这台计算机就是整个网络的网关，俗称“个人防火墙”。

（2）硬件防火墙

硬件防火墙是针对芯片级防火墙而言的，其与芯片级防火墙最大的差别在于是否基于专用的硬件平台。目前，市场上大多数防火墙都是硬件防火墙，基于 PC 架构，和普通的家用计算机没有太大区别。

（3）芯片级防火墙

芯片级防火墙基于专门的硬件平台，没有操作系统。专有的 ASIC 芯片促使其比其他防火墙速度更快，处理能力更强，性能更高。

2. 以防火墙技术分类

按照防火墙的技术分类，可将其分为包过滤型和应用代理型两大类。

（1）包过滤（Packet Filtering）型

包过滤型防火墙工作在 OSI 网络参考模型的网络层和传输层，它根据数据包头源地址、目的地址、端口号和协议类型等标志确定是否允许通过。只有满足过滤条件的数据包才会被转发到相应的目的地址，其余数据包则被从数据流中丢弃，其网络结构如图 8-2 所示。

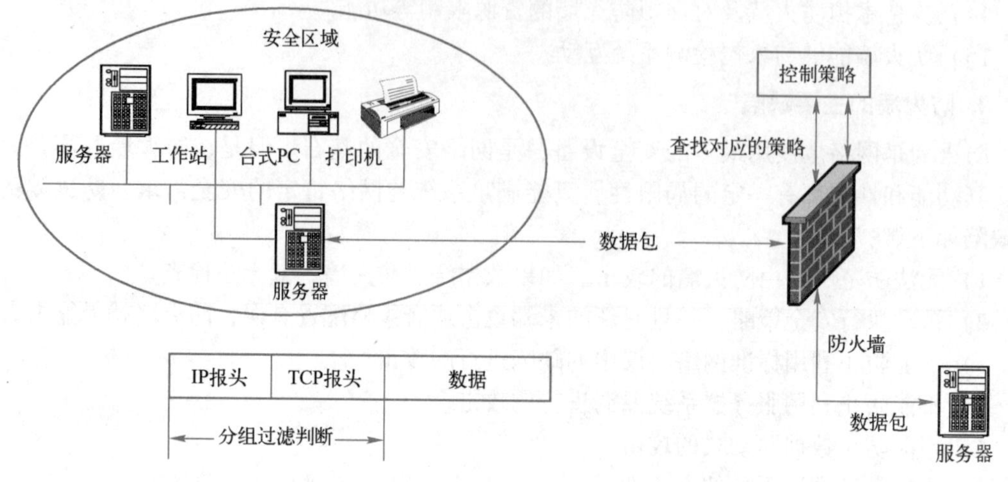

图 8-2　包过滤型防火墙的网络结构

在整个防火墙技术的发展过程中，包过滤技术出现了两种不同版本，分别称为“第一代静态包过滤”和“第二代动态包过滤”。

1）第一代静态包过滤类型防火墙。这类防火墙几乎是与路由器同时产生的，是根据定义好的过滤规则审查每个数据包，以便确定其是否与某一条包过滤规则匹配。过滤规则基于数据包的报头信息进行制订。报头信息中包括 IP 源地址、IP 目标地址、传输协议（TCP、UDP、ICMP 等）、TCP/UDP 目标端口、ICMP 消息类型等。其数据通路如图 8-3 所示，数据通路图中，中间一列表示的是防火墙，左右两列分别表示进行连接的两台计算机。

2）第二代动态包过滤类型防火墙。这类防火墙采用动态设置包过滤规则的方法，避免了静态包过滤所具有的问题。这种技术后来发展成为包状态监测（Stateful Inspection）技术。采用这种技术的防火墙对通过其建立的每个连接都进行跟踪，并且根据需要可动态地在过滤规则中增加或更新条目，具体数据通路如图 8-4 所示。

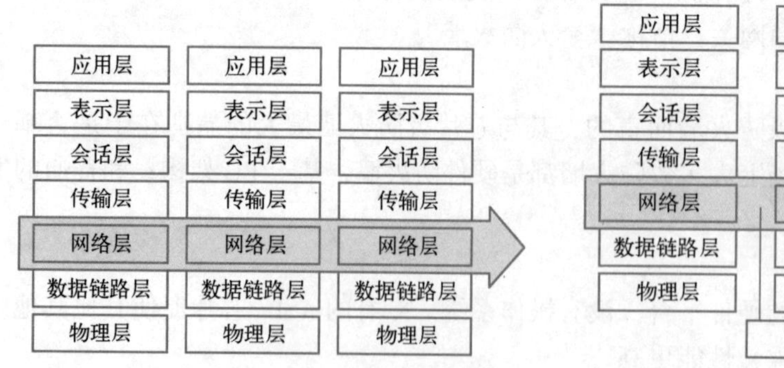

图 8-3　第一代静态包过滤防火墙的数据通路

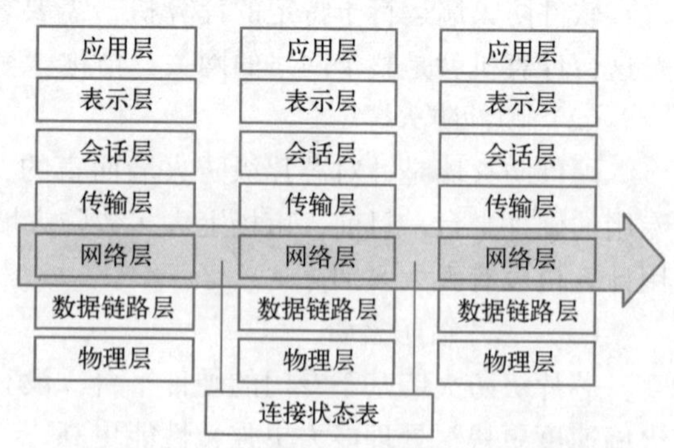

图 8-4　第二代动态包过滤防火墙的数据通路

包过滤方式的优点是不用改动客户机和主机上的应用程序，工作在网络层和传输层，与应用层无关。过滤判别的依据只是网络层和传输层的有限信息，各种安全要求不可能充分满足；在许多过滤器中，过滤规则的数目是有限制的，且随着规则数目增加，性能会受到很大影响；缺少上下文关联信息，不能有效过滤 UDP、RPC（远程过程调用）类协议。

【案例 8-2】ARP 欺骗是在局域网中进行的，某个非法的主机宣称自己是被欺骗主机的 MAC 地址，使局域网中其他主机错误地更新 ARP 缓存表，其他主机向被欺骗主机发送的数据就会发送到非法的主机，而不是正确的目的主机。

同时，大多数过滤器中缺少审计和报警机制，只能依据包头信息，而不能对用户身份进行验证，很容易受到“地址欺骗型”攻击。对安全管理人员素质要求高，建立安全规则时，必须对协议本身及其在不同应用程序中的作用有较深入的理解。过滤器通常是和应用网关配合使用，共同组成防火墙系统。

（2）应用代理（Application Proxy）型

应用代理型防火墙工作在 OSI 的最高层，即应用层。其特点是完全“阻隔”了网络通信流，通过对每种应用服务编制专门的代理程序，实现监视和控制应用层通信流的作用。其典型网络结构如图 8-5 所示。

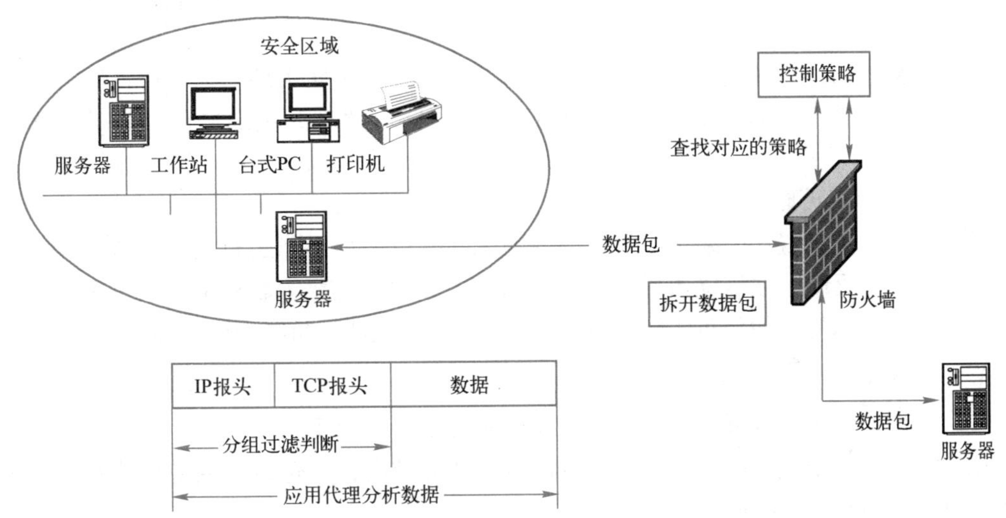

图 8-5　应用代理型防火墙的网络结构

在代理型防火墙技术的发展过程中，也经历了两个不同的版本，即第一代应用网关型代理防火墙和第二代自适应代理型防火墙。

1）第一代应用网关（Application Gateway）型代理防火墙。可以通过一种代理（Proxy）技术参与到一个 TCP 连接的全过程，如图 8-6 所示。其核心技术就是代理服务器技术。

2）第二代自适应代理（Adaptive Proxy）型防火墙。是近几年才得到广泛应用的一种新防火墙类型。可以结合代理类型防火墙的安全性和包过滤防火墙的高速度等优点，在毫不损失安全性的基础之上将代理型防火墙的性能提高 10 倍以上。此类防火墙的数据通路如图 8-7 所示。组成这种类型防火墙的基本要素有两个，即自适应代理服务器与动态包过滤器。

3. 以防火墙体系结构分类

从防火墙结构上分，防火墙主要有单一主机防火墙、路由器集成式防火墙和分布式防火墙三种。

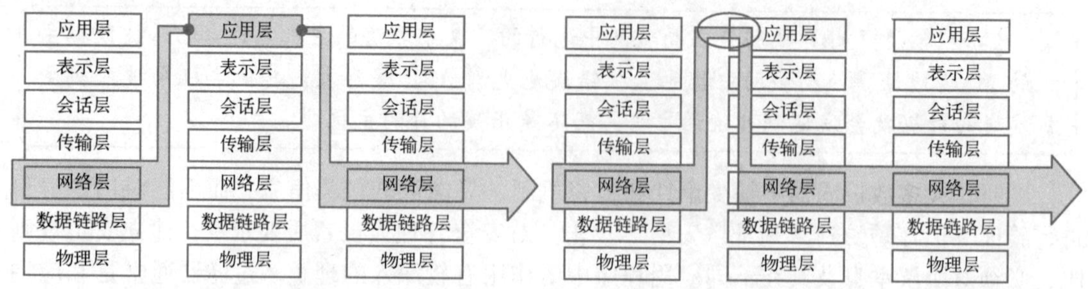

图 8-6　第一代应用网关型防火墙数据通路　　图 8-7　第二代自适应代理型防火墙数据通路

（1）单一主机防火墙

单一主机防火墙为最传统的防火墙，独立于其他网络设备，位于网络边界。同一台计算机结构类似，包括主板、CPU、内存、硬盘等基本组件。其与一般防火墙最主要的区别是一般防火墙都集成两个以上的以太网卡，因为它需要连接一个以上的内、外部网络。

（2）路由器集成式防火墙

利用中高档路由器集成防火墙功能，称为路由器集成式防火墙，如 Cisco 防火墙系列。有了路由器集成式防火墙，企业就不用再同时购买路由器和防火墙，可以降低网络设备成本。

（3）分布式防火墙

传统的防火墙设置在网络边界，在内外网之间构成一个屏障进行网络存取控制，所以也称为边界式防火墙。在传统边界式防火墙基础上开发的主要为软件形式，也有一些集成分布式防火墙技术的硬件分布式防火墙，称为嵌入式防火墙，负责集中管理服务器软件。

4. 以性能等级分类

按防火墙的性能等级可将其分为百兆级和千兆级防火墙两类。

防火墙通常位于网络边界，通道带宽越宽，性能越高，因包过滤或应用代理所产生的延时也越小，对整个网络通信性能的影响也就越小。

8.1.3　防火墙的主要应用

防火墙的主要应用包括企业网络体系结构、内部防火墙系统应用、外围防火墙系统设计、用防火墙阻止 SYN Flood 攻击的方式方法等。

1. 企业网络体系结构

来自外部用户和内部用户的网络入侵日益频繁，必须建立保护网络不会受到这些入侵破坏的机制。虽然防火墙可以为网络提供保护，但是它同时会耗费资金，并且会对通信产生障碍，因此应该尽可能寻找最经济、效率最高的防火墙。

通常，企业网络体系结构由三个区域组成，如图 8-8 所示。

1）边界网络：此网络通过路由器直接面向互联网，以基本网络通信筛选的形式提供初始层面的保护。路由器通过外围防火墙将数据一直提供到外围网络。

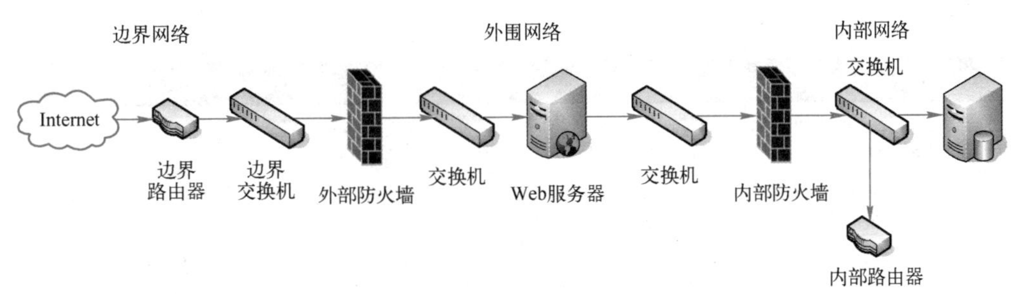

图 8-8　企业网络体系结构

2）外围网络：此网络通常称为非军事区（Demilitarized Zone，DMZ）网络或者边缘网络，它将外来用户与 Web 服务器或其他服务链接起来。然后，Web 服务器将通过内部防火墙链接到内部网络。

【案例 8-3】DMZ 是英文“Demilitarized Zone”的缩写，中文名称为“隔离区”，也称“非军事化区”。用于解决安装防火墙后外部网络不能访问内部网络服务器的问题，而设立的一个非安全系统与安全系统之间的缓冲区。DMZ 位于企业内部网络和外部网络之间的小网络区域内，在这个小网络区域内可以放置一些必须公开的服务器设施，如企业 Web 服务器、FTP 服务器和论坛等。此外，通过此区域的网络部署，比一般防火墙方案有效保护内部网络，对攻击者增加了一道关卡。

3）内部网络：内部网络链接各个内部服务器（如 SQL Server）和内部用户。

2. 内部防火墙系统应用

内部防火墙用于控制对内部网络的访问以及从内部网络进行的访问，其用户类型如下。

1）完全信任用户：机构成员到外围区域或 Internet 的内部用户、外部用户（如分支办事处工作人员）、远程用户或在家中办公的用户。

2）部分信任用户：如组织的业务合作伙伴，这类用户的信任级别比不受信任的用户高。但是，其信任级别经常比组织的雇员要低。

3）不信任用户：如组织公共网站的用户。

理论上，来自 Internet 的不受信任用户应该仅访问外围区域中的 Web 服务器。如果他们需要对内部服务器进行访问（如检查股票级别），受信任的 Web 服务器会代表他们进行查询，这样应该永远不允许不受信任的用户通过内部防火墙。

在选择准备使用的防火墙类别时，应该考虑许多问题，具体见表 8-1。

表 8-1　内部防火墙类别选择问题

问　　题	以此容量实现的防火墙的典型特征
所需的防火墙功能，如安全管理员所指定的	这是所需的安全程度与功能的成本以及增加的安全可能导致性能的潜在下降之间的权衡。虽然许多组织希望这一容量的防火墙能够提供最高的安全性，但是有些组织并不愿意接受伴随而来的性能降低。例如，对于容量非常大的非电子商务网站，基于通过使用静态数据包筛选器而不是应用程序层筛选获得的较高级别的吞吐量，可能允许较低级别的安全
无论是专用物理设备提供的其他功能，还是物理设备上的逻辑防火墙	这取决于所需的性能、数据的敏感性和需要从外围区域进行访问的频率

（续）

问　　题	以此容量实现的防火墙的典型特征
设备的管理功能要求，如组织的管理体系结构所指定的	通常使用某种形式的日志，但是通常还需要事件监视机制。用户可能在这里选择不允许远程管理以阻止恶意用户远程管理设备
吞吐量要求很可能由组织内的网络和服务管理员来确定	这些将根据每个环境而变化，但是设备或服务器中硬件的功能以及要使用的防火墙功能将确定整个网络的可用吞吐量
可用性要求	取决于来自 Web 服务器的访问要求。如果它们主要用于处理提供网页的信息请求，则内部网络的通信量将很低。但是，电子商务环境将需要高级别的可用性

（1）内部防火墙规则

内部防火墙监视外围区域和信任的内部区域之间的通信。由于这些网络之间通信类型和流的复杂性，内部防火墙的技术要求比外围防火墙的技术要求更加复杂。

堡垒(Bastion)**主机**是位于外围网络中的服务器，向内部和外部用户提供服务。堡垒主机包括 Web 服务器和 VPN 服务器。通常，内部防火墙默认或通过设置可以实现一些规则。

（2）内部防火墙的可用性

为了增加防火墙的可用性，可以将其实现为具有冗余组件的单一防火墙设备，或合并某些类型的故障转移和负载平衡机制的防火墙的冗余对。下面介绍这些选项的优点和缺点。

1）没有冗余组件的单一防火墙。图 8-9 描述了没有冗余组件的单一防火墙。

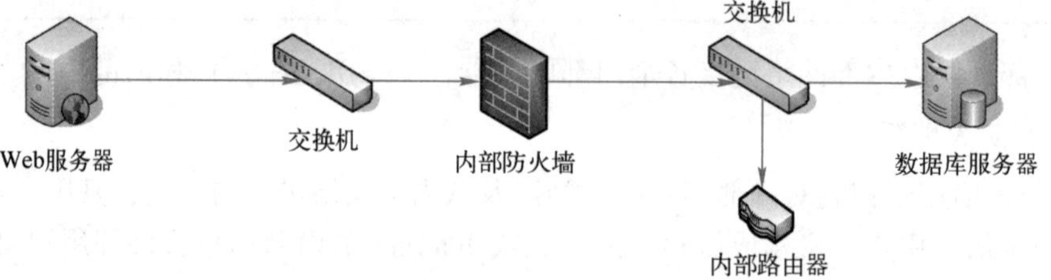

图 8-9　没有冗余组件的单一防火墙

没有冗余的单一防火墙的**优点**如下。

① 成本低：由于只有一个防火墙，所以硬件成本和许可成本都较低。

② 管理简单：管理工作得到简化，因为整个站点或企业只有一个防火墙。

③ 单个记录源：所有通信记录操作都集中在一台设备上。

没有冗余的单一防火墙的**缺点**如下。

① 单一故障点：对于入站或出站访问存在单一故障点。

② 可能的通信瓶颈：此防火墙可能存在通信瓶颈，取决于连接的个数和所需吞吐量。

2）具有冗余组件的单一防火墙。图 8-10 描述了具有冗余组件的单一防火墙。

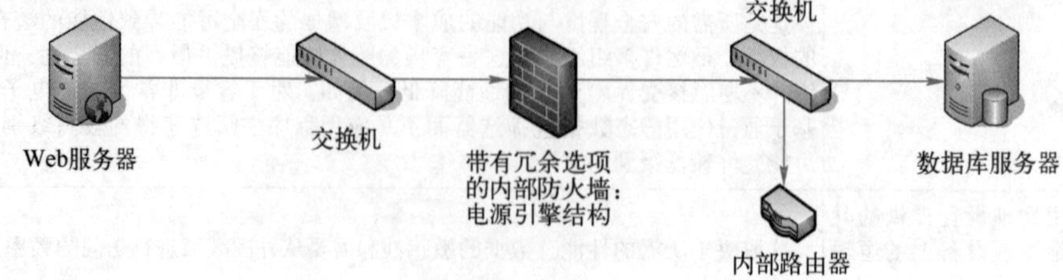

图 8-10　具有冗余组件的单一防火墙

具有冗余组件的单一防火墙的**优点**如下。

① 管理简单：管理工作简化，整个站点或企业只有一个防火墙。

② 单个记录源：所有通信记录操作都集中在一台设备上。

具有冗余组件的单一防火墙的**缺点**如下。

① 单一故障点：根据冗余组件数量不同，对入站或出站访问仍可能只有一个故障点。

② 成本：成本比没有冗余的防火墙高，并且可能还需要更高类别的防火墙才可以添加冗余。

③ 可能的通信瓶颈：此防火墙可能存在通信瓶颈，取决于连接的个数和所需的吞吐量。

3）容错防火墙。容错防火墙包括一种使每个防火墙成为双工的机制，如图 8-11 所示。

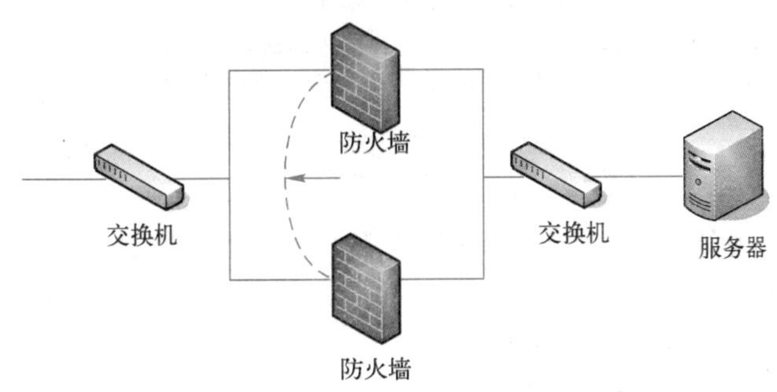

图 8-11　容错防火墙

容错防火墙的优点如下。

① 容错：用成对服务器或设备来提供所需级别的容错能力。

② 集中通信日志：由于两个防火墙或者其中的一个可能正在记录其他合作者或某个单独服务器的活动，所以通信日志变得更可靠了。

③ 可能的状态共享：根据产品的不同，容错防火墙可以共享会话的状态信息。

容错防火墙的缺点如下。

① 复杂程度增加：由于网络通信的多路径性质，此类型的解决方案设置和支持更复杂。

② 配置更复杂：各组防火墙规则如果配置不正确，可能会导致安全漏洞以及支持问题。

③ 成本增加：至少需要两个防火墙时，成本将超过单一防火墙。

3. 外围防火墙系统设计

设置外围防火墙可满足组织边界之外的用户需求。其用户类型如下。

1）完全信任用户。机构员工，如各分支办事处工作人员、远程用户或在家工作的用户。

2）部分信任用户。包括机构的业务合作伙伴，其信任级别比不受信任的用户高。但是，这类用户通常又比组织的员工低一个信任级别。

3）不信任用户。如组织公共网站的用户。

注意，外围防火墙特别容易受到外部攻击，因为入侵者必须破坏该防火墙才能进一步进入内部网络。因此，它将成为明显的攻击目标。

边界位置中使用的防火墙是通向外部世界的通道。在很多大型组织中，此处实现的防火墙类别通常是高端硬件防火墙或者服务器防火墙，但是某些组织使用的是路由器防火墙。

选择防火墙类别用作外围防火墙时，应该重点考虑一些问题，见表8-2。

表8-2　外围防火墙类别选择问题

问　题	在此位置实现的典型防火墙特征
网络安全管理员指定的必需的防火墙功能	这是必需安全性级别与功能成本以及增加安全性可能导致的性能下降之间的平衡问题。虽然很多组织想通过外围防火墙得到最高的安全性，但有些组织不想影响性能。例如，不涉及电子商务的高容量网站，在通过使用静态数据包筛选器而不是使用应用程序层筛选而获取较高级别吞吐量的基础上，可能允许较低级别的安全性
是一个专门物理设备、提供其他功能，还是物理设备上的一个逻辑防火墙	作为Internet和企业网络之间的通道，外围防火墙通常采用专用的设备，这样是为了在该设备被侵入时将攻击的范围和内部网络的可访问性降到最低
组织的管理体系结构决定了设备的可管理性要求	通常，需要使用某些形式的记录，一般还同时需要一种事件监视机制。为了防止恶意用户远程管理该设备，此处可能不允许远程管理，而只允许本地管理
吞吐量要求可能是由组织内部的网络和服务管理员决定的	这些要求会根据每个环境的不同而发生变化，但是设备或者服务器中的硬件处理能力以及所使用的防火墙功能将决定可用的网络整体吞吐量
可用性要求	作为大型组织通往Internet的通道，通常需要高级的可用性，尤其是当外围防火墙用于保护一个产生营业收入的网站时

要增加外围防火墙的可用性，可以将其实现为带有冗余组件的单个防火墙设备，或者实现为一个冗余防火墙对，其中可以结合一些类型的故障转移和负载平衡机制。这些选项的优点和缺点将在下面的内容中讲述。

1）单个无冗余组件的防火墙，如图8-12所示。

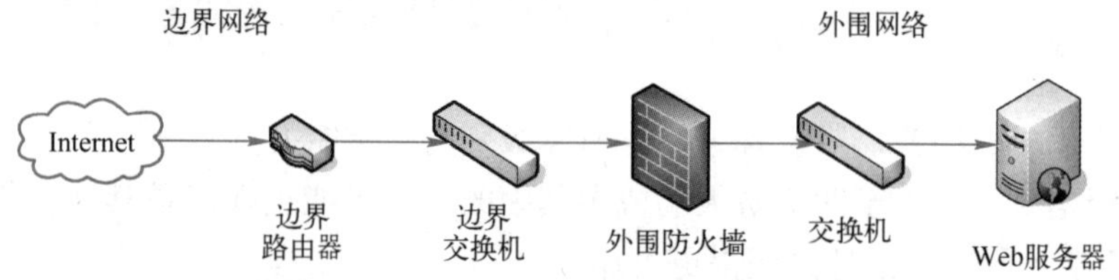

图8-12　单个无冗余组件的防火墙

单个无冗余组件的防火墙的**优点**如下。

① 成本低：由于只有一个防火墙，所以硬件成本和许可成本都较低。

② 管理简单：整个站点或企业只有一个防火墙，管理工作得到简化。

③ 单个记录源：所有通信记录操作都集中在一台设备上。

单个无冗余组件的防火墙的**缺点**如下。

① 单一故障点：对于出站/入站Internet访问，存在单一故障点。

② 通信瓶颈：单个防火墙可能存在通信瓶颈，可视连接数量和所需吞吐量而定。

2）单个带冗余组件的防火墙。图8-13描述了单个带冗余组件的防火墙。

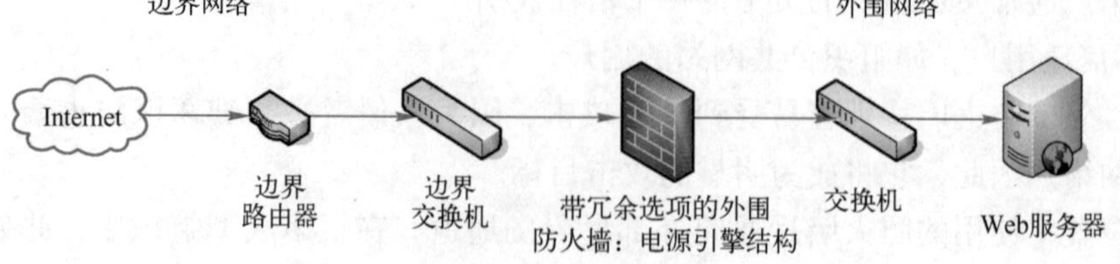

图8-13　单个带冗余组件的防火墙

单个带冗余组件的防火墙的**优点**如下。

① 管理简单：管理工作简化，整个站点或企业只有一个防火墙。

② 单个记录源：所有通信记录操作都集中在一台设备上。

单个带冗余组件的防火墙的**缺点**如下。

① 单一故障点：冗余组件数量不同，出站/入站 Internet 访问可能只有一个故障点。

② 成本：成本比没有冗余的防火墙高，并且可能还需要更高类别的防火墙才可以添加冗余。

③ 通信瓶颈：单个防火墙可能存在通信瓶颈，可视连接数量和所需吞吐量而定。

3）容错防火墙。容错防火墙包括为每个防火墙配置备用装置的机制，如图 8-14 所示。

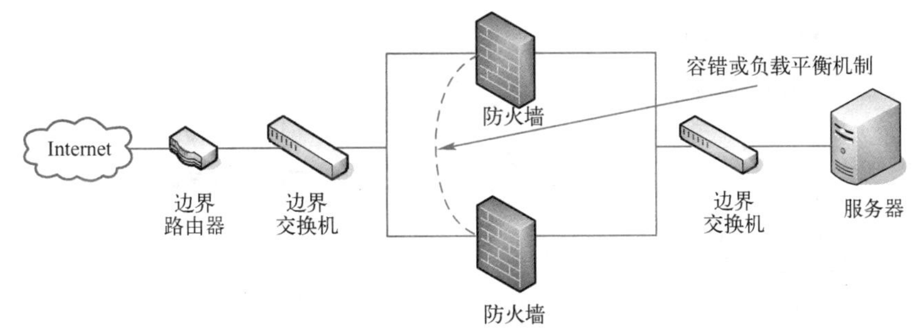

图 8-14　容错防火墙

容错防火墙集的**优点**如下。

① 容错：用成对的服务器或设备来提供所需级别的容错能力。

② 集中记录日志：所有通信记录都集中到具有很好互联性的设备。

③ 共享会话状态：根据设备供应商的不同，此级别的防火墙之间能够共享会话状态。

容错防火墙集的**缺点**如下。

① 复杂程度增加：由于网络通信的多通路特性，设置和支持这种类型的解决方案变得更加复杂。

② 配置更复杂：各组防火墙规则如果配置不正确，可能会导致安全漏洞以及支持问题。

8.2　案例分析　用防火墙阻止 SYN Flood 攻击

在黑客攻击手段中，分布式拒绝服务攻击（DDoS）最为常见。其中，又以 SYN Flood（泛洪攻击）攻击最为流行。SYN Flood 利用 TCP 设计上的缺陷，通过特定方式发送大量的 TCP 请求，从而导致受攻击方 CPU 超负荷或内存不足。

【案例 8-4】 根据中国电信云堤与绿盟科技发布的《2020 年度 DDoS 攻击态势报告》，2020 年全网受攻击最严重的是中国，约占全部攻击的 70.7%；其次是美国，占全部攻击的 12.7%。主要的攻击类型为 SYN Flood、UDP Flood、NTP Reflection Flood，这三大类攻击占了总攻击次数的 56%。SYN Flood 和 UDP Flood 依然是 DDoS 的主要攻击方法。

8.2.1　SYN Flood 攻击原理

SYN Flood 攻击所利用的是 TCP 存在的漏洞，由于 TCP 是面向连接的，在每次发送数据以前，都会在服务器与客户端之间先虚拟出一条路线，称 TCP 连接，以后的各数据通信都经由该路线进行，直到本 TCP 连接结束。而 UDP 则是无连接的协议，基于 UDP 的通信，各数据并不经由相同的路线。在整个 TCP 连接中需要经过三次协商，俗称“**三次握手**”，图 8-15 展示了 TCP 三次握手的过程。

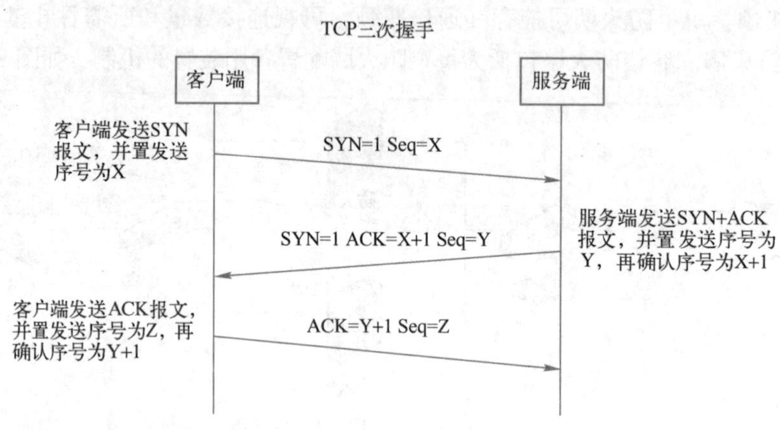

图 8-15　TCP 三次握手过程

8.2.2　用防火墙防御 SYN Flood 攻击

首先介绍包过滤型和应用代理型防火墙防御 SYN Flood 攻击的原理。

（1）两种主要类型防火墙的防御原理

应用代理型防火墙的防御方法是客户端要与服务器建立 TCP 连接的三次握手过程，因为它位于客户端与服务器端中间，充当代理角色，这样客户端要与服务器端建立一个 TCP 连接，就必须先与防火墙进行三次 TCP 握手，当客户端和防火墙三次握手成功之后，再由防火墙与客户端进行三次 TCP 握手，完成后再进行一个 TCP 连接的三次握手。一个成功的 TCP 连接所经历的两个三次握手过程（先是客户端到防火墙的三次握手，再是防火墙到服务器端的三次握手），如图 8-16 所示。

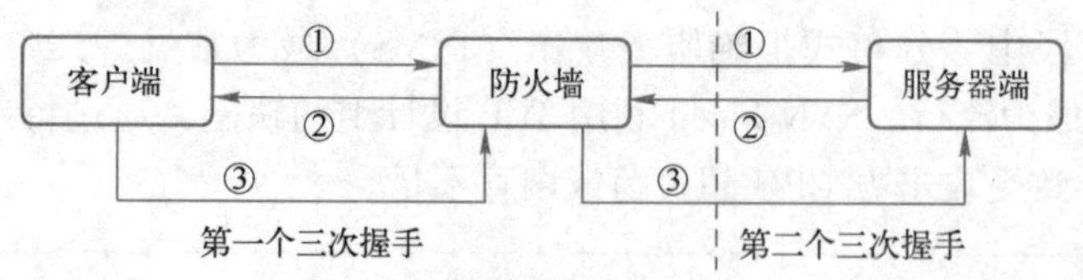

图 8-16　利用防火墙的两个三次握手过程

（2）防御 SYN Flood 攻击的防火墙设置

除了可以直接采用以上两种不同类型的防火墙进行 SYN Flood 防御外，还可进行一些特殊的防火墙设置来达到目的。针对 SYN Flood 攻击，防火墙通常有三种防护方式：SYN 网关、被动式 SYN 网关和 SYN 中继。

8.3　要点小结

本章首先介绍了常用防火墙技术及应用的相关知识，主要包括防火墙的基本概念及部署、常用防火墙的主要功能、防火墙的特性、防火墙的各种分类以及防火墙的各类主要应用。

通过深入了解常用防火墙的分类、功能、特点和各种防火墙类型的优缺点，有助于读者更好地分析配置各种防火墙策略。之后，重点阐述了企业防火墙的体系结构及配置策略，同时通过对 SYN Flood 攻击方式的分析，介绍了包过滤型和应用代理型防火墙防御 SYN Flood 攻击的原理，介绍了基于防火墙解决此类攻击的一般性方法。

8.4　实验 8-1　国产工业控制防火墙应用

亨通工业控制防火墙主要提供的功能包括基于状态检测的访问控制、工业协议解析处理、系统智能建模、透明接入技术、入侵检测过滤和方便高效的管理和维护。根据不同网络层次、区域、工艺对安全防护等级的不同要求，工控可以结合现场环境提出有针对性的防护方式，包括网络防护、层次防护、区域防护和重点设备保护。

在技术实现上，其采用自主专用硬件平台，以龙芯中央处理器为主，具有高性能、低功耗等优点。产品自主可控，专用的安全操作系统，尖端的数据处理技术，内置 Bypass 功能、冗余电源设计能够保障防火墙在意外掉电、异常复位等情况下，不会出现网络中断现象，大大降低了设备单点故障的概率。从而有效保障系统的稳定性和可靠性。

工业控制防火墙的典型组网及应用如图 8-17 所示。

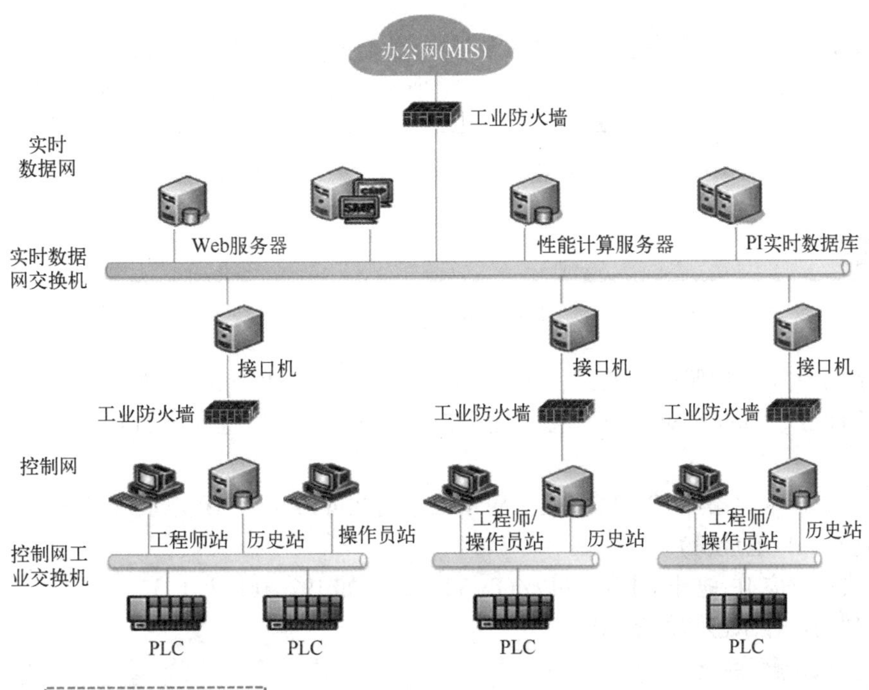

图 8-17　工业防火墙典型组网与应用

8.4.1　实验目的和要求

对国产亨通工业控制防火墙系统进行安全配置，通过具体操作，进一步加深对防火墙的基本工作原理和基本概念的理解，更好地掌握防火墙的配置和使用。

1）理解防火墙的基本工作原理和基本概念。

2）掌握亨通工业控制防火墙安全策略的配置。

8.4.2　实验内容和步骤

1）策略配置。策略规则实现了基于对象的管理。流量的类型、流量的源地址与目标地址以及行为构成策略规则的基本元素。登录防火墙系统，选择菜单栏的“安全规则/策略配置”选项，进入策略配置页面，可对策略进行编辑、移动和删除等操作，如图 8-18 所示。

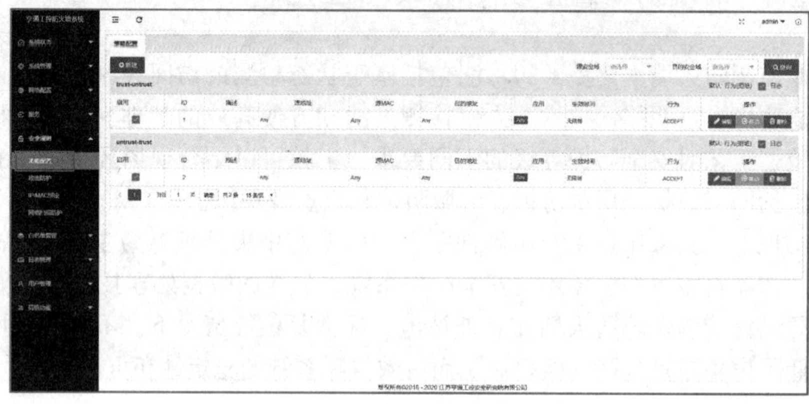

图 8-18　策略配置

2）策略添加。选择菜单栏上的“安全规则/策略配置”，进入页面后单击“新建”按钮（见图 8-19）跳转到新建策略界面，如图 8-20 所示。在此页面可以完成相应策略的添加。

图 8-19　新建策略

3）添加 MAC。按照提示格式，填写 MAC 地址，不填代表 Any，如图 8-21 所示。

4）添加 IP。选择对应源安全域，然后单击“添加”按钮进入添加 IP 界面，如图 8-22 所示。

类型：选择本次添加 IP 的类型，Any（任意地址可访问）、IP 地址（填写单一 IP）、IP 范围（对应的 IP 地址段）。

IP：填写对应 IP 地址、掩码并以/(0-32）结束如 192.168.1.1/32。

地址列表：显示已添加的 IP。

操作：执行删除操作。

完成：完成添加，并跳转到上一界面。

取消：取消添加，并跳转到上一界面。

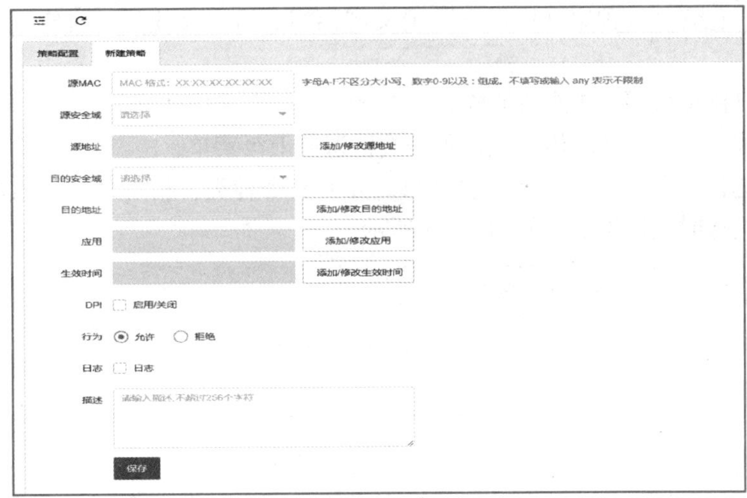

图 8-20　新建策略

图 8-21　添加 MAC

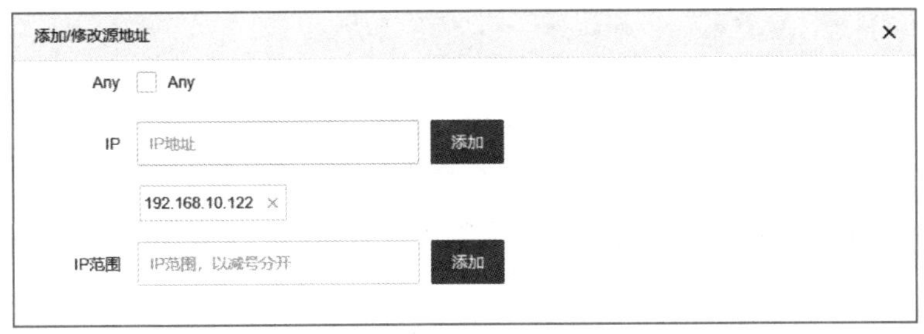

图 8-22　添加地址界面

5）添加应用。采用同样的方式选择目标安全域，以及添加目的 IP 地址。单击应用旁边的“添加”按钮跳转到添加应用界面，如图 8-23 所示。

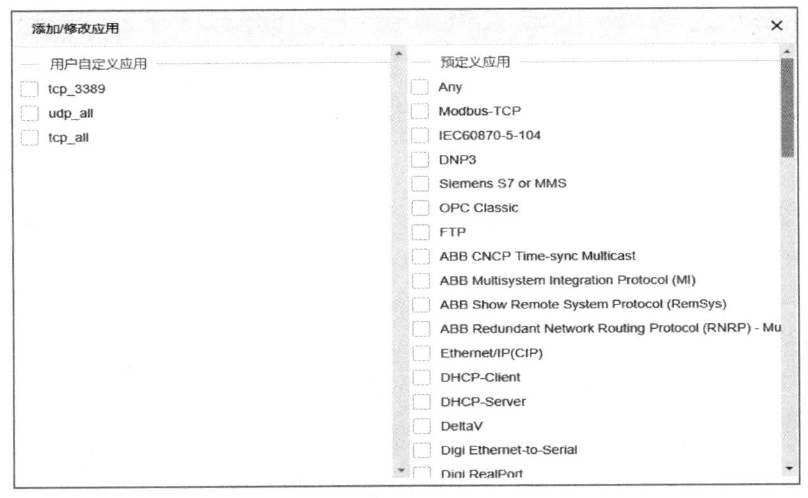

图 8-23　添加应用界面

可用成员：包含系统预定义应用、预定义应用组、自定义应用、自定义应用组，单击完成添加。

组成员：已添加应用，单击可删除。

关闭：完成关于应用的编辑之后，单击按钮返回上级菜单。

生效时间选择：用户可以选择生效时间，分为3个种类，指定每天生效时间、每周生效时间和指定具体时间段生效，如图8-24所示。

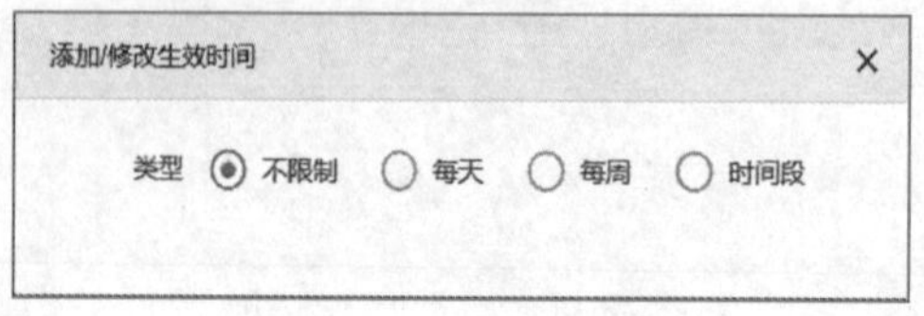

图8-24　生效时间界面

6）其他。添加应用完成后需要对策略的行为、日志、描述等进行设置，如图8-25所示。

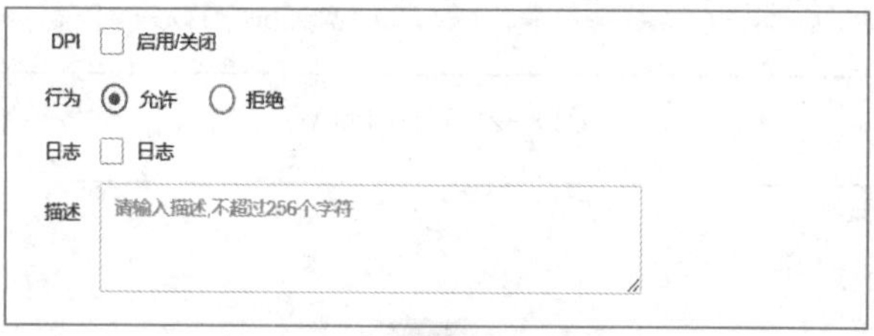

DPI　启用/关闭

行为　允许　拒绝

日志　日志

描述　请输入描述,不超过256个字符

图8-25　其他设置

DPI：针对工业协议的深度解析，勾选可以设置策略白名单模板。

行为：防火墙针对此条策略的处理方式。

日志：是否打印本条策略产生的日志（建议勾选）。

描述：对本条策略进行简单解释，方便管理。

7）完成添加。全部配置完成后单击页面下方“保存”按钮完成策略添加，并返回上级菜单，如图8-26所示。

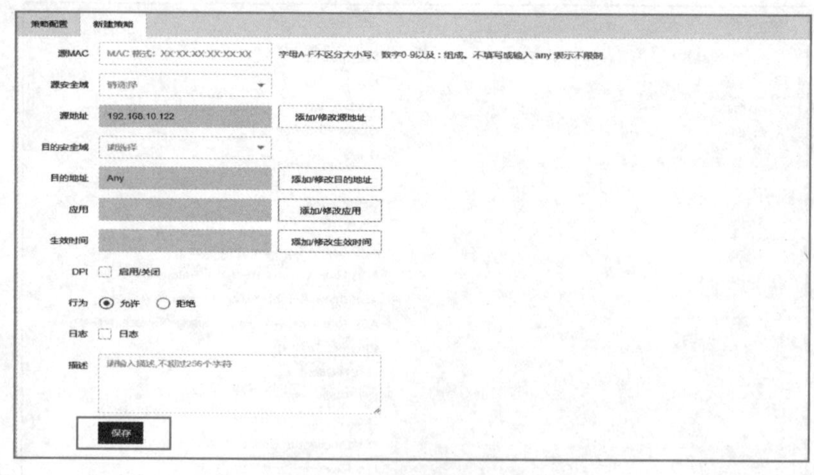

图8-26　完成策略添加界面

*8.5　实验 8-2　用华为防火墙配置 AAA 本地方式认证

通过使用华为 USG 5120 型号防火墙配置 AAA 本地方式认证，认证验证访问用户的身份，判断用户是否合法。AAA 是一种安全管理框架，提供了一种授权部分实体访问特定资源并记录特定操作的安全机制。AAA 是 Authentication（认证）、Authorization（授权）、Accounting（审计）的简称。因为 AAA 具有良好的扩展性，易于集中管理，所以它被广泛采用。AAA 本地方式认证是指在设备上配置用户信息，由设备完成对用户的认证。

8.5.1　实验目的和要求

1）了解华为防火墙的主要配置过程和方法。

2）理解 AAA 本地方式认证的配置及实施过程。

8.5.2　实验环境

1）华为 USG 5120 防火墙一台。

2）计算机一台，通过串口接入防火墙 Console 口，搭建配置环境。

3）在创建本地认证方案前，确保设备与服务器之间的路由可达。创建本地认证方案后，配置本地认证方案。

8.5.3　实验内容和步骤

1. 创建本地认证方案

1）执行 system-view 命令，进入系统视图。

2）执行 aaa 命令，进入 AAA 视图。

3）执行 authentication-scheme scheme-name 命令，创建认证方案。

4）执行 authentication-mode local 命令，配置本地认证。默认情况下，认证模式为 local，即本地认证。

5）执行 display authentication-scheme [*scheme-name*]命令，查看认证方案的配置信息。

2. 配置本地认证方案

1）执行 system-view 命令，进入系统视图。

2）执行 aaa 命令，进入 AAA 视图。

3）执行 local-user user-name password { simple | cipher } password 命令，创建本地用户。

4）执行 local-user user-name vpn-instance vpn-instance-name 命令，配置本地用户与 VPN 实例绑定。执行此命令后，本地用户只能在绑定的 VPN 实例下登录。

5）执行 local-user user-name service-type { auth | ftp | ppp | ssh | telnet | terminal | web } * 命令，配置本地用户的服务类型。默认情况下，本地用户可以使用所有的服务类型。配置本地用户的服务类型后，可以实现按业务类型管理用户。

6）执行 local-user user-name ftp-directory directory 命令，配置本地用户的 FTP 目录权限。当用户使用 FTP 服务时，可以配置此用户登录后所处的 FTP 目录，以此进行权限上的控制。如果不配置该命令，FTP用户不能登录。

7）执行local-user user-name state { active | block }命令，配置本地用户的状态。

8）执行local-user user-name level level命令，配置本地用户的优先级。默认情况下，不对本地用户进行级别的限制，用户的级别由管理模块来决定，如Telnet、SSH模块。通过配置用户的优先级，用户成功登录后，只有用户的优先级等于或者大于命令的级别，用户才能使用该命令。

9）执行local-user user-name access-limit access-limit-number命令，配置本地用户的接入数目限制。默认情况下，不限制用户的连接数目。一个用户账号可以有多个接入。通常情况下，对于某些PPP方式，建议设置一个账号只允许一个接入。

10）执行local-user user-name l2tp-ip ip-address命令，配置L2TP用户与IP地址绑定。该命令只用在USG 5120防火墙作为LNS部署于网络中，且要求L2TP用户与固定IP地址绑定。

11）执行local-user user-name idle-cut命令，配置本地用户闲置切断功能。默认情况下，不对本地用户配置闲置切断功能。用户闲置切断时间取值的优先级顺序为服务器下发的优先级最高，域配置的优先级次之，VTY用户界面配置的优先级最低。

8.6　练习与实践8

1. 选择题

（1）拒绝服务攻击的一个基本思想是（　　）

A. 向工作站不断发送垃圾邮件

B. 迫使服务器的缓冲区占满

C. 迫使工作站和服务器停止工作

D. 迫使服务器停止工作

（2）TCP采用三次握手形式建立连接，在（　　）开始发送数据。

A. 第一步　　B. 第二步　　C. 第三步之后　　D. 第三步

（3）驻留在多个网络设备上的程序在短时间内产生大量的请求信息冲击某Web服务器，导致该服务器不堪重负，无法正常响应其他合法用户的请求，这属于（　　）

A. 上网冲浪　　B. 中间人攻击　　C. DDoS攻击　　D. MAC攻击

（4）关于防火墙，以下说法错误的是（　　）。

A. 防火墙能隐藏内部IP地址

B. 防火墙能控制进出内网的信息流向和信息包

C. 防火墙能提供VPN功能

D. 防火墙能阻止来自内部的威胁

（5）以下说法正确的是（　　）

A. 防火墙能够抵御一切网络攻击

B. 防火墙是一种主动安全策略执行设备

C. 防火墙本身不需要提供防护

D. 防火墙如果配置不当，会存在更大的安全风险

2. 填空题

（1）防火墙隔离了内、外部网络，是内、外部网络通信的________途径，能够根据制定的访问规则对流经它的信息进行监控和审查，从而保护内部网络不受外界的非法访问和攻击。

（2）防火墙是一种________设备，即对于新的未知攻击或者策略配置有误，防火墙就无能为力了。

（3）从防火墙的软、硬件形式来分的话，防火墙可以分为________防火墙、硬件防火墙和________防火墙。

（4）包过滤型防火墙工作在 OSI 网络参考模型的________和________。

（5）第一代应用网关型防火墙的核心技术是________。

（6）单一主机防火墙独立于其他网络设备，它位于________。

（7）组织的雇员，可以是要到外围区域或 Internet 的内部用户、外部用户（如分支办事处工作人员）、远程用户或在家中办公的用户等，被称为内部防火墙的________。

（8）________是位于外围网络中的服务器，向内部和外部用户提供服务。

（9）________是一种利用 TCP 的设计上的缺陷，通过特定方式发送大量的 TCP 请求从而导致受攻击方 CPU 超负荷或内存不足的攻击方式。

（10）针对 SYN Flood 攻击，防火墙通常有三种防护方式，即________、被动式 SYN 网关和________。

3. 简答题

（1）防火墙是什么？

（2）简述防火墙的分类及主要技术。

（3）正确配置防火墙以后，是否能够必然保证网络安全？如果不是，试简述防火墙的缺点。

（4）防火墙的基本结构是怎样的？如何起到“防火墙”的作用？

（5）SYN Flood 攻击的原理是什么？

（6）防火墙如何阻止 SYN Flood 攻击？

4. 实践题

（1）Linux 防火墙配置（上机完成）

假定一个内部网络通过一个 Linux 防火墙接入外部网络，有以下两点要求。

1）Linux 防火墙通过 NAT 屏蔽内部网络拓扑结构，让内网可以访问外网。

2）限制内网用户只能通过 80 端口访问外网的 WWW 服务器，而外网不能向内网发送任何连接请求。

具体实现中，可以使用三台计算机完成实验要求。其中第一台作为 Linux 防火墙，第二台作为内网计算机模拟整个内部网络，第三台作为外网计算机模拟外部网络。

（2）选择一款个人防火墙产品，如 360 防火墙、McAfee 防火墙等进行配置，说明配置的策略，并对其安全性进行评估。

第 9 章　操作系统及站点安全

随着网络技术的快速发展和广泛应用，网络操作系统及站点安全的重要性日益突出，成为网络安全管理的重要任务。网络操作系统是实现主机和网络各项服务的基础，是网络系统资源统一管理的核心，其安全性主要体现在操作系统及站点所提供的安全功能和安全服务上，对常用操作系统进行配置，可实现网络安全管理和防范。

教学目标

- 理解网络操作系统安全的概念和内容
- 掌握 Windows、UNIX 系统和 Linux 安全策略
- 了解网络站点安全技术的相关概念和应用
- 学会 Windows Server 2022 的安全配置实验

9.1　知识要点

【案例 9-1】 *勒索病毒致使 Windows 用户受害严重。* 2017 年 5 月，全球范围内爆发“蠕虫式”的勒索病毒 WannaCry，导致 150 多个国家和地区的 30 多万用户中招，损失达 80 亿美元，造成严重的危机管理问题。我国部分 Windows 操作系统用户遭受感染，校园网用户首当其冲，大量实验室数据和毕业设计被锁定加密。其攻击传播利用的是基于 Windows 网络共享协议的漏洞，恶意代码会扫描开放 445 文件共享端口的主机，无需用户任何操作，只要开机上网，就可在主机和服务器中植入勒索软件，并获取系统用户名与密码进行内网传播。

9.1.1　Windows 系统的安全

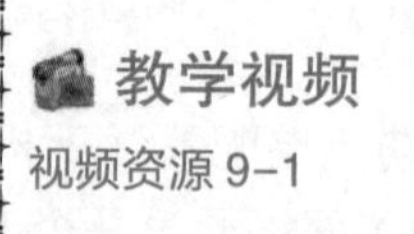

视频资源 9-1

1. Windows 系统安全

Windows 系统安全主要包括以下六个方面。

（1）文件系统 NTFS

Windows NT 文件系统（Windows NT File System）建立在保护文件和目录数据基础上，可提供安全存取控制及容错能力，同时节省存储资源、减少磁盘占用量。通常，在大容量磁盘上，其效率比文件配置表（File Allocation Table，FAT）高。

NTFS 权限不仅支持通过网络访问的用户对访问系统中文件的访问控制，也支持不同用户在同一台主机上登录，对硬盘的同一个文件可以有不同的访问权限。当一个用户试图访问文件或者文件夹时，NTFS 检查用户使用的账户或所属的组是否在此文件或文件夹的访问控制列表（ACL）中，存在则进一步检查访问控制项（ACE），以其权限判断用户权限，如果访问控制表中没有账户或所属的组，则拒绝用户访问。

（2）域

域（Domain）是一组由网络连接而成的主机群组，是 Windows 中数据安全和集中管理的基本单位，域中各主机是一种不平等的关系，可将主机内的资源共享给域中的其他用户来访问。域内所有主机和用户共享一个集中控制的活动目录数据库，目录数据库中包括域内所有主机的用户账户等对象的安全信息，其目录数据库存在于域控制器中。当主机联入网络时，域控制器首先要鉴别用户使用的登录账号是否存在、密码是否正确。如果上述信息不正确，域控制器就拒绝登录，用户就不能访问服务器上有权限保护的资源，只能以对等网用户的方式访问 Windows 共享资源，从而在一定程度上保护了网络上的资源。单个网络中可以包含一个或多个域，通过设置将多个域设置成活动目录树。

（3）用户和用户组

Windows NT 系统的用户账号中包含用户的名称与密码、用户所属的组、用户的权利和用户的权限等相关数据。当安装工作组或独立的服务器系统时，系统会默认创建一批内置的本地用户和本地用户组，存放在本地主机的 SAM 数据库中；而当安装成为域控制器时，系统则会创建一批域组账号。组是用户或主机账户的集合，可以将权限分配给一组用户而不是单个账户，从而简化系统和网络管理。将权限分配给组时，组的所有成员都将继承那些权限。除用户账户外，还可以将其他组、联系人和主机添加到组中。将组添加到其他组可以创建合并组权限并减少需要分配权限的次数。用户账户通过用户名和密码进行标识，用户名为账户的文本标签，密码为账户的身份验证字符串。

系统安装后自动建立两个账户：一个是系统管理员账户，对系统操作及安全规则有完全的控制权；二是提供来宾用户访问网络中资源的 Guest 账户，由于安全原因，通常建议 Guest 账户设置禁用状态。这两个账户均可改名，但都不能删除。

（4）身份验证

身份验证是实现系统及网络合法访问的关键一步，主要用于对试图访问系统的用户进行身份验证。Windows Server 2016 之后的版本将用户账号信息保存在 SAM 数据库中，用户登录时输入的账号和密码需要在 SAM 数据库中查找和匹配。通过设置可以提高密码的破解难度、提高密码的复杂性、增大密码的长度、提高更换频率等。其身份验证包括两方面：交互式登录和网络身份验证。

（5）访问控制

访问控制是按用户身份及其所归属的组限制用户对某些信息项的访问，或限制对某些控制功能的使用。其通常用于系统管理员控制用户对服务器、目录、文件等网络资源的访问。访问控制包括三个要素：主体、客体和控制策略。

（6）组策略

组策略（Group Policy）是管理员为用户和主机定义并控制程序、网络资源及操作系统行为的主要工具。通过使用组策略可以设置各种软件、主机和用户策略。组策略的功能主要包括账户策略的设置、本地策略的设置、脚本的设置、用户工作环境的设置、软件的安装与删除、限制软件的运行、文件夹的重定向、限制访问可移动存储设备和其他系统设置。

2. Windows 的安全配置

Windows Server 2019 是微软于 2018 年发布的 Windows 类的服务器操作系统。其特点和改进包括 Windows Defender 安全软件、更有效的加密和防护等。

（1）账户管理和安全策略

1）更改默认的管理员账户名（Administrator）和描述，口令最好采用数字、大小写字母、数字的组合，长度最好不少于15位。

2）新建一个名为Administrator的陷阱账户，为其设置最小的权限。

3）将Guest账户禁用，并更改名称和描述，然后输入一个复杂密码。

4）在“运行”窗口中输入gpedit.msc命令，在打开的“组策略编辑器”窗口中，按照树型结构依次选择“主机配置”“Windows设置”“安全设置”“账户策略”“账户锁定策略”，在右侧子窗口中分别设置“账户锁定策略”的三种属性：“账户锁定阈值”设为“3次无效登录”、“账户锁定时间”设为30min、“复位账户锁定计数器”设为30min。

5）同样，“登录屏幕上不要显示上次登录的用户名”在“组策略编辑器”窗口中，依次选择“主机配置”“Windows设置”“安全设置”“本地策略”“安全选项”，在右侧子窗口中设置为“启用”。

6）在“组策略编辑器”窗口中，依次选择“主机配置”“Windows设置”“安全设置”“本地策略”“用户权利分配”，在右侧子窗口的“从网络访问此主机”下只保留“Internet来宾账户”“启动IIS进程账户”。如果使用ASP.NET则需要保留“ASPNET账户”。

7）创建一个User账户，运行系统，如果要运行特权命令则使用Runas命令。该命令允许用户以其他权限运行指定的工具和程序，而不是当前登录用户所提供的权限。

（2）禁用所有网络资源共享

单击“开始”按钮，选择“设置”选项（不同版本有所不同），单击“控制面板”，选择“管理工具”，单击“主机管理”中的“共享文件夹”选项，然后把其中的所有默认共享都禁用。限制IPC$默认共享，可以通过修改注册表“HKEY_LOCAL_MACHINE\SYSTEM\CurrentControlSet\Services\lanman server\parame ters”实现，在右侧子窗口中新建名称为“restrictanonymous”、类型为REG_DWORD的键，值设为“1”。

（3）关闭不需要的服务

选中“主机/此电脑”并右键选择“管理”，在“主机管理”窗口中的左侧选择“服务和应用程序”“服务”，在右侧窗口中会出现所有服务。

（4）打开相应的审核策略

单击“开始”菜单，选择“运行”，输入“gpedit.msc”并按〈Enter〉键。在弹出的“组策略编辑器”窗口中，按照树型结构依次选择“主机配置”“Windows设置”“安全设置”“审核策略”。

注意： 在创建审核项目时，如果审核项目太多，生成的事件也越多，那么想要发现严重的事件也越难。当然，如果审核的项目太少也会对发现严重的事件产生影响。用户需要根据情况在审核项目数量上做出选择。

（5）安全管理网络服务

1）禁用远程自动播放功能。Windows操作系统的自动播放功能不仅对光驱起作用，而且对其他驱动器也起作用，这样的功能很容易被攻击者利用来执行远程攻击程序。

2）禁用部分资源共享。局域网中，Windows系统提供文件和打印共享功能，但在享受到该功能带来的便利的同时，也会向黑客暴露不少漏洞，从而给系统造成很大的安全风险。用户可以在网络连接的“属性”中禁止“网络文件和打印机共享”。

（6）清除页面交换文件

Windows Server 2019 即使在正常工作情况下，也有可能向攻击者或其他访问者泄露重要秘密信息，特别是一些重要账户信息。实际上 Windows 页面交换文件隐藏有不少重要隐私信息，并且其是动态产生的，需要将其清除，避免成为入侵突破口。

（7）文件和文件夹加密

在 NTFS 文件系统格式下，打开“Windows 资源管理器”，在任何需要加密的文件和文件夹上单击鼠标右键，选择“属性”选项，单击“常规”选项卡中的“高级”按钮，选中“加密内容以便保护数据”复选框即可。再从属性窗口中单击“确定”按钮。

9.1.2　UNIX 操作系统的安全

UNIX 是一个强大的多用户、多任务操作系统，支持多种处理器架构。最早由 AT&T 贝尔实验室开发。经过长期发展和完善，已成为一种主流操作系统并衍生出基于该操作系统技术的产品大家族。由于其具有技术成熟、可靠性高、网络和数据库功能强、伸缩性突出和开放性好等特点，可满足各行业的实际需要。

1. UNIX 系统的安全性

理论上，UNIX 的设计并无重大安全缺陷。多年来，绝大多数在 UNIX 操作系统上发现的安全问题主要存在于个别程序中，并且大部分 UNIX 厂商都声称有能力解决。但是，任何复杂的操作系统出现的时间越久，人们的认识就越深入，安全性也越差，必须防患于未然。

（1）UNIX 安全基础

UNIX 系统不仅因为其精炼、高效的内核和丰富的核外程序而为人所知，而且在防止非授权访问和防止信息泄密方面也很成功。UNIX 系统设置了三道安全屏障，用于防止非授权访问。首先，必须通过口令认证，确认用户身份合法后才能允许访问系统；但是，对系统内任何资源的访问还必须越过第 2 道屏障，即必须获得相应的访问权限；对系统中的重要信息，UNIX 系统提供第 3 道屏障，即文件加密。

1）标识和口令。UNIX 系统通过注册用户和口令对用户身份进行认证。因此，设置安全的账户并确定其安全性是系统管理的一项重要工作。在 UNIX 操作系统中，与标识和口令有关的信息存储在/etc/passwd 文件中。每个用户的信息占一行，并且系统正常工作必需的标准系统标识等同于用户。通常，文件中每行常用的格式如下。

```
LOGNAME:PASSWORD:UID:GID:USERINFO:HOME:SHELL
```

每行包含多项且之间用“:”分隔。第 1 项是用户名，第 2 项是加密后口令，第 3 项是用户标识，第 4 项是用户组标识，第 5 项是系统管理员设置的用户扩展信息，第 6 项是用户工作主目录，最后一项是用户登录后将执行的 shell 全路径（空格或默认为/bin/sh）。

使用第 3 项用户标识 UID 而不是第 1 项的用户名区别用户。第 2 项的口令采用 DES 算法加密处理，即使非法用户获得/etc/passwd 文件，也无法从密文得到用户口令。查看口令文件内容需要用 UNIX 的 cat 命令，具体命令执行格式及口令文件内容如下。

```
%cat /etc/passwd
```

```
root:xyDfccTrt180x:0:1:'[]':/:/bin/sh
daemon:*:1:1::/:
sys:*:2:2::/:/bin/sh
bin:*:4:8::/var/spool/binpublic:
news:*:6:6::/var/spool/news:/bin/sh
pat:xmotTVoyumjls:349:349:patrolman:/usr/pat:/bin/sh
+::0:0:::
```

2）文件权限。文件系统是整个UNIX系统的“物质基础”。UNIX以文件形式管理主机上的存储资源，并以文件形式组织各种硬件存储设备，如硬盘、CD-ROM、USB盘等。这些硬件设备存放在/dev以及/dev/disk目录下，是设备的特殊文件。文件系统中对硬件存储设备的操作只涉及“逻辑设备”（物理设备的一种抽象，基础是物理设备上的一个个存储区），而与物理设备“无关”，可以说一个文件系统就是一个逻辑上的设备，所以文件的安全是操作系统安全最重要的部分。

UNIX系统对每个文件属性设置一系列控制信息，以此决定用户对文件的访问权限，即谁能存取或执行该文件。系统中，可通过UNIX命令ls -l列出详细文件及控制信息。

3）文件加密。文件权限的正确设置在一定程度上可以限制非法用户的访问，但是，对于一些高明的入侵者和超级用户仍然不能完全限制读取文件。UNIX系统提供文件加密的方式来保护文件，常用的加密算法有crypt（最早的加密工具）、DES（目前最常用的）、IDEA（国际数据加密算法）、RC4、Blowfish（简单高效的DES）和RSA。

crypt命令给用户提供对文件加密的工具。使用一个关键词将标准输入的信息编码为不可读的杂乱字符串，送到标准输出设备。再次使用此命令，用同一关键词作用于加密后的文件可以恢复文件内容。此外，UNIX系统中的一些应用程序也提供文件加/解密功能，如ed、vi和emacs。这类编辑器提供-x选项，具有生成并加密文件的能力，在文件加载时对文件解密，回写时重新进行加密。

（2）主要的风险要素

UNIX虽然具有较完整的安全体系结构，但仍存在不安全因素，包括以下4个方面。

1）口令失密。由于UNIX允许用户不设置口令，因而非法用户可以通过查看/etc/passwd文件获得未设置口令的用户（或虽然设置口令但是口令已经被泄露），并借合法用户名进入系统，读取或破坏文件。此外，攻击者通常使用口令猜测程序获取口令。攻击者通过暴力破解的方式不断试验可能的口令，并将加密后的口令与/etc/passwd文件中的口令密文进行比较。由于用户在选择口令方面的局限性，通常暴力破解成为获取口令的最有效方式。

2）文件权限。某些文件权限（特别是写权限）的设置不当，将增加文件使用的不安全因素，对目录和调整位置后的文件更为危险。

UNIX系统有一个/dev/kmem设备文件，它是一个字符设备文件，存储核心程序要访问的数据，包括用户口令。所以，该文件不能给普通用户读写，权限设置如下。

```
cr--r----- 1 root system 2, 1 May 25 1998kmem
```

但ps等程序却需要读该文件，所以ps的权限设置如下。

```
-r-xr-sr-x 1 bin system 59346 Apr 05 1998 ps
```

3）设备特殊文件。UNIX 系统的两类设备（块设备和字符设备）被看作文件，存放在/dev 目录下。对于这类特别文件的访问，实际上是在访问物理设备，所以，这些特别文件是系统安全的一个重要方面。

① 内存。对物理内存和系统虚空间，System V 提供了相应的文件/dev/mem 和/dev/kmem。其中，mem 是内存映像的一个特别文件，可以通过该文件检验（甚至修补）系统。

② 块设备。UNIX System V 将块设备的管理分为三层，其中，最高层是与文件系统的接口，包括块设备的各种读写操作。例如磁盘，如果对磁盘有写权限，用户就可以修改其上的文件。

③ 字符设备。在 UNIX 中，终端设备就是字符设备。每个用户都通过终端进入系统，用户对其操作终端有读写权限。

4）网络系统。在各种 UNIX 版本中，UUCP（UNIX to UNIX Copy）是唯一都可用的标准网络系统，并且是最便宜、广泛使用的网络实用系统。UUCP 可以在 UNIX 系统之间完成文件传输、执行系统之间的命令、维护系统使用情况的统计、保护安全。但是，由于历史原因，UUCP 也可能是 UNIX 系统中最不安全的部分。UUCP 系统未设置限制，允许任何 UUCP 系统外的用户执行任何命令和复制进/出 UUCP 用户可读/写的任何文件。

2. UNIX 系统安全配置

（1）设定较高的安全级

UNIX 系统共有 4 种安全级别：High（高级）、Improved（改进）、Traditional（一般）、Low（低级），安全性由高到低。High 级别安全性大于美国国家 C2 级标准，Improved 级别安全性接近于 C2 级。因此为保证系统具有较高的安全性，最好将 UNIX 系统级别定为 High 级。在安装 UNIX 系统时，通过选项可以设置系统级别，用户需要根据实际情况进行设定。

（2）加强用户口令管理

超级用户口令必须加密且要经常更换，用户账户登录及口令的管理信息默认放在/etc/default/passwd 和/etc/default/login 文件中，系统通过这两个文件进行账户及口令的管理。在两个文件中，系统管理员可以设定口令的最大长度、最小长度、口令的最长生存周数、最短生存周数、允许用户连续登录失败的次数、要求口令注册情况（是否要口令注册）等。系统管理员可以对这些参数进行合理配置，以此完善或增强系统管理。

（3）设立自启动终端

UNIX 是一个多用户系统，一般用户对系统的使用是通过用户注册进入。用户进入系统后便拥有删除、修改操作系统和应用系统的程序或数据的可能性，这样不利于操作系统或应用于系统的程序或数据的安全。通过建立自启动终端的方式，可以避免操作系统或应用系统的程序或数据被破坏。具体方法如下。

修改/etc/inittab 文件，将相应终端号状态由 off 改为 respawn。这样，开机后系统自动执行相应的应用程序，终端不需要用户登录，用户也无法在 login 状态下登录。在一定程度上保障了系统的安全。

（4）建立封闭的用户系统

自启动终端的方法固然安全，但不利于系统资源的充分利用，使用该方式用户无法在终端上运行其他应用程序。但是，可以建立不同的封闭用户系统，即建立不同的封闭用户账户，自动运行不同的应用系统。当然，封闭用户系统的用户无法用命令〈Ctrl+C〉或〈Ctrl+Backspace〉进入系统的 Shell 状态。

建立封闭账户的方法是修改相应账户的 . profile 文件。在 . profile 文件中运行相应的应用程序，在 . profile 文件的前面再加上中断屏蔽命令，命令格式为 trap “1 2 3 15”，在 . profile 文件末尾再加上一条 exit 命令，系统运行结束将退回 login 状态。

（5）撤销不用的账户

在系统使用过程中，根据需要可以建立不同权限的账户。但是，有些账户随着情况的变化不再使用，这时最好将账户撤销。

撤销方法是# sysadmsh → Account → Users → Retire → 输入计划撤销的账户名称。

（6）限制注册终端功能

对于多用户系统 UNIX 而言，可设有多个终端，终端可放在不同的地理位置、不同的部门。为防止其他部门非法使用应用程序，可限定某些应用程序在限定的终端使用。

具体的方法是在相应账户的 . profile 文件中增加识别终端的语句。示例如下。

```
trap"1 2 3 15"                    #指定要忽略的多个信号
case "`tty`" in/dev/tty21[a-d] #如终端不是/dev/tty21[a-d]则无法执行
clear
echo"非法终端!"
exit
esac
banking —em —b4461              #执行应用程序
exit
```

（7）锁定暂不使用的终端

当部分终端暂不使用时，可以使用锁定命令进行安全保护，以避免其他人使用此终端时出现安全问题。

锁定方法如下。

#sysadmsh → Accounts → Terminal → Lock → 输入要锁定的终端号。

解锁方法如下。

#sysadmsh → Accounts → Terminal → Unlock → 输入要解锁的终端号。

9.1.3　Linux 操作系统的安全

Linux 操作系统诞生于 1991 年，是一套免费使用和自由传播的类 UNIX 操作系统，支持多线程和多 CPU。它能运行主要的 UNIX 工具软件、应用程序和网络协议，继承了 UNIX 以网络为核心的设计思想，是一个性能稳定的多用户、多任务网络操作系统。

1. Linux 系统的安全隐患

【案例 9-2】 2017 年 5 月 Samba 发布了 4.6.4 版本，修复了严重的远程代码执行漏洞。黑客利用该漏洞可通过 445 端口使用管道符对本地的 . so 文件进行提权。与 Windows 版的“永恒之蓝”相比，其漏洞更容易被攻击。Samba 是在 Linux 和 UNIX 系统上实现 SMB 协议的开源共享服务软件，广泛应用在 Linux 服务器、NAS 网络存储产品和路由器等 IoT 智能硬件。如全球流行的路由器开源固件 OpenWrt 就受到此漏洞影响，可导致路由器被控制、劫持或监听网络流量，甚至给上网设备植入木马。此外，在智能电视等设备中，Samba 文件共享也是常用的服务。

Linux 是一种类 UNIX 的操作系统，提供基本的身份标识与鉴别、文件访问控制、特权管理、安全审计等安全机制。Linux 不属于某一家厂商，没有厂商宣称对它提供安全保证，作为开放式操作系统，不可避免地存在一些安全隐患。

（1）权限提升类漏洞

通常，利用系统上一些程序的逻辑缺陷或缓冲区溢出漏洞，攻击者很容易在本地获得 Linux 服务器上管理员 root 权限；在一些远程的情况下，攻击者会利用一些以 root 身份执行的有缺陷的系统守护进程来取得 root 权限，或利用有缺陷的服务进程漏洞以取得普通用户权限来远程登录服务器。

（2）拒绝服务类漏洞

拒绝服务攻击是比较流行的攻击方式，对 Linux 的拒绝服务大多数都无须登录即可对系统发起拒绝服务攻击，使系统或相关的应用程序崩溃或失去响应能力，这种方式属于利用系统本身漏洞或其守护进程缺陷及不正确设置进行的攻击。

此外，攻击者登录到 Linux 系统后，利用这类漏洞，也可以使系统本身或应用程序崩溃。这种漏洞主要由程序对意外情况的处理失误引起，比如写临时文件之前不检查文件是否存在、盲目跟随链接等。

（3）Linux 内核中的整数溢出漏洞

Linux Kernel 2.4 NFSv3 XDR 处理器例程远程拒绝服务漏洞在 2003 年 7 月 29 日公布，影响 Linux Kernel 2.4.21 以下的所有 Linux 内核版本。

该漏洞存在于 XDR 处理器例程中，相关内核源代码文件为 nfs3xdr.c。此漏洞是由于一个整形漏洞引起的（正数/负数不匹配）。攻击者可以构造一个特殊的 XDR 头（通过设置变量 int size 为负数）发送给 Linux 系统即可触发此漏洞。

（4）IP 地址欺骗类漏洞

由于 TCP/IP 本身的缺陷，导致很多操作系统都存在 TCP/IP 堆栈漏洞，使攻击者进行 IP 地址欺骗非常容易实现，Linux 也不例外。虽然 IP 地址欺骗不会对 Linux 服务器本身造成很严重的影响，但是对很多以 Linux 为操作系统的防火墙和 IDS 产品来说，这个漏洞却是致命的。

2. Linux 系统安全配置

对 Linux 安全设定包括取消不必要的服务、限制远程存取、隐藏重要资料、修补安全漏洞、采用安全工具和经常性的安全检查等。

（1）取消不必要的服务

早期 UNIX 版本中，每个不同的网络服务都有一个服务程序在后台运行，后续版本用统一的/etc/inetd 服务器程序。其中，inetd 是 internetdaemon 的缩写，该程序可同时监视多个网络端口，一旦接收到外界连接信息，便执行相应的 TCP 或 UDP 网络服务。

1）由于受 inetd 的统一指挥，Linux 中的大部分 TCP 或 UDP 服务都是在/etc/inetd.conf 文件中设定。所以，首先检查/etc/inetd.conf 文件，在不要的服务前加上“#”进行注释。

2）inetd 利用/etc/services 文件查找各项服务所使用的端口。因此，用户必须仔细检查该文件中各端口的设定，以免有安全上的漏洞。

（2）限制系统的出入

在进入 Linux 系统之前，所有用户都需要登录，即用户需要输入用户账号和口令，只有通过系统验证之后，用户才能进入系统。

与其他UNIX操作系统一样，Linux一般将口令加密之后存放在/etc/passwd文件中。Linux系统上的所有用户都可以读到/etc/passwd文件，虽然文件中保存的口令已经经过加密，但仍然不太安全。

(3) 保持最新的系统核心

由于Linux流通渠道很多，而且经常有更新的程序和系统补丁出现，因此，为了加强系统安全，一定要经常更新系统内核。

Kernel是Linux操作系统的核心，常驻内存，用于加载操作系统的其他部分，并实现操作系统的基本功能。

(4) 检查登录密码

设定登录密码是一项非常重要的安全措施，如果用户的密码设定不合适，就很容易被破译，尤其是拥有超级用户使用权限的用户，如果没有良好的密码，将给系统造成很大的安全漏洞。

9.1.4　Web站点的安全

【案例9-3】 2017年2月，著名的网络服务商CloudFlare曝出“云出血”漏洞，导致用户信息在互联网上泄露长达数月时间。据谷歌安全工程师Tavis Ormandy披露，CloudFlare将大量用户数据泄露在谷歌搜索引擎的缓存页面中，包括完整的HTTPS请求、客户端IP地址、完整的响应、Cookie、密码、密钥和各种数据。经过分析，CloudFlare漏洞是一个HTML解析器问题。由于程序员把“>=”错误地写成了“==”，导致出现内存泄露，包括优步（Uber）、密码管理软件1Password、运动手环公司FitBit等多家用户信息泄露。

1. Web站点安全措施

Web站点采用浏览器/服务器（B/S）架构，通过超文本传送协议（Hypertext Transfer Protocol，HTTP）提供Web服务器和客户端之间的通信，这种结构也称为Web架构。随着Web 2.0的发展，出现了数据与服务处理分离、服务与数据分布式等变化，其交互性能增强，称为浏览器/服务器/数据库（B/S/D）三层结构。

通常，浏览器和Web站点通信包括以下4步。

1）连接。Web浏览器与Web服务器建立连接，打开一个称为socket（套接字）的虚拟文件，此文件的建立标志着连接建立成功。

2）请求。Web浏览器通过socket向Web服务器提交请求。

3）应答。Web浏览器提交请求后，通过HTTP传送给Web服务器，Web服务器接到后进行事务处理，处理结果又通过HTTP回传给Web浏览器，从而在Web浏览器上显示所请求的页面。

4）关闭连接。当应答结束后，Web浏览器与Web服务器必须断开，以保证其他Web浏览器能够与Web服务器建立连接。

Web通过这样的方式实现Web网站服务、网页浏览、信息检索、网上购物、甚至是网络游戏和网络办公等一系列功能。

早期的 Web 服务不会考虑安全问题，也几乎没有网络安全问题，但随着网络应用的多样化，Web 安全问题日渐突出。Web 生成环境包括主机硬件、操作系统、主机网络，许多网络服务和应用都存在着安全隐患。Web 网站应从全方位实施安全措施，具体如下。

1）硬件安全是不容忽视的问题，所存在的环境不应该存在对硬件有损伤和威胁的因素，如温湿度的不适宜、过多的灰尘和电磁干扰、水火隐患的威胁等。

2）增强服务器操作系统的安全，密切关注并及时安装系统及软件的最新补丁；建立良好的账号管理制度，使用足够安全的口令，并正确设置用户访问权限。

3）恰当地配置 Web 服务器，只保留必要的服务，删除和关闭无用的或不必要的服务。

4）对服务器进行远程管理时，使用如 SSL 等安全协议，避免使用 Telnet、FTP 等程序，明文传输。

5）及时升级病毒库和防火墙安全策略表。

6）做好系统审计功能的设置，定期对各种日志进行整理和分析。

7）制定相应的符合本部门情况的系统软硬件访问制度。

2. Web 站点的安全策略

Web 站点管理的核心是 Web 服务器系统和 Web 服务软件的双重安全，以 Windows 平台为例，保护 Internet 信息服务（IIS）安全的第一步就是确保 Windows 系统的安全，并且其管理是一个长期的维护和积累过程，尤其是对于安全问题。

（1）系统安全策略的配置

系统安全策略的配置，包括以下几步。

1）限制匿名访问本机用户。

2）限制远程用户对光驱或软驱的访问。

3）限制远程用户对 NetMeeting 的共享。

4）限制用户执行 Windows 安装任务。

（2）IIS 安全策略的应用

在 Web 服务器建设及管理过程中，系统会有一些默认设置，这些参数都是众所周知的，如果采用默认设置，将大大降低攻击难度，因此在配置 IIS 时，通常不用默认的 Web 站点。避免外界对网站攻击的具体做法如下。

1）停止默认的 Web 站点。

2）删除不必要的虚拟目录。

3）分类设置站点资源访问权限。

4）修改端口值。

（3）审核日志策略的配置

利用系统日志可以掌握系统故障发生前的运行情况，在默认情况下安全审核是关闭的，所以，通常需要对常用的用户登录日志、HTTP 和 FTP 进行配置。

9.2　案例分析　Windows 系统安全事件应急响应

9.2.1　Windows 系统的应急事件分类

Windows 系统的应急事件，按照处理的方式可分为下面几种类别。

1）病毒、木马、蠕虫等事件。

2）Web 服务器入侵事件或第三方服务入侵事件。

3）系统入侵事件，如利用 Windows 的漏洞攻击入侵系统、利用弱口令入侵、利用其他服务的漏洞入侵，与 Web 入侵有所区别，Web 入侵需要对 Web 日志进行分析，系统入侵只能查看 Windows 的事件日志。

4）网络攻击事件（DDoS、ARP、DNS 劫持等）。

9.2.2　系统安全事件排查思路

首先，需要调查清楚时间、位置、异常情况和受害用户的紧急处理；其次，清楚产生这种异常的原因、特征和痕迹；最后才是排除各种可能，确定入侵过程。如机器名称、操作系统版本、系统安装时间、启动时间、域名、补丁安装情况。可以使用 systeminfo 命令获取，也可以运行 msinfo32 查看计算机的详细信息。

1. 直接检查相关日志

任何人员、程序、进程操作都会产生相关日志，日志记录了系统中硬件、软件和系统问题的信息，同时还监视着系统中发生的事件。当服务器被入侵或者系统（应用）出现问题时，管理员可以根据日志迅速定位问题的关键，再快速处理问题，从而极大地提高工作效率和服务器的安全性。

Windows 系统通过自带事件查看器管理日志，可以使用命令 Eventvwr. msc 打开，或者使用搜索框直接搜索事件查看器，也可以使用“开始”菜单→“Windows 管理工具”→“事件查看器”打开，如图 9-1 所示。

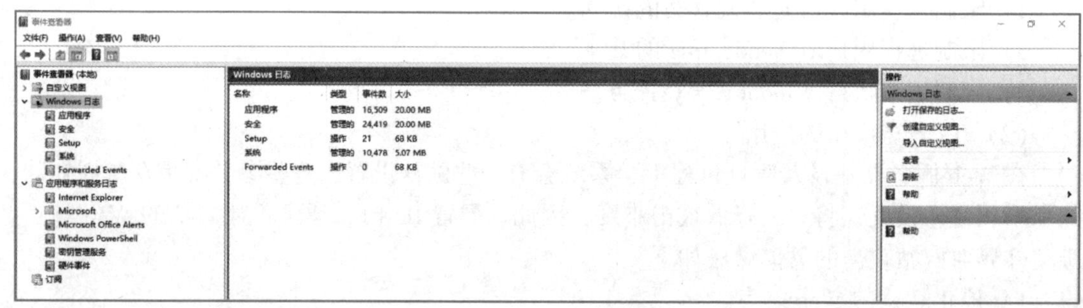

图 9-1　事件查看器窗口

（1）系统日志

系统日志包含 Windows 系统组件记录的事件。例如，系统日志中会记录在启动过程中加载驱动程序或其他系统组件失败。系统组件所记录的事件类型由 Windows 预先确定。

（2）应用程序日志

应用程序日志包含应用程序或程序记录的事件。例如，数据库程序可在应用程序日志中记录文件错误。程序开发人员决定记录哪些事件。

（3）安全日志

安全日志包含诸如有效和无效的登录尝试等事件，以及与资源使用相关的事件，如创建、打开、删除文件或其他对象。管理员可以指定在安全日志中记录什么事件。例如，如果已启用登录审核，则安全日志将记录对系统的登录尝试。

（4）应用程序和服务日志

应用程序和服务日志是一种新类别的事件日志。这些日志存储着来自单个应用程序或组件的事件，而非可能影响整个系统的事件。

查看 PowerShell 的日志的方法是：Microsoft→Windows→PowerShell→Operational。

2. 检查账户的方式

检查账户的几种方式。

1）在本地用户和组里查看，运行 lusrmgr. msc。

2）用 net user 列出当前登录账户，用 wmic UserAccount get 列出当前系统所有账户。

3）检查注册表 HKEY_LOCAL_MACHINE\SOFTWARE\Microsoft\Windows NT\CurrentVersion\ProfileList,HKLM\SAM\Domains\Account\（默认是 SYSTEM）权限，需要配置成管理员权限查看。

SID 位于 HKU\和 HKEY_LOCAL_MACHINE\SOFTWARE\Microsoft\Windows NT\CurrentVersion\ProfileList 两个密钥中。用户 SID 可以在值“Profilelist”下找到 Subkeys（在用户登录系统时创建）。值“ProfileImagePath”将列出该特定用户的配置文件的路径。在操作系统级别，SID 可识别无问题的账户。

3. 检查网络连接

检查网络监听、连接的端口和应用程序。使用的命令为 netstat -anob。输出主机上的所有侦听和活动连接，包括 PID 和连接到每个连接的程序名称。这也告诉 Netstat 返回连接的 IP 地址，而不是试图确定它们的主机名。

1）-a：显示所有连接和侦听端口。

2）-b：显示在创建每个连接或侦听端口时涉及的可执行程序。在某些情况下，已知可执行程序承载多个独立的组件，这些情况下，显示创建连接或侦听端口时涉及的组件序列。在此情况下，可执行程序的名称位于底部[ ]中，它调用的组件位于顶部，直至达到 TCP/IP。注意，此选项可能很耗时，并且在没有足够权限时可能失败。

3）-n：以数字形式显示地址和端口号。

4）-o：显示拥有的与每个连接关联的进程 ID。

5）-r：显示路由表。

结合 findstr 命令查找特定的端口或程序，发现的感觉异常的 IP 地址可以在威胁情报平台上查询，如果是已知的恶意 IP，可以比较快速地确认攻击方式。

4. 检查进程

进程通常结合网络查看异常，先检查异常的网络连接，再获取由哪个进程生成的网络连接，具体命令如下。

```
netstat -abno | find "port number"
tasklist | findstr PID
```

可以使用 wmic 命令获取进程信息，具体命令如下。

```
wmic process | find "Proccess Id" >proc. csv
Get-WmiObject -Class Win32_Process
```

```
Get-WmiObject -Query "select * from win32_service where name='WinRM'" -ComputerName Server01,Server02 | Format - List - Property PSComputerName, Name, ExitCode, Name, ProcessID, StartMode, State, Status
```

PowerShell 的其他关于进程和网络的命令如下。

```
Get-Process
Get-NetTCPConnection
Get-NetTCPConnection -State Established
```

如果需要查看进程和服务的对应关系，可以使用如下命令。

```
tasklist/svc
```

另外，可以使用 SysinternalsSuite 的 procexp 获取比较详细的进程信息，如真实路径、加载的 DLL 文件、CPU 和内存使用情况等。

(1) 内存 dump

有两种比较方便的方法。第一种是使用系统自带功能，在计算机属性、系统属性、高级选项卡中选择“启动和故障恢复设置”，选择完全转储内存，然后单击“确定”，系统会提示重启。重启后在配置的文件位置可以找到上次转储的内存文件。

另一种方法是使用 SysinternalsSuite 工具集的 notmyfault64 工具，在使用管理员权限的命令行模式下（cmd、PowerShell），运行 NotMyFault64. exe/crash。

(2) 内存分析

利用 Volatility 进行内存取证，分析入侵攻击痕迹，包括网络连接、进程、服务、驱动模块、DLL、handles、检测进程注入、检测 Meterpreter、cmd 历史命令、IE 浏览器历史记录、启动项、用户、shimcache、userassist、部分 rootkit 隐藏文件、cmdliner 等。

5. 检查开机启动和运行服务

(1) 开机启动

关于开机启动需要分析的位置如下。

1）注册表中的关于开机启动的位置，具体如下。

```
HKLM\Software\Microsoft\Windows\CurrentVersion\Runonce
HKLM\Software\Microsoft\Windows\CurrentVersion\policies\Explorer\Run
HKLM\Software\Microsoft\Windows\CurrentVersion\Run
HKCU\Software\Microsoft\Windows NT\CurrentVersion\Windows\Run
HKCU\Software\Microsoft\Windows\CurrentVersion\Run
HKCU\Software\Microsoft\Windows\CurrentVersion\RunOnce
(ProfilePath)\Start Menu\Programs\Startup
```

2）开始菜单，启动项（若菜单中没有“启动”选项，可从系统的“启动”文件夹路径打开，其路径为 C:\ProgramData\Microsoft\Windows\Start Menu\Programs\Startup）。

3）任务管理器，启动选项卡，或者运行 msconfig，查看启动选项卡。

4）运行 gpedit. msc 在本地组策略编辑器里查看开机运行脚本，包括计算机配置的和用户配置的。

5）使用 SysinternalsSuite 工具集的 Autoruns 工具查看开机启动项目。

（2）查看服务状态

1）服务状态，自动启动配置，在 PowerShell 下可以运行 Get-Service。

2）运行 services. msc，打开 Windows 服务工具进行查看。

6. 检查计划任务

存放计划任务的文件如下。

```
C:\Windows\System32\Tasks\
C:\Windows\SysWOW64\Tasks\
C:\Windows\tasks\
*.job(指文件)
```

使用命令查看计划任务 schtasks，运行 taskschd. msc 打开计划任务面板，或者从计算机管理进入，直接查看计划任务，如图 9-2 所示。

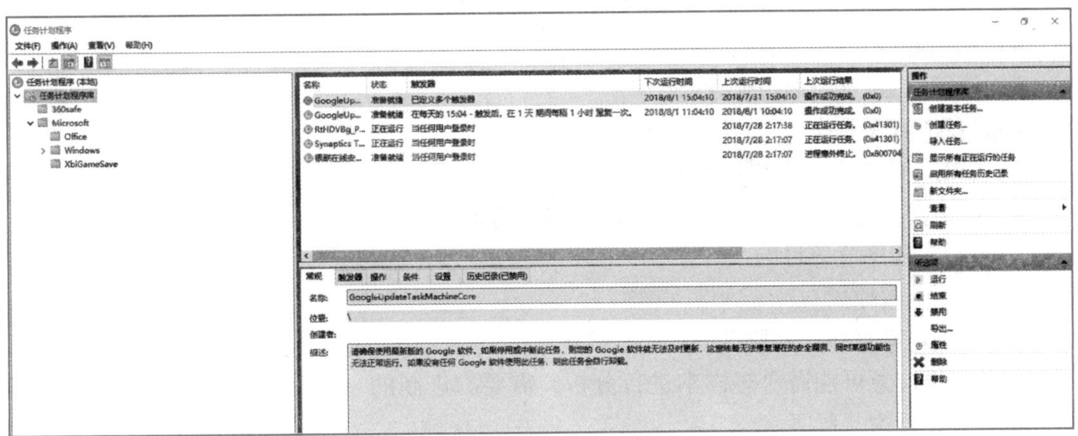

图 9-2　任务计划程序界面

7. 检查文件

检查可疑文件的思路有两种，一种是通过可疑进程（如 CPU 利用率、进程名）关联的文件，另一种是通过时间现象关联的文件，文件大小也可以作为辅助的判断方法，文件的操作可以使用 Get-ChildItem 命令查看。

8. 检查注册表

注册表目录的含义如下。

1）HKEY_CLASSES_ROOT（HKCR）：此处存储的信息可确保在 Windows 资源管理器中执行时打开正确的程序。它还包含有关拖放规则、快捷方式和用户界面信息的更多详细信息。

2）HKEY_CURRENT_USER（HKCU）：包含当前登录系统用户的配置信息，包括用户的文件夹、屏幕颜色和控制面板设置。通用信息通常适用于所有用户，并且是 HKU. DEFAULT。

3）HKEY_LOCAL_MACHINE（HKLM）：包含运行操作系统的计算机硬件特定信息。它包括系统上安装的驱动器列表以及已安装硬件和应用程序的通用配置。

4）HKEY_USERS（HKU）：包含系统上所有用户配置文件的配置信息，包括应用程序配置和可视设置。

5）HKEY_CURRENT_CONFIG（HCU）：存储有关系统当前配置的信息。

注意：活用注册表编辑器的搜索功能，以进程名称、服务名称、文件名称搜索注册表。

9.2.3　特定事件痕迹检查

1. 挖矿病毒应急

（1）常见传播方式

1）通过社工、钓鱼方式下载和运行挖矿程序（邮件、IM 等）。

2）利用计算机系统远程代码执行漏洞下载、上传和执行挖矿程序。

3）利用计算机 Web 或第三方软件漏洞获取计算机权限，然后下载和执行挖矿程序。

4）利用弱口令进入系统，下载和执行挖矿程序。

5）执行 Web 页面的挖矿 JS 脚本。

（2）挖矿程序特点

1）CPU、GPU、内存利用率高。

2）网络会连接一些矿工 IP，可以通过威胁情报获取。

（3）挖矿程序应急目的

1）找出入侵原因。

2）找到挖矿程序，并删除。

挖矿事件应急可能需要对样本进行分析，需要二进制的一些分析能力，提取样本后确认样本分类、行为、危害。

2. 勒索病毒事件应急

（1）常见传播方式

1）通过社工、钓鱼方式下载和运行勒索程序（邮件、IM 等）。

2）利用计算机系统远程代码执行漏洞下载、上传和执行勒索病毒。

3）利用计算机 Web 或第三方软件漏洞获取计算机权限，然后下载和执行勒索病毒。

4）利用弱口令进入计算机系统，下载和执行勒索病毒。

（2）勒索病毒特点

1）各种数据文件和可执行程序生成奇怪的扩展名。

2）明显的提示，要交赎金。

（3）勒索病毒应急目的

1）如果是重要数据，交付赎金恢复数据。

2）找到入侵的原因，排查同类漏洞，并进行加固（一般是重装）。

确认勒索病毒后要立即拔掉网线，限制传播范围。

9.3　要点小结

本章主要介绍了常用操作系统安全及系统安全事件应急响应的相关知识。Windows 操作系统的系统安全性以及安全配置是重点之一。简要介绍了 UNIX 操作系统的安全知识。Linux 是源代码公开的操作系统，本章介绍了 Linux 系统的安全和安全配置相关内容。本章对 Web 站点的结构及相关概念进行了简要介绍，并对其安全配置进行了阐述。系统出现安全事件后，应急响应处置是一种发现问题、减少损失的很好方式，本章重点对系统安全事件应急响应排查思路及痕迹检查进行了介绍。

9.4　实验 9　Windows Server 2022 安全配置与恢复

视频资源 9-3

Windows Server 2022 是微软的一个服务器操作系统，继承了 Windows Server 2016 的功能和特点，尽管 Windows Server 2022 系统的安全性能要比其他系统的安全性能高出许多，但为了增强系统的安全，必须要进行安全的配置，并且在系统遭到破坏时能恢复原有系统和数据。

9.4.1　实验目的

1）熟悉 Windows Sever 2022 操作系统的安全配置过程及方法。

2）掌握 Windows Sever 2022 操作系统的恢复要点及方法。

9.4.2　实验要求

1. 实验设备

本实验以 Windows Sever 2022 操作系统作为实验对象，所以，需要一台主机并且安装有 Windows Sever 2022 操作系统。Microsoft 在其网站上公布了使用 Windows Server 2022 的设备需求，基本配置见表 9-1。

表 9-1　实验设备基本配置

硬　件	需　求
处理器	建议：2 GHz 或以上
内存	最低：1 GB RAM，建议：2 GB RAM 或以上
可用磁盘空间	最低：10 GB，建议：40 GB 或以上
光驱	DVD-ROM 光驱
显示器	支持 Super VGA（800×600）或更高解析度的屏幕
其他	键盘及鼠标或兼容的指向装置（pointing device）

2. 注意事项

1）预习准备。由于本实验的内容是对 Windows Sever 2022 操作系统进行安全配置，因此需要提前熟悉 Windows Sever 2022 操作系统的相关操作。

2）注重内容的理解。随着操作系统的不断更新，本实验是以 Windows Sever 2022 操作系统为实验对象，其他操作系统基本都有类似的安全配置，但配置方法或安全强度会有区别，所以需要理解其原理，做到安全配置及系统恢复“心中有数”。

3）实验学时。本实验大约需要 2 个学时（90～120 min）完成。

9.4.3 实验内容和步骤

【案例9-4】某公司秘书被授予登录领导主机的权限，定期为领导备份文件，并执行网络配置方面的有关管理工作，因此，在领导的主机中要新建一个用户组，满足秘书的应用需求。

1. 本地用户管理和组

操作步骤：新建账户“secretary”和用户组“日常工作”，“日常工作”组具有“Network Configuration Operators”的权限，并将secretary添加到“日常工作”组中。

1）新建账户：“开始”中选择“Windows管理工具”下的“计算机管理”，弹出窗口，展开“本地用户和组”，右键单击“用户”，新建“secretary”账户，在此窗口中也可以设置密码等属性。

2）管理账户：右键单击账户，可以设置密码、删除账户或重命名；右键单击账户，选择“属性”，在“隶属于”选项卡中将secretary账户添加到Backup Operations组和Net Configuration Operators组中，即为secretary账户授予Backup Operations组和Net Configuration Operators组的权限。

3）新建本地组：右键单击“组”，在出现的窗口中填写组名和描述信息，并选择“添加”，将secretary添加到日常工作组中，这样，日常工作组也具有Backup Operations组和Net Configuration Operators组的权限。

2. 本地安全策略

【案例9-5】公司管理层网络安全策略要求是启用密码复杂性策略，将密码最小长度设置为8个字符，设置密码使用期限为30天，当用户输入错误数据次数超过3次时，账户将被锁定，锁定时间为5 min；启用审核登录成功和失败策略，登录失败后，通过事件查看器查看Windows日志；启用审核对象访问策略，用户访问文件后，通过事件查看器查看Windows日志。

操作步骤：在本地安全策略中分别设置密码策略、账户锁定策略、审核登录时间策略和审核对象访问策略。

1）密码策略设置：选择“开始”菜单下“Windows管理工具”中的“本地安全策略”，然后选择“账户策略”中的“密码策略”，启动密码复杂性策略；设置“密码长度最小值”为“8”个字符；密码最长使用期限默认为“42”天，这里将其设置为“30”天。

2）账户锁定策略设置：选择“开始”菜单下“Windows管理工具”中的“本地安全策略”，然后选择“账户策略”中的“账户锁定策略”，设置账户锁定时间为“5”分钟；账户锁定阈值为“3”次。

🔔**注意**：初始账户锁定时间和重置账户锁定计数器为“不适用”，需设定账户锁定阈值后才能进行设定。

3）审核策略设置：选择“开始”菜单下“Windows管理工具”中的“本地安全策略”，然后选择“本地策略”中的“审核策略”，审核登录事件设置为“失败”；审核对象访问设置为“失败”。

3. NTFS 权限

> 【案例 9-6】经理拟下发通知，并保存在“通知”文件夹中，经理可以完全控制该文件夹及文件，秘书只有修改文稿的权限，其他人员只有浏览的权限。

操作步骤：首先要取消“通知”文件夹的父项继承的权限，之后分配 Administrators 组（经理）完全控制的权限、日常工作组（秘书）除了删除权限之外的所有权限以及 Users 组（其他人员）的只读权限。

1）取消文件夹的父项继承的权限：右键单击“通知”文件夹，选择“属性”命令中“安全”标签下“高级”选项中的“禁用继承”，弹出“阻止继承”对话框，选择“从此对象中删除所有已继承的权限”。删除继承权后，任何用户对该文件夹都无访问权限，只有该对象的所有者可分配权限。

2）经理权限：右键单击“通知”文件夹，选择“属性”命令中的“安全”标签，选择“高级”下“添加”中的“立即查找”，添加经理的 Administrator 账户，单击“确定”按钮后打开“通知的权限项目”窗口，选择“完全控制”。

3）秘书权限：在“通知的高级安全设置”窗口中继续添加日常工作组，单击“确定”按钮后打开“通知的权限项目”窗口，选择“创建文件/写入数据”。

4）其他用户权限：在“通知的高级安全设置”窗口中继续添加 Users 组，单击“确定”按钮后打开“通知的权限项目”窗口，选择“列出文件夹/读取数据”。

4. 数据备份和还原

> 【案例 9-7】为了考核每个员工的工作执行情况，公司要求秘书根据每个员工的每天任务完成情况填写“工作日志”，并定期汇总。为了防止大量数据丢失，公司要求每周五下班前进行数据备份，即使系统出现安全问题，也可以进行数据恢复。

操作步骤：首先要在系统中安装 Backup 功能组件，所有员工的工作日志按照每天一个文件夹存放，这样可以每周五对该周日志进行一次性备份。

1）安装备份功能组件：选择“开始”菜单下“服务器管理器”中的“添加角色和功能”，选择“Windows Server 备份”安装系统备份功能。

2）一次性备份：选择“开始”菜单下“Windows 附件”中的“Windows Server 备份”，在该界面右侧可以选择“一次性备份”，当向导进行到“选择备份配置”时，选择“自定义”，之后选择“系统磁盘”进行备份。

3）备份计划：选择“开始”菜单下“Windows 附件”中的“Windows Server 备份”，在该界面右侧可以选择“备份计划”，根据“备份计划向导”完成备份计划设置。

9.5　练习与实践 9

1. 选择题

（1）攻击者入侵的常用手段之一是试图获得 Administrator 账户的口令。每台主机至少要有一个账户拥有 Administrator（管理员）权限，但不一定非用“Administrator”这个名称，可以是（　　）。

A. Guest　　B. Everyone　　C. Admin　　D. LifeMiniator

（2）UNIX是一个多用户系统，一般用户对系统的使用是通过用户（　　）进入的。用户进入系统后就有了删除、修改操作系统和应用系统的程序或数据的可能性。

A. 注册　　B. 入侵　　C. 选择　　D. 指纹

（3）IP地址欺骗是很多攻击的基础，之所以使用这个方法，是因为IP路由IP包时对IP头中提供的（　　）不做任何检查。

A. IP目的地址　　B. 源端口　　C. IP源地址　　D. 包大小

（4）配置IIS时，设置站点主目录的位置，下面说法正确的是（　　）。

A. 只能在本机的C:\inetpub\wwwroot文件夹

B. 只能在本机操作系统所在磁盘的文件夹

C. 只能在本机非操作系统所在磁盘的文件夹

D. 以上全都是错的

（5）目前建立Web服务器的主要方法有IIS和（　　）。

A. URL　　B. SMTP　　C. Apache　　D. DNS

（6）下列事件不属于Windows系统应急响应事件的是（　　）。

A. 蠕虫事件　　B. DDoS　　C. 系统入侵　　D. 密码遗忘

2. 填空题

（1）系统盘保存有操作系统中的核心功能程序，如果被木马程序进行伪装替换，将给系统埋下安全隐患。所以，在权限方面，系统盘只赋予________和________权限。

（2）Windows Server 2022在身份验证方面支持________登录和________登录。

（3）UNIX操作系统中，ls命令显示为-rwxr-xr-x 1 foo staff 7734 Apr 05 17:07 demofile，则说明同组用户对该文件具有________和________的访问权限。

（4）在Linux系统中，采用插入式验证模块（Pluggable Authentication Modules，PAM）的机制，可以用来________改变________的方法和要求，而不要求重新编译其他公用程序。这是因为PAM采用封闭包的方式，将所有与身份验证有关的逻辑全部隐藏在模块内。

（5）获取入侵Windows系统的基本信息，可以使用________和________命令。

3. 简答题

（1）Windows系统采用哪些身份验证机制？

（2）UNIX操作系统有哪些不安全的因素？

（3）Linux系统中如何实现系统的安全配置？

（4）Linux系统的加固方法有哪些？

（5）按照处理方式，Windows系统的应急事件分为哪几种类别？

（6）系统安全事件的排查思路有哪些？

（7）Windows系统的加固方法有哪些？

4. 实践题

（1）在Linux系统下对比SUID设置前后对系统安全的影响。

（2）针对Windows Server操作系统进行安全配置。

（3）针对Web服务器进行安全配置。

第 10 章　数据库及数据安全

硬盘有价，数据无价，网络安全的关键及核心是数据安全。数据库技术是信息化建设和信息资源共享的关键技术，是各种重要数据处理和存储的基础。在大数据和人工智能时代，数据库系统运行及业务数据的安全性愈发重要，需要采取有效措施来确保其安全。

教学目标

- 理解数据库安全的概念、面临的威胁及隐患
- 了解数据库系统安全的层次体系结构与防护
- 掌握数据库的安全特性、备份和恢复技术
- 理解数据库安全策略和机制、措施和方案
- 学会 SQL Server 2022 等数据库安全实验

10.1　知识要点

【案例 10-1】 2020 年网络攻击规模不断增加。据统计，2020 年全球公开范围报告了 3932 起安全泄露事件，泄露的记录数量达到惊人的 370 亿条。2020 年 6 月，一个包含超过 2.68 亿条记录的数据库遭遇入侵，相关记录归属于加拿大的写作博客平台 Wattpad，用户可以在该平台上发布各类原创文章。恶意攻击者入侵了 Wattpad 的 SQL 数据库，其中包含用户账户凭证、电子邮件地址、IP 地址以及其他敏感数据。

10.1.1　数据库系统安全基础

1. 数据库及数据安全相关概念

数据安全（Data Security）是指以保护措施确保数据信息的保密性、完整性、可用性、可控性和可审查性（5 个重要安全属性），防止数据被非授权访问、泄露、更改、破坏和控制。

数据库安全（Database Security）是指采取各种安全措施对数据库及其相关文件和数据进行保护，以防止数据的泄密和破坏。数据库主要安全目标是数据库的访问控制、保密性（用户认证、审计跟踪、数据加密等）、完整性、可用性、可控性、可审查性等。

数据库系统安全（Database System Security）是指为数据库系统采取的安全保护措施，防止系统软件和其中的数据不遭到破坏、更改和泄露。数据库系统的重要指标之一是确保系统安全，以各种防范措施防止非授权或越权使用数据库，具体通过数据库管理系统（DBMS）来实现。数据库系统中一般采用用户标识和鉴别、存取控制、视图以及密码存储等技术进行安全控制。

🔔 **注意**：数据库安全的核心和关键是其数据安全。由于数据库存储着大量的重要信息和机密数据，而且大量数据集中存放在数据库系统中，供多用户共享，因此，必须加强对数据库访问的控制和数据安全防护。

2. 数据库系统的主要安全问题

【案例10-2】某社交媒体平台于2020年3月遭遇信息泄露，超过5.38亿个用户的个人信息被摆在暗网及其他在线网站上公开销售。黑客声称，这些敏感数据（包括1.72亿个用户的昵称、性别、居住地以及电话号码）是从官方平台抓取获得的。

根据IBM和Ponemon Institute发布的《2020年数据泄露成本报告》显示，52%的数据泄露是由恶意外部人员造成的，另外25%是由系统故障和攻击造成的，23%是人为错误造成的，客户的个人身份信息（PII）占所有泄露数据的80%，是最常丢失或被盗的记录类型。PII因其敏感性而成为最有价值的数据类型，也是数据保护法规最常保护的数据类型。

数据库系统面临的安全问题如下。

1）法律法规、社会伦理道德和宣传教育滞后或不完善等。

2）现行的政策、规章制度、人为及管理出现的安全问题。

3）硬件系统或控制管理问题。如CPU是否具备安全性方面的特性。

4）实体安全。如服务器、主设及外设、网络设备和运行环境等的安全问题。

5）操作系统及数据库管理系统（DBMS）的漏洞与风险等安全性问题。

6）可操作性问题。对于被采用的密码方案，密码自身的安全性。

7）数据库系统本身的漏洞、缺陷和隐患带来的安全性问题。

数据库系统面临的相关安全问题，如图10-1所示。

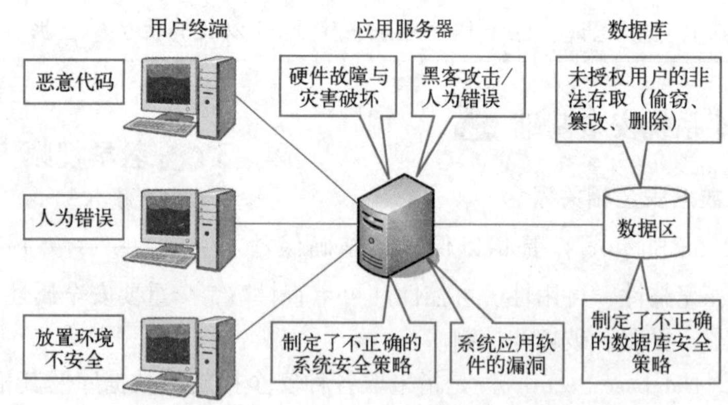

图10-1　数据库面临的安全问题

3. 数据库系统缺陷及隐患分析

常见数据库的安全缺陷和隐患原因，主要包括以下8个方面。

1）数据库应用程序的研发、管理和维护等漏洞或人为疏忽。

2）忽视数据库安全，安全设置和管理不当。

3）数据库账号、密码容易泄露和破译。

4）操作系统后门及漏洞隐患。

5）网络诈骗。攻击者利用“钓鱼网站”等欺诈。

6）部分数据库机制威胁网络底层安全。

7）系统安全特性自身存在的缺陷和不足。

8）网络协议、计算机病毒及运行环境等威胁。

10.1.2　数据库安全体系与防护

数据库系统的安全不仅依赖于自身内部的安全机制，还与外部网络环境、应用环境、从业人员素质等因素相关，数据库安全体系与防护对于网络数据库系统的安全极为重要。

1. 数据库系统的安全体系框架

数据库系统的安全体系框架划分为三个层次：网络系统层、宿主操作系统层和数据库管理系统层，一起构成数据库系统的安全体系。

（1）网络系统层

随着 Internet 的快速发展和广泛应用，越来越多的企业将其核心业务转向互联网，各种基于网络的数据库应用系统也得到了广泛应用，面向网络用户提供各种信息服务。在新的行业背景下，网络系统是数据库应用的重要基础和外部环境，发挥数据库系统的强大作用离不开网络系统的支持，如数据库系统的异地用户、分布式用户也要通过网络才能访问数据库。

（2）宿主操作系统层

操作系统是大型数据库系统的运行平台，为数据库系统提供一定的安全保护。但是，主流操作系统平台安全级别较低，一般为 C1 或 C2 级，所以需要在维护宿主操作系统安全方面提供相关安全技术进行防御，包括操作系统安全策略、安全管理策略、数据安全等方面。

1）操作系统安全策略。主要用于配置本地计算机的安全设置，包括密码策略、账户锁定策略、审核策略、IP 安全策略、用户权利指派、加密数据的恢复代理以及其他安全选项。

2）安全管理策略。安全管理策略是指网络管理员对系统实施安全管理所采取的方法及措施。针对不同的操作系统、网络环境需要采取的安全管理策略不尽相同，但是，其核心是保证服务器的安全和分配好各类用户的权限。

3）数据安全。主要包括数据加密技术、备份、数据存储及传输安全等。

（3）数据库管理系统层

数据库系统的安全性很大程度上依赖于 DBMS。现在，关系数据库为主流数据库，DBMS 的弱安全性导致其安全性存在一定风险和威胁。主要在以下三个层次对数据进行加密。

1）操作系统层加密。操作系统作为数据库系统的运行平台管理数据库的各种文件，并可通过加密系统对数据库文件进行加密操作。由于此层无法辨认数据库文件中的数据关系，使密钥难以进行管理和使用，因此，对于大型数据库，在操作系统层无法实现对数据库文件的加密。

2）DBMS 内核层加密。主要是指数据在物理存取之前完成加/解密工作。其加密方式的优点是加密功能强，且基本不影响 DBMS 的功能，可实现加密功能与 DBMS 之间的无缝耦合。其缺点是加密运算在服务器端进行，加重了负载，且 DBMS 和加密器之间的接口需要 DBMS 开发商的支持。

3）DBMS外层加密。在实际应用中，可将数据库加密系统做成DBMS的一个外层工具，根据加密要求自动完成对数据库数据的加/解密处理。

2. 数据库安全的层次体系结构

数据库安全的层次体系结构包括5个方面，如图10-2所示。

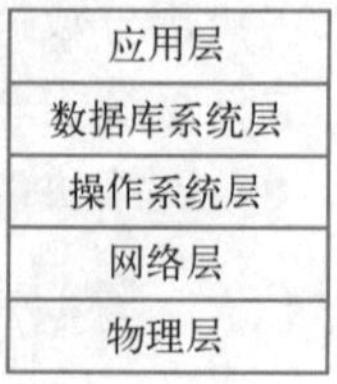

应用层
数据库系统层
操作系统层
网络层
物理层

图10-2　数据库安全的层次体系结构

1）物理层。计算机网络系统的最外层最容易受到攻击和破坏，主要侧重于保护计算机网络系统、网络链路及其网络节点等物理（实体）安全。

2）网络层。其安全性和物理层安全性一样极为重要，由于所有网络数据库系统都允许通过网络进行远程访问，因此，更需要做好安全保障。

3）操作系统层。在数据库系统中，操作系统与DBMS交互并协助管理数据库。其安全漏洞和隐患成为对数据库攻击和非授权访问的最大威胁与隐患。

4）数据库系统层。主要包括DBMS和各种业务数据库等，数据库存储着重要及敏感程度不同的各种业务数据，并通过网络被不同授权用户所共享，数据库系统必须采取授权限制、访问控制、加密和审计等安全措施。

5）应用层。也称为用户层，主要侧重于用户权限管理、身份认证及访问控制等，防范非授权用户以各种方式对数据库及数据的攻击和非法访问，也包括各种越权访问等。

注意：*为了确保数据库安全，必须在各层次上采取切实可行的安全性保护措施。若较低层次上的安全性存在缺陷，则严格的高层安全性措施也可能因为被绕过而出现安全问题。*

3. 可信DBMS体系结构

可信DBMS体系结构可以分为两大类：TCB子集DBMS体系结构和可信主体DBMS体系结构。

1）TCB子集DBMS体系结构。可信计算基（Trusted Computing Base，TCB）是指计算机内保护装置的总体，包括硬件、固件、软件和负责执行安全策略的组合体。

该体系的最简单方案是将多级数据库分解为单级元素，安全属性相同的元素存储在一个单级操作系统客体中。使用时先初始化一个运行于用户安全级的DBMS进程，通过操作系统实施的强制访问控制策略，DBMS仅访问不超过该级别的客体。此后，DBMS从同一个关系中将元素连接起来，重构成多级元组，并返回给用户，如图10-3所示。

2）可信主体DBMS体系结构。执行强制访问控制。按逻辑结构分解多级数据库，并存储在几个单级操作系统客体中。该体系结构的一种简单方案如图10-4所示，DBMS软件仍在可信操作系统上运行，所有对数据库的访问都须经由可信DBMS。

4. 数据库的安全防护

网络数据库的主要体系为多级、互联的，其安全性不仅关系到数据库之间的安全，而且关系到一个数据库中多级功能的安全性。通常，**侧重考虑两个层面**，一个层面是外围层的安全，即操作系统、传输数据的网络、Web服务器以及应用服务器的安全；另一个层面是数据库核心层的安全，即数据库本身的安全。

（1）外围层安全防护

外围层的安全主要包括计算机系统安全和网络安全，最主要的威胁来自本机或网络的人为攻击，主要包括以下 4 个方面。

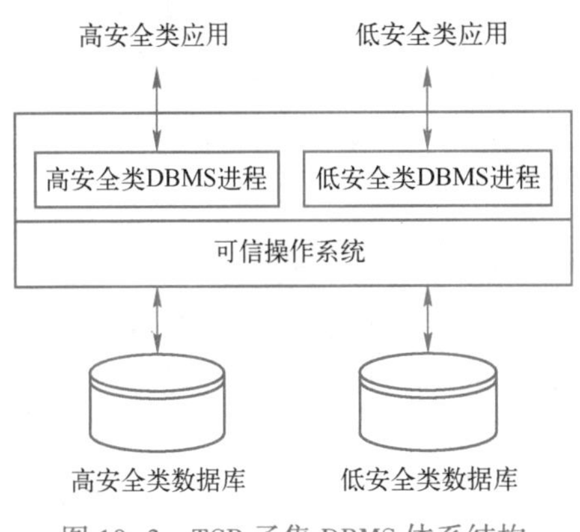

图 10-3　TCB 子集 DBMS 体系结构

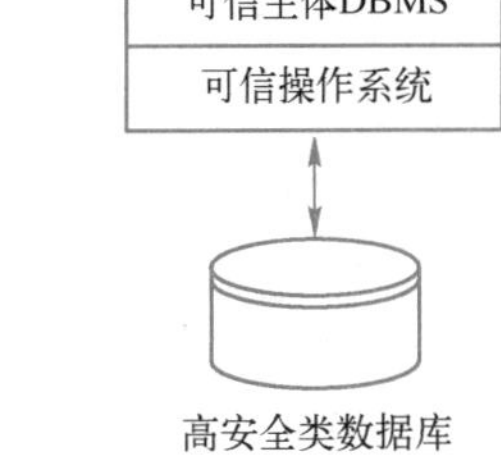

图 10-4　可信主体 DBMS 体系结构

1）操作系统。操作系统是大型数据库系统的运行平台，为数据库系统提供运行支撑性安全保护。

2）Web 服务器及应用服务器安全。在分层体系结构中，Web 数据库系统的业务逻辑集中在网络服务器或应用服务器，客户端的访问请求、身份认证，特别是数据首先反馈到服务器，所以需要对其中的数据进行安全防护，防止假冒用户和服务器的数据失窃等。

3）传输安全。传输安全是保护网络数据库系统内传输的数据安全。可采用 VPN 技术构建网络数据库系统的虚拟专用网，保证网络路由的接入安全及信息的传输安全。同时，对传输的数据可以采用加密的方法防止泄露或破坏，根据具体需求可以考虑三种加密策略。链路加密用于保护网络节点之间的链路安全；端点加密用于对源端用户到目的端用户的数据提供保护；节点加密用于对源节点到目的节点之间的传输链路提供保护。

4）数据库管理系统安全。其他各章介绍的一些非网络数据库的安全防护技术或措施同样适用。

（2）核心层的安全防护

数据库和数据安全是网络数据库系统的关键。非网络数据库的安全保护措施同样也适用于网络数据库核心层的安全防护。

1）数据库加密。网络系统中的数据加密是数据库安全的核心问题。为了防止利用网络协议和操作系统漏洞等绕过数据库的安全机制直接访问数据库文件，必须对其文件进行加密。数据库加密不同于一般的文件加密，传统加密以报文为单位，网络通信发送和接收的都是同一连续的比特流，传输的信息无论长短，密钥的匹配都是连续且顺序对应的，不受密钥长度的限制。

2）数据分级控制。由数据库安全性要求和存储数据的重要程度，应对不同安全要求的数据实行一定的级别控制。如为每一个数据对象都赋予一定的密级：公开级、秘密级、机密级、绝密级。对于不同权限的用户，系统也要定义相应的级别并加以控制。

3）数据库的备份与恢复。一旦数据库遭受破坏，数据库的备份便是最后一道保障。建立严格的数据备份与恢复管理是保障网络数据库系统安全的有效手段。数据备份不仅要保证备份数据的完整性，而且要建立详细的备份数据档案。系统恢复时使用不完整或日期不正确的备份数据都会影响系统数据库的完整性，导致严重后果。

4）网络数据库的容灾系统设计。容灾就是为恢复数字资源和计算机系统所提供的技术和设备上的保证机制，其主要手段是建立异地容灾中心。建立异地容灾中心，一是可以保证受援中心数字资源的完整性，二是可以保证在完整数据基础上的系统恢复。数据备份是基础，主要分为完全备份、增量备份和差异备份。

10.1.3　数据库的安全特性和措施

数据库的安全特性主要包括数据库及数据的独立性、安全性、完整性、并发控制、故障恢复等几个方面。其中，数据独立性包括物理独立性和逻辑独立性。物理独立性是指用户的应用程序与存储在数据库中的数据是相互独立的；逻辑独立性是指用户的应用程序与数据库的逻辑结构相互独立。两种数据独立性都由 DBMS 实现。

1. 数据库的安全性

数据库安全的核心和关键是数据安全，前文中曾经介绍过网络安全的最终目标是实现网络数据（信息）安全的属性特征（保密性、完整性、可用性、可靠性和可审查性），其中保密性、完整性、可用性是数据（信息）安全的最基本要求，也是数据库的安全目标。

（1）保密性

数据的保密性是指不允许未经授权或越权的用户存取或访问数据。可采取对用户的认证与鉴别、权限管理、存取控制、加密、审计以及备份与恢复等措施防范。

（2）完整性

数据的完整性主要包括物理完整性和逻辑完整性。

1）物理完整性。是指保证数据库中的数据不受物理故障（如硬件故障或断电等）的影响，并可设法在灾难性毁坏时重建和恢复数据库。

2）逻辑完整性。是指对数据库逻辑结构的保护，包括数据语义与操作完整性。前者主要指数据存取在逻辑上满足完整性约束，后者主要指在并发事务处理过程中保证数据的逻辑一致性。

（3）可用性

数据的可用性是指在授权用户对数据库中的数据进行正常操作的同时，保证系统的运行效率，并提供用户便利的人机交互。

注意： 实际上，有时数据保密性和可用性之间存在一定冲突。对数据库加密必然会带来数据存储与索引、密钥分配和管理等问题，同时加密也会极大地降低数据访问与运行效率。

2. 数据库的安全性措施

数据库常用三种安全性措施为用户的身份认证、数据库的使用权限管理和数据库中对象的使用权限管理。保障 Web 数据库的安全运行，需要构建一整套数据库系统安全的访问控制模式，如图 10-5 所示。

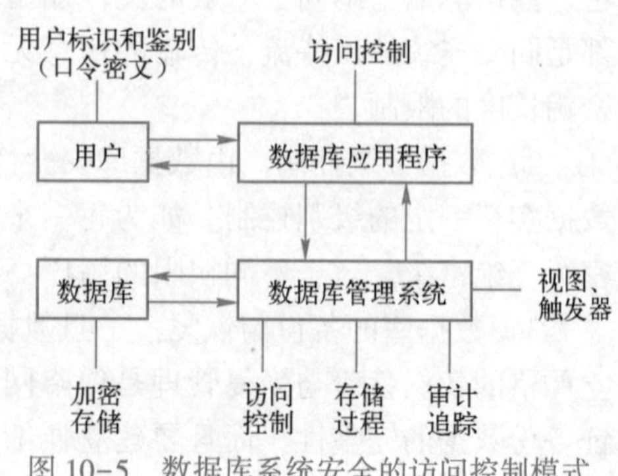

图 10-5　数据库系统安全的访问控制模式

（1）身份认证

身份认证是在网络系统中确认操作用户身份的过程。包括用户与主机间的认证和主机与主机之间的认证。主要通过对用户所知道的物件或信息进行认证，如口令、密码、证件、智能卡（如信用卡）等；用户所具有的生物特征包括指纹、声音、视网膜、签字、笔迹等。身份认证管理是对相关方面的管理。

（2）权限管理

权限管理主要体现在授权和角色管理两个方面。

1）授权。DBMS 提供了功能强大的授权机制，可给用户授予对不同对象（表、视图、存储过程等）的不同使用权限，如查询、增加、删除、修改等。

2）角色。指一组相关权限的集合。是被命名的一组与数据库操作相关的权限，即可为一组相同权限的用户创建一个角色。使用角色管理数据库权限，便于简化授权的过程。

（3）视图访问

视图提供了一种安全简便的访问数据方法，在授予用户对特定视图的访问权限时，该权限只用于在该视图中定义的数据项，而不是用于视图对应的完整基本表。

（4）审计管理

审计是记录审查数据库操作和事件的过程。通常，审计记录记载着用户所用的系统权限、频率、登录的用户数、会话平均持续时间、操作命令，以及其他有关操作和事件。通过审计功能可以自动记录用户对数据库的所有操作，并将其存入审计日志中。

3. 数据库及数据的完整性

在计算机网络和企事业机构业务数据的操作过程中，对数据库的表中大量数据进行统一组织与管理时，必须要求数据库中的数据一定满足数据库及数据的完整性。

（1）数据库完整性

数据库完整性（Database Integrity）是指其中数据的正确性和相容性。实际上以各种完整性约束作为保证，数据库完整性设计是数据库完整性约束的设计。可以通过 DBMS 或应用程序实现数据库完整性约束，基于 DBMS 的完整性约束以模式的一部分存入数据库中。数据库完整性对于数据库应用系统至关重要，其主要作用体现在以下 4 个方面。

1）可以防止合法用户向数据库中添加不合语义的数据。

2）利用基于 DBMS 的完整性控制机制实现业务规则，易于定义和理解，并可降低应用程序的复杂性，提高应用程序的运行效率。同时，基于 DBMS 的完整性控制机制在于集中管理，比应用程序更容易实现数据库的完整性。

3）合理的数据库完整性设计，可协调兼顾数据库的完整性和系统效能。如加载大量数据时，只在加载之前临时使基于 DBMS 的数据库完整性约束失效，完成加载后再使其生效，既不影响数据加载的效率又能保证数据库的完整性。

4）完善的数据库完整性在应用软件的功能测试中，有助于尽早发现应用软件的错误。

数据库完整性约束可分为六类：列级静态约束、元组级静态约束、关系级静态约束、列级动态约束、元组级动态约束、关系级动态约束。动态约束通常由应用软件来实现，不同 DBMS 支持的数据库完整性基本相同。

（2）数据完整性

数据完整性（Data Integrity）是指数据的正确性、有效性和一致性。其中，正确性是指数据的输入值与数据表对应域的类型相同；有效性是指数据库中的理论数值满足现实应用中对该数值段的约束。一致性是指不同用户使用的同一数据完全相同。数据完整性可防止数据库中存在不符合语义规定的数据，并防止因错误数据的输入、输出造成无效操作或产生错误。

数据完整性可分为以下4种。

1）实体完整性（Entity Integrity）。明确规定数据表的每一行在表中是唯一的实体。如表中定义的UNIQUE PRIMARYKEY和IDENTITY约束。

2）域完整性（Domain Integrity）。指数据库表中的列必须满足某种特定的数据类型或约束。其中，约束又包括取值范围、精度等规定。如表中的CHECK、FOREIGN KEY约束和DEFAULT、NOT NULL等要求。

3）参照完整性（Referential Integrity）。指任何两个表的主关键字和外关键字的数据要对应一致，确保表之间数据的一致性，以防止数据丢失或造成混乱。主要作用是：禁止在从表中插入包含主表中不存在的关键字的数据行；禁止可导致从表中的相应值孤立的主表中的外关键字值改变；禁止删除在从表中有对应记录的主表记录。

4）用户定义完整性（User-defined Integrity）。是针对某个特定关系数据库的约束条件，可以反映某一具体应用所涉及的数据必须满足的语义要求。SQL Server提供定义和检验这类完整性的机制，以便用统一的系统方法进行处理，而不是用应用程序承担此功能。其他完整性类型都支持用户定义的完整性。

4. 数据库的并发控制

（1）并行操作中数据的不一致性

【案例10-3】在学生选课时，学生S_1和学生S_2均对课程C进行选课。学生S_1选择课程C时，先读出课程余量为n。同一时刻（也可以是不同时刻，只要在学生S_1更新数据之前），学生S_2也读出了课程C的余量为n。学生S_1选择此课程，课程C余量-1，写入数据库，此时课程C的余量为$n-1$；学生S_2选择此课程，课程C余量-1，写入数据库，此时课程C的余量为$n-1$（因为之前读出的课程C余量为n）。课程C的余量显然是不正确的，实际上课程C的余量应更新为$n-2$。原因是S_2的修改覆盖了S_1的修改。

上述案例中出现的这种情况称为数据的不一致性，主要是由于处理程序工作区中的数据与数据库中的数据不一致而造成的。若处理程序不对数据库中的数据进行修改，则不会造成不一致。另外，若没有并行操作发生，则这种临时的不一致也不会出现问题。通常，对于**数据不一致性分类**包括以下4种。

1）丢失或覆盖更新。当两个或多个事务选择同一数据，并且基于最初选定的值更新该数据时，会发生丢失更新问题。如飞机票售票问题。

2）不可重复读。在一个事务范围内，两个相同查询将返回不同数据，这是由于查询时其他事务修改的提交而引起的。

3）读脏数据。指一个事务读取另一个未提交的并行事务所写的数据。当第二个事务选择其他事务正在更新的行时，会发生未确认的相关性问题。第二个事务正在读取的数据还没确认，且该数据可能由更新此行的事务所更改。

4）破坏性的数据定义语言（DDL）操作。当一个用户修改一个表的数据时，另一用户同时更改或删除该表。

（2）并发控制及事务

为了提高效率且有效地利用数据库资源，可以使多个程序或一个程序的多个进程并行运行，即数据库的并行操作。在多用户的数据库环境中，多用户程序可以并行地存取数据库，需要进行并发控制，保证数据的一致性和完整性。

并发事件（Concurrent Events）是指在多用户同时操作共享数据资源时，出现多个用户同时存取数据的事件。对并发事件的有效控制称为并发控制（Concurrent Control）。并发控制是确保及时纠正由并发操作导致的错误的一种机制，是当多个用户同时更新运行时，用于保护数据库完整性的各种技术。

事务（Transaction）是并发控制的基本单位，是用户定义的一组操作序列，是数据库的逻辑工作单位，一个事务可以是一条或一组 SQL 语句。事务的开始或结束都可以由用户显式控制，若用户无显式地定义事务，则由数据库系统按默认规定自动划分事务。

事务通常以 BEGIN TRANSACTION 开始，以提交 COMMIT 或回滚（退回）ROLLBACK 结束。其中，COMMIT 表示提交事务的操作，将事务中所有的操作写到物理数据库中后正常结束。ROLLBACK 表示回滚，当事务运行过程中发生故障时，系统将事务中完成的所有操作全部撤销，退回到原有状态。**事务属性**（ACID 特性）如下。

1）原子性（Atomicity）。保证事务中的一组操作不可再分，即这些操作是一个整体，“要么都做，要么都不做”。

2）一致性（Consistency）。事务从一个一致状态转变到另一个一致状态。如转账操作中，各账户金额必须平衡，一致性与原子性密切相关。

3）隔离性（Isolation）。指一个事务的执行不能被其他事务干扰。一个事务的操作及使用的数据与并发的其他事务互相独立、互不影响。

4）持久性（Durability）。事务一旦提交，对数据库所做的操作是不变的，即使发生故障也不会对其有任何影响。

（3）并发控制的具体措施

数据库管理系统（DBMS）对并发控制的任务是确保多个事务同时存取同一数据时，保持事务的隔离性与统一性以及数据库的统一性，常用方法是对数据进行封锁。

封锁（Locking）是事务 T 在对某个数据对象（如表、记录等）进行操作之前，先向系统发出请求，对其加锁。加锁后事务 T 就对该数据对象有了一定的控制，在事务 T 释放该锁之前，其他事务不可以更新此数据对象。

常用封锁有两种：X 锁（排他锁、写锁）和 S 锁（只读锁、共享锁）。X 锁禁止资源共享，若事务以此方式封锁资源，只有此事务可以更改该资源，直至该资源被释放。S 锁允许相关资源共享，多个用户可以同时读同一数据，几个事务可以在同一共享资源上再加 S 锁。共享锁比排他锁具有更高的数据并行性。

注意： *在多用户系统中使用封锁后可能会出现死锁情况，使得一些事务难以正常工作。当多个用户彼此等待所封锁的数据时可能就会出现死锁现象。*

（4）故障恢复

通过数据库管理系统（DBMS）提供的机制和多种方法，可以及时发现故障并修复故障，从而防止数据被破坏。数据库系统可以尽快恢复数据库系统运行时出现的故障，可能是物理上或逻辑上的错误，如对系统的误操作造成的数据错误等。

10.1.4　数据库的安全策略和机制

数据库的安全策略和机制对于数据库和数据的安全管理和应用极为重要，SQL Server 提供了强大的安全机制，可有效保障数据库及数据安全。

1. SQL Server 的安全策略

数据库管理员（DBA）最重要的一项任务是保证其业务数据的安全，可以利用 SQL Server 对大量庞杂的业务数据进行高效的管理和控制。SQL Server 提供了强大的安全机制来保证数据库及数据的安全。其安全性包括 3 个方面，即管理规章制度方面的安全性、数据库服务器实体（物理）方面的安全性和数据库服务器逻辑方面的安全性。

SQL 服务器安全配置涉及用户账号及密码、审计系统、优先级模型和控制数据库目录的特别许可、内置式命令、脚本和编程语言、网络协议、补丁和服务包、数据库管理实用程序和开发工具。在设计数据库时，应考虑其安全机制，在安装时更要注意系统安全设置。

注意：在 Web 环境下，除了对 SQL Server 的文件系统、账号、密码等进行规划以外，还应注意数据库端和应用系统的开发安全策略，最大限度保证互联网环境下的数据库安全。

2. SQL Server 的安全机制

SQL Server 具有权限层次安全机制，对数据库系统的安全极为重要，包括用户标识与鉴别、存取控制、审计、数据加密、视图、特殊数据库的安全规则等，如图 10-6 所示。

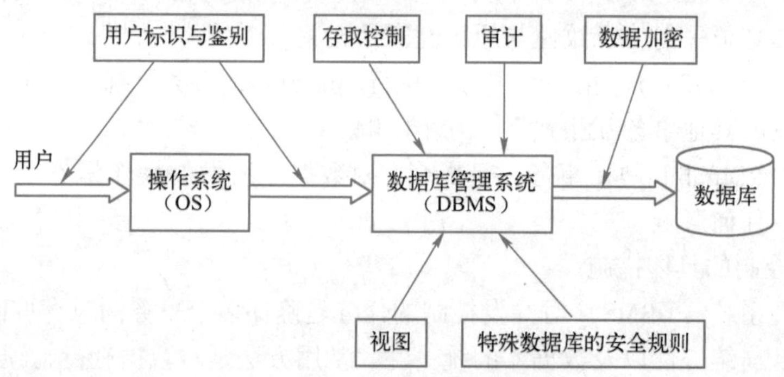

图 10-6　数据库系统的安全机制

SQL Server 的安全性管理，可以划分为以下 4 个层次。

1）操作系统级的安全性。用户使用客户机通过网络访问 SQL Server 服务器时，先要获得操作系统的使用权。

2）SQL Server 级的安全性。SQL Server 的服务器级安全性建立在控制服务器登录账号和口令的基础上。SQL Server 采用了标准 SQL Server 登录和集成 Windows NT 登录两种方式。

3）数据库级的安全性。在用户通过 SQL Server 服务器的安全性检验以后，将直接面对不同的数据库入口，这是用户将接受的第三次安全性检验。

4）数据库对象级的安全性。在创建数据库对象时，SQL Server 会自动把该数据库对象的拥有权赋予该对象的创建者。

说明：在建立用户的登录账号信息时，SQL Server 会提示用户选择默认的数据库。以后用户每次连接上服务器后，都会自动转到默认的数据库上。master 数据库对任何用户总是打开的，若设置登录账号时未指定默认的数据库，则用户的权限将仅限于此。

在默认情况下，只有数据库的拥有者才可以访问该数据库的对象。数据库的拥有者可分配访问权限给别的用户，以便让其他用户也拥有对该数据库的访问权限，在 SQL Server 中并非所有的权利都可转让分配。SQL Server 支持的安全功能见表 10-1。

表 10-1　SQL Server 支持的安全功能

功能名称	Express/Web	Standard	Enterprise
始终使用安全区域加密	支持	支持	支持
透明数据库加密	—	支持	支持
数据分类与审核	支持	支持	支持
漏洞评估	支持	支持	支持

3. SQL Server 安全性及合规管理

根据美国国家标准技术研究院（NIST）2020 年发布的数据，SQL Server 在 2010—2019 年的安全漏洞数量最少。SQL Server 具有灵活性、审核易用性和安全管理性，使企事业用户可以更便捷地面对合规管理策略相关问题。

1）合规管理及认证。从 SQL Server 2008 SP2 企业版开始，SQL Server 就达到了完整的 EAL4+合规性评估。

2）数据保护。数据库解决方案帮助保护用户数据。

3）加密性能增强。SQL Server 提供加密层次结构、透明数据加密、可扩展密钥管理、标记代码模块等增强的加密功能。

4）控制访问权限。可有效地管理身份验证和授权。

5）用户定义的服务器角色。提高了灵活性、可管理性且有助于职责划分更加规范。

6）默认的组间架构。数据库架构等同于 Windows 组而非个人用户，并以此提高数据库的合规性。可简化数据库架构的管理。

7）内置的数据库身份验证。

8）SharePoint 激活路径。内置的 IT 控制端使终端用户数据分析更加安全。

9）对 SQL Server 所有版本的审核。

SQL Server 提供了增强的安全性和合规性，包括集成证书管理、SQL 漏洞评估、SQL 数据发现和分类、始终使用安全区域加密等。

10.1.5　数据库的备份与恢复

【案例 10-4】2020 年 2 月 23 日，国内某网络信息服务提供商出现了大规模系统故障，官方消息称是由运维员工在生产环境的“删库”操作引发的。自 2020 年 2 月 23 日出现宕机以来，该机构的市值合计蒸发 30.88 亿港元（约合人民币 25.09 亿元）。

每年 3 月 31 日被定为世界备份日，提醒人们对数据进行备份，以防数据丢失和宕机事件发生。建议实施 321 原则：服务器、本地存储、异地云存储三份副本，实现云中数据备份至本地、本地同步到云以及灾后快速恢复，最终确保业务连续性和数据资产安全。

1. 数据库备份

教学视频
视频资源10-3

数据库备份（Database Backup）是指为防止系统出现故障或操作失误导致数据丢失，而将数据库的全部或部分数据复制到其他存储介质。可通过DBMS的应急机制实现数据库的备份与恢复。确定**数据库备份策略**需要重点考虑以下3个要素。

（1）备份内容及频率

1）备份内容。备份时应及时将数据库中全部数据、表（结构）、数据库用户（包括用户和用户操作权）及用户定义的数据库对象进行备份，并备份记录数据库的变更日志等。

2）备份频率。主要由数据库中数据内容的重要程度、对数据恢复作用的大小和数据量的大小确定，并考虑数据库的事务类型（读写操作比重）和事故发生的频率等。

（2）备份技术

常用的数据备份技术有数据备份和撰写日志。

1）数据备份。是将整个数据库复制到另一个磁盘进行保存的过程。当数据库遭到破坏时，可将备份的文件重新恢复并更新事务。数据备份可分为静态备份和动态备份。鉴于数据备份效率、数据存储空间等相关因素，数据备份可以考虑完全备份与增量备份两种方式。

2）撰写日志。日志文件是记录数据库更新操作的文件。用于数据库恢复中的事务故障恢复和系统故障恢复，在副本载入时将数据库恢复到备份结束时刻的正确状态，并可将故障系统中已完成的事务进行重做处理。

（3）基本相关工具

DBMS提供的备份工具（Back-up Facilities），可以定期备份部分或整个数据库。日志工具维护事务和数据库变化的审计跟踪。通过检查点工具，DBMS定期挂起所有的操作处理，使其文件和日志保持同步，并建立恢复点。

2. 数据库恢复

数据库恢复（Database Recovery）指当数据库或数据遭到意外破坏时，快速准确地将其恢复。不同的故障对应的数据库恢复策略和方法不尽相同。

（1）恢复策略

1）事务故障恢复。事务在正常结束点前就意外终止运行的现象称为事务故障。利用DBMS可自动完成其恢复。主要利用日志文件撤销故障事务对数据库所进行的修改。

2）系统故障恢复。系统故障造成数据库状态不一致的要素有两个，一个是事务没有结束但对数据库的更新可能已写入数据库；另一个是已提交的事务对数据库的更新没完成（写入数据库），可能仍然留在缓冲区中。恢复步骤是撤销故障发生时没完成的事务，重新开始具体执行或实现事务。

3）介质故障恢复。这种故障造成磁盘等介质上的物理数据库和日志文件破坏，同前两种故障相比，介质故障是最严重的故障，只能利用备份重新恢复。

（2）恢复方法

利用数据库备份、事务日志备份等可以将数据库恢复到正常状态。

1）备份恢复。数据库维护过程中，数据库管理员定期对数据库进行备份，生成数据库正常状态的备份。一旦发生意外故障，即可及时利用备份进行恢复。

2）事务日志恢复。利用事务日志文件可以恢复没有完成的非完整事务，直到事务开始时的状态为止，通常可由系统自动完成。

3）镜像技术。镜像是指在不同设备上同时存储两个相同的数据库，一个称为主数据库，另一个称为镜像数据库。主数据库与镜像数据库互为镜像关系，两者中任何一个数据库的更新都会及时反映到另一个数据库中。

（3）恢复管理器

恢复管理器是 DBMS 的一个重要模块。当发生意外故障时，恢复管理器先将数据库恢复到一个正确的状况，再继续进行正常处理工作。可使用前文提到的方法恢复数据库。

*10.2　综合应用　数据库安全解决方案

实践中经常需要一些数据库安全整体解决方案，帮助安全管理人员在复杂的多平台数据库应用环境中，快速实现基于策略的安全统一管理，增强数据库的安全保护。

10.2.1　数据库的安全策略

1. 管理 sa 密码

系统密码和数据库账号的密码安全是第一关口。DBA 可以使用下面的 SQL 语句来检查是否有不符合密码要求的账号。

```
use master
select name, password from syslogins where password is null
```

设置 sa 密码的操作步骤如下。

1）在 SSMS 中，展开服务器。

2）单击展开安全性，然后展开登录名。

3）右键单击 sa，然后单击属性。

4）在密码框中，输入新的密码。

2. 采用安全账号策略和 Windows 认证模式

由于 SQL Server 不能更改 sa 用户名称，也不能删除超级用户，因此，必须对此账号进行严格的保管，包括使用一个非常健壮的密码，尽量不在数据库应用中使用 sa 账号，只有当没有其他方法登录 SQL Server 时（如其他系统管理员不可用或忘记密码）才使用 sa。建议为 DBA 新建立一个拥有与 sa 一样权限的超级用户管理数据库。在建立与 SQL Server 的连接时，启用 Windows 认证模式。

3. 防火墙禁用 SQL Server 端口

SQL Server 的默认安装可监视 TCP 端口 1433 以及 UDP 端口 1434。配置的防火墙可过滤掉到达这些端口的数据包。而且，还应在防火墙上阻止与指定实例相关联的其他端口。

4. 审核指向 SQL Server 的连接

SQL Server 可以记录事件信息，用于系统管理员的审查。至少应记录失败的 SQL Server 连接尝试，并定期查看此日志。尽可能不要将这些日志和数据文件保存在同一个硬盘上。

在SSMS中审核失败连接的步骤如下。

1）右键单击服务器，然后单击属性。

2）在安全性选项卡的登录审核中，单击失败的登录。

3）要使这个设置生效，必须停止并重新启动服务器。

5. 管理扩展存储过程

改进存储过程，并慎重处理账号调用扩展存储过程的权限。有些系统的存储过程很容易被用来提升权限或进行破坏，所以应删除不必要的存储过程。若不需要扩展存储过程，xp_cmdshell应去掉。

注意：检查其他扩展存储过程，在处理时应确认，以免造成误操作。

6. 用视图和存储程序限制用户访问权限

使用视图和存储程序以分配给用户访问数据的权利，而不是让用户编写一些直接访问表格的特别查询语句。通过这种方式，无须在表格中将访问权利分配给用户。视图和存储程序也可限制查看的数据。如对于包含保密信息的员工表格，可以建立一个省略工资栏的视图。

7. 使用最安全的文件系统

NTFS是最适合安装SQL Server的文件系统。比FAT文件系统更稳定且更容易恢复。而且它还包括一些安全选项，如文件和目录ACL以及文件加密（EFS）。通过EFS，数据库文件将在运行SQL Server的账户身份下进行加密。只有这个账户才能解密这些文件。

8. 安装升级包

为了提高服务器安全性，最有效的方法是升级SQL Server和及时更新安全漏洞等。

9. 利用MBSA评估服务器安全性

基线安全性分析器（MBSA）是一个扫描多种Microsoft产品不安全配置的工具，可在Microsoft网站免费下载，包括SQL Server等。

10. 其他安全策略

在安装SQL Server时，需要注意以下问题。

1）在TCP/IP中，采用微软推荐使用且经受考验的SQL Server网络库，若服务器与网络连接，使用非标准端口容易被破坏。

2）采用一个低级别的（非管理）账号来运行SQL Server，当系统崩溃时进行保护。

3）不要允许未获得安全许可的用户访问任何包括安全数据的数据库。

4）很多安全问题发生在内部，需将数据库保护在一个“更安全的空间”。

10.2.2　数据常用加密技术

SQL Server通过将数据加密作为数据库的内在特性，提供了多层次的密钥和丰富的加密算法，而且用户还可以选择数据服务器管理密钥。其加密方法如下。

1）对称密钥加密（Symmetric Key Encryption）：加密和解密使用相同的密钥。

2）非对称密钥加密（Asymmetric Key Encryption）：使用一组公共/私人密钥系统，加解密时各使用一种密钥，公钥可以共享和公开。

3）数字证书（Certificate）：是一种非对称密钥加密。SQL Server采用多级密钥保护内部的密钥和数据，支持“互联网工程任务组”（IETF）X.509 版本 3（X.509v3）规范。用户可以对其使用外部生成的证书，也可以使用其生成证书。

10.2.3　数据库的安全审计

审计功能可有效地保护和维护数据安全，但会耗时且费空间，DBA 应当根据实际业务需求和对安全性的要求，选用审计功能。可以利用 SQL Server 自身的功能实现数据库审计，步骤如下。

1）启用 SQL 服务。

2）打开 SQL Server 数据库事件探查器，使用快捷键〈Ctrl+N〉新建一个跟踪。

3）在弹出的对话框中切换到“事件选择”选项卡，选择显示的事件，进行筛选跟踪，如图 10-7 所示。其中默认安全审计包含 Audit Login 和 Audit Logout，右侧子项为可以跟踪的事件。

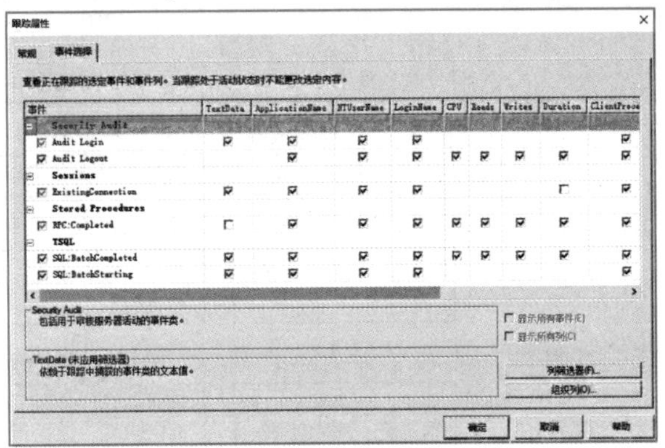

图 10-7　事件选择界面

4）登录查询分析器，分别用 Windows 身份验证和 SQL Server 身份验证登录，记录登录的事件：用户、时间、操作事项，并查看分析结果。如图 10-8 所示。

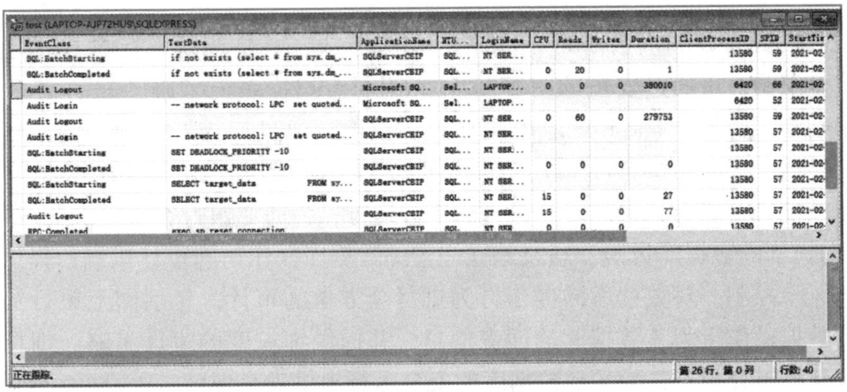

图 10-8　查看事件跟踪信息

10.2.4　银行数据库安全解决方案

【案例 10-5】2020 年 3 月一名男子因利用黑客技术，侵入厦门银行 App 的人脸识别系统，使用虚假身份信息注册了多个账户，并将其转售获利，被判三年有期徒刑。

2020 年 2 月，中国人民银行发布 2020 版《网上银行系统信息安全通用规范》(JR/T 0068—2020)，旨在有效增强现有网上银行系统安全防范能力，促进网上银行规范、健康发展，既可作为各单位网上银行系统建设、改造升级以及开展安全检查、内部审计的安全性依据，也可作为行业主管部门和专业检测机构进行检查、检测及认证的依据。

1. 银行数据库安全面临的风险

网络信息技术的发展和电子商务的普及，对企业传统的经营思想和经营方式产生了强烈的冲击，以互联网技术为核心的网上银行使银行业务也发生了巨大变化，同时也带来了极大的风险和安全隐患。银行机构具体数据库安全需求分析如图 10-9 所示。

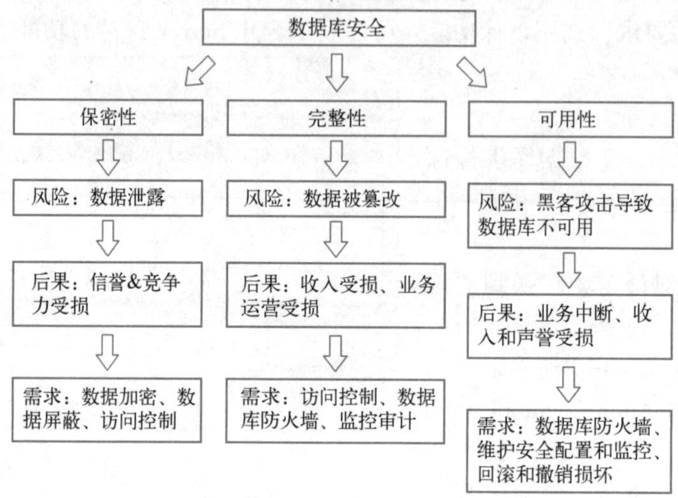

图 10-9　数据库安全需求分析

2. 解决方案的制定与实施

1）面对外部的 Web 应用风险，可从两个方面解决，一是调研现有网上银行及 Web 网站存在的安全漏洞，可通过安恒的明御 Web 应用弱点扫描系统了解已知的 Web 应用系统（Web 网站、网上银行、其他 B/S 应用）存在的风险，通过扫描器发现漏洞，然后进行加固防护。二是通过部署明御 Web 应用防火墙抵御互联网上针对 Web 应用层的攻击行为，提高商业银行的抗风险能力，保障商业银行的正常运行，为商业银行客户提供全方位的保障。

2）面对内部的数据库风险，通过建立完善的数据库操作访问审计机制，提供全方位的实时审计与风险控制。对数据库的操作行为进行全方位的审计，包括网上银行及其他业务系统执行的数据操作行为、数据库的回应信息，并提供细粒度的审计策略、细粒度的行为检索、合规化的审计报告，为后台数据库的安全运行提供安全保障。

3）数据库安全解决方案。传统数据库安全解决方案不利于内部数据防御各种入侵攻击，需要根据实际情况采取切实有效的防御措施，数据保护防御需要做到敏感数据“看不见”、核心数据“拿不走”、运维操作“能审计”，加强数据库安全有 9 个要点，具体防御步骤见表 10-2。

表 10-2　数据库安全防御要点

序号	防御步骤	防御功能
1	防止威胁侵入	阻止和记录：边界防御
2	漏洞评估和安全配置	审计监视：安全配置、检测审计误用、回滚撤销损坏
3	自动化活动监视和审计报告	
4	安全更改跟踪	

（续）

序号	防御步骤	防御功能
5	特权用户访问控制和多因素授权	访问控制：控制特权用户、多因素授权
6	数据分类以实现访问控制	
7	基于标准的全面加密	加密和屏蔽：加密敏感或传输数据，保护数据备份，屏蔽开发或测试数据
8	集成的磁带或云备份管理	
9	不可逆地去除身份信息	

数据库安全整体架构设计和架构部署，分别如图 10-10 和图 10-11 所示。

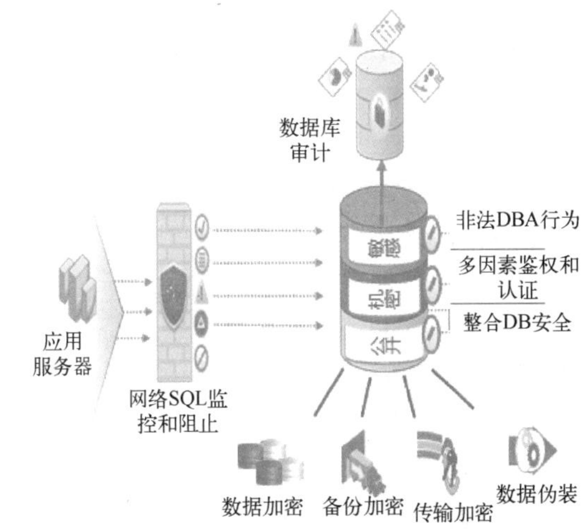

图 10-10 数据库安全整体架构设计

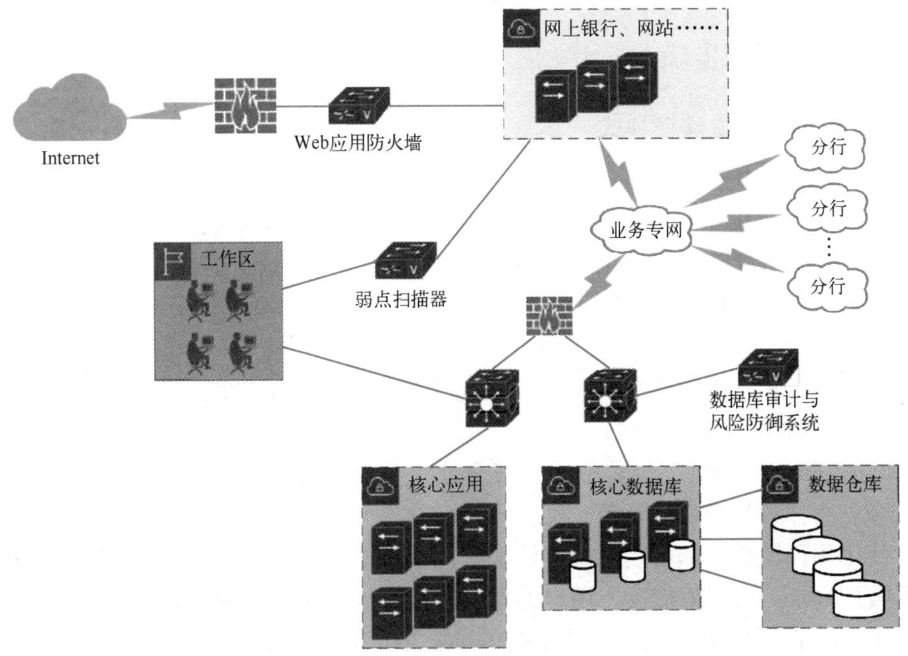

图 10-11 数据库安全架构部署

10.3　要点小结

数据库安全技术对于整个网络系统的安全极为重要，关键在于数据资源的安全。

本章概述了数据安全性、数据库安全性和数据库系统安全性的有关概念，以及数据库安全的主要威胁和隐患、数据库安全的层次结构。数据库安全的核心和关键是数据安全。在此基础上介绍了数据库安全特性，包括安全性、完整性、并发控制和备份与恢复技术等，同时，介绍了数据库的安全策略和机制、数据库安全体系与防护技术及解决方案。最后，简要介绍了 SQL Server 2022 用户安全管理实验的目的、内容和操作步骤。

10.4　实验 10-1　SQL Server 2022 用户安全管理

10.4.1　实验目的

1）理解 SQL Server 2022 身份认证的模式。

2）掌握 SQL Server 2022 创建和管理登录用户的方法。

3）了解创建应用程序角色的具体过程和方法。

4）掌握管理用户权限的具体操作方法。

10.4.2　实验要求

预备知识：掌握数据库原理的基础知识，具有 SQL Server 实践操作的基本技能。

实验设备：每人一台安装有 SQL Server 2022 的计算机。

实验用时：2 学时（可以增加课外实践活动）

10.4.3　实验内容和步骤

1. SQL Server 2022 验证模式

SQL Server 2022 提供 Windows 身份和混合安全身份两种验证模式。在第一次安装 SQL Server 2022 或使用 SQL Server 2022 连接其他服务器时，需要指定验证模式。对于已经指定验证模式的 SQL Server 2022 服务器仍然可以设置和修改身份验证模式。

1）打开 SSMS（SQL Server Management Studio）窗口，选择一种身份验证模式，建立与服务器的连接。

2）在“对象资源管理器”窗口中右键单击服务器名称，在弹出的快捷菜单中选择“属性”，打开“服务器属性”窗口。

3）单击左侧“选项页”列表中的“安全性”标签，打开如图 10-12 所示的“安全性属性”选项，可以设置身份验证模式。

不管使用哪种模式，都可以通过审核来跟踪访问 SQL Server 2022 的用户，默认设置下仅审核失败的登录。启用审核后，用户的登录将被写入 Windows 应用程序日志、SQL Server 2022 错误日志或两者之中，取决于对 SQL Server 2022 日志的配置。

可用的审核选项有无（禁止跟踪审核）、仅限失败的登录（默认设置，选择后仅审核失败的登录尝试）、仅限成功的登录（仅审核成功的登录尝试）、失败和成功的登录（审核所有成功和失败的登录尝试）。

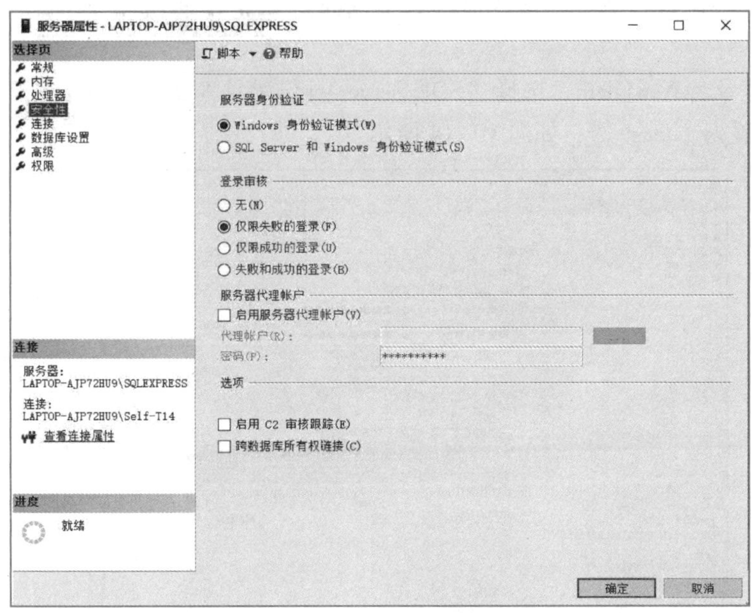

图 10-12　安全性属性

2. 管理服务器账号

（1）查看服务器登录账号

打开“对象资源管理器”，可以查看当前服务器所有的登录账户。展开服务器，选择“安全性”，单击“登录名”后可列出所有的登录名，包含安装时默认设置的，如图 10-13 所示。

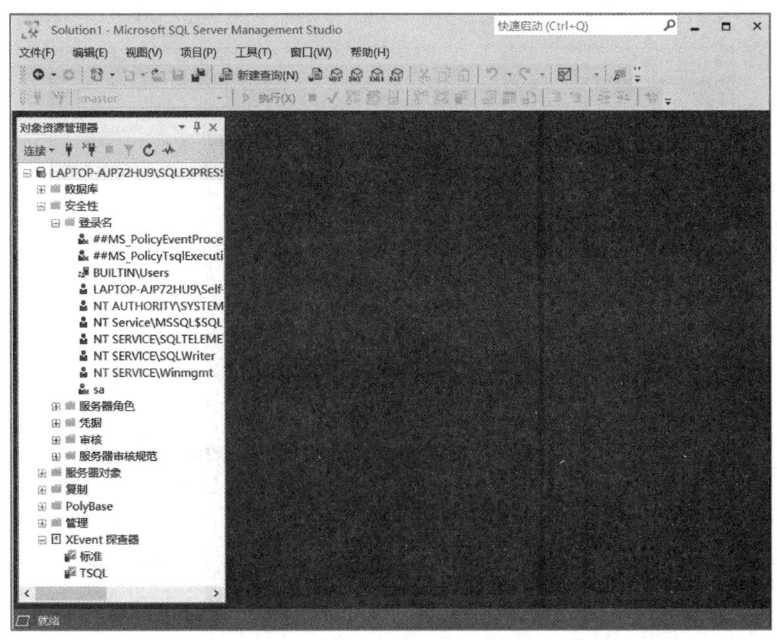

图 10-13　对象资源管理器

（2）创建 SQL Server 2022 登录账户

1）打开 SSMS 窗口，展开“服务器”，然后单击“安全性”节点。

2）右击“登录名”节点，从快捷菜单中选择“新建登录名”，弹出“登录名-新建”对话框。

3）输入登录名 NewLogin，选择“SQL Server 身份验证”并输入符合密码策略的密码，默认数据库设置为“master”，如图 10-14 所示。

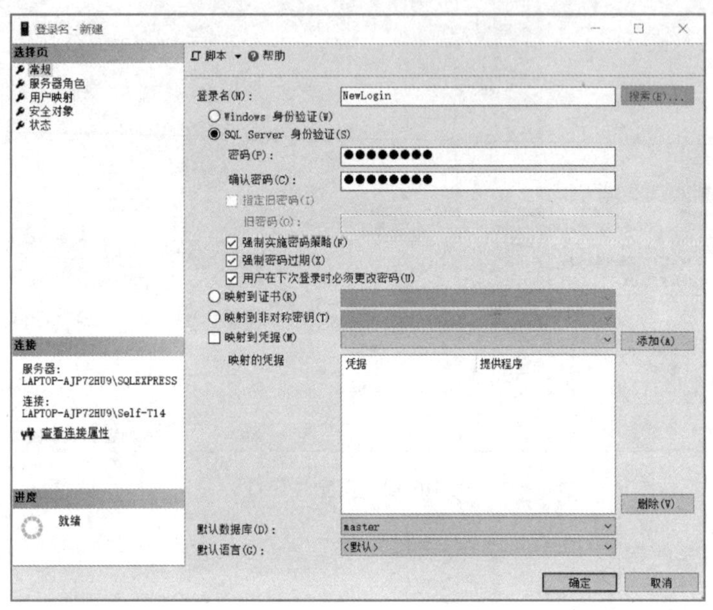

图 10-14 新建登录名

4）在“服务器角色”页面给该登录名选择一个固定的服务器角色，在“用户映射”页面选择该登录名映射的数据库并为之分配相应的数据库角色，如图 10-15 所示。

图 10-15 服务器角色设置

5）在“安全对象”页面为该登录名设置具体的表级权限和列级权限。设置完成后，单击“确定”按钮返回。

（3）修改/删除登录名

1）在 SSMS 窗口中，右击登录名，选择“属性”，单击“登录属性”。出现的对话框格式与“新建登录”相同，用户可以修改登录信息，但不能修改身份验证模式。

2）在 SSMS 窗口中，右击登录名，在弹出的快捷菜单中选择“删除”，打开“删除对象”窗口，单击“确定”按钮可以删除选择的登录名。默认登录名 sa 不允许删除。

3. 创建应用程序角色

1）打开 SSMS 窗口，展开“服务器”，依次单击展开“数据库”→“系统数据库”→“master”→“安全性”→“角色”节点，右击“应用程序角色”，选择“新建应用程序角色”命令。

2）在“角色名称”文本框中输入 Addole，然后在“默认架构”文本框中输入 dbo，在密码和确认密码文本框中输入相应的密码，如图 10-16 所示。

图 10-16　新建应用程序角色

3）在“安全对象”页面上单击“搜索”按钮，选择“特定对象”单选按钮，然后单击“确定”按钮。单击“对象类型”按钮，勾选“表”，依次单击“确定”“浏览”按钮，勾选“spt_fallback_db”表，然后单击“确定”按钮后返回。

4）在 spt_fallback_db 显示权限列表中，启用“选择”，勾选“授予”复选框，然后，单击“确定”按钮。

4. 管理用户权限

1）打开 SSMS 窗口，展开“服务器”，依次单击展开“数据库”→“系统数据库”→“master”→“安全性”→“用户”节点。

2）右击“NewLogin”，在快捷菜单中选择“属性”，打开“数据库用户-NewLogin”

窗口。

3）选择“选项页”中的“安全对象”，单击“权限”选项页面，单击“搜索”按钮打开“添加对象”窗口，并选择其中的“特定对象...”，单击“确定”按钮后打开“选择对象”窗口。

4）单击“对象类型”按钮，打开“选择对象类型”窗口，选中“数据库”，单击“确定”按钮后返回，此时“浏览”按钮被激活。单击“浏览”按钮，打开“查找对象”窗口。

5）选中数据库 master，一直单击“确定”按钮后返回“数据库用户-NewLogin”窗口，如图 10-17 所示。此时数据库 master 及其对应的权限出现在窗口中，可以通过勾选复选框的方式设置用户权限。设置完成后，单击“确定”按钮实现用户权限的设置。

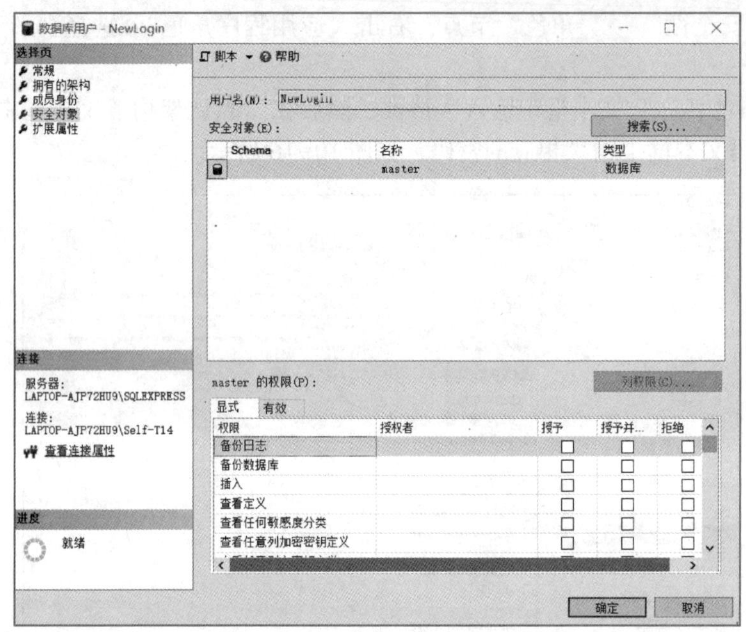

图 10-17　管理用户权限

*10.5　实验 10-2　数据库备份与恢复

10.5.1　实验目的

1）理解 SQL Server 2022 系统的安全性机制。

2）通过 SQL Server 自带的备份功能备份数据库。

3）利用 SQL Server 自带的还原功能还原数据库。

10.5.2　实验内容和步骤

1. 备份数据库

1）管理备份设备。在备份一个数据库之前，需要先创建一个备份设备，比如网络站点、磁带、硬盘等，然后再去复制备份的数据库、事务日志、文件/文件组。

2）备份数据库。打开 SSMS，右击需要备份的数据库，选择“任务”→“备份”，打开“备份数据库”窗口，可以选择要备份的数据库和备份类型，如图 10-18 所示。

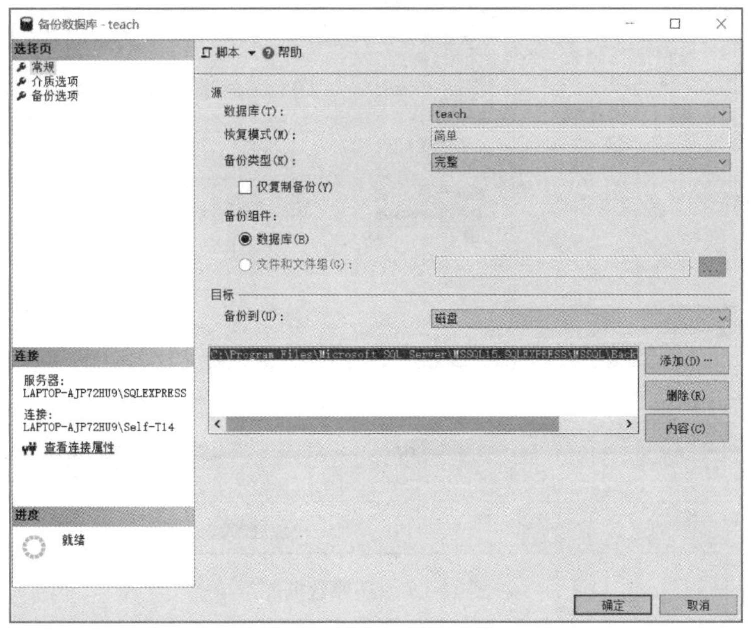

图 10-18　备份数据库

3）备份类型。完整备份将备份数据库中的所有内容，包括事务和日志。差异备份只备份上次数据库备份后发生更改的数据部分。差异备份比完整备份小而且备份速度快，因此可以经常地备份，以减少丢失数据的危险。

4）备份目标。可备份在磁盘上或 Azure 云上，默认为 SQL Server 2022 的安装路径，可通过“添加”或“删除”按钮对备份设备及路径进行修改，如图 10-19 所示。

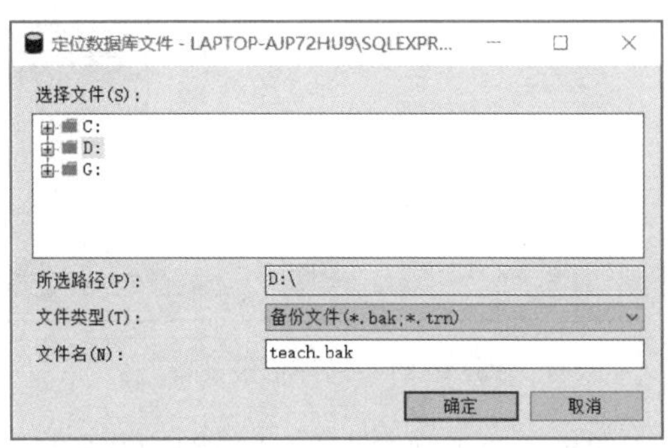

图 10-19　更改备份路径

设置“介质选项”“备份选项”后，单击“确定”按钮进行备份。备份成功后可在设定的备份路径中找到对应的备份文件。

2. 还原数据库

1）还原数据库。打开 SSMS 窗口，右击“数据库”，选择“还原数据库”，打开“还原数据库”窗口，如图 10-20 所示。

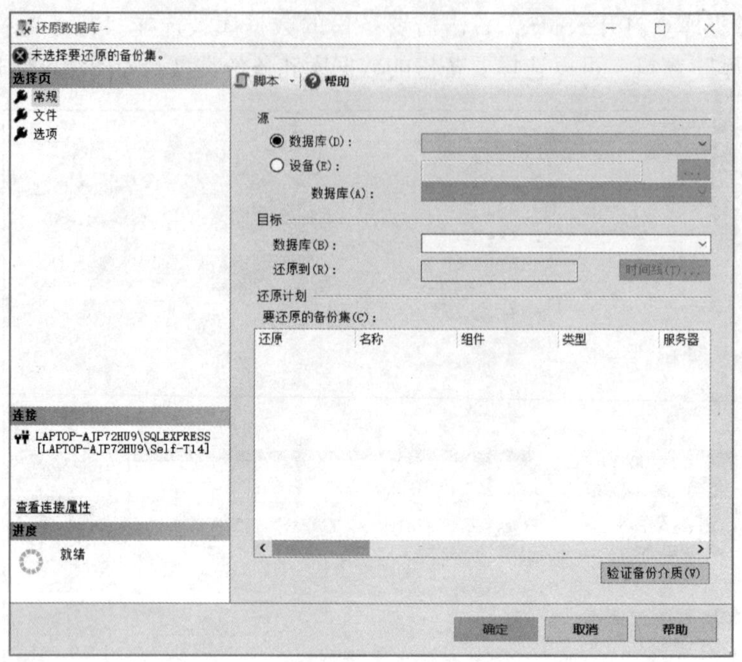

图 10-20　还原数据库

2）选择备份设备。在“源”区域中选择“设备”，打开“选择备份设备”窗口，如图 10-21 所示。通过“添加”或“删除”按钮对备份文件进行选择，单击“确定”按钮后返回。

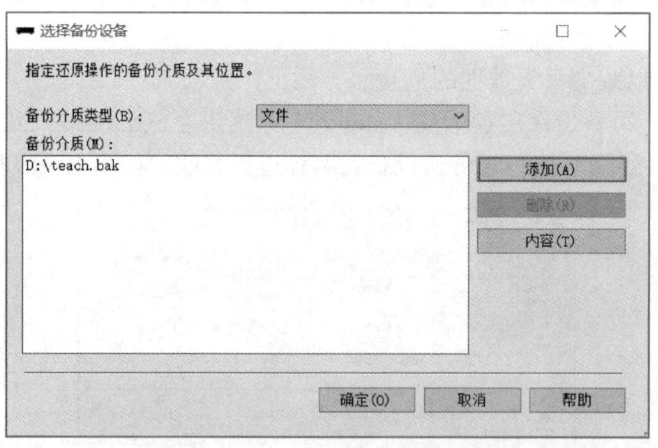

图 10-21　选择备份设备

选择数据库的信息就会回填，单击“确定”按钮即可开始还原。还原成功后便可以在数据库列表中查看到还原的数据库。

10.6　练习与实践 10

1. 选择题

(1) 数据库系统的安全不仅依赖于自身内部的安全机制，还与外部网络环境、应用环境、从业人员素质等因素息息相关，因此，数据库系统的安全框架划分为三个层次：网络系统层、宿主操作系统层、__________，三个层次一起形成数据库系统的安全体系。

A. 硬件层　　B. 数据库管理系统层

C. 应用层　　D. 数据库层

（2）不应拒绝授权用户对数据库的正常操作，同时保证系统的运行效率并提供用户友好的人机交互指的是数据库系统的__________。

A. 保密性　　B. 可用性　　C. 完整性　　D. 并发性

（3）本质上，网络数据库是一种能通过计算机网络通信进行组织、________、检索的相关数据集合。

A. 查找　　B. 存储　　C. 管理　　D. 修改

（4）考虑到数据备份效率、数据存储空间等相关因素，数据备份可以考虑完全备份（备份）与________备份两种方式。

A. 事务　　B. 日志　　C. 增量　　D. 文件

（5）保障网络数据库系统安全，不仅涉及应用技术，还包括管理等层面上的问题，是各个防范措施综合应用的结果，是物理安全、网络安全、________安全等方面防范策略的有效结合。

A. 管理　　B. 内容　　C. 系统　　D. 环境

（6）由非预期的、不正常的程序结束所造成的故障是________。

A. 系统故障　　B. 网络故障　　C. 事务故障　　D. 介质故障

2. 填空题

（1）数据库系统安全包含两方面含义，即________和________。

（2）数据库的保密性是通过对用户的________、________、________及推理控制等安全机制的控制得以实现的。

（3）数据库中的事务应该具有 4 种属性：________、________、________和持久性。

（4）数据库恢复操作通常有三种方法：________、________、________。

（5）SQL Server 2022 提供________和________两种身份验证模式来保护对服务器访问的安全。

（6）在 SQL Server 2022 中，可以为登录名设置具体的________权限和________权限。

3. 简答题

（1）数据库系统的安全含义是什么？

（2）数据库的安全性和完整性有什么不同？

（3）数据库的安全管理与数据的安全管理有何不同？

（4）什么是数据的备份和恢复？

（5）如何对网络数据库的用户进行管理？

4. 实践题

在 SQL Server 2022 中进行用户密码的设置，要求体现出密码的安全策略。

* 第 11 章　电子商务安全

随着电子商务的快速发展和应用，出现了各种商业信息的泄露、客户的银行账号信息被盗、金融欺诈，以及缺乏可信性而导致的商业信任危机等各种安全与信任问题。网络安全、互联网基础设施建设、互联网诚信等几大问题成为阻碍电子商务发展的主要因素。其中，电子商务安全是制约电子商务发展的一个核心和关键问题。

教学目标

- 掌握电子商务安全的概念、要素、威胁和风险
- 了解电子商务安全体系、安全技术和交易
- 理解电子商务常用的 SSL 和 SET 安全协议
- 掌握基于 SSL 协议 Web 服务器的构建方法
- 学会手机微信支付安全应用等实验

11.1　知识要点

【案例 11-1】中国电子商务处于全球领先的地位。2020 年，社会消费品零售总额接近 48 万亿元，年均增长 10%左右；电子商务交易额达到 43.8 万亿元，年均增长 15%左右。但是，一些不法分子通过各种技术手段和方式，对电子商务虎视眈眈，网络安全成为电子商务发展的关键。据调查显示，盗用账号、短信木马链接、骗取验证码、篡改信息等已经成为不法分子最常见的手段。

11.1.1　电子商务安全基础

1. 电子商务的安全风险和隐患

由于互联网的完全开放性以及不可预知的管理漏洞、技术威胁等严重问题，如果问题得不到及时解决，可能会产生一些不可预见的安全问题，尤其在信息安全、交易安全和财产安全方面会产生恶劣的影响。

电子商务的安全交易，需要四个方面的**安全保证**，即信息保密性、交易者身份认证、不可否认性、不可变更性。从整个电子商务系统分析，可将电子商务的安全风险归结为数据传输风险、信用风险、管理风险和法律方面的风险。

由于电子商务的形式多样，涉及的安全问题各异，在电子商务交易过程中，最核心和最关键的问题就是交易的安全性。**商务安全风险和隐患**包括窃取或越权访问机密信息、篡改信息、冒名顶替、恶意破坏。

2. 电子商务安全的概念和内容

（1）电子商务安全的概念及要求

电子商务安全（Electronic Commerce Security）是指通过采取各种安全措施，保障网络

系统传输、交易和相关数据的安全。保证交易数据的安全是电子商务安全的关键。电子商务安全涉及很多方面，不仅同网络系统结构和管理有关，还与电子商务具体应用的环境、人员素质、社会法制和管理等因素有关。**电子商务安全的基本要求**如下。

1）授权的合法性。安全管理人员根据不同类型的用户权限进行授权分配，并管理用户在权限内进行的各种操作。

2）电子商务系统运行安全。保证电子商务系统保持正常的运行和服务。

3）交易者身份的真实性。交易双方在交换数据信息之前，需要通过第三方的数字证书和签名进行身份验证。

4）数据的完整性。避免数据信息在存储和传输过程中出现破坏其完整性的行为。

5）数据信息安全性（保密性、完整性、可用性、可控性和可审查性）。

6）可审查性。也称为不可抵赖性，所有交易和操作都可以审查。

（2）电子商务安全的分类和内容

电子商务的一个重要技术特征是利用 IT 技术传输、处理和存储商业数据。所以，**电子商务安全**从整体上**可分为两大部分**：网络系统安全和商务交易安全。

电子商务安全的内容具体涉及以下五个方面。

1）电子商务安全立法和管理。《中华人民共和国网络安全法》、电子商务安全立法和规章制度是对电子商务违法违规行为的重要约束和保障措施。

2）电子商务系统实体（物理）安全。保护系统硬件设施的安全，包括服务器、终端和网络设备的安全，受到物理保护而免受影响、破坏和损失，保证其自身的可用性、可控性，并为系统提供基本安全保障。

3）软件及数据安全。是指保护系统软件、应用软件和数据不被篡改、影响、破坏和非法复制。保障系统中数据的存取、处理和传输安全。

4）电子商务系统运行安全。是指保护系统连续正常地运行和服务。

5）电子商务交易安全。主要是为了保障电子商务交易的顺利进行，实现电子商务交易的私有性、完整性、可鉴别性和不可否认性等。

3. 电子商务的安全要素及内容

（1）电子商务的安全要素

信息安全通常强调 CIA 三元组的目标，即保密性、完整性和可用性。通过分析电子商务安全问题，可以将**电子商务的安全要素**概括为五个方面。

1）商业信息的保密性。电子商务建立在开放的网络环境中，维护商业机密是全面推广应用的重要保障。因此，必须预防非法信息存取和信息在传输中被非法窃取。

2）交易数据的完整性。主要防范对业务数据信息的随意生成、篡改或删除，同时要防止数据传输过程中信息的丢失和重复。电子商务简化了贸易过程，减少了人为的干预，同时也带来了维护贸易各方商业信息的完整、一致的问题。

3）商务系统的可靠性。主要指交易者身份的确定。电子商务直接关系到贸易双方的商业交易，确定进行交易的贸易方是进行交易所期望的贸易方，是保证电子商务顺利进行的关键。在传统的纸面贸易中，贸易双方通过在交易合同、契约或贸易单据等书面文件上手写签名或印章来鉴别贸易伙伴，确定合同、契约、单据的可靠性并预防抵赖行为的发生。

4）交易数据的有效性。指保证贸易数据在指定时间、地点的有效性。

5）交易的不可否认性。也称为**可审查性**，以确定电子合同、交易和信息的可靠性与可审查性，并预防可能的否认行为的发生，包括源点防抵赖、接收防抵赖、回执防抵赖。

（2）电子商务的安全内容

电子商务的安全包括以下4个方面。

1）网络安全技术。主要包括防火墙技术、网络病毒防范、密码及加密技术、数字签名、身份认证与访问控制、授权与审计、操作系统与站点安全、数据库安全等。

2）安全协议及相关标准规范。电子商务在应用过程中主要的安全协议及相关标准规范，包括网络安全交易协议和安全协议标准，如安全超文本传输协议（S-HTTP）、安全套接层（Secure Sockets Layer，SSL）协议、安全交易技术（Secure Transaction Technology，STT）协议、安全电子交易（Secure Electronic Transaction，SET）协议等。

3）大力加强安全交易监督检查，建立健全各项规章制度和机制。建立交易的安全制度、实时监控、提升实时改变安全策略的能力、对现有安全系统的漏洞检查和安全教育等。

4）强化社会的法律政策与法律保障机制，通过健全法律制度和完善法律体系，来保证合法网上交易的权益，同时对破坏合法网上交易权益的行为进行立法严惩。

4. 电子商务的安全体系

电子商务安全体系包括4个部分，即服务器端、银行端、客户端与认证机构。

1）服务器端主要包括服务端安全代理、数据库管理系统、审计信息管理系统、Web服务器系统等。

2）银行端主要包括银行端安全代理、数据库管理系统、审计信息管理系统、业务系统等。服务器端与客户端、银行端进行通信，实现服务器与客户的身份认证机制，以保证电子商务交易可以安全进行。

3）电子商务用户通过终端与互联网连接，客户端除了安装有WWW浏览器软件之外，还需要有客户安全代理软件。客户安全代理负责对客户的敏感信息进行加密、解密与数字签名，使用经过加密的信息与服务商或银行进行通信，并通过服务商端、银行端安全代理与认证中心实现用户的身份认证机制。

4）为了确保电子商务交易安全，认证机构是必不可少的组成部分。网上交易的买卖双方在进行每笔交易时，都需要鉴别对方是否是可以信任的。认证中心就是为了保证电子商务交易安全、签发数字证书并确认用户身份的机构。认证机构是电子商务中的**关键**，认证机构的服务通常包括5个部分：用户注册机构、证书管理机构、数据库系统、证书管理中心与密钥恢复中心。

根据电子商务的安全要求，可以构建**电子商务的安全体系**，如图11-1所示。

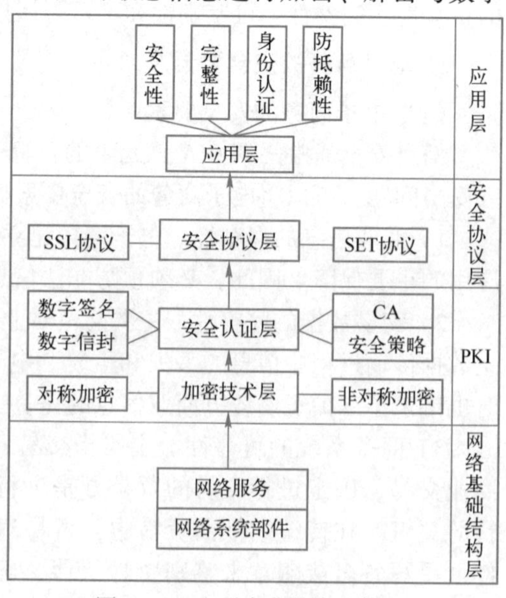

图11-1　电子商务的安全体系

一个完整的电子商务安全体系由网络基础

结构层、PKI 体系结构层、安全协议层、应用层 4 部分**组成**。其中，下层是上层的基础，为上层提供相应的技术支持。上层是下层的扩展与递进，各层次之间相互依赖、相互关联，构成统一整体。通过不同的安全控制技术，实现各层的安全策略，保证电子商务系统的安全。

11.1.2　电子商务的安全技术和交易

电子商务的广泛应用促进了网络安全技术和交易安全的发展完善，特别是近几年多次出现的安全事故引起了国内外的高度重视，网络安全技术得到大力加强和提高。

1. 电子商务的安全技术

全方位的网络安全体系结构包含网络的物理安全、访问控制安全、用户安全、信息加密、安全传输和管理安全等。充分利用各种先进的主机安全技术、身份认证技术、访问控制技术、密码技术、黑客跟踪技术，在攻击者和受保护的资源间建立多道严密的安全防线，可以极大地提高恶意攻击的难度，并通过审核信息量，对入侵者进行跟踪。

常用的网络安全技术包括电子安全交易技术、硬件隔离技术、数据加密技术、认证技术、安全技术协议、安全检测与审计、数据安全技术、防火墙技术、病毒防范技术以及网络商务安全管理技术等。其中，涉及网络安全技术方面的内容，前面已经进行了具体介绍，下面重点介绍网上交易安全协议和安全电子交易（SET）等电子商务安全技术。

【案例 11-2】移动互联网的安全威胁。据国家互联网应急中心监测，2020 年智能设备上活跃的恶意程序超过 15 种，包括 Mirai、Gafgyt、Dofloo、Tsunami、Hajime、Mr-Black 等。主要通过漏洞、暴力破解等途径入侵和控制，包括数据被窃、硬件设备遭控制和破坏、设备被用作跳板对内攻击内网其他主机或对外发动 DDoS 攻击等安全威胁和风险。2020 年上半年，发现智能设备恶意程序样本约 126 万余个，其中大部分属于 Mirai 和 Gafgyt 家族，占比超过 96.0%。服务端传播源 IP 地址 5 万余个，我国境内疑似受感染智能设备 IP 地址数量约 92 万个，主要位于浙江省、江苏省、安徽省等地。被控联网智能设备日均向一千余个目标发起 DDoS 攻击。

2. 网上交易安全协议

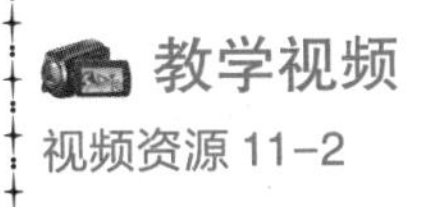

电子商务应用的核心和关键问题是交易的安全。网络的开放性，使得网上交易面临着多种风险，需要提供安全措施。近几年，信息技术行业与金融行业联合制定了几种安全交易标准，主要包括 SSL 标准和 SET 标准等。下面先介绍 SSL 标准，SET 标准将在后面进行介绍。

（1）安全套接层（SSL）协议

安全套接层（Secure Sockets Layer，SSL）**协议**位于传输层，主要用于实现兼容浏览器和 Web 服务器之间的安全通信。SSL 协议是网购站点常用的一种安全协议，以保障网际流通数据的安全性，使浏览器和 Web 服务器安全交互。

（2）SSL 提供的服务

SSL 标准主要提供 3 种服务，即数据加密服务、认证服务与数据完整性服务。采用哈希函数和机密共享的方法提供完整信息性的服务，在客户机与服务器之间建立安全通道，以保证数据在传输中完整地到达目的地。

(3) SSL工作流程及原理

SSL标准的工作流程主要包括SSL客户机向SSL服务器发出连接建立请求，SSL服务器响应SSL客户机的请求，SSL客户机与SSL服务器交换双方认可的密码，一般采用的加密算法是RSA算法，检验SSL服务器得到的密码是否正确，并验证SSL客户机的可信程度，SSL客户机与SSL服务器交换结束的信息。SSL的**工作过程如图11-2所示**。

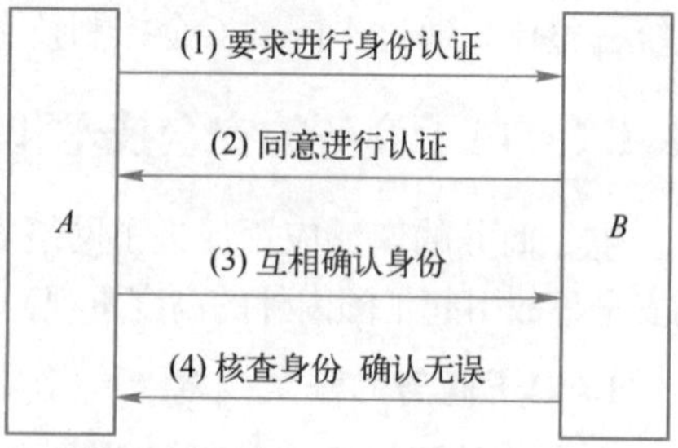

图11-2　SSL的工作过程

3. 网络安全电子交易

网络安全电子交易(Secure Electronic Transaction, SET) 是一个通过Internet等开放网络进行安全交易的技术标准。SET协议围绕客户、商家等交易各方相互之间身份的确认，采用了电子证书等技术，以保障电子交易的安全。SET向基于信用卡进行电子化交易的应用提供了实现安全措施的规则。SET主要由3个文件**组成**，分别是SET业务描述、SET程序员指南和SET协议描述。

(1) SET的主要目标

SET协议主要达到的目标有5个。

1) 信息传输的安全性：信息在互联网上安全传输，保证传输的数据不被外部或内部窃取。

2) 信息的相互隔离：订单信息和个人账号信息的隔离。

3) 多方认证的解决：①要对消费者的信用卡进行认证；②要对网上商店进行认证；③消费者、商店与银行之间的认证。

4) 效仿EDI贸易形式，要求软件遵循相同的协议和报文格式，使不同厂家开发的软件具有兼容和互操作功能，并且可以运行在不同的硬件和操作系统平台上。

5) 交易的实时性：所有的支付过程都是在线的。

(2) SET的交易成员

SET支付系统中的交易成员（组成）主要包括以下6个方面。

1) 持卡人：持卡消费者，包括个人消费者和团体消费者，按照网上商店的表单填写，通过发卡银行发行的信用卡进行付费。

2) 网上商家：在网上的符合SET规格的电子商店，提供商品或服务，它必须是具备相应电子货币使用条件、从事商业交易的公司组织。

3) 收单银行：通过支付网关处理持卡人和商店之间的交易付款问题。接受来自商店端送来的交易付款数据，向发卡银行验证无误后，取得信用卡付款授权以供商店清算。

4) 支付网关：这是由支付者或指定的第三方完成的功能。为了实现授权或支付功能，支付网关将SET和现有的银行卡支付的网络系统作为接口。在互联网上，商家与支付网关交换SET信息，而支付网关与支付者的财务处理系统直接连接或通过网络连接。

5) 发卡银行——电子货币发行公司或兼有电子货币发行的银行：发行信用卡给持卡人的银行机构。在交易过程开始前，发卡银行负责查验持卡人的数据，只有查验有效，整个交易才能成立。在交易过程中负责处理电子货币的审核和支付工作。

6) 认证中心（CA）——可信赖、公正的组织：接受持卡人、商店、银行以及支付网关的数字认证申请书，并管理数字证书的相关事宜，如制定核发准则、发行和注销数字证书等。负责对交易双方进行身份确认，对厂商的信誉、消费者的支付手段和支付能力进行认证。

SET 支付系统中的交易成员如图 11-3 所示。

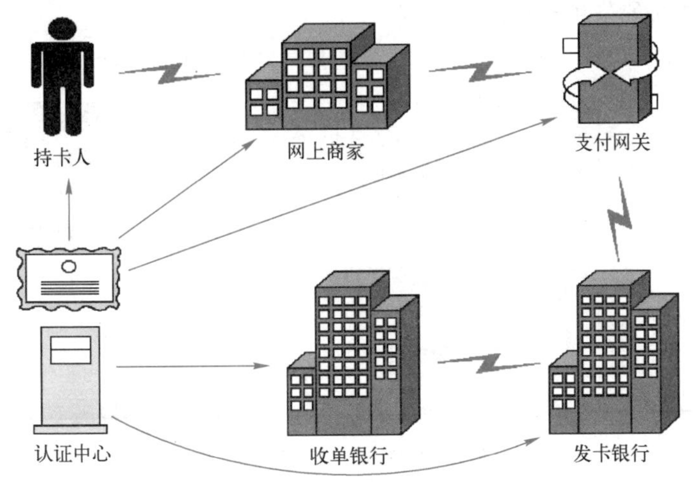

图 11-3　SET 的交易成员

（3）SET 的技术范围

SET 的技术范围包括以下几方面：加密算法、证书信息和对象格式、购买信息和对象格式、认可信息和对象格式、划账信息和对象格式、对话实体之间消息的传输协议。

（4）SET 系统的组成

SET 系统的操作通过 4 个软件完成，包括电子钱包、商店服务器、支付网关和认证中心软件，这 4 个软件分别存储在持卡人、网上商店、银行以及认证中心的服务器中，相互运作完成整个 SET 服务。

安全电子交易（SET）系统的一般模型如图 11-4 所示。

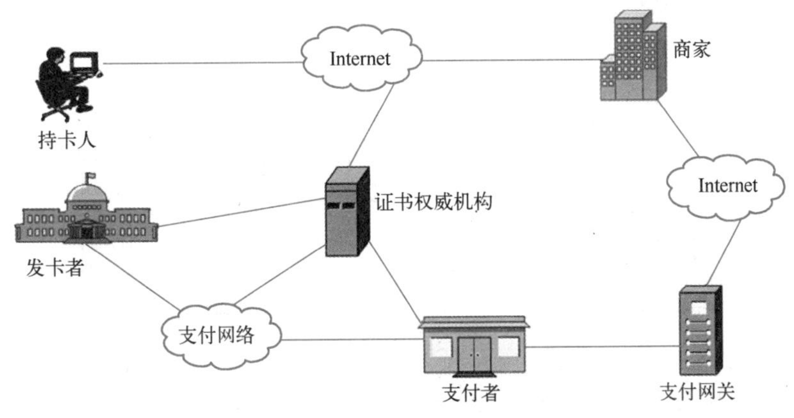

图 11-4　安全电子交易系统（SET）的一般模型

（5）SET 的认证过程

基于 SET 协议电子商务系统的业务过程可分为注册登记、申请数字证书、动态认证和商业机构处理，具体如下。

1）注册登记。机构要加入到基于SET协议的安全电子商务系统中，必须先网上申请注册登记，申请数字证书。每个在认证中心进行注册登记的用户都会得到双钥密码体制的一对密钥、一个公钥和一个私钥。公钥用于提供对方解密和加密回馈的信息内容。私钥用于解密对方的信息和加密发出的信息。

2）申请数字证书。SET数字证书申请工作的具体步骤如图11-5所示。

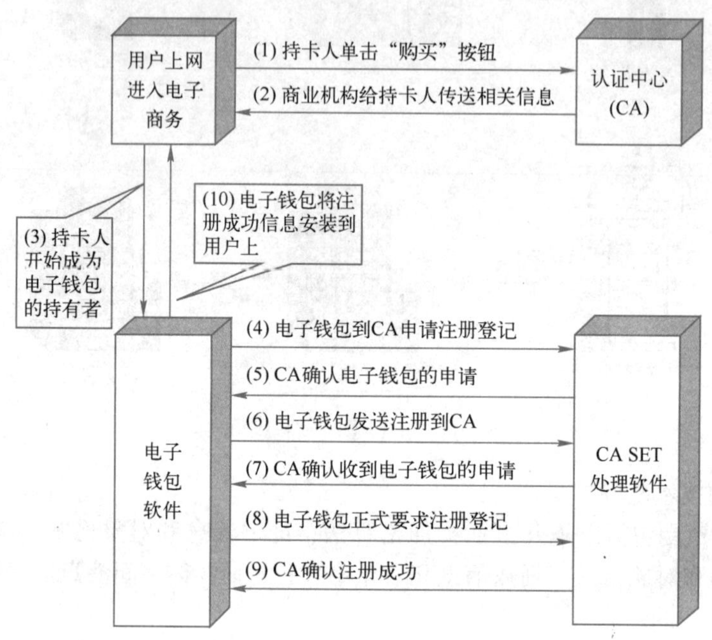

图11-5　SET数字证书申请工作的具体步骤

3）动态认证。注册成功以后，便可以在网络上进行电子商务活动。在从事电子商务交易时，SET系统的动态认证工作步骤如图11-6所示。

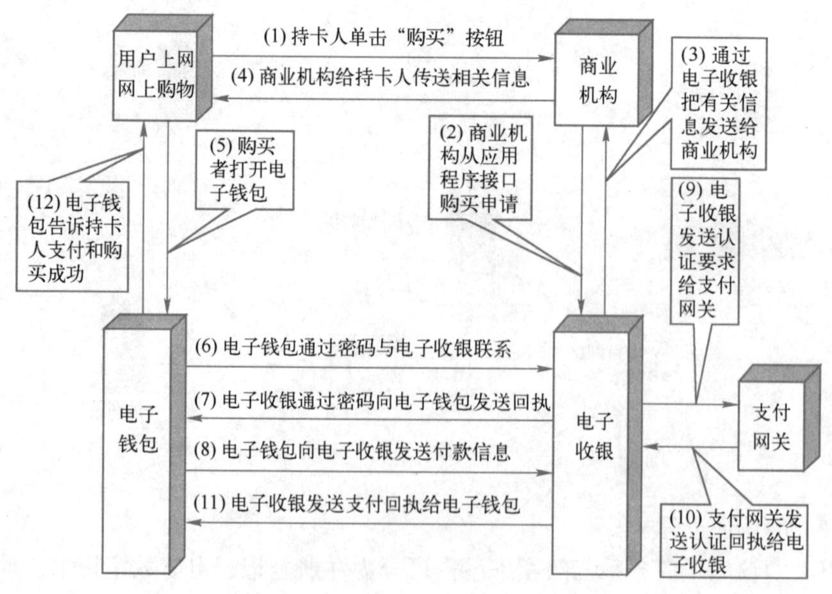

图11-6　SET系统的动态认证工作步骤

4）商业机构处理。商业机构处理的工作步骤如图 11-7 所示。

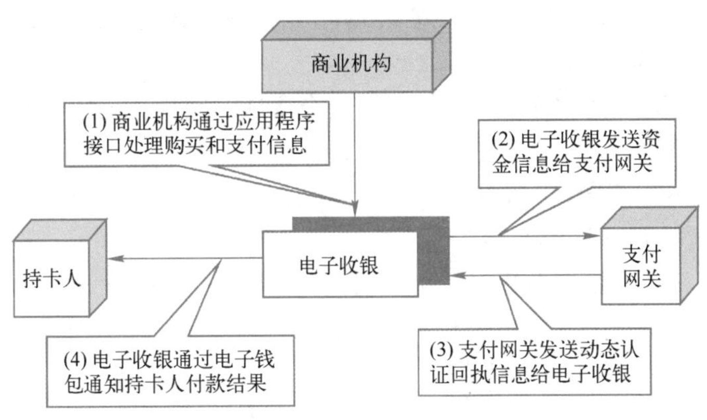

图 11-7　商业机构处理的工作步骤

（6）SET 协议的安全技术

SET 在不断地完善和发展变化。SET 有一个开放工具 SET Toolkit，任何电子商务系统都可以利用它来处理操作过程中的安全和保密问题。其中支付和认证是 SET Toolkit 向系统使用者提供的两大主要功能。

主要相关的网络安全技术包括以下 3 个方面。

1）用双钥密码体制加密文件。

2）增加密钥的公钥和私钥的字长。

3）采用联机动态地授权和认证检查，以确保交易过程的安全可靠。

安全保障措施的技术基础有以下 4 个。

1）利用加密方式确保信息保密性。

2）以数字化签名确保数据的完整性。

3）使用数字化签名和商家认证确保交易各方身份的真实性。

4）通过特殊的协议和消息形式确保动态交互式系统的可操作性。

11.2　案例分析　构建基于 SSL 的 Web 安全站点

构建基于 SSL 的 Web 安全站点包括基于 Web 信息安全通道的构建过程及方法，以及数字证书服务安装与管理的实际应用操作。

11.2.1　基于 Web 安全通道的构建

安全套接层（SSL）协议是在两台终端之间提供安全通道的协议，具有保护传输数据以及识别通信机器的功能。SSL 之上的应用有 HTTP、NNTP、SMTP、Telnet 协议和 FTP，另外，国内开始用 SSL 保护专有协议。微软的 IIS 服务器也提供了对 SSL 协议的支持。

（1）配置 DNS、Active Directory 及 CA 服务

建立一个 CA 认证服务器需要 Windows Server 上有 DNS 和 Active Directory 服务，并需要对其进行配置。用户只要按照“管理工具”中的“配置服务器”向导进行操作即可。此外，为了操作方便，CA 认证中心的颁发策略要设置成“始终颁发”。

(2) 服务器端证书的获取与安装

具体包括获取 Web 站点数字证书、安装 Web 站点数字证书、设置“安全通信”属性。

(3) 客户端证书的获取与安装

客户端如果想通过信息安全通道访问需要安全认证的网站，必须具有此网站信任的 CA 机构颁发的客户端证书以及 CA 认证机构的证书链。

申请客户端证书有两步，一是申请客户端证书，二是安装证书链或 CRLC。

(4) 通过安全通道访问 Web 网站

客户端安装了证书和证书链后，就可以访问需要客户端认证的网站了，但是必须保证客户端证书和服务器端证书是同一个 CA 颁发的。

(5) 通过安全通道访问 Web 站点

Internet 上的数据信息基本是明文传送，各种敏感信息遇到嗅探等很容易被泄露，网络用户没有办法保护各自的合法权益，网络无法充分发挥其方便、快捷、安全、高效的效能，严重影响了电子商务和电子政务的建设与发展，阻碍了 B/S 系统软件的推广。通过研究各种网络安全解决方案，认为采用最新的 SSL 技术构建安全信息通道是一种在安全性、稳定性和可靠性等方面都很优秀的解决方案。

【案例 11-3】 我国第一个安全电子商务系统“东方航空公司网上订票与支付系统”经过半年试运行后，于 1999 年 8 月 8 日投入正式运行，由上海市政府商业委员会、上海市邮电管理局、中国东方航空股份有限公司、中国工商银行上海市分行、上海市电子商务安全证书管理中心有限公司等共同发起、投资与开发。

11.2.2 数字证书的安装与管理

实现电子商务安全的重要内容是电子商务的交易安全。只有使用具有 SSL 及 SET 的网站，才能真正实现网上安全交易。SSL 是对会话的保护，SSL 最为普遍的应用是实现浏览器和 WWW 服务器之间的安全 HTTP 通信。SSL 所提供的安全业务有实体认证、完整性、保密性，还可通过数字签名提供不可否认性。

【案例 11-4】 为了保障电子商务网站和交易的安全，国家制定并颁布了《中华人民共和国电子商务法》和《中华人民共和国电子签名法》，大力推进电子签名、电子认证、数字证书等安全技术手段的广泛应用。对于一些电子商务的安全问题，可以通过“中国金融认证中心”（网址为 http://www.cfca.com.cn/）进行数字证书安全保护。

数字证书的安装与管理，可以通过以下方式进行操作。

1) 打开 Windows 控制面板，单击“添加/删除程序”按钮，再单击“添加/删除 Windows 组件”按钮，弹出“Windows 组件向导”对话框，选中“证书服务”复选框，如图 11-8 所示。

在 Windows Server 控制面板，单击“更改安全设置”，出现“Internet 属性”对话框（或在 IE 浏览器中选择“工具”中的“Internet 选项”），单击“内容”选项卡中的“证书”按钮，进入数字证书对话框，如图 11-9 所示。

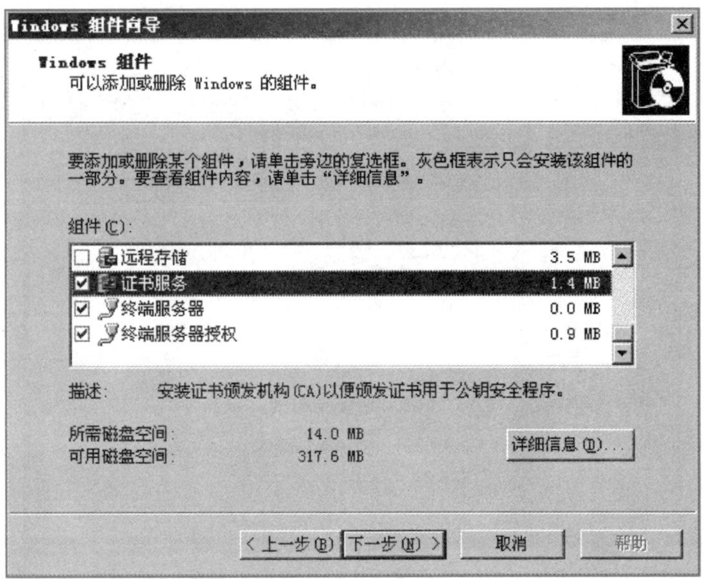

图 11-8　“Windows 组件向导”对话框

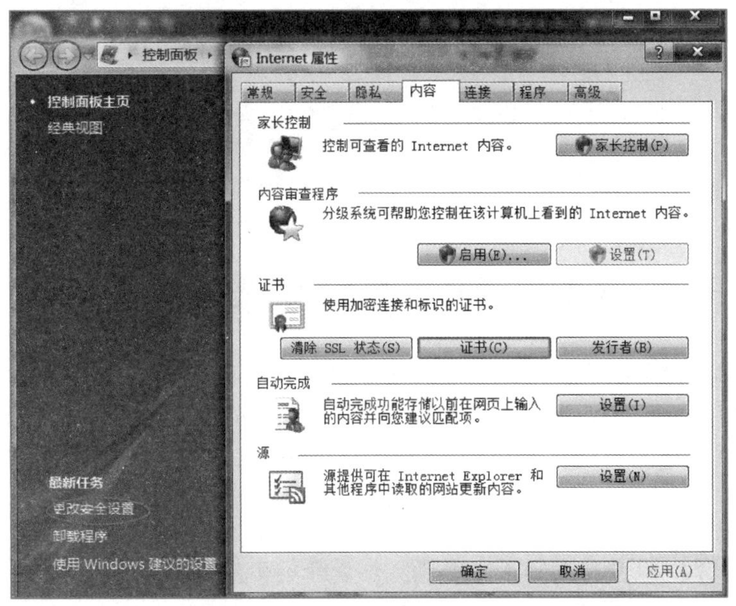

图 11-9　Windows 控制面板对话框

单击“高级选项”可以出现如图 11-10 所示的“高级选项”对话框。

如果单击“证书”对话框中左下角的“证书”链接，则会出现“证书帮助”对话框。可以通过选项查找有关内容的使用帮助。

2）在“Windows 组件向导”对话框中单击“下一步”按钮，弹出提示信息对话框，见到如图 11-11 所示的安装证书服务的提示信息后，终端名称和域成员身份将无法改变，单击“是”按钮。

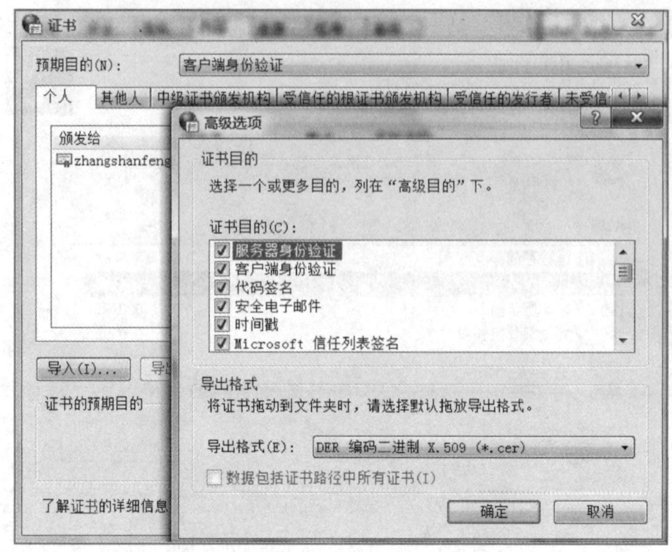

图 11-10　Windows“证书”及“高级选项”对话框

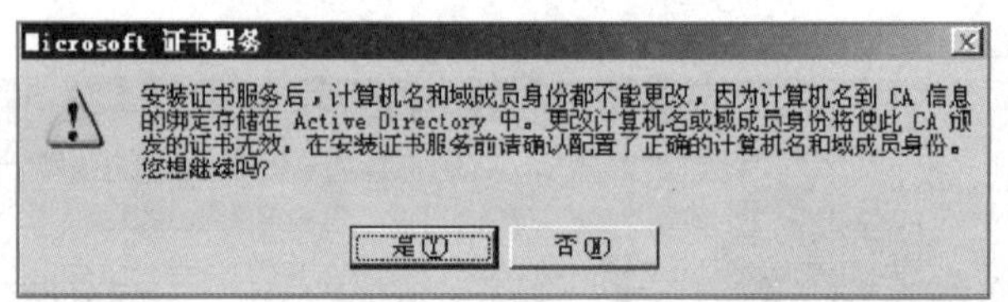

图 11-11　安装证书服务的提示信息对话框

11.3　知识拓展　移动电子商务的安全问题

随着智能移动设备的广泛应用，各种电子商务都可以通过其进行交易。据官方数据，2020 年天猫“双 11”全球狂欢季成交额达到 4982 亿元，无线交易额占比达 85%以上，覆盖 248 个国家和地区。现在的智能设备上的一些非法应用，会带来更多的安全隐患和风险。

【案例 11-5】2020 年手机安全报告。根据腾讯手机管家数据，2020 年上半年共查杀病毒近 2.68 亿次，拦截恶意网址超 534.74 亿次，用户举报垃圾短信近 13.99 亿条，标记骚扰电话近 0.91 亿次。2020 年上半年，腾讯手机管家发现公共 WiFi 总数呈上升趋势，截至 2020 年 6 月，发现公共 WiFi 约 11.76 亿个。其中，风险 WiFi 占比 39.32%，高风险 WiFi 占比 15.08%。2020 年上半年，高风险 WiFi 攻击行为主要为 ARP 攻击，占比 99.25%，其次为虚假 WiFi、虚假 DNS，占比分别为 0.66%、0.09%。

11.3.1　移动电子商务安全要素

随着移动网络逐步深入人们的生活，用户对移动网络的依赖性日益增加，在移动电子商务中，用户对安全的需求也日益增强，对安全的需求主要包括以下几个方面。

1）用户身份的匿名性：现有 GSM 系统的移动终端在接入网络的过程中，要求移动终端以明文方式发送自己的国际移动用户识别号（IMSI），这样很容易造成用户身份的暴露，提高用户受攻击的可能性。

2）双向认证：基于单向认证的移动网络没有考虑用户对网络的认证。在安全性要求较高的增值业务中，双向认证尤为重要。

3）保密性：根据现有 SIM 卡计算能力和终端低能耗的要求，对称密钥加密算法仍然是最现实的；椭圆曲线密码体制（ECC 算法）由于其满足移动终端计算能力和能源能耗的特点，具有相当大的潜力。

4）完整性：完整性保证信息传输过程中不被篡改。

5）及时性：采用时间戳服务保证消息的及时性，以防止重传攻击。

6）不可依赖性：可以防止接收方或发送方抵赖其所传输的消息。

11.3.2　移动电子商务面临的安全威胁

与有线通信系统相比，无线通信系统具有更低的保密性。因为不需要任何物理连接就可以窃听无线链路，而且这种窃听不容易被发射器或接收器检测到。

（1）移动通信系统潜在的威胁

1）对传递消息的威胁：系统中对用户之间所传送消息产生的威胁。

2）对用户的威胁：攻击者对用户的跟踪、对用户话务量的统计分析等。

3）对网络的威胁：对通信系统的正常功能实施干扰，使系统无法为合法用户提供正常的服务；或者对通信网络实施控制，导致非法用户使用系统或者非法使用超出允许范围的网络资源等。

（2）移动电子商务面临的安全问题

1）信息的窃听：传统的电子商务中，入侵者通过有线网络才可能实施相关的窃听工作，比较容易判断具体位置。但在无线网络中，实施跟踪比较困难，因为无线环境下，入侵者有无线网卡及其相关的无线设备，在任何地点都可以进入无线网络。

2）信息截取、篡改：当非法用户通过无线网络截取到合法用户的交易信息时，可以对该信息进行篡改或删除，然后再进行重发，以造成用户的损失。攻击者也可以截取到用户的登录信息，修改用户的登录名或者密码，以窃取用户的合法账号。

3）假冒用户和假冒攻击：攻击者有可能通过窃取移动终端或 SIM 卡来假冒合法用户，从而非法参与交易活动，给系统和用户造成损失。同时，在无线通信网络中，移动站必须通过无线信道传送其身份信息，以便网络控制中心以及其他移动站能够正确鉴别身份。攻击者可以通过该无线信道截取到用户信息，也可以伪装成网络控制中心骗取用户信息。

4）交易抵赖：电子商务交易过程中，双方都参与了相应的交易过程，但很可能会出现一方否认参与交易的情况。一方面，客户收到商品之后进行抵赖，不承认收到商品而拒绝支付货款；另一方面，商家收到货款后抵赖，否认收到货款并且拒绝交付商品。

5）拒绝服务：拒绝服务攻击是指攻击者通过对服务主机或者通信网络进行干扰，使用户数据没有办法及时传递或者重复发送假冒网络信息单元，阻塞合法用户的业务。

总的来说，移动电子商务的安全问题面临技术、管理和法律几个方面的挑战，与传统电子商务相比，其安全问题更加复杂，解决起来难度更大。

11.3.3 移动终端的安全防范

利用智能移动设备的电子商务活动的安全性很大程度上取决于设备的使用方法，只要遵守安全的使用方法，大量的安全隐患就会被拒之门外，人们在享受移动设备带来的便利和高效的同时也不需要承担太多的风险。

1. SIM 卡锁定

手机的 SIM 卡都带有锁定功能，是手机安全的第一道防线。启用了这个功能后，每次打开手机电源时都会要求输入密码，否则就不能使用手机，这样即使手机被盗或者丢失也能一定程度上降低信息被盗的风险。

2. 屏幕锁定

手机、平板等智能移动设备都带有屏幕锁定功能，应该加以设置。有些用户为了方便省事，不设屏幕锁定功能，一旦手机丢失或有恶意偷窥者，都可以看到手机保存的内容。安卓手机使用图案锁屏，还要尽量设计复杂些的图案。在公共场合使用手机后要注意擦拭手机，防止其他人通过屏幕留下的痕迹看到锁屏图案。

3. 慎用免费 WiFi 和无加密防护 WiFi

使用免费或没有加密防护的 WiFi 网络，通信内容极易被监听和篡改。若是连上了非法 WiFi，手机还可能遭到攻击和被植入木马。使用像“WiFi 万能钥匙”“免费 WiFi”等软件并不安全，其相当于一个公用数据库，收集和分享大家掌握的 WiFi 网络和密码。若使用此类软件，用户所掌握的 WiFi 密码也有可能被分享。若被别有用心的人利用，则有可能由此连上了路由器并监听其中的数据，那么，用户的网络访问便也毫无安全可言。如果一定要使用免费的 WiFi，可以通过一个可信赖的 VPN 服务器，利用 VPN 来访问自己的网银等重要网站是一个可行的解决方案。

4. 加密移动设备的数据

对于移动设备上的重要数据可以加密处理，利用如照片视频保管专家等软件对文件加密。即使手机被人盗取，没有密码也很难破解上面的数据。当然用户要利用这些数据的时候也要预先解密，然后才可以使用，使用后也必须完成加密操作。虽然增加了操作步骤，显得有些麻烦，但比起重要数据被窃取来说，这些麻烦还是值得的。

5. 慎重破解智能终端操作系统

iOS 系统破解也就是人们通常说的“越狱”。对于安卓系统来说，就是“ROOT”等提高权限的操作。破解后的系统可实现自由安装软件、卸载程序、自由分配系统权限和资源等功能。但在系统被破解后，系统更新通常也无法正常运行，以致系统新发现的 Bug 和安全漏洞无法及时修补，也增加了遭遇恶意程序和木马病毒的风险，严重影响智能终端安全。同时恶意程序或软件也可以获得系统最高权限，带来更大的安全隐患。所以，在可能的情况下，用户需要选择满足自己需求的合适的手机，而尽量不通过破解操作系统的方式来提高手机的可用性。

6. 避免安装来源不明的应用程序

安卓系统本身可以安装各种来源的应用程序，iOS 系统越狱后也可以安装 Apple Store 以外的应用，但如果不能保证该应用是安全的，最好不要贸然安装，更不能随意下载或安装应用。安装应用前，最好搜索该应用的评价，判断是否存在恶意链接和病毒程序，以及是否有收费广告插件等，在功能类似的应用中寻找最干净、最安全的应用。

7. 安装杀毒软件

近几年针对安卓系统的各种病毒、木马软件频现，虽然各个厂家的安卓设备都自带各种安全软件，但是一些第三方的安全软件功能更全面、防范更专业、性能更优越。选择安装一款性能较好的安全软件，并定期查杀和扫描机器是有必要的。

8. 确认应用程序需要的权限

安卓的应用在安装时会提醒用户所需要的权限，用户往往会匆匆一扫就接受它要求的所有权限。其实安装的每一个步骤都要慎重地按下确认键。如果一个功能单一、明确的应用却要求诸如用户的电话本、发送信息、网络控制等无关功能的话，就应该确认一下是不是恶意软件，否则联系人等重要数据情报丢失后再找原因就为时已晚。

9. 不使用时关闭蓝牙功能和 GPS

打开蓝牙功能，别的智能设备就可以看见用户的手机，就多了一份被攻击的可能性。而 GPS 定位系统则会暴露用户的位置信息。许多软件会收集这些位置信息，当积累到一定量时，通过分析很容易推断出用户的工作地点、工作性质、家庭住址和生活规律等信息。另外，利用手机拍摄的照片也会将时间和空间信息存于其中，如若原封不动地将其共享，也会给用户的隐私和文件资料的安全造成威胁。因此，在没有需求的情况下，最好关闭相机的位置标签功能和 GPS 开关。另外，GPS 和蓝牙一直处于打开状态，也会增加电量消耗，缩短设备使用时间。

10. 不要轻易扫描来路不明的二维码

扫描二维码是一种便捷的操作手段，可实现商品信息快速查询、链接快速跳转、网络购物、手机支付和产品推广等功能。然而，单从二维码本身并不能看出其中隐藏了什么内容，这也正好成了一些别有用心之人可钻的空子。他们将恶意程序和木马病毒制作成二维码在网络上大肆传播，一旦用户扫描，手机便会在后台自动下载并安装病毒程序，从而威胁用户的隐私和财产安全。因此，扫描二维码前一定要确定其来源，必要时，可使用一些二维码安全鉴别软件来识别恶意二维码。

11.3.4　移动电子商务安全技术

1. 密码系统

密码系统主要由对称密码和非对称密码两部分构成，对称密码主要是相同的密钥进行加密和解密，整体的操作过程简单快捷。目前市场上的 AES 和 DES 是两种较为权威的对称加密系统算法。非对称密码在算法上的应用一致，但是解密的密钥存在明显的差异，目前市场上应用较为普遍的是 RSA 算法，在整个系统的操作过程中，加密方需要加密密钥和解密密钥，解密方也具备另一种解密密钥，但是密钥不会被破解成功。虽然攻击者具备密文和算法，但是密钥不完整，也不能破解密文。在密码系统中私钥需要严格保密。

2. 数字签名

信息以数字的形式向接收者发送一串数字，数字的顺序具有不可伪造的特点，数字签名具有一定的权威性。接收者在接收数字信息时需要对数字信息进行确认，以保证数字信息的完整性，以及对发送者做身份的认证。在安全有效的前提下，接收者通过数字签名技术在文件上进行签名处理，最终完成数字签名交易，进一步完善了信息的完整性，避免了交易中存在否认等因素。

3. 个人身份认证

人们在进行交易时，需要始终保持警惕，以确认交易过程的安全可靠。交易人需要提供身份证、相关的证件进行注册，保证整体交易的真实性。在验证方式上采用人脸识别、指纹解锁、图像解锁等方式进行验证。但是目前市场上的图像解锁和数字解锁较为普遍，不法分子很容易抓住其中的漏洞，进而实现与服务器的沟通，窃取用户的身份信息，进而造成了财产上的损失。但是目前的人脸识别和指纹解锁安全性较高，不容易被模仿窃取，具有一定的安全保障。

4. WPKI 加密技术

PKI 设备能够为网络信息提供安全的保障，能够实现对证书和密钥的自行处理。WPKI 能够有效地对其进行升级处理，完成认证中心、终端、证书等系统的实体移动支付。KPI 与服务器设备有相关的联系，是整个体系中重要的组成部分。终端发送请求证书签名，KPL 把请求证书发送到 CA，CA 以目录服务器作为基础实现证书发布，PKI Portal 采用特殊形式对证书活动的位置进行锁定，并且将签名和证书等文件从终端发送到 WSP 网关上。在整个运行中对证书的形成、传递的安全性都有规范的把控，并对 WPKI 进行了严格的标准化，在整个移动支付中更具安全保障。

11.4　综合应用　电子商务安全解决方案

电子商务安全解决方案主要通过实际应用的案例，概述数字证书解决方案、智能卡在 WPKI 中的应用，以及电子商务安全技术的发展趋势等。

11.4.1　数字证书解决方案

1. 网络银行系统数字证书解决方案

【案例 11-6】上海 CA 中心鉴于网络银行的需求与实际情况，在网银系统中推荐采用网银系统和证书申请 RA 功能整合的方案，该方案由上海 CA 中心向网络银行提供 CA 证书的签发业务，并提供相应的 RA 功能接口，通过调用这些接口，网银系统结合自身的具体业务流程将 RA 的功能结合到网银系统中去。

（1）解决方案在技术上的优势

1）本方案依托成熟的上海 CA 证书体系，采用国内先进的加密技术和 CA 技术，系统功能完善，安全可靠。方案中网银系统的 RA（Registration Authority）功能与上海 CA 中心采用的是层次式结构，方便系统扩充和效率的提高。

2）网络银行本身具有开户功能，需要用户输入基本的用户信息，而证书申请时需要的用户信息与之基本吻合，因此可在网银系统开户的同时结合 RA 功能为用户申请数字证书。

3）网络银行具有自身的权限系统，而将证书申请、更新、废除等功能和网银系统相结合，则可以在用户进行证书申请、更新等操作的同时，进行相应的权限分配和管理。

4）网银系统可以根据银行业务的特性在上海 CA 中心规定的范围内简化证书申请的流程和步骤，方便用户安全便捷地使用网络银行业务。

5）该方案采用的技术标准和接口规范都符合国际标准，从而在很大程度上节省了开发周期，同时也为在网银系统中采用更多的安全方案和安全产品打下了良好的基础。

（2）系统结构框架

银行 RA 和其他的 RA 的主要职能有审核用户提交的证书申请信息、审核用户提交的证书废除信息、进行 CA 证书代理申请、CA 证书代理更新功能、批量申请信息导入功能。

（3）RA 体系

本方案中网银系统下属的柜面终端在接受用户申请输入信息时将数据上传给网银系统，网银整合 RA 系统直接通过 Internet 网络连接 CA 系统，由 CA 系统为网银整合 RA 系统签发证书，该系统一方面将证书发放给柜面，使用户获取，另一方面将证书信息存储进证书存储服务器。同时该系统还提供证书的查询、更新、废除等功能。

网银系统和 RA 系统证书申请如图 11-12 所示。

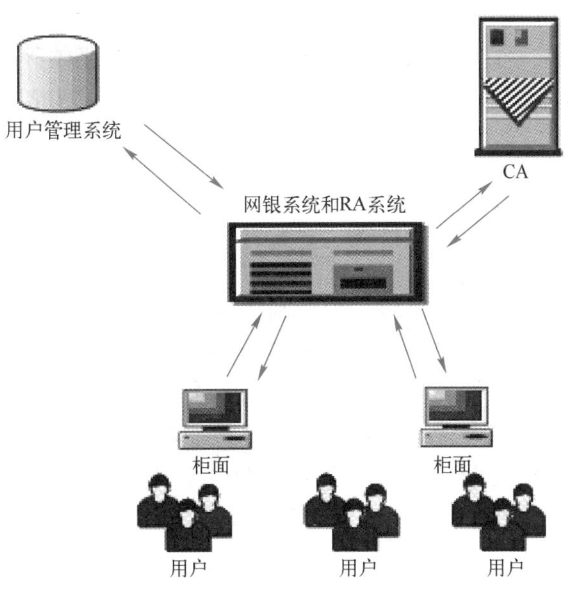

图 11-12　网银系统和 RA 系统证书申请

2. 移动电子商务安全解决方案

随着国内外现代移动通信技术的迅速发展，人们可以借助移动计算机和移动手机等终端设备随时随地接入网络进行交易和数据交换，如股票及证券交易、网上浏览及购物、电子转账等，极大地促进了移动电子商务的广泛发展。移动电子商务作为移动通信应用的一个主要发展方向，其与互联网上的在线交易相比有着许多优点，因此日益受到人们的关注，而移动交易系统的安全是推广移动电子商务必须解决的关键问题。

11.4.2　电子商务安全的发展趋势

未来电子商务安全技术的发展趋势主要体现在 6 个方面。

（1）构建电子商务信用服务体系

在社会诚信体系建设整体框架内，探索建立电子商务信用服务数据共享机制。

（2）健全电子商务安全保障体系

在信息安全保障体系框架内，积极引导电子商务企业强化安全防范意识，健全信息安全管理制度与评估机制，加强网络与信息安全防护，提高电子商务系统的应急响应、灾难备份、数据恢复、风险监控等能力，确保业务和服务的连续性与稳定性。

（3）加强电子商务市场监管

发挥公安、工商、税务、文化、信息化、通信管理等政府部门在电子商务活动中的监管职能，研究制定电子商务监督管理规范，建立协同监管机制，加强对电子商务从业人员、企业、相关机构的管理，加大对网络经济活动的监管力度，维护电子商务活动的正常秩序。

（4）加强电子商务政策法规的配套完善

积极开展电子凭证、电子合同、交易安全、信用服务、规范经营等方面相关政策法规的研究、制定工作，探索建立电子商务发展状况评估体系，完善电子商务统计制度。

（5）加大电子商务标准体系建设

鼓励企业、相关行业组织、高校及科研机构积极参与国际、国内标准的制定与修订，加强在线支付、安全认证、电子单证、现代物流等电子商务配套技术的地方标准和行业规范的研究、制定工作，建立标准符合性测试和评估机制，加大标准和规范的应用推广力度。

（6）网络安全技术体系的完善与发展

一个完善的电子商务系统在保证其网络硬件平台和系统软件平台安全的基础上，应该还具备安全技术特点：强大的加密保证、使用者和数据的识别和鉴别、存储和加密数据的保密、联网交易和支付的可靠、方便的密钥管理、数据的完整和防止抵赖等。

11.5　要点小结

本章主要介绍了电子商务安全的概念、电子商务的安全问题、电子商务的安全要求、电子商务的安全体系，由此产生了电子商务安全需求。着重介绍了保障电子商务的安全技术、网上购物安全协议（SSL）、安全电子交易（SET），并介绍了电子商务身份认证证书服务的安装与管理、Web服务器数字证书的获取、Web服务器的SSL设置、浏览器数字证书的获取与管理、浏览器的SSL设置及访问等，最后介绍了电子商务安全解决方案，包括WPKI的基本结构、电子商务安全技术发展趋势。

*11.6　实验11-1　手机微信支付安全应用

11.6.1　实验目的

利用手机微信进行购物支付的应用非常广泛，其支付安全极为重要。

本实验的主要目的有以下3个。

1）掌握对手机微信增加登录验证功能的操作方法。

2）防范因手机中毒导致的微信账号被盗及资金自动转账。

3）预防手机丢失，锁定支付功能。

11.6.2　实验要求和内容

深入了解利用手机微信进行购物支付的广泛应用，以及支付安全风险。

1）对手机微信，掌握如何增加登录验证功能的操作方法。

2）学会如何防范因手机中毒导致的微信账号被盗及资金自动转账。

3）学会手机丢失以后如何锁定微信支付功能。

11.6.3　实验步骤

手机微信推出了微店功能，可以方便不同地区的人进行购物、打车等支付操作，非常方便，很多用户都喜欢直接在上面购物。最近微信盗号的情况时有发生，特别是微信和 QQ 号关联的情况下，如果 QQ 被盗，微信中的资金也会被盗，需要更好地保护手机微信支付账号安全。

1. 保障微信安全

1）使用微信登录账号时，建议不要直接使用 QQ 号，以避免 QQ 被盗而威胁微信资金安全。

2）对手机中的微信，增加登录验证功能，一旦微信被盗，黑客也无法通过被盗手机微信的登录验证，确保微信账号及资金的安全。

2. 登录保护监测

1）为提防手机中毒导致微信账号被盗，出现自动转账的情况，需要在手机上安装一个腾讯手机管家，然后打开“个人中心”找到“微信安全”功能。如图 11-13 和图 11-14 所示。

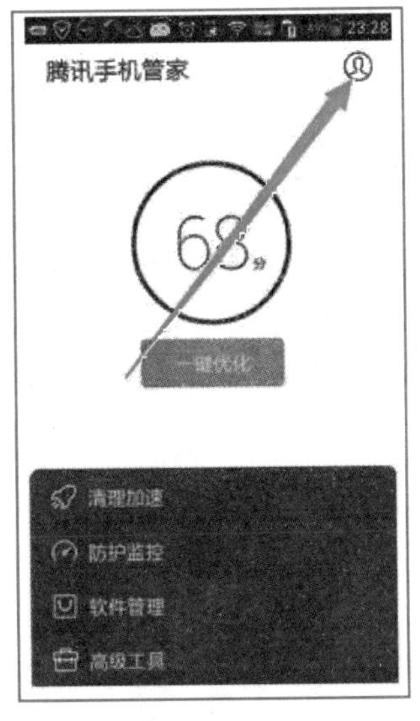

图 11-13　腾讯手机管家界面

图 11-14　“个人中心”微信保护选项

2）打开微信安全功能后，在每次登录微信时，自动检测账号安全，可以保护微信的正常使用和正常登录。

3. 锁定支付功能

1）预防手机丢失。手机丢失之后，很容易导致资金被盗，可以将手机中带有支付功能的软件都加一个软件锁。如图 11-15 和图 11-16 所示。

2）打开腾讯手机管家→高级工具→软件锁→添加软件，给手机软件都加上锁，就可以更进一步保证支付安全。

图 11-15　增设“软件锁”选项

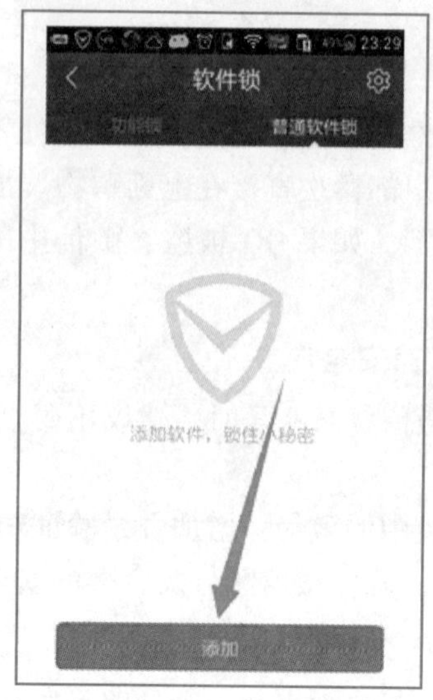

图 11-16　“添加”软件锁界面

*11.7　实验 11-2　Android 应用漏洞检测方法

11.7.1　实验目的

本实验将通过一款免费的 Android 应用漏洞检测工具（Quick Android Review Kit, QARK），检测应用开发者自己编写的或者从应用商店下载的应用中存在的薄弱环节，给 Android 应用开发者和使用者提供安全上的指引。

本实验的主要目的有以下 3 个。

1）学习检测工具 QARK 的使用过程和方法。

2）学习 QARK 具体检测结果的解读和分析。

3）加深对网站各种安全威胁的认识和理解。

11.7.2　实验要求和注意事项

1. 实验设备

实验中使用的设备是安装有 Ubuntu Linux 操作系统的计算机，要求系统安装的软件为 Python 2.7.6 且达到 JRE 1.6 以上。

2. 注意事项

（1）预习准备

由于读者可能不太熟悉本实验中使用的操作系统和软件，可以提前查找资料对这些软件的功能和使用方法做一些学习，以实现对实验内容的更好理解。

（2）注意实验原理和各操作步骤及含义

对于操作的每一步骤要着重理解其原理，生成的评估报告要着重理解其含义，并理解为什么会产生这种评估结果，对于真正的漏洞要知道如何补救。

实验用时：2 学时（90~120 min）

11.7.3　实验内容和步骤

实验内容主要包括下载和安装检测工具、检测 Android 应用、分析检测结果并生成扫描报告这三个步骤，下面将分步进行说明。

1. 下载和安装检测工具

LinkedIn 在 GitHub 上公布了 QARK 的源代码，其下载网址为 https://github.com/linkedin/qark。下载后直接解压到选定的目录下，如放在个人 home 中。

2. 检测 Android 应用

执行 $python qark.py 命令即可启动检测工作，如图 11-17 所示。QARK 既可以检测 apk 文件，也可以检测 Android 源代码，根据提示指定要检测的对象即可。这里选择检测源代码，并指定项目的根目录为/home/ub/app。

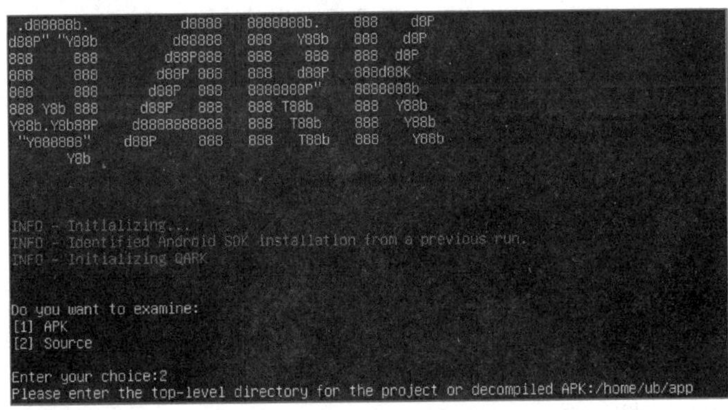

图 11-17　执行 QARK 的画面

指定目录后，QARK 会首先寻找 AndroidManifest.xml 文件，并对其中的 provider、activity、services、receivers 等的配置进行逐一分析。分析完这个文件后会对项目中所有 Java 文件和 xml 文件进行分析。

3. 分析扫描结果并生成扫描报告

当检测完成后会默认把所有的日志写入 QARK 的 logs 目录下的 info.log 文件中，检测结果会被整理成一个 html 文件，放在 report 目录下的 report.html 中。report.html 把检测到的所有问题归纳到一起，并对每个问题加以简单说明。如图 11-18 及图 11-19 所示。

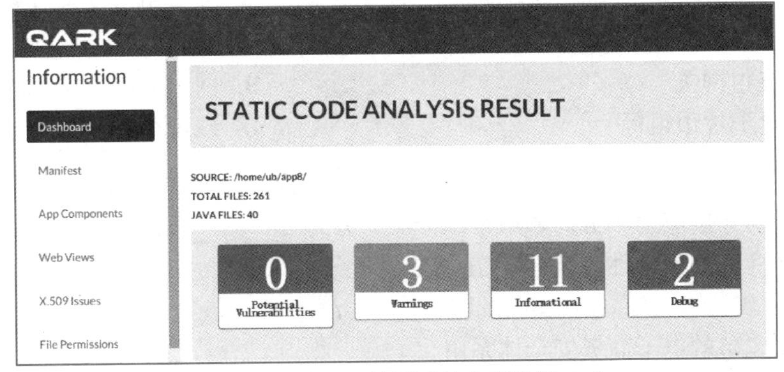

图 11-18　QARK 检测后的分析结果（1）

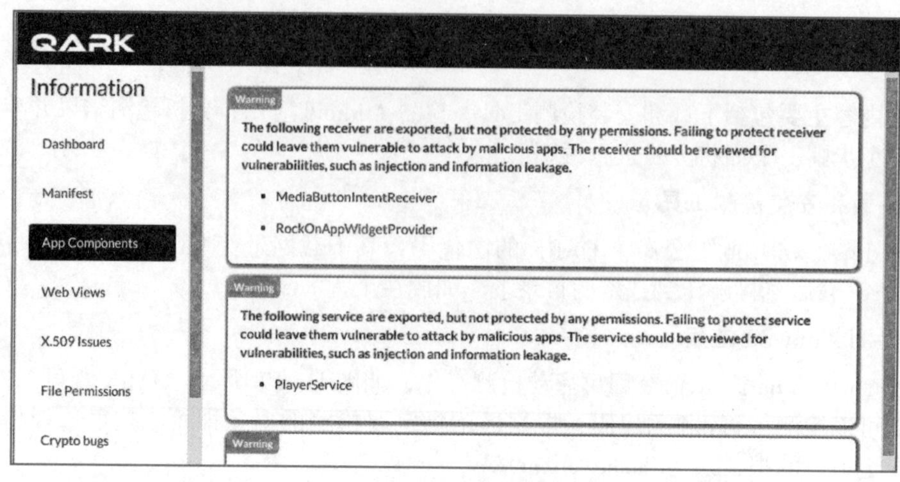

图 11-19　QARK 检测后的分析结果（2）

11.8　练习与实践 11

1. 选择题

（1）电子商务对安全的基本要求不包括（　　）

A. 存储信息的安全性和不可抵赖性　　B. 信息的保密性和信息的完整性

C. 交易者身份的真实性和授权的合法性　　D. 信息的安全性和授权的完整性

（2）在互联网上的电子商务交易过程中，最核心和最关键的问题是（　　）

A. 信息的准确性　　B. 交易的不可抵赖性

C. 交易的安全性　　D. 系统的可靠性

（3）电子商务以电子形式取代了纸张，在它的安全要素中（　　）是进行电子商务的前提条件。

A. 交易数据的完整性　　B. 交易数据的有效性

C. 交易的不可否认性　　D. 商务系统的可靠性

（4）应用在电子商务过程中的各类安全协议，（　　）提供了加密、认证服务，并可以实现报文的完整性，以完成需要的安全交易操作。

A. 安全超文本传输协议（S-HTTP）　　B. 安全交易技术（STT）协议

C. 安全套接层（SSL）协议　　D. 安全电子交易（SET）协议

（5）（　　）将 SET 和现有的银行卡支付的网络系统作为接口，实现授权功能。

A. 支付网关　　B. 网上商家

C. 电子货币银行　　D. 认证中心（CA）

2. 填空题

（1）电子商务按应用服务的领域范围分类，分为________和________两种模式。

（2）电子商务的安全性主要包括五个方面，分别是________、________、________、________、________。

（3）一个完整的电子商务安全体系由________、________、________、________四部分组成。

(4) 安全套接层协议是一种________技术，主要用于实现________和________之间的安全通信。________是目前网上购物网站中经常使用的一种安全协议。

(5) 安全电子交易（SET）是一种以________为基础的、互联网上交易的________，既保留________，又增加了________。

3. 简答题

(1) 什么是电子商务安全?

(2) 在电子商务交易过程中，电子商务安全存在哪些风险和隐患?

(3) 安全电子交易（SET）的主要目标是什么? 交易成员有哪些?

(4) 简述 SET 协议的安全保障及技术要求。

(5) SET 如何保护在互联网上付款的交易安全?

(6) 基于 SET 协议的电子商务系统的业务过程有哪几个?

(7) 什么是移动证书，它与浏览器证书的区别是什么?

(8) 简述安全套接层（SSL）协议的工作原理和步骤。

(9) 电子商务安全体系是什么?

(10) SSL 加密协议的用途是什么?

4. 实践题

(1) 安全地进行网上购物时，如何识别基于 SSL 的安全性商业网站?

(2) 浏览一个银行提供的移动证书，查看它与浏览器证书的区别。

(3) 查看一个电子商务网站的安全解决方案等情况，提出整改意见。

*第 12 章　网络安全新技术及解决方案

切实有效地解决企事业机构的网络安全问题，不仅需要新技术、新方法和新应用，还需要制定网络安全整体解决方案。网络安全解决方案是多种实用网络安全技术、管理和方法的综合运用，涉及网络安全技术、策略和管理等诸多要素，对于确保企事业机构现代信息化建设的安全和稳定运行至关重要。为了更全面、系统、综合地运用网络安全技术、方法和应用，更有效地综合解决网络安全问题，还需要掌握网络安全解决方案的需求分析、设计、实施和文档编写等。

教学目标

- 了解网络安全新技术的相关概念、特点和应用
- 掌握网络安全解决方案的概念、要点、要求和任务
- 理解网络安全解决方案设计的主要原则和质量标准
- 掌握网络安全解决方案的分析与设计、案例与编写

12.1　知识要点

教学视频
视频资源 12-1

12.1.1　网络安全新技术概述

1. 可信计算及应用

【案例 12-1】 我国采用了很多国外的 IT 产品，但是，“核心技术受制于人”的局面正在改变。沈昌祥院士指出：作为国家信息安全基础建设的重要组成部分，自主创新的可信计算平台和相关产品实质上也是国家主权的一部分。只有掌握关键技术，才能提升我国信息安全核心竞争力。打造我国可信计算技术产业链，形成和完善中国可信计算标准，并在国际标准中占有一席之地。以密码技术为支持，以安全操作系统为核心的可信计算技术已成为国家信息安全的发展要务。

我国高度重视网络安全中可信计算技术的研发和应用，成立了由 16 家企业、安全机构和大学发起的中国可信计算联盟，为可信计算技术的发展起到了极大的促进作用。

（1）可信计算的概念及体系结构

可信计算（Trusted Computing）也称为**可信用计算**，是一种基于可信机制的计算方式。计算同安全防护并进，使计算结果同预期一样，计算全程可测可控，不被干扰破坏，以提高系统整体的安全性。可信计算是一种运算和防护并存的主动免疫的新计算模式，具有身份识别、状态度量、保密存储等功能，可以及时识别“自己（正常）”和“非己（异常）”成分，从而防范与阻断异常行为的攻击。

可信计算技术的核心是可信平台模块（Trusted Platform Module，TPM）的安全芯片。含有密码运算部件和存储部件，以此为基础，**可信机制主要体现**在三个方面：可信的度量、度量的存储和报告。

可信计算依据 TCG（Trusted Computing Group）规范，**常用的 5 个关键技术如下**。

1）签注密钥。通常是一个 RSA 公共和私有密钥对，出厂时随机生成存入芯片且不可改变。公共密钥用于认证及加密发送到该芯片的敏感数据。

2）安全输入输出。是同用户传输交互的系统之间受保护的途径。系统上恶意软件有多种方式拦截用户和系统进程间传送的数据。如键盘监听和截屏。

3）存储器屏蔽。可提供完全独立的存储区域，拓展存储保护技术，包含密钥位置。即使操作系统也无被屏蔽存储的完全访问权限，所以，网络攻击者即便控制了操作系统信息也是安全的。

4）密封存储。将机密信息和所用软硬件平台配置信息捆绑来保护机密信息，使该数据只能在相同的软硬件组合环境下读取。如某应用不能读取无许可证的文件。

5）远程认证。准许用户对改变的认证。软件公司可避免用户干扰其软件以规避技术保护措施。通过硬件生成软件证明书，可将其传送给远程被授权方，显示该软件公司的软件尚未被破解。

（2）可信计算体系结构

我国非常重视可信计算，可信免疫的计算体系结构如图 12-1 所示。

1）可信免疫的计算模式。网络信息安全问题是由系统的设计缺陷而引起的，消极被动的封、堵、查、杀防不胜防，为此，提出了可信计算模式。

构建的可信计算体系架构可以解决一系列相关问题，如图 12-2 所示。

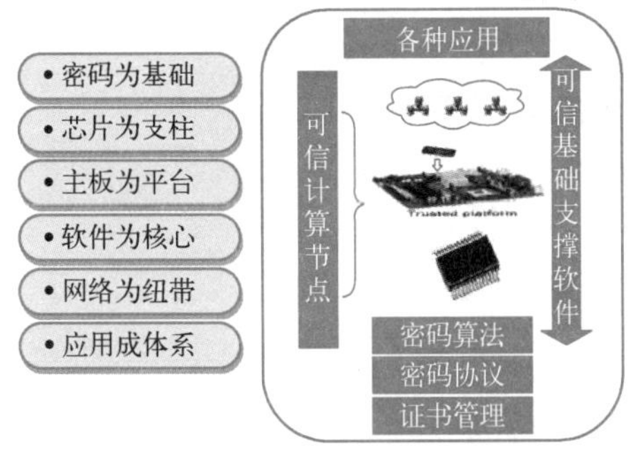

图 12-1　可信免疫的计算体系结构

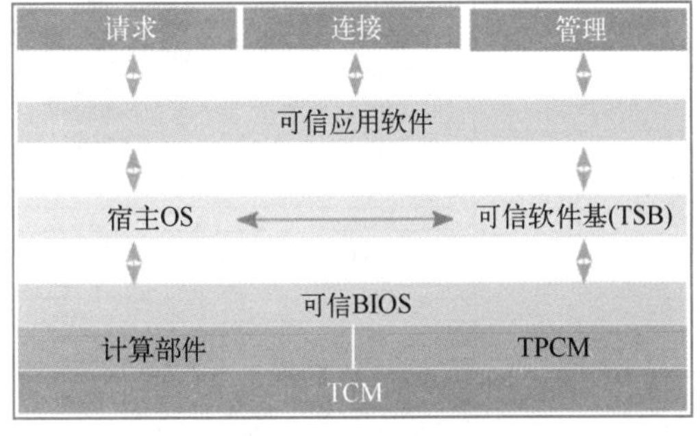

图 12-2　可信计算体系架构

2）安全可信系统框架。云计算、大数据、移动互联网、虚拟动态异构计算环境都需要可信度量、识别和控制，包括五个方面，即体系结构可信、操作行为可信、资源配置可信、数据存储可信和策略管理可信。通过构建可信安全管理中心支持的主动免疫三重防护框架，达到网络安全目标要求的多种安全防护效果。

（3）可信计算的主要应用

可信计算的主要应用包括 6 个方面，即数字版权管理、身份盗用保护、保护系统不受病毒和间谍软件危害、保护生物识别身份验证数据、核查远程网格计算的计算结果、防止在线模拟训练或作弊。

2. 大数据的安全防范

网络安全的关键和核心是数据（信息）安全，大数据安全防范的主要措施包括在数据的存储、传输和使用过程中对关键数据进行加密处理，通过各种手段来有效保护数据安全，包括数据发布匿名保护技术、社交网络匿名保护技术、数据水印技术、风险自适应的访问控制、数据溯源技术。

3. 云安全技术及应用

（1）云安全的概念和目标

云安全（Cloud Security）是指通过各种客户端对网络异常行为的监测获取相关信息，传送到服务器端进行自动分析和处理，并将解决方案分发到各客户端，构成整个网络系统的安全体系。

云安全是一种全网防御的安全体系结构。**包括**智能化客户端、集群式服务端和开放的平台三个层次。云安全是对现有网络安全防范技术的强化与补充，**其最终目标**是使各种互联网用户都能得到更快、更便捷、更全面应用的安全。

（2）云安全关键技术

可信云安全的关键技术主要包括可信密码学技术、可信模式识别技术、可信融合验证技术、可信“零知识”挑战应答技术、可信云计算安全架构技术等。

【案例12-2】 可信云安全技术已经得到广泛应用。在最近几年的网络安全新技术成果中，可信云电子证书等新技术产品得到了广泛应用，其电子证书发放的主要过程如图12-3所示。此外，网络可信云端互动终端接入的主要过程如图12-4所示。

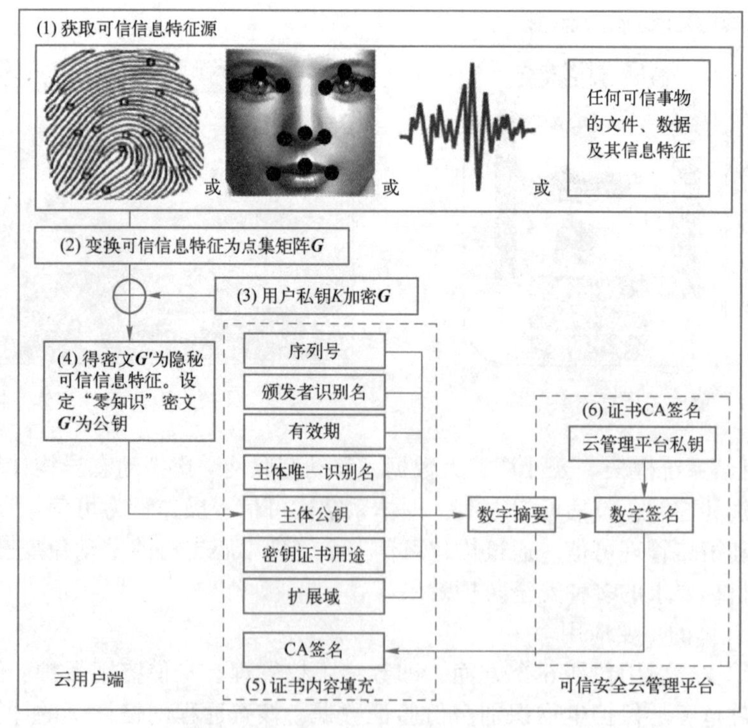

图12-3　可信云电子证书应用

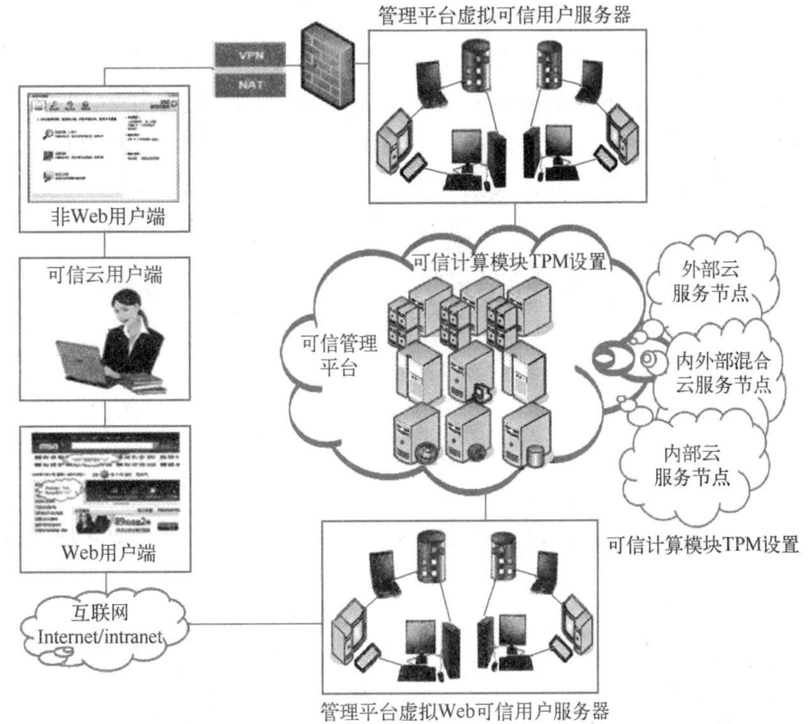

图 12-4　可信云端互动终端接入的主要过程

构建云安全系统，需要解决四大关键技术问题，包括拥有海量客户端（云安全探针）、需要高超的专业反病毒技术和经验、构建整体防御云安全系统、开放云安全系统需要大量合作伙伴加入，协同共管。

(3) 云安全技术主要应用

云安全的 6 大主要应用为 Web 信誉服务、电子邮件信誉服务、文件信誉服务、行为关联分析技术、自动反馈机制、威胁信息汇总。

4. 网格安全及其关键技术

(1) 网格安全技术的概念

网格（Grid）是一种虚拟计算环境体系结构，利用各种网络将分布异地的计算、存储、系统、信息、知识等资源连成一个逻辑整体，如同一台超级计算机为用户提供一体化的信息应用服务，实现互联网上所有资源的全面连通与共享，消除信息孤岛和资源孤岛。

网格安全技术是指保护网格安全的技术、方法、策略、机制、手段和措施。

(2) 网格安全技术的特点

网格安全技术可防止非法用户使用或获取网格的资源，从而确保网络资源的安全性。网格环境具有异构性、可扩展性、结构不可预测性和具有多级管理域等特点。

(3) 网格安全技术的主要需求

网格环境的基本安全需求主要包括 3 个方面，即认证需求、安全通信需求、灵活的安全策略。网格环境中用户的多样性和资源异构的安全域，要求为用户提供多种可选的安全策略，以提供灵活的互操作安全。

(4) 网格安全关键技术

网格安全的研究常用于定义一系列的安全协议和安全机制，在虚拟组织间建立一种安全域，为资源共享提供一个可靠的安全环境。网格安全技术主要基于密码技术，可实现网格系统中信息传递的保密性、收发信息可审查性和完整性。其关键技术包括安全认证技术、网格中的授权、网格访问控制、网格安全标准。

5. 基于区块链的网络安全技术

区块链（Blockchain）是一种具有数据“散列验证”功能的数据库。区块是指数据块，按照时间顺序将数据区块组合成一种链式结构，并利用密码学算法，以分布式记账方式，整体维护数据库的可靠性。

(1) 区块链的特性和安全机制

1）基于区块链的网络安全机制具有的特性是高度透明、去中心化、不可篡改、可追溯、高可信、高可用性、整体维护和匿名等，有助于极大提高网络安全性。

2）网络安全区块链技术便于建立去中心化、由各节点共同参与运行的分布式系统架构，对其进行数据管理可以避免中心节点故障产生的网络安全事故。

3）区块链技术用于比特币（Bitcoin）底层，有助于完善金融安全保障机制。

4）基于区块链的数据管理体系以去中心化的系统结构将数据与数据存取权限分离。基于区块链的系统可避免中央机构聚集风险，可对数据的各种操作过程进行监控并审计，有助于数据安全。

5）由用户定义系统所需策略，将其记录至初始区块，系统运行时设备之间可相互通信或控制。设备需要先得到用户授权，才能得到系统分发的密钥来进行通信或控制，便于权限管理和通信安全。

(2) 区块链对网络安全的应用

1）利用区块链可以构建去中心化的物联网设备管理系统，进行设备的权限设置与通信控制。管理系统在区块链的记录下，可以确保设备的权限与控制记录的完整和可靠性。

2）将区块链应用于域名系统（DNS），可以有效抵抗 DDoS 攻击，保障系统的整体安全。目前已经提出的基于区块链的 DNS 有 Namecoin、Blockstack 和 Nebulis 等。

3）基于区块链的系统可以将系统数据完整存储于多台设备。部分节点遭到攻击时，其余节点仍可以依靠完整的系统数据保障系统运行。利用区块链分布式特点，可以构建防御攻击的数据库系统。

4）可增强网络数据的存储和共享能力。将区块链技术和链外数据库结合，分离数据及其使用权限，可以实现去中心化的个人数据管理系统，进行数据和权限管理。

5）区块链构建更完善的社交网络。基于区块链系统可以提供分布式、无中心节点的系统结构，将系统所需的完整数据分散存储。区块链通过各节点聚集完整数据，并对其他节点的数据有效性进行验证。

6）各区块数字签名可用于验证文件或数据的来源及完整性，确保文件或数据未被改动和可审查性。

12.1.2　网络安全解决方案概述

【案例 12-3】在实际应用中，网络安全解决方案特别重要。某网上商品销售有限公司，由于没有很好地构建完整的企业整体网络安全解决方案，致使公司在商品销售和支付子系统、数据传输和存储等方面不断出现一些网络安全问题，网络安全人员一直处于疲于应付状态，"头痛医头，脚痛医脚"。自从构建了整体网络安全解决方案并进行有效实施后这种情况才得到彻底改善。

1. 网络安全解决方案的概念和特点

视频资源 12-2

(1) 网络安全解决方案的概念和作用

网络安全解决方案是指对网络系统中存在的各种安全问题，通过安全性分析、设计和具体实施过程构建综合整体方案，包括所采用的各种安全技术、方式、方法、策略、措施、安排和管理文档等。

网络安全解决方案是解决各种网络系统安全问题的综合技术、策略和管理方法的具体实际运用，也是综合解决网络安全问题的具体措施。高质量的网络安全解决方案主要体现在网络安全技术、网络安全策略和网络安全管理三个方面，网络安全技术是基础，网络安全策略是核心，网络安全管理是保证。

网络安全解决方案的整体防御作用如图 12-5 所示。

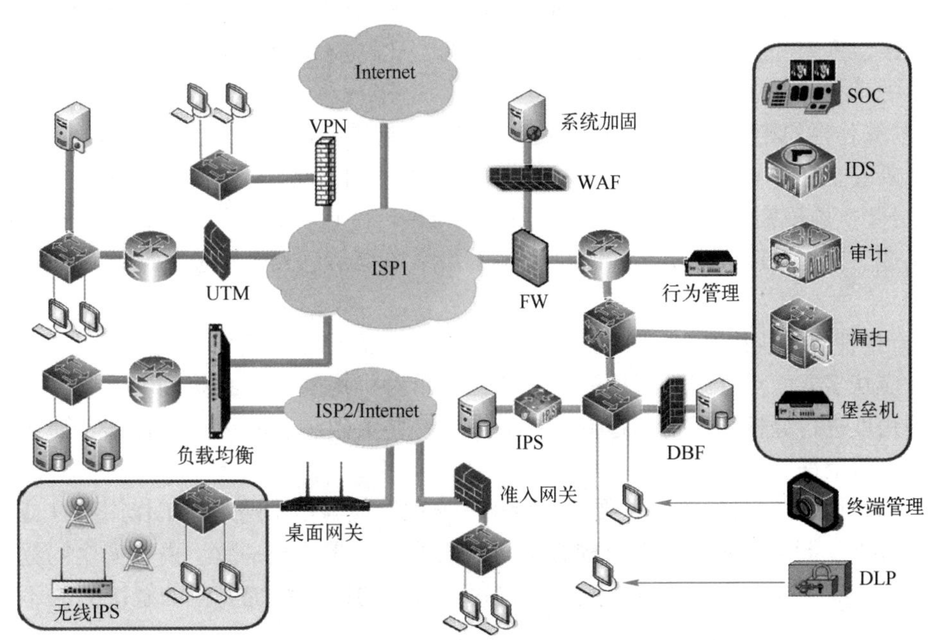

图 12-5　网络安全解决方案的整体防御作用

(2) 网络安全解决方案的特点和种类

网络安全解决方案的**特点**是整体性、动态性和相对性，应当综合多种技术、策略和管理方法等要素，并以发展及拓展的动态性和安全需求的相对性进行整体分析、设计和实施。

在制定整个网络安全解决方案项目的可行性论证、计划、立项、分析、设计和实施与检测过程中，需要根据实际安全评估，全面和动态地把握项目的内容、要求和变化，力求真正达到网络安全工程的建设目标。

网络安全方案**分为多种类型**，主要有网络安全设计方案、网络安全建设方案、网络安全解决方案、网络安全实施方案等。也可以按照行业特点或单项需求等方式进行划分，如网络安全工程技术方案、网络安全管理方案、金融行业数据应急备份及恢复方案、大型企业局域网安全解决方案、校园网安全管理方案等。在此只重点介绍网络安全解决方案。

2. 网络安全解决方案制定原则

(1) 制定网络安全解决方案的原则

制定网络安全解决方案的原则如下。

1）综合性及整体性原则。应用系统工程的观点、方法，具体分析网络系统的安全性和具体措施。应从整体来分析和把握网络系统所遇到的风险和威胁，不能像“补漏洞”一样，只对有问题的地方进行补救，可能会越补问题越多，应当全面地进行评估并统筹兼顾、协同一致，采取整体性保护措施。

2）可评价性原则。提前评价一个网络安全设计并验证其网络的安全性，需要通过国家有关网络信息安全测评认证机构的评估来实现。

3）多重保护原则。任何措施都不可能绝对安全，需要建立一个多重保护系统，各层保护相互补充，当某层保护被攻破时，其他的层仍可保护信息安全。

4）动态性及拓展性原则。动态性是网络安全的一个重要原则。由于安全问题本身动态变化，网络、系统和应用也不断出现新情况、新变化、新风险和新威胁，决定了网络系统安全方案的动态可拓展特性。

5）易操作性原则。安全措施需要人来完成，如果措施过于复杂，对人的要求过高，本身就降低了安全性。其次，措施的采用不能影响系统的正常运行。

6）分步实施原则。网络系统及其应用扩展范围广阔且不断变化，解决网络安全问题不能一劳永逸。因此可以分步实施，既可满足网络系统及信息安全的基本需求，亦可节省费用开支。

7）严谨性及专业性原则。在制定方案时，应以一种严肃认真的态度工作，不应有不实的感觉，应从多方面对方案进行论证。专业性是指对机构的网络系统和实际业务应用，应从专业的角度进行分析、研判和把握，不能采用一些大致、基本可行的做法，使用户觉得不够专业难以信任。

8）一致性及唯一性原则。主要是指网络安全问题应与整个网络的工作周期（或生命周期）同时存在，制定的安全体系结构必须与网络的安全需求相一致。由于安全问题的动态性和严谨性决定了安全问题的唯一性，确定每个具体的网络系统安全的解决方法不能模棱两可。

(2) 制定网络安全解决方案的注意事项

制定网络安全解决方案之前，应对企事业机构的网络系统及数据（信息）安全的实际情况深入调研，并进行全面翔实的安全需求分析，对可能出现的安全威胁、隐患和风险进行测评和预测，在此基础上进行认真研究和设计，并写出客观的、高质量的安全解决方案。**制定网络安全解决方案的注意事项**如下。

1）以发展变化的角度制定方案。主要是指在制定网络安全解决方案时，不仅要考虑到企事业单位现有的网络系统安全状况，也要考虑到将来的业务发展以及系统的变化与更新的需求。

2）网络安全的相对性。在制定网络安全解决方案时，应当以一种实事求是的态度来进行安全分析、设计和编制。由于事物和时间等因素在不断发生变化，不管是分析、设计，还是编制，都无法达到绝对安全。

3. 网络安全解决方案的制定

网络安全解决方案的制定包括网络系统安全需求分析与评估、方案设计、方案编制、方案论证与评价、具体实施、测试检验和效果反馈等基本过程，**制定网络安全解决方案总体框架要点**应注重以下 5 个方面。在实际应用中，可以根据企事业单位的实际需求进行适当优化选取和调整。

（1）网络安全风险概要分析

对企事业单位现有的网络系统安全风险、威胁和隐患，先要做出一个重点部位安全评估和安全需求概要分析，并能够突出用户所在的行业，结合其业务的特点、网络环境和应用系统等要求进行概要分析。

（2）网络安全风险具体分析要点

通常，对企事业单位用户的实际安全风险，可从 4 个方面进行分析，即网络风险和威胁分析、系统风险和威胁分析、应用风险和威胁分析、对网络系统和应用的风险及威胁的具体详尽的实际分析。**网络安全风险具体分析要点**如下。

1）网络风险和威胁分析。对企事业单位现有的网络系统结构进行详细分析并给出图示，找出产生安全隐患和问题的关键，指出风险和威胁所带来的危害，对这些风险、威胁和隐患可能会产生的后果，需要做出一个翔实的分析报告，并提出具体的意见、建议和解决方法。

2）系统风险和威胁分析。对企事业单位所有的网络系统都要进行一次具体翔实地安全风险检测与评估，分析所存在的具体风险和威胁，并结合实际业务应用，指出存在的安全隐患和后果。

3）应用风险和威胁分析。对实际业务系统和应用的安全是企业信息化安全的关键，也是安全解决方案中最终确定要保护的具体部位和对象，同时由于应用的复杂性和相关性，分析时要根据具体情况进行认真、综合、全面的分析和研究。

4）对网络系统和应用的风险和威胁分析。尽力帮助企事业单位发现、分析网络系统和实际应用中存在的安全风险和隐患，并帮助找出网络系统中需要保护的重点部位和具体对象，提出实际采用的安全产品和技术解决的具体方法。

（3）网络系统安全风险评估

风险评估是对现有网络系统安全状况，利用安全检测工具和实用安全技术手段进行的测评和估计，通过综合评估掌握具体安全状况和隐患，可以有针对性地采取有效措施，同时也给用户一种很实际的感觉，使用户愿意接受提出的具体安全解决方案。

（4）常用的网络安全关键技术

制定网络安全解决方案，**常用的网络安全技术**主要有 8 种，即身份认证技术、访问控制技术、密码和加密技术、系统加固、防火墙技术、病毒防范技术、入侵检测与防御技术和应急备份与恢复技术，结合企事业机构的网络、系统和应用的实际情况，对技术进行比较和分析，分析应客观，结果要务实，帮助用户选择最有效的技术，注意不要崇洋媚外、片面追求“新、好、全、高、大、上”。

1）身份认证与访问控制技术。对系统的实际安全问题进行具体分析，指出网络应用中存在的身份认证与访问控制方面的风险，结合相关的产品和技术，通过部署这些产品和采用相关的安全技术，帮助用户解决系统和应用在这些方面存在的风险和威胁。

2）病毒防范技术。针对系统和应用特点，对终端、服务器、网关防范病毒及病毒流行与趋势进行概括和比较，如实说明安全威胁和后果，详细指出防范措施及方法。

3）密码及加密技术。利用加密技术进行科学分析，指出明文传输的巨大危害，通过结合相关的加密产品和技术，明确指出现有网络系统的危害和风险。

4）系统加固。主要包括系统安全配置、漏洞扫描及检测、及时安装系统补丁和物理隔离等。

5）防火墙技术。结合企事业单位网络系统的特点，对各类新型防火墙进行概括和比较，明确其利弊，并从中立的角度帮助用户选择一种更为有效的防火墙产品。

6）入侵检测与防御技术。通过分析指出采用相关的产品及其技术对用户的系统和网络会带来的具体好处及其重要性和必要性，并介绍不采用相关产品会带来的后果、风险和影响等。

7）应急备份与恢复技术。经过深入实际调研并结合相关案例分析，对可能出现的突发事件和隐患，制定出一个具体的应急处理方案（预案），侧重解决重要数据的备份、系统还原等应急处理措施等。

（5）安全管理与服务的技术支持

长期提供的**网络安全管理与服务支持**各种有效的技术手段，对于不断更新变化的安全技术、安全风险和安全威胁，对相关技术进行合理补充与完善的安全管理与服务也应与时俱进、不断更新。

1）网络拓扑安全。根据企事业单位网络系统存在的安全风险和威胁，详细分析企事业单位的网络拓扑结构，并根据其结构的特点、功能和性能等实际情况，指出现在或将来可能存在的安全风险和威胁。

2）系统安全加固。通过实际的安全风险检测、评估和分析，找出企事业单位相关系统已经存在或是将来可能存在的风险和威胁，并采用相关的安全产品、措施手段和安全技术，加固用户的系统安全。

3）应用安全。根据企事业单位的业务应用程序和相关支持系统，通过相应的风险评估和具体分析，找出企事业用户和相关应用已经存在或将来可能会存在的漏洞、风险及隐患，并运用相关的安全产品、措施、手段和技术，防范现有系统在应用方面的各种安全问题。

4）紧急响应。对于突发事件，需要及时采取紧急处理预案和处理流程，如突然发生地震、雷击、突然断电、服务器死机、数据存储异常等，立即执行相应的紧急处理预案将损失和风险降到最低。

5）应急备份恢复。通过对企事业机构的网络、系统和应用安全的深入调研和实际分析，针对可能出现的突发事件和灾难隐患，制定出一份具体详细的应急备份恢复方案，如系统备份与还原、数据备份恢复等应急措施，以应对突发情况。

6）安全管理规范。健全完善的安全管理规范是制定安全方案的重要组成部分，结合实际可分为多套方案，如系统管理员安全规范、网络管理员安全规范、高层领导安全规范、普通员工管理规范、设备使用规范和安全运行环境及审计规范等。

7）服务体系和培训体系。提供网络安全产品的售前、使用和售后服务，并提供安全产品和技术的相关培训与技术咨询等。

12.1.3　网络安全需求分析

网络安全需求分析是制定网络安全解决方案最重要的基础，将直接影响到后续方案设计与实施工作的全面性、准确性和完整性，甚至影响到整个网络安全解决方案的质量。

1. 网络安全需求分析内容及要求

（1）网络安全需求分析的内容

网络安全需求与安全技术具有广泛性、复杂性，网络安全工程与其他工程学科之间的复杂关系，导致安全产品、系统和服务的开发、评估和改进工作更为困难和复杂。解决网络安全问题需要一种全面、综合的系统级安全工程体系结构，以便对安全工程实践进行指导、评估和改进。

1）网络安全需求分析要点。在进行**需求分析**时，**主要内容**注重以下6个方面。

① 网络安全体系。应从网络安全的高度设计网络安全系统，网络各层次都有相应的具体安全措施，还要注意到内部的网络安全管理在安全系统中的重要作用。

② 可靠性。网络安全系统自身具有必备的安全可靠运行能力，必须能够保证独立正常运行基本功能、性能和自我保护能力，否则就会因为网络安全系统出现局部故障，而导致整个网络出现瘫痪。

③ 安全性。既要保证网络和应用的安全，又要保证系统自身基本的安全保障。

④ 开放性。保证网络安全系统的开放性，以使不同厂家的不同安全产品能够集成到网络安全系统中，并保证网络安全系统和各种应用的安全可靠运行。

⑤ 可扩展性。安全技术应有一定可伸缩与扩展性，以适应网络规模等更新变化。

⑥ 管理便利。促进管理效率的提高，主要包括两个方面，一是网络安全系统本身应当便于管理，二是网络安全系统对其管理对象的管理应当简单便捷。

2）需求分析案例。对企事业单位的现有网络系统进行初步的概要分析，以便对后续工作进行判断、决策和交流。一般**初步分析**包括机构概况、网络系统概况、主要安全需求、网络系统管理概况等。

【案例12-4】 某企业集团的网络安全分析。企业系统包括总部和多个基层单位，按地域位置可分为本地网和远程网，称为A地区以内和A地区以外两部分。由于该网主要为机构和基层单位之间的数据交流服务，网上运行大量重要信息，因此，要求入网站点物理上不与互联网连接。从安全角度考虑，本地网用户地理位置相对集中，又完全处于独立使用和内部管理的封闭环境下，物理上不与外界有联系，具有一定的安全性。而远程网的连接由于是通过PSTN公共交换网实现的，比本地网安全性要差。企业网络系统拓扑结构图如图12-6所示。

3）网络安全需求分析。是**在初步概要分析基础上的全面深入分析**，主要包括以下5个方面。

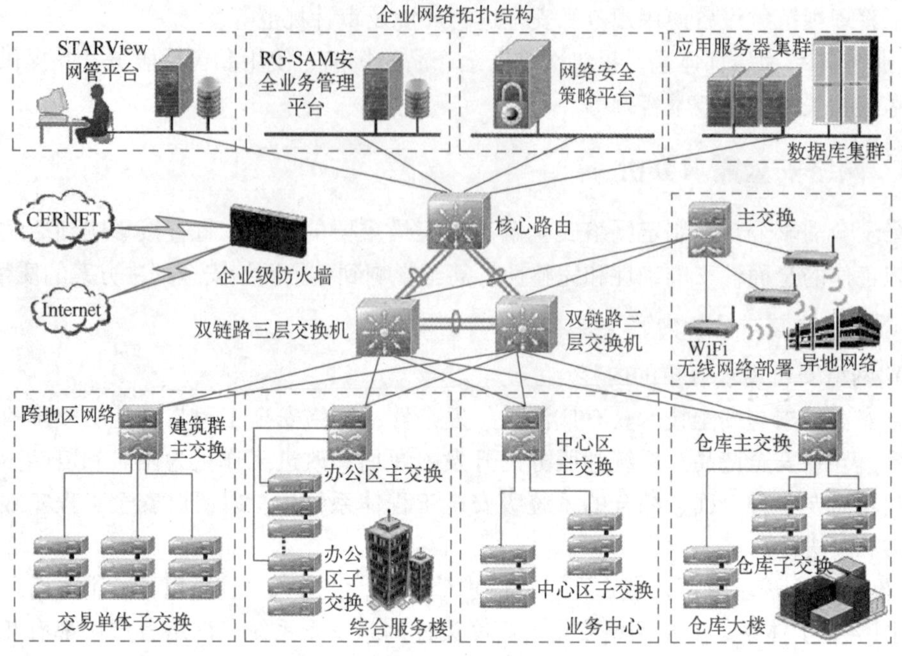

图 12-6　企业网络系统拓扑结构图

① 物理层安全需求。各企事业机构“网络中心”主机房服务器等都有不同程度的电磁辐射，要考虑到现阶段网络建设情况。

② 网络层安全需求。在A地区以外的基层单位，通过宽带与A地区主网分布联系，外网存在的安全隐患和风险较大。应为各基层单位配备加密设施，还应实现远程网与本地网之间数据的过滤和控制，需要在网络之间的路由器加设防火墙。

③ 系统层安全需求。在系统层应使用安全性较高的操作系统和数据库管理系统，并及时进行漏洞修补和安全维护。对操作系统存在的漏洞隐患，可以通过下载补丁、进行安全管理的设置等手段减少或消除。另外，可以使用安全扫描软件帮助管理员有效地检查主机的安全隐患和漏洞，并及时给出常用的处理提示。为了在数据及系统突发意外或破坏时及时进行恢复，需要进行数据和系统备份。

④ 应用层安全需求。利用CA认证管理机制和先进身份认证与访问控制手段，在基于公钥体系的密码系统中建立密钥管理机制，对密钥证书进行统一管理和分发，实现身份认证、访问控制、信息加密、数字签名等安全保障功能，从而达到保证信息的隐秘性和完整性、可审查性等安全目标要求。

⑤ 管理层安全需求。制定有利于机构实际需求的网络运行和网络安全需要的各种有效的管理规范和机制，并认真贯彻落实。

（2）网络安全需求分析的要求

对网络安全需求分析的具体要求，主要包括以下5项。

1）安全性要求。网络安全解决方案必须能够全面有效地保护企事业机构网络系统的安全，保护计算机硬件、软件、数据、网络不因偶然的或恶意破坏的原因遭到更改、泄露和丢失，确保数据的完整性、保密性、可靠性和其他安全方面的具体实际需求。

2）可控性和可管理性要求。通过各种操作方式检测和查看网络安全情况，并及时进行状况分析，适时检测并及时发现和记录潜在的安全威胁与风险。制定出具体有效的安全策略、及时报警并阻断和记录各种异常攻击行为，使系统具有很强的可控性和管理性。

3）可用性及恢复性要求。当网络系统个别部位出现意外的安全问题时，不影响企业信息系统整体的正常运行，使系统具有很强的整体可用性和及时恢复性。

4）可扩展性要求。系统可以满足金融、电子交易等业务实际应用的需求和企业可持续发展的要求，具有很强的升级更新、可扩展性和柔韧性。

5）合法性要求。使用的安全设备和技术应取得我国安全产品管理部门的合法认证，并达到规定标准要求。

2. 网络安全需求分析的任务

通常，**制定网络安全解决方案**的**主要任务**有以下 4 个方面。

1）深入调研网络系统。主要调研用户的各种网络系统，包括各级机构、基层业务单位和移动用户的广域网运行情况，还包括网络系统的结构、性能、信息点数量、采取的安全措施等，对网络系统面临的威胁及可能承担的风险进行定性与定量的具体分析与评估。

2）分析评估网络系统。对网络系统的分析评估，主要包括服务器操作系统、客户端操作系统的运行情况，如操作系统的类型及版本、提供用户权限的分配策略等，在操作系统最新发展趋势的基础上，对操作系统本身的缺陷及可能带来的风险及隐患进行定性和定量的分析和评估。

3）分析评估应用系统。对应用系统的分析评估，主要包括业务处理系统、办公自动化系统、信息管理系统、电网实时管理系统、地理信息系统和公共网络信息发布系统等的运行情况。

4）制定网络系统安全策略和解决方案。在上述定性和定量评估与分析的基础上，结合用户的网络系统安全需求和国内外网络安全最新发展态势，按照国家规定的安全标准和准则进行具体的安全方案设计，有针对地制定出机构网络系统具体的安全策略和解决方案，确保机构网络系统安全可靠地运行。

12.1.4　网络安全解决方案的设计和标准

1. 网络安全解决方案的设计目标及原则

（1）网络安全解决方案的设计目标

利用网络安全技术和措施**设计网络安全解决方案的目标**，具体如下。

1）企事业机构各部门、各单位局域网具有有效安全保护。

2）完全可以保障与互联网相连的安全保护标准。

3）提供网络关键信息的加密传输与存储安全要求。

4）保证网络应用业务系统的正常安全运行与服务。

5）采取切实有效的各种安全网监控与审计措施。

6）最终目标：保密性、完整性、可用性、可控性与可审查性。

通过对网络系统的风险分析及需要解决的安全问题的研究，对照设计目标要求可以制定出切实可行的安全策略及安全方案，以确保网络系统的最终目标。

（2）网络安全解决方案的设计要点

具体**网络安全解决方案的设计要点**主要体现在以下3个方面。

1）访问控制。利用防火墙等技术将内部网络与外部网络进行隔离，对与外网交换数据的内网及主机、所交换的数据等进行严格的访问控制和操作权限管理。同样，对内部网络，由于不同的应用业务和不同的安全级别，也需要使用防火墙等技术对不同的LAN或网段进行隔离，并实现相互间的访问控制。

2）数据加密。这是防止数据在传输、存储过程中被非法窃取、篡改的有效手段。

3）安全审计。是识别与防止网络攻击行为、追查网络泄密等行为的重要措施之一。具体包括两方面的内容，一是采用网络监控与入侵防范系统，识别网络中各种违规操作与攻击行为，及时响应（如报警）并及时阻断；二是对信息内容的审计，可以防止内部机密或敏感信息的非法泄露。

（3）网络安全解决方案的设计原则

根据网络系统的实际评估、安全需求分析和正常运行要求，按照国家规定的安全标准和准则，提出需要解决网络系统的实际具体安全问题，兼顾系统与安全技术的特点、技术措施实施难度及经费等因素，**设计时遵循的原则**如下。

1）网络系统的安全性和保密性得到有效增强。

2）保持网络原有功能、性能及可靠性等，对网络协议和传输具有很好的安全保障。

3）安全技术方便实际操作与维护，便于自动化管理，而不增加或少增加附加操作。

4）尽量不影响原网络拓扑结构，同时便于系统及系统功能的扩展。

5）提供的安全保密系统具有较好的性能价格比，可以一次性投资长期使用。

6）使用经过国家有关管理部门认可或认证的安全与密码产品，并具有合法性。

7）注重质量，分步实施分段验收。严格按照评价安全方案的质量标准和具体安全需求，精心设计网络安全综合解决方案，并采取几个阶段进行分步实施、分段验收、确保总体项目质量。

2. 网络安全解决方案的评价标准

在实际工作中，在把握重点关键环节的基础上，明确评价安全方案的质量标准、具体安全需求和安全实施过程，有利于设计出高质量的安全方案。**网络安全解决方案的评价标准**包括以下8个方面。

1）确切唯一性。这是评估安全解决方案最重要的标准之一。

2）综合把握和预见性。综合把握和理解现实中的安全技术和安全风险，并具有预见性。

3）评估结果和建议应准确。

4）针对性强且安全防范能力高。

5）切实体现对用户的服务支持。

6）以网络安全工程的思想和方式组织实施。

7）网络安全是动态的、整体的、专业的工程。

8）具体方案中所采用的安全产品、安全技术和具体安全措施，都应当经得起验证、推敲、论证和实施，应当有实际的理论依据、坚实的基础和标准准则。

12.2　案例分析　网络安全解决方案应用

教学视频
视频资源 12-3

12.2.1　金融网络安全解决方案

【案例 12-5】上海 XX 网络信息技术有限公司通过招标竞标方式，最后以 128 万元人民币获得某银行网络安全解决方案工程项目的建设权。其中的“网络系统安全解决方案”包括 8 项主要内容：信息化现状分析、安全风险分析、完整网络安全实施方案的设计、实施方案计划、技术支持和服务、项目安全产品、检测验收报告和安全技术培训。

金融业日益国际化、现代化，银行注重技术和服务的创新，依靠信息化建设实现城市间的资金汇划、消费结算、储蓄存取款、信用卡交易电子化、电话银行等多种服务，并以资金清算系统、信用卡异地交易系统等，形成全国性的网络化服务。许多银行开通了环球同业银行金融电讯协会（Society for Worldwide Interbank Financial Telecommunications，SWIFT）系统，并与海外银行建立代理行关系，各种国际结算业务往来电文可在境内外快速接收与发送，为企业国际投资、贸易与交往以及个人境外汇款提供了便捷的金融服务。

1. 金融系统信息化现状分析

金融行业信息化系统经过多年的发展建设，信息化程度已达到了较高水平。信息技术在提高管理水平、促进业务创新、提升企业竞争力等方面发挥着日益重要的作用。随着银行信息化的深入发展，银行业务系统对信息技术的高度依赖，银行业网络信息安全问题也日益严重，新的安全威胁不断出现，并且由于其数据的特殊性和重要性，银行成为黑客攻击的主要对象，针对金融信息网络的计算机犯罪案件呈逐年上升趋势，特别是银行全面进入业务系统整合、数据大集中的新的发展阶段，银行卡、网上银行、电子商务、网上证券交易等新的产品和新一代业务系统迅速发展。金融业迫切需要建设主动的、深层的、立体的信息安全保障体系，保障业务系统的正常运转，保障企业经营目标的顺利实现。

目前，我国金融行业典型网络拓扑结构如图 12-7 所示，通常为一个多级层次化的互联广域网体系结构。

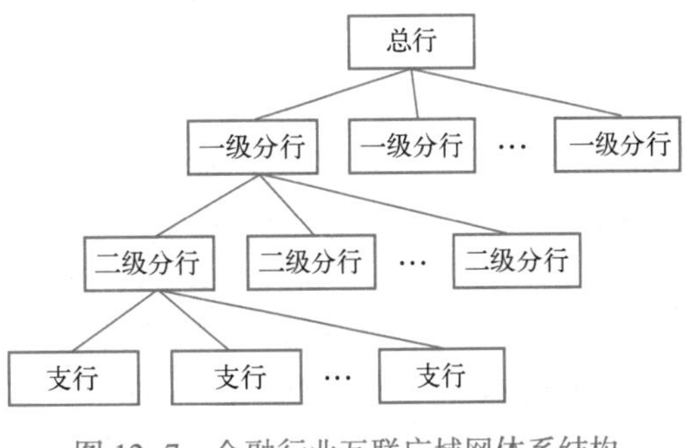

图 12-7　金融行业互联广域网体系结构

2. 网络系统安全面临的风险

随着国内金融改革的不断深入，各银行将竞争的焦点集中到服务上，不断加大电子化建设投入，扩大网络规模和应用范围。但是，电子化在给银行带来一定经济效益和利益的同时，也给银行网络系统带来了新的安全问题，而且显得更为迫切。

金融网络系统存在安全风险的主要原因有 3 个。

1）防范和化解金融风险成了各级政府和金融部门非常关注的问题。随着我国经济体制和金融体制改革的深入、扩大对外开放，金融风险迅速增大。

2）随着计算机网络的快速发展和广泛应用，系统的安全漏洞也随之增加。多年以来，银行迫于竞争的压力，不断扩大电子化网点、推出电子化新品种，计算机信息管理制度和安全技术与措施的建设不完善，使计算机系统的安全问题日益突出。

3）金融行业网络系统正在向国际化方向发展，计算机技术日益普及，网络威胁和隐患也在不断增加，利用计算机犯罪的案件呈逐年上升趋势，这也迫切要求银行信息系统具有更高的安全防范体系和措施。

金融行业网络系统面临的内部和外部风险复杂多样，**主要风险**有以下3个方面。

1）组织方面的风险。系统风险对于缺乏统一的安全规划与安全职责的组织机构和部门更为突出。

2）技术方面的风险。由于安全保护措施不完善，致使所采用的一些安全技术和安全产品对网络安全技术的利用不够充分，仍然存在一定风险和隐患。

3）管理方面的风险。网络安全管理水平需要进一步提高，安全策略、业务连续性计划和安全意识培训等都需要进一步完善和加强。

【案例12-6】上海XX网络信息技术有限公司于1993年成立并通过ISO 9001认证，注册资本为6800万元人民币。公司主要提供网络安全产品和网络安全解决方案，公司的安全理念是解决方案PPDRRM，PPDRRM将给用户带来稳定安全的网络环境，PPDRRM策略已经覆盖了网络安全工程项目中的产品、技术、服务、管理和策略等方面，已经成为一个完善、严密、整体和动态的网络安全理念。网络安全解决方案PPDRRM如图12-8所示。

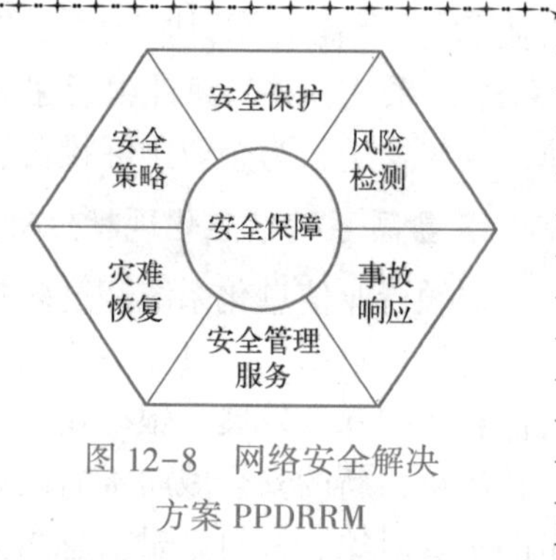

图12-8 网络安全解决方案PPDRRM

网络安全解决方案PPDRRM主要包括6个方面，具体如下。

1）综合的网络安全策略（Policy）。主要根据企事业用户的网络系统实际状况，通过具体的安全需求调研、分析、论证等方式，确定出切实可行的综合网络安全策略并实施，主要包括环境安全策略、系统安全策略、网络安全策略等。

2）全面的网络安全保护（Protect）。主要提供全面的保护措施，包括安全产品和技术。这些措施需要结合用户网络系统的实际情况来制定，内容包括防火墙保护、防病毒保护、身份验证保护、入侵检测保护等。

3）连续的安全风险检测（Detect）。主要通过检测评估、漏洞技术和安全人员，对网络系统和应用中可能存在的安全威胁隐患和风险，连续地进行全面的安全风险检测和评估。

4）及时的安全事故响应（Response）。主要指一旦企事业用户的网络系统和应用遇到安全入侵事件，需要做出快速响应和及时处理。

5）快速的安全灾难恢复（Recovery）。主要是指当网络系统中的网页、文件、数据库、网络和系统等遇到意外破坏时，可以采用迅速恢复技术。

6）优质的安全管理服务（Management）。主要是指在网络安全项目中，以优质的网络安全管理与服务作为项目有效实施过程中的重要保证。

3. 网络安全风险分析的内容

网络安全风险分析的内容，主要包括对网络物理结构、网络系统和实际应用进行的各种安全风险和隐患的具体分析。

1）现有网络物理结构安全分析。对机构用户现有的网络物理结构进行安全分析，主要是详细具体地调研分析该银行与各分行的网络结构，包括内部网、外部网和远程网的物理结构。

2）网络系统安全分析。主要是详细调研分析该银行与各分行网络的实际连接，操作系统的使用和维护情况、互联网的浏览访问使用情况、桌面系统的使用情况和主机系统的使用情况，找出可能存在的各种安全风险和隐患。

3）网络应用的安全分析。对机构用户的网络应用情况进行安全分析，主要是详细调研分析该银行与各分行所有的服务系统及应用系统，找出可能存在的安全漏洞和风险。

4. 网络安全解决方案的构成

1）公司技术实力。主要概述项目负责公司的主要发展和简历、技术实力、具体成果和典型案例、突出的先进技术、方法和特色等，突出其技术实力和质量，增加承接公司的信誉和影响力。

2）人员层次结构。主要包括网络公司现有管理人员、技术人员、销售及服务人员具体情况。例如，介绍一个知识技术型的高科技网络公司具有中级以上技术职称的工程技术人员情况，其中教授级高级工程师或高级工程师人数、工程师人数，硕士学历以上人员占所有人员的比重。

3）典型成功案例。主要介绍公司完成主要网络安全工程的典型成功案例，特别是与企事业用户项目相近的重大网络安全工程项目，使用户确信公司的工程经验和可信度。

4）产品许可证或服务认证。网络安全产品许可证很重要，需要公安等有关机构审批。

5）实施网络安全工程意义。主要着重结合现有的网络系统安全风险、威胁和隐患进行具体分析，并写出网络安全工程项目实施完成后，企事业用户的网络系统信息安全所能达到的具体安全保护标准、防范能力与水平和解决信息安全的现实意义与重要性。

5. 金融网络安全体系结构及方案

以金融网络安全解决方案为例，**网络安全解决方案建立过程**主要包括以下 5 个方面。

（1）金融网络安全体系结构

【案例 12-7】 某银行制定网络系统安全总原则：制度防内，技术防外。前者指对内建立健全严密的安全管理规章制度、运行规程，形成各层人员、各职能部门、各应用系统的相互制约关系，杜绝内部作案和操作失误的可能性，并建立良好的故障处理反应机制，保障银行信息系统的安全正常运行。技术防外指从技术手段上加强安全措施，重点防止外部入侵。在银行正常业务与应用的基础上建立银行的安全防护体系，以满足银行网络安全运行要求。其拓扑结构如图 12-9 所示。

对于金融网络系统，**构建一个网络安全解决方案**非常重要，可以从网络安全、系统安全、访问安全、应用安全、内容安全、管理安全 6 个方面来**综合考虑，并注重目标要求。**

1）网络安全问题。一是利用与“防盗门”类似的防火墙系统阻止来自外部的威胁，防火墙是不同网络或网络安全域之间信息的唯一出入口，用来防止外部的非法入侵，可根据网络的安全策略进行控制（允许、拒绝、监测）。二是构建 VPN 系统，虚拟专用网如同

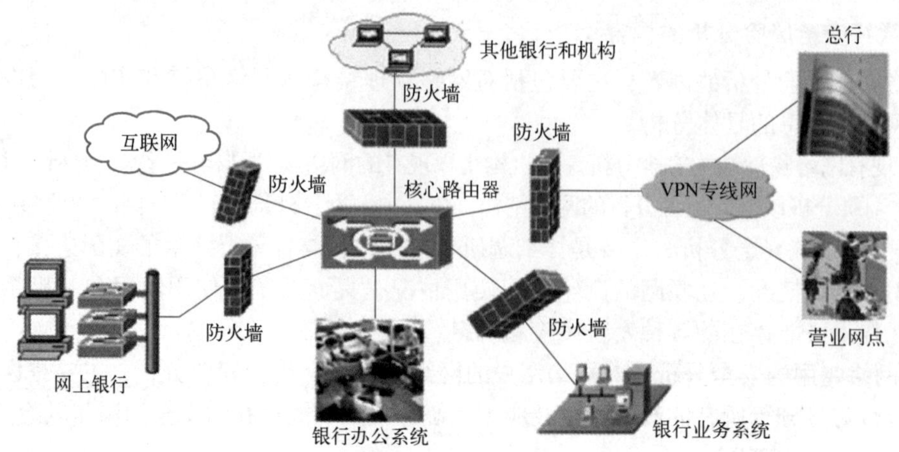

图 12-9　银行网络安全防护拓扑结构图

隐蔽通道一样可防止外人进入，具有阻止外部入侵与攻击、加密传输数据等功效，可以构建一个相对稳定独立的安全系统。

2）系统安全问题。入侵防御与监测系统同“门卫”一样，可对危险情况进行阻拦及报警，为网络安全提供实时的入侵检测并采取相应的防护措施，如报警、记录事件及证据、跟踪、恢复、断开网络连接等。通过漏洞扫描系统定期检查内部网络和系统的安全隐患，并及时进行修补。

3）访问安全问题。强化身份认证系统和访问控制措施。对网络用户的身份进行认证，保证系统内部所有访问过程的合法性。

4）应用安全问题。实施主机监控与审计系统。通过计算机管理员可以监控不同用户对主机的使用权限。加强主机本身的安全，对主机进行安全监督。

构建服务器群组防护系统。服务器群组防护系统可为服务器群组提供全方位访问控制和入侵检测，严密监视服务器的访问及运行情况，保障内部重要数据资源的安全。

强化防范病毒系统，对网络进行全方位的病毒检测与保护并及时更新。

5）内容安全问题。启动网络审计系统。同摄像机类似，可以记载各种操作和行为事件，便于审计和追踪与特殊事件的认定。对网络系统中的通信数据，可以按照设定规则对数据进行还原、实时扫描、实时阻断等，最大限度地提供对企业敏感信息的监察与保护。

6）管理安全问题。实行网络运行监管系统。可以对整个网络系统和单个主机的运行状况进行及时的监测分析，实现全方位的网络流量统计、蠕虫后门监测定位、报警、自动生成拓扑等功能。

(2) 网络安全实施策略及方案

网络安全技术实施策略需要从 8 个方面进行阐述。

1）网络系统结构安全。通过上述的风险分析，从网络结构方面查找可能存在的安全问题，采用相关的安全产品和技术，解决网络拓扑结构的安全风险和威胁。

2）主机安全加固。通过风险分析，找出网络系统的弱点和存在的安全问题，利用网络安全产品和技术进行加固及防范，增强主机系统防御安全风险和威胁的能力。

3）计算机病毒防范。主要有针对性地阐述桌面病毒防范、服务器病毒防范、邮件病毒防范及统一的病毒防范解决方案，并采取措施及时进行升级更新。

4）访问控制。方案通常采用三种基本访问控制技术，即路由器过滤访问控制、防火墙访问控制技术和主机自身访问控制技术，合理优化、统筹兼顾。

5）传输加密措施。对于重要数据采用相关的加密产品和技术，确保机构的数据传输和使用的安全，实现数据传输的保密性、完整性和可用性。

6）身份认证。利用最新的有关身份认证的安全产品和技术，保护重要应用系统的身份认证，实现使用系统数据信息的保密性和可用性。

7）入侵检测防御技术。通过采用相关的入侵检测与防御产品技术，对网络系统和重要主机及服务器进行实时智能防御及监控。

8）风险评估分析。通过采用相关的风险评估工具、标准准则和技术方法，对网络系统和重要的主机进行连续的风险和威胁分析。

（3）网络安全管理技术

主要对网络安全项目中所使用的安全产品和技术，结合第 3 章内容将网络安全管理与安全技术紧密结合、统筹兼顾，进行集中、统一、安全的高效管理和培训。

（4）紧急响应与灾难恢复

为了应对突发的意外事件发生，必须制订详细的紧急响应计划和预案，当企事业机构用户的网络、系统和应用遇到意外或破坏时，应当及时响应并进行应急处理和记录等。

（5）具体网络安全解决方案

具体的网络安全解决方案主要包括以下 3 个方面。

1）实体安全解决方案。保证网络系统各种设备的实体安全是整个计算机系统安全的前提和重要基础。在 1.3 节介绍过，实体安全是保护网络设备、设施和其他媒体免遭地震、水灾、火灾等环境事故以及人为操作行为导致的破坏过程。主要包括环境安全、设备安全、媒体安全 3 个方面。**在实体安全方面**应采取 4 个方面的措施，即产品保障、运行安全、防电磁辐射、保安方面。

2）链路安全解决方案。对于机构网络链路方面的安全问题，重点解决网络系统中链路级点对点公用信道上的相关安全问题的各种措施、策略和解决方案等。

3）广域网络系统安全解决方案。对于**广域网络系统安全解决方案**，具有 8 个特点。

① 用于专用网络，可为下属各级部门提供数据库服务、日常办公与管理服务，以及往来各种信息的处理、传输与存储等业务。

② 通过与互联网或国内其他网络互联，广大用户可以利用和访问国内外各种信息资源，并进一步加强国内外交流与合作。还可以进一步加强同上级主管部门及地方政府之间的相互联系。

③ 网络系统内各局域网边界安全，可用防火墙技术的访问控制功能来实现。

④ 网络与其他网络互联的安全，可利用防火墙实现二者的隔离与访问控制。

⑤ 网络系统内部各局域网之间信息传输的安全。

⑥ 网络用户的接入安全问题。

⑦ 网络监控与入侵防范。

⑧ 网络安全检测，主要是增强网络安全性，具体包括对网络设备、防火墙、服务器、主机、操作系统等方面的实际安全检测。

（6）数据安全解决方案

数据安全解决方案主要包括对数据访问的身份鉴别、数据传输的安全、数据存储的安全，以及对网络传输数据内容的审计等几方面。数据安全主要包括数据传输安全（动态安全）、数据加密、数据完整性鉴别、防抵赖（可审查性）、数据存储安全（静态安全）、数据库安全、终端安全、数据防泄密、数据内容审计、用户鉴别与授权、数据备份恢复等。

注意：针对企事业单位的网络系统，聚集了大量的重要机密数据和用户信息。一旦这些重要数据被泄露，将会产生严重的后果和不良影响。此外，由于网络系统与互联网相连，不可避免地会流入一些杂乱的不良数据。为防止与追查网上机密数据的泄露行为，并防止各种不良数据的流入，可在网络系统与互联网的连接处，对进出网络的数据流实施内容审计与记载。

12.2.2　电力网络安全解决方案

【案例12-8】电力网络业务数据安全解决方案。电力、石化、医药、航天等领域，已经成为国家关键基础设施的重要组成部分，其网络安全极为重要。全国各省（直辖市）级电力行业网络信息系统相对比较特殊，涉及的各种类型的业务数据广泛且庞杂，而且内网与外网在体系结构等方面的差别很大，在此仅概述省（自治区或直辖市）级电力网络业务数据安全解决方案。

1. 网络安全现状及需求分析

（1）网络安全问题对电力系统的影响

随着信息化的日益深入，信息网络技术的应用日益普及，网络安全问题已经成为影响网络效能的重要问题。而互联网所具有的开放性、全球性和自由性在增加应用自由度的同时，对安全也提出了更高的要求。

电力系统信息安全问题已威胁到电力系统的安全、稳定、经济、优质运行，影响着“数字电力系统”的实现进程。使电力信息网络系统不受黑客和病毒的入侵，保障数据传输的安全性、可靠性，也是建设“数字电力系统”过程中所必须考虑的一项重要内容。

（2）省（自治区或直辖市）级电力系统网络现状

省电力公司信息网络系统是业务数据交换和处理的信息平台，在网络中包含各种各样的设备。各地市电力公司/电厂的网络基本采用TCP/IP以太网星型拓扑结构，而它们的外联出口通常为上一级电力公司网络。现阶段，省电力信息网络系统也存在一定的安全隐患。所以从系统层次、网络层次、管理层次、应用层次四个角度结合省电力网络应用系统的实际情况提出以下安全风险分析。

（3）网络系统风险分析

网络系统的边界是指两个不同安全级别的网络接入处，包括同互联网的接入处，以及内部网不同安全级别的子网之间的连接处。省（自治区或直辖市）级电力信息系统网络边界主要存在于互联网接入等外部网络的连接处，内部网络中省（自治区或直辖市）级与地市网络之间也存在不同安全级别子网的安全边界。

1）**系统层安全分析**。主要包括主机系统风险分析、网络系统传输的安全风险、病毒入侵风险分析。

2）**应用层安全分析**。网络系统的应用层安全主要涉及业务安全风险。

3）**管理层安全分析**。在网络安全中安全策略和管理极其重要，如果没有制定非常有效的安全策略，没有严格的安全管理制度来控制整个网络的运行，那么这个网络就很可能处在一种混乱的状态。

通过上述对省（自治区或直辖市）级电力系统网络现状与安全风险的分析，各种风险一旦发生将对系统造成很大损失。必须防患于未然。在此，某网络公司提出防范网络安全危险的安全需求：网络系统需要划分安全域，将省（自治区或直辖市）级电力划分为不同的安全域，各域之间通过部署防火墙系统实现相互隔离及其访问控制。电力网络系统的分区结构及面临的安全威胁如图 12-10 所示。

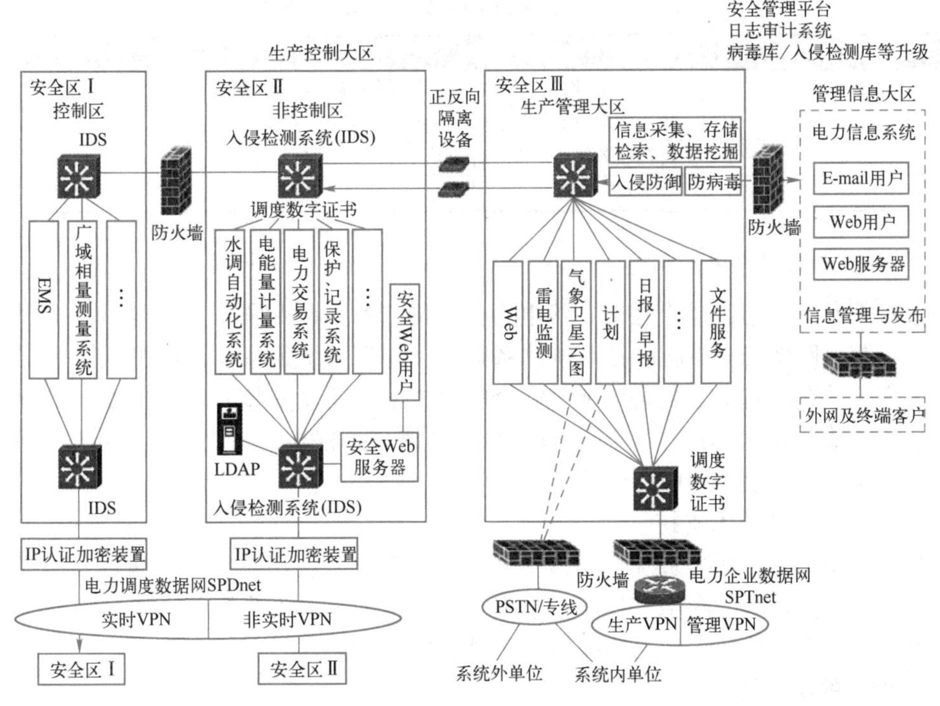

图 12-10　电力网络系统的分区结构及面临的安全威胁

综上所述，电力网络系统安全解决方案需要构建统一的安全管理中心，所有的安全产品和安全策略可以通过安全管理中心集中部署、集中管理与分发。需要制定省（自治区或直辖市）级电力网络安全策略，安全策略是建立安全保障体系的基石。

2. 电力网络系统安全解决方案设计

（1）网络信息系统安全策略要素

网络信息系统安全策略模型有三个要素，即网络安全管理策略、网络安全组织策略和网络安全技术策略。

1）网络安全管理策略：包括各种策略、法律法规、规章制度、技术标准、管理标准等，是信息安全的最核心问题，是整个信息安全建设的依据。

2）网络安全组织策略：主要是电力企业机构的人员、组织和流程的管理，是实现信息安全的落实手段。

3）网络安全技术策略：主要包括网络安全的各种相关工具、产品和服务等，是实现网络系统正常运行和信息资源安全的有力保证。

（2）网络系统总体安全策略

省（自治区或直辖市）级电力网络安全系统体系，应该按照三层结构建立。第一层首先是要建立安全标准框架，包括安全组织和人员、安全技术规范、安全管理办法、应急响应制度等。第二层是考虑省（自治区或直辖市）级电力 IT 基础架构的安全，包括网络系统安全、物理链路安全等。第三层是省（自治区或直辖市）级电力整个 IT 业务流程的安全。如各机构的办公自动化（OA）应用系统安全。针对网络应用及用户对安全的不同需求，电力信息网的安全防护层次分为 4 级，见表 12-1。

表 12-1　电力信息网安全防护层次分析表

级　别	防护对象
最高级	OA、MS、网站、邮件等公司应用系统、业务系统，重要的部门服务器
高级	主干网络设备、其他应用系统、重要用户网段
中级	部门服务器、边缘网络设备
一般	一般用户网段

3. 网络安全解决方案的实施

通过对某省（自治区或直辖市）级电力信息网络的风险和需求进行分析，按照安全策略的要求，整个网络安全措施应按系统体系建立，并且系统的总体设计将从各个层次对安全予以考虑，并在此基础上制定详细的安全解决方案，建立完整的行政制度和组织人员安全保障措施。整个安全解决方案包括防火墙子系统、入侵检测子系统、病毒防范子系统、安全评估子系统、安全管理中心子系统。

（1）总体方案的技术支持

在技术支持方面，网络系统安全由安全的操作系统、应用系统、防病毒、防火墙、系统物理隔离、入侵检测、网络监控、信息审计、通信加密、灾难恢复、安全扫描等多个安全组件组成，一个单独的组件无法确保信息网络的安全性。

（2）网络的层次结构

在省（自治区或直辖市）级网路的层次结构上，主要体现在以下几个方面。

1）在数据链路层采用链路加密技术。

2）网络层可以采用的安全技术包括包过滤、IPSec 协议、VPN 等。

3）TCP 层可以使用 SSL 协议。

4）应用层采用的安全协议有 SHTTP、PGP、SMIME 以及开发的专用协议。

5）其他网络安全技术包括网络隔离、防火墙、访问代理、安全网关、入侵检测、日志审计入侵检测、漏洞扫描和追踪等。

（3）电力信息网络安全体系结构

在实际业务中，构建的省（自治区或直辖市）级电力信息网络安全体系结构，主要特点为分区防护、突出重点、区域隔离、网络专用、设备独立、纵向防护。

通常的省（自治区或直辖市）级电力信息网络安全体系结构，如图 12-11 所示。

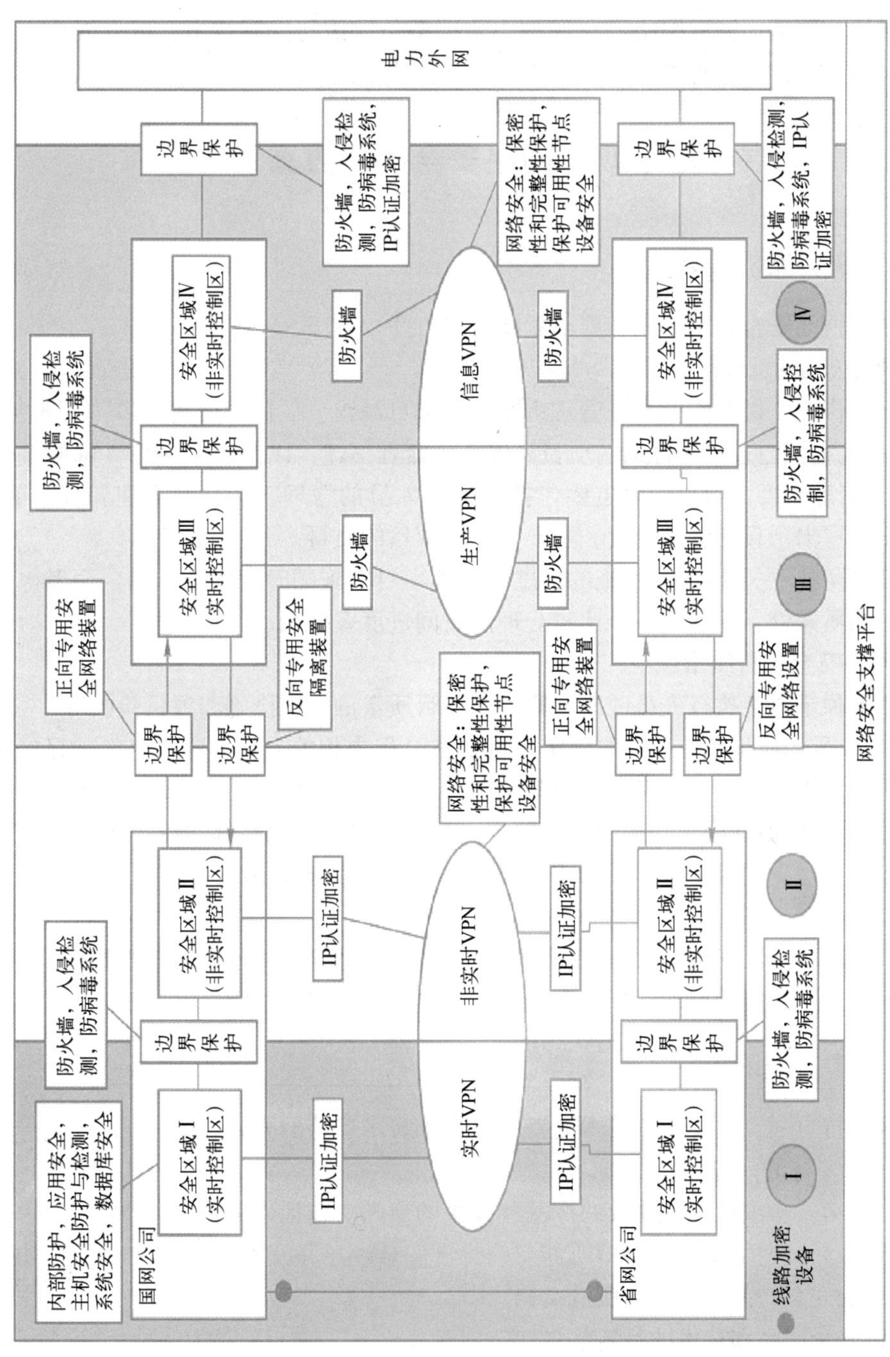

图12-11　电力信息网络安全体系结构

(4) 电力信息网络中的安全机制

省（自治区或直辖市）级电力信息网络中的安全机制，包括认证方式、安全隔离技术、主站安全保护、数据加密、网络安全保护、数据备份、访问控制技术、可靠安全审计、定期的安全风险评估、密钥管理、制定合适的安全管理规范、加强安全服务教育培训等。

*12.3　知识拓展　电子政务网络安全解决方案

12.3.1　解决方案的要求

电子政务网络安全解决方案的要求主要有以下两个方面。

(1) 网络安全项目管理

在实际工作中，**网络安全项目管理**主要包括项目流程、项目管理制度和项目进度。

1) 项目流程：通过较为详细的项目具体实施流程描述，以保证项目的顺利实施。

2) 项目管理制度：项目管理主要包括对项目人员的管理、产品的管理和技术的管理，实施方案需要写出项目的管理制度，主要是保证项目的质量。

3) 项目进度：主要以项目实施的进度表作为项目实施的时间标准，以全面考虑完成项目所需要的物质条件，计划出一个比较合理的时间进度安排表。

(2) 网络安全项目质量保证

项目质量保证包括执行人员的质量职责、项目质量的保证措施和项目验收等。

1) 执行人员的质量职责：需要规定项目实施过程中相关人员的职责，如项目经理、技术负责人、技术工程师等，以保证各司其职、各负其责，使整个安全项目得以顺利实施。

2) 项目质量的保证措施：应当严格制定出保证项目质量的具体措施，主要内容涉及参与项目的相关人员、项目中所涉及的安全产品和技术、机构派出支持该项目的相关人员的管理等。

3) 项目验收：根据项目的具体完成情况，与用户确定项目验收的详细事项，包括安全产品、技术、项目完成情况、达到的安全目的、验收标准和办法等。

12.3.2　解决方案的主要技术支持

在技术支持方面，主要包括技术支持的内容和技术支持的方式。

(1) 技术支持的内容

主要是网络安全项目中所涉及的产品和技术的服务，包括以下内容。

1) 在安装调试网络安全项目中所涉及的全部安全产品和技术。

2) 采用的安全产品及技术的所有文档。

3) 提供安全产品和技术的最新信息。

4) 服务期内免费产品的升级情况。

(2) 技术支持方式

网络安全项目完成以后，提供的技术支持服务如下。

1) 现场24小时技术支持服务事项及承诺情况。

2) 客户技术支持中心热线电话。

3）客户技术支持中心 E-mail 服务。

4）客户技术支持中心具体的 Web 服务。

12.3.3　网络安全项目产品要求

在网络安全项目的安全产品要求方面，主要包括两个部分。

1）网络安全产品报价。对于网络安全项目涉及的所有安全产品和服务的各种具体翔实报价，最好列出各种报价清单。

2）网络安全产品介绍。网络安全项目中涉及的所有安全产品介绍，主要是使用户清楚所选择的具体安全产品的种类、功能、性能和特点等，要求描述清楚准确，但不必太详细周全。

12.3.4　电子政务安全解决方案的制定

【案例 12-9】我国电子政务安全建设项目实施方案。电子政务是网上办公的典型应用，城市政府机构需要构建并实施电子政务安全建设项目。通常，对于电子政务安全建设项目需要制定并实施网络安全解决方案和网络安全实施方案，后者是在网络安全解决方案的基础上提出的实施策略和计划方案等，下面通过案例对方案的主要内容和制定过程进行概要介绍。

（1）电子政务建设需求分析

我国**电子政务建设的首要任务**是以信息化带动现代化，加快国民经济结构的战略性调整，实现社会生产力的跨越式发展。国家信息化领导小组决定，将大力推进电子政务建设作为我国未来一个时期信息化工作的一项重要任务。

目前，世界各国的信息技术产品市场的竞争异常激烈，都在争夺信息技术的制高点。我国领导人针对信息化建设和电子政务建设指出：改革开放以来，我国信息化建设取得了很大成绩，信息产业发展成为重要的支柱产业。从我国现代化建设的全局来看，要进一步认识信息化对经济和社会发展的重要作用。建设电子政务系统，构筑政府网络平台，形成连接中央到地方的政府业务信息系统，实现政府网上信息交换、信息发布和信息服务是我国信息化建设重点发展的十大领域之一。

根据《国家信息化领导小组关于我国电子政务建设指导意见》，为了达到加强政府监管、提高政府效率、推进政府高效服务的目的，提出要以“两网一站四库十二系统”为目标的电子政务建设要求。如图 12-12 所示。

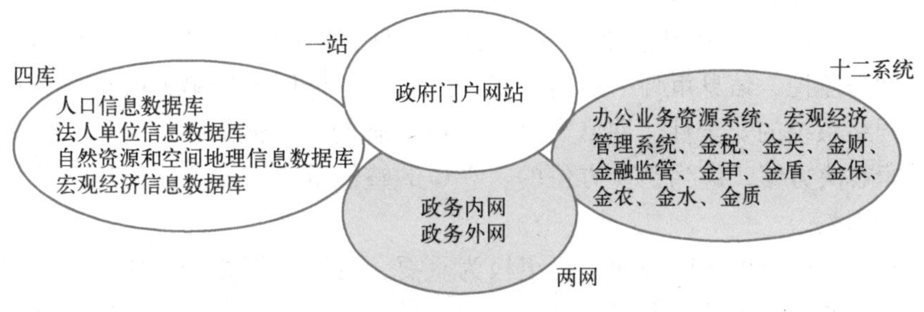

图 12-12　“两网一站四库十二系统”建设要求

电子政务网络系统建设的**主要任务**如下。“两网”指政务内网和政务外网两个基础平台。“一站”指政府门户网站。“四库”指人口信息数据库、法人单位信息数据库、自然资源和空间地理信息数据库，以及宏观经济信息数据库。“十二系统”大致可分为三个层次：办公业务资源系统和宏观经济管理系统，将在决策、稳定经济环境方面起主要作用；金税、金关、金财、金融监管（银行、证监和保监）和金审共五个系统主要服务于政府收支的监管；金盾、金保（社会保障）、金农、金水（水利）和金质（市场监管）共五个系统则重点保障社会稳定和国民经济发展的持续。

电子政务多级网络系统建设的内外网络安全体系如图12-13所示。

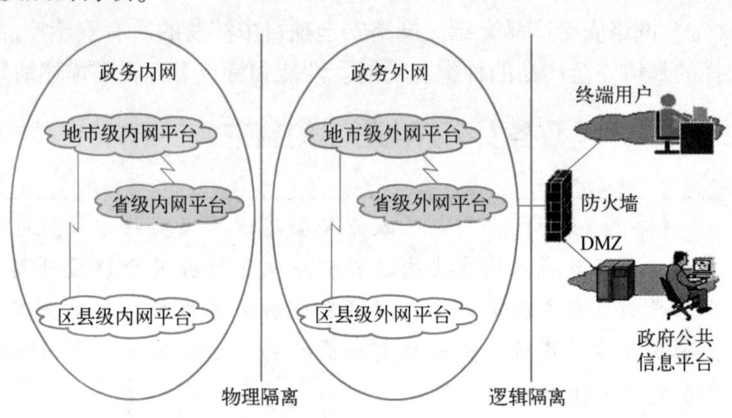

图12-13　电子政务多级网络系统建设的内外网络安全体系

由于政府信息化是社会信息化的重要组成部分，可为社会信息化建设奠定重要基础。**构建电子政务的主要目的**是推进政府机构的办公自动化、网络化、电子化，以及有效利用信息资源与共享等。从而需要运用信息资源及通信技术打破行政机关的组织界限，构建电子化虚拟机关，实现政府机关间及政府与社会各界之间经由各种电子化渠道进行的相互交流沟通，并依据人们的需求、使用形式、时间及地点，提供各种不同的具有个性特点的服务。电子政务可以加快政府职能的转变，扩大对外交往的渠道，加强政府与人民群众的联系，提高政府工作效率，促进经济和信息化建设与发展。

（2）政府网站所面临的威胁

随着信息技术的快速发展和广泛应用，各种网络安全问题不断出现。网络系统漏洞、安全隐患、黑客、网络犯罪、计算机病毒等安全问题严重制约了电子政务信息化建设与发展，成为系统建设重点考虑的问题。

在电子政务建设中，**网络安全问题产生的来源主要体现**为7种形式，即网上黑客入侵干扰和破坏、网上病毒泛滥和蔓延、信息间谍的潜入和窃密、网络恐怖集团的攻击和破坏、内部人员的违规和违法操作、网络系统的脆弱和瘫痪、信息产品的失控。

（3）网络安全解决方案及建议

网络安全技术应用主要包括操作系统安全、应用系统安全、病毒防范、防火墙技术、入侵检测、网络监控、信息审计、通信加密等。然而，任何一项单独的组件或单项技术根本无法确保网络系统的安全性，网络安全是一项动态的、整体的系统工程，因此，一个优秀的网络安全解决方案，应当是全方位的、立体的整体解决方案，同时还需要兼顾网络安全管理等其他因素。

政府机构构建安全电子政务网络环境极为重要，可以进行综合考虑，提出具体的网络安全解决方案，并突出重点、统筹兼顾。电子政务网站的关键在于内网系统的安全建设，**电子政务内网系统安全部署拓扑结构**如图12-14所示。

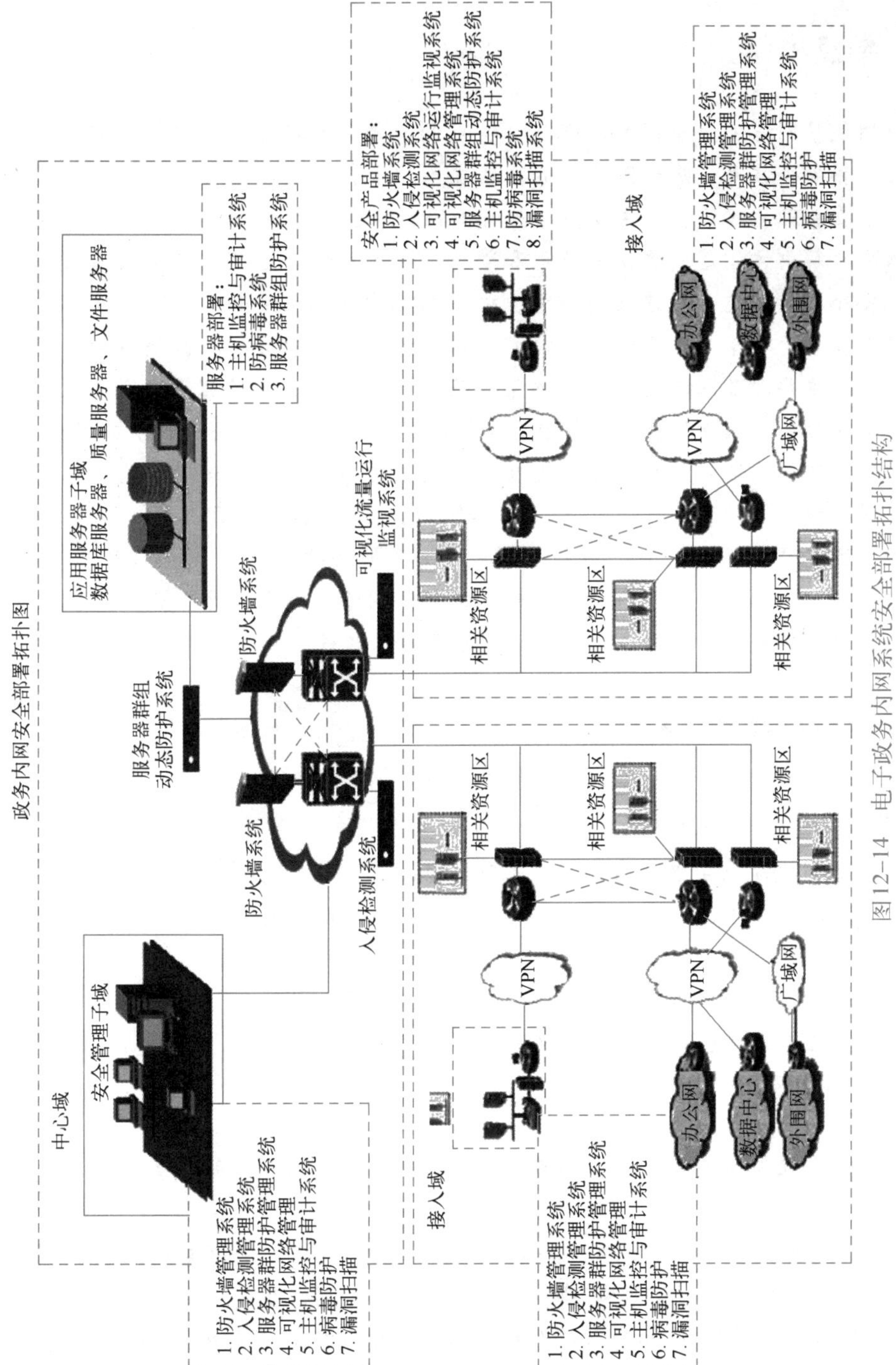

图12-14　电子政务内网系统安全部署拓扑结构

12.4　要点小结

本章概述了网络安全新技术的概念、特点和应用，包括可信计算、云安全技术、大数据安全、网格安全技术、基于区块链的网络安全技术，以及网络安全解决方案的分析、设计、制定、实施等构建过程及主要要求与有关的实际应用。

网络安全解决方案是网络安全技术和管理等方面的综合运用。其解决方案的制定，直接影响到整个网络系统安全建设的质量，关系到机构网络系统的安危，以及用户的信息安全，其意义重大。本章主要概述了网络安全解决方案的需求分析、方案设计、实施和测试检验等过程，主要涉及网络安全解决方案的基本概念、方案的过程、内容要点、安全目标及标准、需求分析、主要任务等，并且结合实际案例具体介绍了安全解决方案分析与设计、安全解决方案案例、实施方案与技术支持、检测报告与培训等，同时讨论了根据机构实际安全需求进行调研分析和设计，以及制定完整的网络安全解决方案的方法。

最后，通过“金融、电子政务、电力网络安全解决方案”案例，以金融、电子政务、电力网络安全现状具体情况、内网安全需求分析和网络安全解决方案设计与实施等具体建设过程，较详尽地概述了安全解决方案的制定及内容编写。

12.5　练习与实践12

1. 选择题

（1）在设计网络安全解决方案时，系统是基础、（　　）是核心、管理是保证。

A. 系统管理员　　B. 安全策略

C. 人　　D. 领导

（2）得到授权的实体在需要时可以访问数据，即攻击者不能占用所有的资源而阻碍授权者的工作，以上是实现安全方案的（　　）目标。

A. 可审查性　　B. 可控性

C. 保密性　　D. 可用性

（3）在设计编写网络安全解决方案时，（　　）是网络安全解决方案与其他项目的最大区别。

A. 网络安全解决方案的动态性　　B. 网络安全解决方案的相对性

C. 网络安全解决方案的完整性　　D. 网络安全解决方案的真实性

（4）当某部分系统出现问题时，不影响企业信息系统的正常运行，是网络安全解决方案设计中（　　）需求。

A. 可控性和可管理性　　B. 可持续发展

C. 系统的可用性和及时恢复性　　D. 安全性和合法性

（5）在网络安全需求分析中，安全系统必须具有（　　），以适应网络规模的变化。

A. 开放性　　B. 安全体系

C. 易于管理　　D. 可伸缩性与可扩展性

2. 填空题

（1）高质量的网络安全解决方案主要体现在________、________和________三方面，其中，________是基础、________是核心、________是保证。

（2）制定网络安全解决方案时，网络系统的安全原则体现在________、________、________、________和________五个方面。

（3）________是识别与防止网络攻击行为、追查网络泄密行为的重要措施之一。

（4）在网络安全设计方案中，只能做到________、________、________，而不能做到________。

（5）方案中选择网络安全产品时主要考察其________、________、________、________、________和________。

（6）一个优秀的网络安全解决方案，应当是________整体解决方案，同时还需要________等其他因素。

3. 简答题

（1）网络安全解决方案的主要内容有哪些？

（2）网络安全的目标及设计原则是什么？

（3）评价网络安全解决方案的质量标准有哪些？

（4）简述网络安全解决方案的需求分析。

（5）网络安全解决方案框架包含哪些内容。编写时需要注意什么？

（6）网络安全的具体解决方案包括哪些内容？

（7）金融行业网络安全解决方案具体包括哪些方面？

（8）电力、电子政务、金融内网数据安全解决方案从哪几方面进行拟定？

4. 实践题（含课程设计）

（1）对校园网进行调查，分析现有的网络安全解决方案，并提出解决办法。

（2）对企事业网站进行社会实践调查，编写一份完整的网络安全解决方案。

（3）根据老师或自选题目进行调查，并编写一份具体的网络安全解决方案。

第 13 章　网络安全课程设计指导

教育部已将“网络安全”纳入国家安全教育，全国开设相关课程的高校越来越多，本课程的“课程设计”是一项很重要的实践教学环节，对于综合运用所学的网络安全知识、技术和方法，通过“教、学、做、练、用一体化”，进一步加深理解、提高与扩展网络安全相关的知识、素质、能力和培养创新意识及未来就业与发展的素养都特别重要。

“网络安全”课程设计主要资源由国家精品在线课程学习平台“学堂在线”课程网站和出版社等网站提供，主要包括教学视频、实践教学大纲、课程设计任务书、实验及课程设计指导、案例分析、实验操作视频、知识拓展、“双创”活动、校企合作与交流等。

13.1　课程设计的主要目的

通过网络安全课程的课程设计训练，可以更好地理解并掌握网络安全有关的基本知识、基本实用技术、常用操作、具体实用方法和步骤及综合实际应用，结合企事业机构的实际业务应用及网络安全需求进行选题、分析和设计，提高理论教学和实验教学效果，将理论与实际应用更好地结合，利用常用的各种网络安全工具软件、应用系统安全设置与加固等，按照计划、任务和要求完成小型网络安全选题的分析、设计、实现、解决方案、测试与调试操作以及课程设计报告等文档，将学到的相关知识、技术和方法与相关实际业务选题紧密结合并综合运用，在此基础上强化研发实践和创新意识，提高分析问题、解决问题、综合应用能力及实际操作动手和未来相关业务处理与就业的素质能力。

13.2　课程设计的安排及要求

根据各个高校不同专业（或方向）及应用行业的特点、人才培养目标和教学计划要求，通常**课程设计集中安排**在 1~2 周，16~20 课时，单独安排并计算学分（也可以根据课时情况，安排在平时的教学过程中，以“模拟企业项目推进法”组成项目小组进行选题和阶段设计）。通过选题（专题）明确任务、分析、设计、实现（或解决方案）、撰写“课程设计报告”（部分院校称为“课程设计说明书”）、小组交流和答辩评价等过程，完成一个较为完整的网络安全应用选题或实际业务方面的具体解决方案，使学生掌握网络安全课程设计各阶段的目的、任务、要求、关键、重点、技术、方法和文档。集中进行课程设计（最好先确定选题并按照“模拟项目推进法”进行专题的前期工作）以小组为单位，一般 2~3 人自愿组成一组。由教师组织课程设计的安排、要求、步骤、方法和评价，通常**课程设计具体要求**如下。

1）高度重视课程设计，充分认识课程设计对提高自身素质能力和就业的重要性和必要性，认真做好课程设计前的分组、选题、任务书和计划安排等各项准备工作。

2）虚心接受教师的具体指导，充分发挥个人的主观能动性、创造性和团队分工协作精神。结合选题独立思考、努力钻研、勤于实践、勇于创新。

3）认真按时完成规定的各项课程设计任务，严禁弄虚作假和抄袭，一旦经过查证确认，按照院校有关规定对课程设计的成绩以 0 分计算。

4）在课程设计期间，必须保证出勤，无故缺席按旷课处理（迟到 3 次按旷课一天计算），旷课时间达到院校有关规定者，取消单项考核资格并以 0 分计算成绩。

5）在课程设计过程中，必须遵守有关各项规定要求，确立严肃、严密、严谨的科学态度，必须按时、按质、按量完成课程设计任务。

6）选题团队小组成员之间分工明确、密切合作，培养良好的互相帮助和团队协作精神，并要求保持联系畅通和交流沟通。

7）根据课程设计任务书和指导书的要求确定选题，应用所学的知识、技术和方法，查阅资料并借助相关工具等，完成选题所规定的各项工作。**选题具体要求**如下。

① 课程设计中需要按照任务书和指导书的具体要求，综合应用所学的网络安全知识解决实际问题，有必要进行实际调研和理论分析，设计要有合理的依据，技术方法运用得当。

② 撰写“课程设计报告”要求体系结构和层次合理、内容完整、思路清晰、概念明确、叙述正确、书写规范，正文内容不少于 8 页。

③ 相关技术、方法或应用程序功能正确，具有一定业务处理的实用性，鼓励创新。

④ 程序代码总量不少于 500 行（其中不包括编译器自动生成的代码），关键代码必须有合理注释，且只能作为“课程设计报告”的“附件”（不计入正文内容）。

⑤ 系统界面友好，方便实际业务处理的功能操作和应用交互。

⑥ 在课程设计过程中要考虑用户使用便捷，提供一些简单快捷的操作界面，采用的算法和程序要具有安全性和简单便捷性。

⑦ 通过座谈、面谈或网络等途径积极进行交流与讨论，善于查阅资料、分析与借鉴和选题相关的应用软件资料或源代码等。

注意：网络安全解决方案选题及确定可以参照选题原则和“十三五”国家重点出版物出版规划项目、上海市普通高等院校优秀教材奖暨上海市普通高校精品课程特色教材《网络安全技术及应用》第 4 版（贾铁军主编）第 12 章中案例的具体格式和要求。

13.3 课程设计的选题及原则

1. 课程设计选题的原则

课程设计选题的确定，主要根据不同专业（及方向）涉及的行业特点、培养方案和教学计划要求，选用学生相对比较熟悉的实际业务应用专项选题，要求通过本次综合实践教学环节，能够较好地加深读者对网络安全的基本概念、基本原理、常用应用技术和方法的理解，有利于专业素质和能力的培养，有利于提高综合业务实际应用处理和分析问题与解决问题的能力，有利于培养读者的创新意识和团队协作精神，并利用现有的工具和参考相关技术及文献，完成相对独立的小型网络安全系统的分析设计与实现任务或解决方案。

注意：课程设计小组可按上述原则自定一个选题，但需由教师审批认可，且应符合网络安全业务实际应用和工作量等方面的要求。

2. 课程设计选题

网络安全技术具体课程设计的选题，可以选择下述的参考专项选题或自选专题。根据不同专业（及方向）特点和个人特长及熟悉的内容，选取一个参考选题，查阅相关技术和文献，按照要求完成规定的任务。

（1）XX 企业 VPN 系统安全分析与设计
（2）XX 机构加密应用系统设计
（3）可靠安全交流即时通信软件设计
（4）用户网购身份认证系统分析与设计
（5）网银 CA 认证系统分析与设计
（6）网络内容安全过滤系统分析与设计
（7）基于代理签名的代理销售软件设计
（8）企业网络中心安全电子锁设计
（9）某网络攻击防御解决方案设计
（10）社区服务安全检测加固解决方案
（11）高校教务管理信息系统安全解决方案
（12）某企业网页防篡改系统设计
（13）某电子商务（政务）网站安全解决方案设计
（14）XX 网站安全防范策略及解决方案研究
（15）XX 企业网络安全加固综合解决方案设计
（16）其他网络安全解决方案设计等相关选题，或自选题目后由教师审批

3. 选题主要任务和要求

按照课程设计选题原则可以确定选题并明确任务，通常应当完成选题的任务和基本要求及工作量与代码量的要求。对于个别较难或比较复杂的选题设计，如果不能完全达到规定要求，可以结合几部分常用的功能或内容要求完成主要部分工作。对于一些特殊功能，可以参考其他相关的技术方法进行设计和实现，也可以不限于课程设计指导书的要求。此外，还可以对常用的网络安全应用软件的功能进行延伸或改进，提倡创新。

对于上述**参考选题的主要任务和基本要求**具体如下。

（1）XX 企业 VPN 系统安全分析与设计

主要任务：通过某企业网络安全实际需求分析，设计并实现一个安全的虚拟专用网（VPN）系统，可以在虚拟环境下利用公网进行多种保密通信。

基本要求如下。

1）在构建 VPN 的基础上，设计出可以产生公钥密钥对功能的操作界面。

2）可以采用共享对称密钥或公钥建立安全连接。

3）进行通信的身份认证，认证对方来自虚拟网的某个局域网。

（2）XX 机构加密应用系统设计

主要任务：设计并实现的主要部分为算法的核心部分，根据 DES 等算法的原理，建立相关的变量和函数，一是可以完成对 8 位字符的加密和解密，二是对于文件具有加密与解密功能，只需要在文件的读取时，按加密的位数读取后调用算法，加密后保存到一个文件，

一直到文件末尾，从而实现文件的加密。而解密需要与加密的逆过程算法一致，只要将密钥按反顺序使用，调用的函数基本类似。

基本要求如下。

1）加密系统总体设计的系统功能图，如图 13-1 所示。

2）“字符串加密”子系统的功能及操作界面设计如图 13-2 所示，可以对输入的明文进行加密和解密。

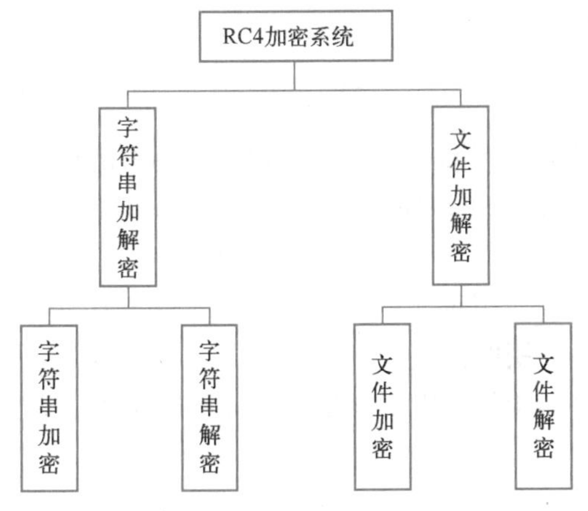

图 13-1　加密系统功能图

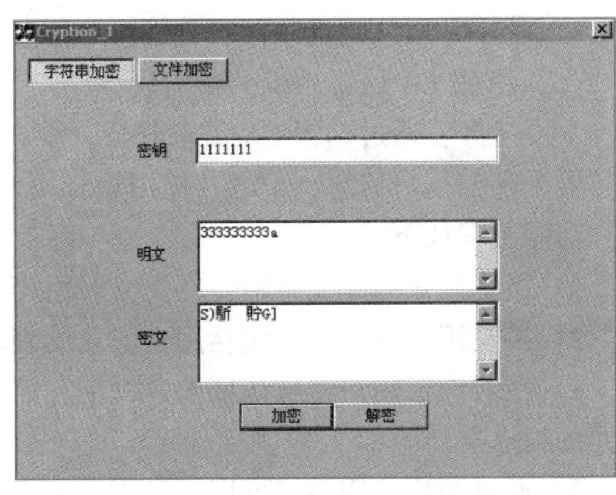

图 13-2　“字符串加密”子系统的功能界面

3）具有对指定的文件或文件夹进行加密与解密的功能，“文件加密”子系统的功能及操作界面如图 13-3 所示。具体“课程设计报告”和实现部分详见《网络安全技术及应用学习与实践指导》17.3 节介绍，以及国家精品在线课程学习平台“学堂在线”中“上海市高校精品课程”资源网站，网址为 https://www.xuetangx.com/course/shdjc08091001895/5881600。

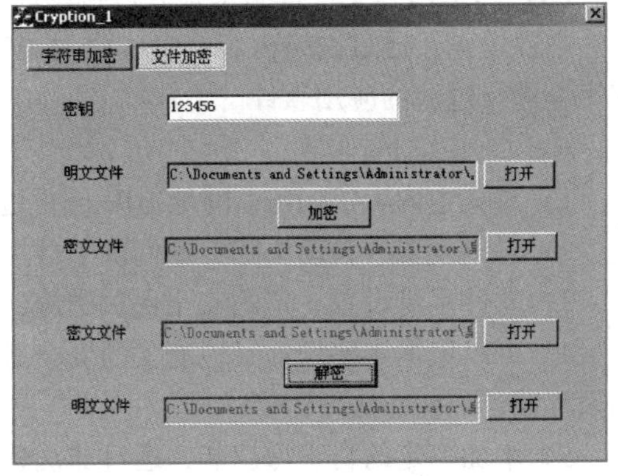

图 13-3　“文件加密”子系统的功能界面

（3）可靠安全交流即时通信软件设计

主要任务：利用加密、数字签名技术对即时通信软件的通信内容进行保护。

功能要求如下。

1）可以利用网络通信的身份验证，登录时需要对密码进行加密。

2）利用常用的公钥密码技术，进行用户的登录验证和签名。

3）采用公钥密码和对称密码结合的方式进行通信内容的加密，每一次会话产生一个对称加密的会话密钥，会话密钥用公钥建立。

4）具备正常的密钥管理功能，用户个人的私钥需要加密，对方用户的公钥需要进行存储和管理，具有导入导出功能。

5）可以验证信息的完整性，确保信息在传输过程中没有被更改。

6）提高文件传输的安全，防止病毒文件的传播，防止有害内容的传播，包括一些病毒、恶意程序，防止窃取密码的木马。

（4）用户网购身份认证系统分析与设计

主要任务：在用户网购身份认证需求分析的基础上，设计并实现一种网络用户的身份认证系统，用于身份验证，能够防御主要的黑客攻击。

功能要求如下。

1）抵抗重放攻击，可采用序列号、时间戳、应答响应、流密码、密钥反馈机制。

2）在网络上需要对认证信息进行加密。

3）利用常用公钥机制共享身份验证信息。

（5）网银CA认证系统分析与设计

主要任务：通过网银CA需求分析，设计并实现一个认证系统，可以接受用户的认证请求，安全存储用户信息，记录存储用户相关认证信息，可以颁发证书或吊销。

功能要求如下。

1）接受用户的提交申请，在提交时由用户产生公钥对。

2）接受用户的申请，包括用户信息的表单和公钥的提交。

3）在对网银用户实施认证的过程中，需要存储相应的电子文档，比如数字证书、营业执照的扫描文档等。

4）通过验证的用户，可以颁发下载数字证书。

5）用户密钥丢失时，可以吊销证书，同时密钥作废。

（6）网络内容安全过滤系统分析与设计

主要任务：通过网络内容信息安全过滤需求分析，设计出针对邮件、网页和文件或关键字等进行过滤的应用软件。

功能要求如下。

1）对文本内容、URL、网址、IP进行过滤。

2）可以设置并自动去除一些网址下载黑名单。

3）软件本身设置一定的安全保护措施，可以防止被篡改、非法访问等。

4）可以根据需要增加其他有关的安全过滤和功能设置，比如限时上网、超时下线、利用黑屏警告一些非法行为等。

5）增加一定的自学习功能，通过非法信息的特征升级特征库。

（7）基于代理签名的代理销售软件设计

主要任务：设计并实现一个基于代理签名的代理销售软件，主要可以解决电子商务销售过程中的一些用户信任问题。

功能要求如下。

1）采用代理签名算法或者用多重数字签名构建代理签名。

2）供货商、代理商和客户之间可以相互进行加密、可以验证身份的通信，即使在对代理商无法信任的情况下，可以通过对供货商的信任建立对销售的信任，签名可以针对一些证件、承诺保证等做数字签名，以保证客户可以直接追溯责任至供货商。

3）签名部分可以和原文件合成一个新文件，也可以单独生成一个小签名文件。

（8）企业网络中心安全电子锁设计

主要任务：设计并实现一个安全的电子锁。

安全电子锁选题的工作量及要求相对比较高，可以只完成主要部分。要求熟悉硬件编程、Hash 算法设计，具体要求如下。

1）简化 Hash 算法的设计，用于电子锁和钥匙之间的认证。

2）防止重放攻击，采用应答响应机制。

3）在用钥匙关锁时，锁验证钥匙的身份，通过则开启锁。

4）锁关好后发出一个信息，钥匙予以确认身份，并发出声音等提示。

（9）某网络攻击防御解决方案设计

主要任务：针对企事业机构遭遇的一种或几种计算机病毒、木马和多种网络入侵工具的攻击，设计具体相应的安全防护软件并进行记载。

功能要求：主要针对相应的具体攻击行为和系统威胁进行设计，保证工作量和代码量，如果工作量不足，应当增加其他的攻击和威胁的防范措施。

（10）社区服务安全检测加固解决方案

主要任务：结合社区服务系统安全分析，设计并实现一个入侵检测解决方案。

功能要求如下。

1）网络系统具有嗅探检测和记载的功能。

2）能够分析数据包，甚至能够对系统日志进行检测和分析。

3）可以参考 Snort 的规则，设定系统检测的规则。

4）可以根据用户个人设置的规则进行报警、记录或响应。

5）能够生成入侵检测系统的日志，记录各种异常检测事件。

（11）高校教务管理信息系统安全解决方案

主要任务：通过对高校教务管理信息系统安全进行分析，设计出一个安全解决方案，包括对数据库进行数字签名保证数据的完整性，通过数据加密保证数据的保密性。

功能要求如下。

1）对高校教务管理信息系统数据库中的数据进行加密。

2）对教务管理信息系统数据库的完整性进行安全保护。

3）防止用户根据部分密文明文对恢复数据库总密钥。

4）数据采用一个密钥以某种形式衍生的子密钥进行加密。

5）保证教务管理信息系统所使用密钥的安全性。

说明：可以用总密钥方式，根据 Hash 函数和每个数据的各种属性产生子密钥。

（12）某企业网页防篡改系统设计

主要任务：分析并研究网页防篡改的基本原理，掌握 Web 网站的配置过程，熟悉 iGuard 网页防篡改系统的配置过程，会正确使用 iGuard 网页防篡改系统和恢复网站的方法，从而进一步增强对于网页防篡改保护机制的理解。

功能要求如下。

1）分析企业网页基本的 HTML 标记及网页防篡改的原理。

2）熟悉企业 Web 网站的具体安全配置要求、方法及过程。

3）掌握机构 iGuard 网页防篡改系统的配置及使用方法。

（13）某电子商务（政务）网站安全解决方案设计

主要任务：设计并实现一个安全电子商务（政务）网站解决方案。

功能要求如下。

1）网站登录采用 SSL 等安全协议，密码的保存采用 Hash 函数或加密技术。

2）对于电子商务（政务）客户访问采用 SSL 加密所有通信数据。

3）利用数据库设计一定的备份恢复机制以及完整性验证机制。

电子商务网站可以增加网上拍卖、电子货币和电子支付功能，还有类似支付宝等的网上支付功能，需要具有密钥管理功能。

电子政务网站可以增加具有数字签名的审批功能、电子投票和电子选举等功能。

（14）XX 网站安全防范策略及解决方案研究

主要任务：制定出一个具体的业务网站安全防范策略，设计和实现具体的解决方案。

说明：主要参考“十三五”国家重点出版物出版规划项目、上海市普通高等院校优秀教材奖暨上海市普通高校精品课程特色教材《网络安全技术及应用》第 4 版中 3.4.2 节网络安全策略概述及 12.4 节网络安全解决方案设计和标准等知识点，结合企事业机构实际进行研究。

（15）XX 企业网络安全加固综合解决方案设计

主要任务：完成一个业务网站安全的具体防范策略及解决方案。

为了确保网络系统的安全，设计网络安全解决方案的任务，具体如下。

1）确保机构各部门、各单位局域网得到有效的安全保护。

2）保障企业与 Internet 相连的各种安全保护措施。

3）提供企业关键信息的加密传输与存储安全方法。

4）保证机构各种应用业务系统的正常安全运行。

5）提供企业网络安全防范的各种监控与审计措施。

6）最终目标：数据具有保密性、完整性、可用性、可控性与可审查性。

说明：主要参考贾铁军等主编《网络安全技术及应用》第 4 版中 12.4 节网络安全解决方案设计及标准的具体内容，结合企事业机构实际进行研究。

13.4　课程设计的内容及步骤

课程设计的内容和安排步骤如下。

1）前期准备：经过志愿协商分组后，选题并明确具体课程设计的任务，同时在小组内合理分工并落实具体任务，准备搜集查阅有关文献资料等。

2）需求分析：对所研发的系统和原有系统进行认真调研（直接与间接调研），并对功能、性能、安全可靠性等方面的具体需求（各项指标）进行分析，掌握组织结构、业务流程及系统特点和数据等情况，绘制相应的图表，对功能及性能与数据流程分析等。

3）系统设计：包括总体（概要）设计和详细设计，在上述需求分析的基础上，进行系统功能结构设计、处理和算法设计、性能和安全可靠性设计、网络和数据库设计等。

4）编程实现：运用掌握的语言编写程序，实现所设计的模块功能等。

5）调试测试：自行调试程序，成员交叉测试程序，并记录测试情况。

6）撰写提交报告：认真完成课程设计报告的撰写和提交。

7）答辩评定验收：指导教师对每个小组开发的应用系统及每个成员的研发工作进行综

合检查和答辩验收，结合课程设计报告，根据考核评价标准进行评定，验收确定成绩。

说明 1：课程设计材料提交说明。最终需要提交完整的“课程设计报告”打印稿（带封面）和光盘（程序源代码、可执行程序、数据文件、使用说明书文件、课程设计报告或解决方案报告等）。源代码文件要特别注意编程规范、代码风格，关键代码需有合理的注释，不含任何无用代码；数据文件内要求有一定数量的业务数据（如对于记录文件，应有 10 条以上记录）；使用说明文件的第一行，需要给出设计者的学号、姓名和有关说明。

说明 2：对于“网络安全解决方案”选题，主要按照本书 12.1.2 节网络安全解决方案概述中的主要方法及要求，结合企事业机构的具体实际业务进行分析设计。

具体的网络安全解决方案，设计重点主要体现在以下 3 个方面。

1）访问控制。利用防火墙等技术将内网与外网隔离，对与外网交换数据的内网及主机、所交换的数据等进行严格的访问控制。同样，对内部网络，由于不同的应用业务和不同的安全级别，也需要使用防火墙将不同的 LAN 或网段进行隔离，并实现相互间的交互访问控制。

2）数据加密。通常，比较重要的企事业机构的业务数据资源在网络系统传输与存储等过程中，需要避免数据被非法窃取与篡改的具体有效措施和方法（含加密原理、流程、技术、算法）等。

3）安全防御及审计。是检查防御与追查网络攻击、泄密等行为的重要措施之一。具体包括两方面的内容，一是采用网络监控与入侵防御系统，识别各种网络违规操作与攻击行为，随时响应（如报警）并进行及时阻断；二是对操作和信息内容的审计，可以防止内部机密或敏感信息的非法泄露。

注意：在具体方案的设计过程中，需要注意以下几点。

① 网络系统的安全性和保密性得到有效加强，达到企事业机构安全标准。

② 保持企事业网络系统原有的各种实际功能、性能及可靠性等特点，对网络协议和传输等方需要提供有效的安全保障。

③ 必须使用经过国家有关管理部门认可或认证安全的密码产品，并具有合法性。

④ 安全技术方便实际操作与维护，便于自动化管理，而不增加或少增加附加操作。

⑤ 尽量不影响原网络拓扑结构，同时便于系统及系统功能的扩展。

⑥ 提供的安全保密系统具有较好的性能价格比，可以一次性投资，长期使用。

⑦ 注重网络安全解决方案的实效性和质量，分步实施，分段验收。严格按照评价安全方案的质量标准和具体安全需求，精心设计网络安全综合解决方案，并采取几个阶段进行分步实施、分段验收，确保整个项目的高质量。

13.5　课程设计报告及评价标准

1. 课程设计报告要求

“课程设计报告”封面及格式要求，请见如下样例和具体说明。

上海 XXX 大学

网络安全 课程设计报告

（XXXX-XXXX 学年第 X 学期）

题　　目：________________

学　　院：________________

专　　业：________________

姓　　名：________________

学　　号：________________

指导教师：________________

XXXX 年 XX 月 XX 日

《课程设计报告》格式有关规定要求，主要包括以下几个方面。

（1）纸张和页面要求

A4 纸打印（或手写，采用学院标准课程设计报告用纸）。页边距要求如下：左边距为 2.5 厘米，上、下、右边距各为 2 厘米；行间距取固定值（设置值为 18 磅）；字符间距为默认值（缩放 100%，间距为标准）。

（2）装订页码顺序

① 封面，② 目录（注明页码），③ 正文，④ 参考文献。

注意：需要注意装订线通常放在页面左边。

（3）章节序号

按照正式出版物的惯例，章节序号的级序规定如下：1、1.1、1.1.1、1.、(1)、1)、①。

（4）封面（内封）

采用统一规格，请参考上面所给出的封面（内封）格式。

（5）目录

三号、黑体、居中、“目录”两字空四格、与下方的标题空一行。

（6）正文

正文的页数不少于 8 页（不包括封面、目录、参考文献等）。

正文的章节目序号按照正式出版物的惯例，章节目序号的层次顺序依次规定为如下顺序。

1、 1.1、 1.1.1、 1.、（1）、 1）、 ①

一般正文分 5~7 个部分，参考下面的格式。

1）前言。概述所选题目的目的、意义、背景、技术路线和主要工作。

2）需求分析。分析和描述所设计系统的基本要求、内容和主要功能。

3）系统设计。总体设计和详细设计，包括系统的总体功能结构图等。

4）编程实现。运用掌握的语言编写程序，实现所设计的模块功能。

5）调试测试。自行调试程序，成员交叉测试程序，并记录测试情况。写出研发应用程序测试所采用的主要技术、方法和过程，所遇到的主要问题及分析解决方法和过程。

可以从多方面对软件功能和性能及安全可靠性等进行测试，说明系统主要的实现情况。必要时给出关键部分源代码，并准确指出其在程序中的位置（文件名、行号）。

6）结论。设计和实现应用系统的主要特色及关键技术。研发工作的主要完成情况、有待改进之处、对未来技术改进的展望、特殊说明、心得体会等。

说明：正文的主要内容应当是对个人所做的课程设计工作的描述，不得大量抄录对特定软件技术的说明性文字和程序代码。设计方案的插图和软件运行界面的截图总数不得超过 10 个，每个图形的大小不得超过整个页面的 1/3（主要流程图等可适当放宽限制）。

最后采用同一模板，正文字体用宋体、小四。各级标题参考附录的课程设计的范文。

所有插图的下方都要编号和命名，如“图 2-3 系统功能结构图”，其中前一个数字代表章，后一个数字代表这一章的所有插图中的序号。

所有的表的上方都要编号和命名，如“表 3-1 证书结构”，数字用法如上。

正文的页眉统一采用“XX 大学课程设计（论文）报告”。注意，要在正文和前面部分之间分节，这样才能保证页眉不出现在封面上。

报告格式应当统一，正文首行都要缩进两个汉字位置。

“网络安全课程设计报告” 参考 http://wenku.baidu.com/view/09fcc1a6c30c225901920ee4.html。

（7）致谢

在课程设计过程中，若得到了老师和同学的专门指导与帮助，需要表达谢意，指出名字、帮助的主要内容和工作量，这些工作可以计入相关同学的平时成绩。

（8）参考文献

参考文献要另起一页，一律放在正文后，不得放在各章之后。只列出直接阅读过或在正文中被引用过的文献资料，作者只写到第三位，余者写“,等”，英文作者超过 3 人写“,et al”。几种主要参考文献著录表的格式如下。

1）（译）著：［序号］著者．书名［M］．译者．出版地：出版者，出版年：起~止页码．

2）期刊：［序号］著者．篇名［J］．刊名，年，卷号（期号）：起~止页码．

3）论文集：［序号］著者．论文集名［C］．编者．出版地：出版者，出版年：起~止页码．

4）学位论文：［序号］著者．题名［D］．保存地：保存单位，授予年．

5）专利文献：专利所有者．专利题名［P］．出版日期．

6）标准文献：［序号］标准所有者．标准名称　标准号［S］．出版地：出版者，出版时间．

7）报纸：责任者．文献题名［N］．报纸名，年-月-日（版次）．

参考文献格式实例如下。

参考文献（样例）

［1］贾铁军，刘泓漫．基于 MA 及 LVQ 神经网络的智能 NIPS 模型与实现［J］．小型微型计算机系统，2012，33（8）：1836~1840.

［2］贾铁军，等．网络安全技术及应用［M］．4版．北京：机械工业出版社，2020：58~62.

［3］GEDYE R，SMITH F，WESTAWAY K，et al. The Use of Microwave Ovens for Rapid Orbanic Synthesis［J］．1986，27（3）：279-282.

［4］邓良辰．配电网信息物理系统可靠性评估［D］．天津：天津大学，2018.

［5］张凯军．轨道火车及高速轨道火车紧急安全制动辅助装置：2012 2015 8825.2［P］．2012-04-05.

说明：在上述参考文献中，序号用方括号，与文字之间空一格。如果需要两行的，第二行文字要位于序号的后边，与第一行文字部分对齐。中文参考文献用五号宋体，外文参考文献用五号 Times New Roman 字体。

（9）附录

附录通常主要包括如下内容。

1）应用软件安装及使用说明，包括安装及使用的软件和硬件环境（如．NET 的版本）、必需的一些 dll、平台和环境、操作系统的版本等。

2）研发的应用软件或解决方案的使用说明及报告。

3）应用软件开发进程日志、版本和功能更新情况。

4）必要的技术支持文献和资料，以及专用术语等。

5）其他需要说明或注释的问题。

说明：具体"课程设计报告"和实现部分等，参见贾铁军主编的上海市普通高校精品课程特色教材《网络安全技术及应用学习与实践指导》中16.3节的介绍，以及全国在线课程学习平台"学银在线"中"上海市高校精品课程"资源网站，网址为 http://www.xueyinonline.com/detail/216440234。

2. 成绩考核方法及标准

（1）课程设计的考核方法

课程设计的具体考核方法为："网络安全技术"（或称为"网络信息安全"等课程）课程设计采用多项考核合计方式，包括课程设计报告、课程设计应用程序（或网络安全解决方案）以及表现和答辩情况，其中课程设计报告占30%，课程设计应用程序占40%，表现及答辩情况占30%，所有成绩按百分制评定计分。

学生通过答辩演示讲解实际设计完成的系统情况，并提交个人的设计报告；学生需简要叙述系统设计和开发的设计思路及完成情况，指导教师可根据学生答辩的具体情况随机提出问题，根据课程设计报告质量和完成系统的工作及答辩情况等进行考核评价。

（2）课程设计考核标准

课程设计考核标准主要包括以下几个。

1）优秀：完成（或超额完成）任务书规定的全部任务，所承担的课程设计任务难度较大，工作量多；设计方案正确，具有独立工作能力及一定的创造性，工作态度认真，设计报告内容充实，主题突出，层次分明，图表清晰，分析透彻，格式规范。

2）良好：完成任务书规定的任务，所承担的课程设计任务具有一定的难度，工作量较多；设计方案正确，具有一定的独立工作能力，对某些问题有见解，工作态度较认真，设计报告的内容完整，观点明确，层次分明，图表清晰，但分析不够深入。

3）及格：基本能完成任务书规定的任务，所承担的课程设计任务难度和工作量较小；设计方案基本正确，有一些分析问题能力，工作态度基本认真，设计报告的内容不太完整，图表无原则性错误，条理欠清晰，格式较规范，但分析不够深入，设计有缺陷。

4）不及格：没有完成任务书规定的设计任务，所承担的课程设计任务难度未达到要求，工作量不足；工作态度不认真，设计报告内容不太完整，条理不清晰，或有明显的抄袭行为。

注意：

1）参加课程设计的学生应当端正学习态度，独立完成设计任务，严禁抄袭他人成果或找人代做等行为，一经发现，其成绩按零分计算。

2）指导教师和考勤班长负责日常考勤，学生不得迟到、早退或旷课，因事或因病不能参加设计的，应按手续事先请假或事后补假。

3）课程设计报告封面需要认真填写，装订好后，统一按时提交。

拓展阅读：网络安全应用软件编程要点。

1）阅读及参考相关文献和源代码，这些资料很有借鉴参考价值，也非常重要。比如PGP、OpenSSL 等，包含了大量的网络安全实现的代码。

2）参考相关的类库、函数、接口、第三方代码或 OpenSSL 相关的开源产品等，如 CryptoAPI、. NET 的安全类。考虑学生掌握水平和课程设计时间，可以尽量使用现成函数和功能库中的功能，不宜从底层开始编写各种功能。用 . NET 的类要比用 API 简单，一些类集成了许多的实现过程，包括指导书提出的许多要求均已集成。. NET 依然注意要对明文进行填充，选择相应的填充（Padding）模式。CryptoAPI 的加密则比较复杂，需要对字段进行填充，而且对于非 txt 的文档还需要进行一些处理。

3）研究新网络安全应用产品及功能研发技术和方法蕴含着巨大的商机，业务尚未得到开发，新的研发模式、技术和方法或商机很值得探究，有助于创新意识的培养。

4）调试及处理问题，学会通过各种方法验证和发现程序中的错误。调试时要认真，严谨地找到错误所在，并分析原因。

5）编程过程中出现的错误种类繁多，有些是现有课堂教学没有讲到的，甚至完全不可预料、前所未见，除了学会发现问题外，多请教老师和同学，也要学会在网络上（比如 CSDN 等）寻求帮助，也可以在搜索引擎上寻找是否有类似的问题。

6）多登录论坛参与讨论，多参与各种技术交流群的学习与交流。

7）充分利用网络资源，一定要养成自主学习的方法和良好习惯，由于网络的开放性、大众化的特点，网络资源不仅丰富、多样化，而且非常通俗、详尽，有些网友对操作或问题的描述非常细致清楚，这是书籍教材无法比拟的。

8）编程的学习和实践应该紧密结合，不可能等完全学会了再去编程，首先掌握基本的方法和理论，然后一边学习一边编程，边学边用，用的时候可以查手册和资料，无须死记硬背。由于编程涉及的知识非常多，一定要有选择性地学习，按需学习。

9）理论教学与实践教学各有特点和侧重点，比如密钥的处理就需要很多其他的知识，这些知识需要自己补充并掌握，想方设法探究，相关办法有很多。

10）网络编程需要熟悉一些常用编程技术和方法，循序渐进、熟能生巧。

11）课堂教学受课时安排或条件等限制，不可能包罗万象、面面俱到，在编程过程中还有许多细节性的问题或非技术性的问题，需要查找相关参考文献和技术资料等，或个人确定实现的方式方法。

12）书籍、资料和网络上的资料可能与实践中遇到的问题不尽一致，某些方法可能有些问题，原因有版本及运行环境问题、软件硬件配置、操作中的错误、系统本身缺陷、配置的冲突等。需要个人去发现问题，设法更换一种方法去尝试。

XX 大学课程设计任务书

院（系）：计算机与信息工程学院　　　　　　　　　基层教学单位：网络工程系

<table>
<tr><td>学 号</td><td></td><td>学生姓名</td><td></td><td>专业（班级）</td><td></td></tr>
<tr><td>设计题目</td><td colspan="5">基于 WinSocket 的网络监控软件的设计与实现</td></tr>
<tr><td>设计技术参数</td><td colspan="5">本课程设计涉及如下功能模块
1. Socket 数据传输
2. 文件传输
3. 屏幕截取
4. 利用 Hook 技术对消息进行拦截
5. 消息的记录与传输
6. 消息的回放
7. 服务器端木马程序的自动启动</td></tr>
<tr><td>设计要求</td><td colspan="5">1. 实现的功能模块不能少于三个
2. 程序设计语言可以选择 C 语言或其他语言
3. 程序要能够正确运行
4. 完成课程设计报告的撰写</td></tr>
<tr><td>工作计划</td><td colspan="5">第一周　深入学习 Socket 通信模型和注册表的原理，完成系统的框架设计
第二周　实现文件传输、消息的传输、程序自启动功能模块的调试以及课程设计报告的撰写</td></tr>
<tr><td>参考资料</td><td colspan="5">1. 网络安全检测与防御技术
2. 网络安全技术及应用
3. 数据库安全技术
4. 网络安全解决方案
5. 其他网络安全技术资料</td></tr>
<tr><td colspan="2">指导教师签字</td><td colspan="2"></td><td>基层教学单位主任签字</td><td></td></tr>
<tr><td colspan="2">备注</td><td colspan="2"></td><td></td><td></td></tr>
</table>

说明：此表一式四份，学生、指导教师、基层教学单位、系部各一份。

年　月　日

XX 大学课程设计评审意见表

<table>
<tr><td>指导教师评语：

成绩：__________
指导教师：__________
年　月　日</td></tr>
<tr><td>答辩小组评语：

成绩：____________
评阅人：__________
年　月　日</td></tr>
<tr><td>课程设计总成绩：</td></tr>
<tr><td>答辩小组成员签字：

年　月　日</td></tr>
</table>

附　　录

附录 A　练习与实践部分习题答案

第 1 章　练习与实践 1 部分答案

1. 选择题

(1) A　　(2) C　　(3) D　　(4) C
(5) B　　(6) A　　(7) B　　(8) D

2. 填空题

(1) 保密性、完整性、可用性、可控性、可审查性（不可否认性）
(2) 实体安全、运行安全、系统安全、应用安全、管理安全
(3) 物理上和逻辑上、对抗
(4) 身份认证、访问管理、加密、防恶意代码、加固、监控、审核跟踪、备份恢复
(5) 多维主动、综合性、智能化、全方位防御
(6) 技术和管理、偶然和恶意
(7) 网络安全体系和结构、描述和研究

第 2 章　练习与实践 2 部分答案

1. 选择题

(1) D　　(2) A　　(3) B　　(4) B　　(5) D　　(6) D

2. 填空题

(1) 保密性、可靠性、SSL 协商层、记录层
(2) 物理层、数据链路层、传输层、网络层、会话层、表示层、应用层
(3) 网络层、操作系统、数据库
(4) 网络接口层、网络层、传输层、应用层
(5) 客户机、隧道、服务器
(6) 安全性高、费用低廉、管理便利、灵活性强、服务质量好

第 3 章　练习与实践 3 部分答案

1. 选择题

(1) D　　(2) D　　(3) A　　(4) B

2. 填空题

(1) 信息安全战略、信息安全政策和标准、信息安全运作、信息安全管理、信息安全技术

(2) 分层安全管理、安全服务与机制（认证、访问控制、数据完整性、抗抵赖性、可用可控性、审计）、系统安全管理（终端系统安全、网络系统、应用系统）

(3) 信息安全管理体系、多层防护、认知宣传教育、组织管理控制、审计监督

(4) 安全立法、安全管理、安全技术

(5) 信息安全策略、信息安全管理、信息安全运作、信息安全技术

第4章　练习与实践4部分答案

1. 选择题

(1) A　(2) C　(3) B　(4) C　(5) D

2. 填空题

(1) 隐藏 IP、踩点扫描、获得特权攻击、种植后门、隐身退出

(2) 系统“加固”、防止 IP 地址的扫描、关闭闲置及有潜在危险端口

(3) 盗窃资料、攻击网站、恶作剧

(4) 分布式拒绝服务攻击（DDoS）

(5) 基于主机、基于网络、分布式（混合型）

3. 简答题

(1) 答：对网络流量的跟踪与分析功能；对已知攻击特征的识别功能；对异常行为的分析、统计与响应功能；特征库的在线升级功能；数据文件的完整性检验功能；自定义特征的响应功能；系统漏洞的预报警功能。

(2) 答：按端口号分布可分为三段。公认端口（0~1023），又称常用端口，是为已经公认定义或为将要公认定义的软件保留的，这些端口紧密绑定一些服务且明确表示了某种服务协议，如 80 端口表示 HTTP。注册端口（1024~49151），又称保留端口，这些端口松散绑定一些服务。动态/私有端口（49152~65535），理论上不应为服务器分配这些端口。

(3) 答：统一威胁管理是将防病毒、入侵检测和防火墙等概念融合到一起。

(4) 答：异常检测（Anomaly Detection）的假设是入侵者活动异常于正常主体的活动。根据这一理念建立主体正常活动的“活动简档”，将当前主体的活动状况与“活动简档”相比较，当违反其统计模型时，认为该活动可能是“入侵”行为。异常检测的难题在于如何建立“活动简档”以及如何设计统计模型，从而不把正常操作作为“入侵”或忽略真正“入侵”行为。

特征检测是对已知的攻击或入侵的方式进行确定性的描述，形成相应的事件模式。当被审计的事件与已知的入侵事件模式相匹配时，即报警。检测方法与计算机病毒的检测方式类似。目前基于对包特征描述的模式匹配应用较为广泛。该方法的优点是误报少，局限是它只能发现已知的攻击，对未知的攻击无能为力，同时由于新的攻击方法不断产生、新漏洞不断发现，攻击特征库如果不能及时更新也将造成 IDS 漏报。

(5)“三分技术，七分管理”是网络安全领域的一句至理名言，是指：网络安全中的30%依靠网络安全技术保障，70%依靠各种网络安全管理措施和用户安全意识的提高。

第5章　练习与实践5部分答案

1. 选择题

(1) A　(2) B　(3) D　(4) D　(5) B

2. 填空题

(1) 数学、物理学

(2) 密码算法设计、密码分析、身份认证、数字签名、密钥管理

(3) 明文、明文、密文、密文、明文

(4) 代码加密、替换加密、边位加密、一次性加密

第6章　练习与实践6部分答案

1. 选择题

(1) C　(2) C　(3) A　(4) D　(5) C　(6) A　(7) B

2. 填空题

(1) 保护级别、真实、合法、唯一

(2) 私钥、加密、特殊数字串、真实性、完整性、抗抵赖性

(3) 主体、客体、控制策略、认证、控制策略实现、审计

(4) 自主访问控制（DAC）、强制访问控制（MAC）、基本角色访问控制（RBAC）

(5) 安全策略、记录及分析、检查、审查、检验、防火墙技术、入侵检测技术

(6) 系统级审计、应用级审计、用户级审计

(7) 绝密（TS）、秘密（S）、机密（C）、限制（RS）、无级别（U）

(8) 基于端点系统的架构、基于基础网络设备联动的架构、基于应用设备的架构

第7章　练习与实践7部分答案

1. 选择题

(1) D　(2) C　(3) B、C　(4) B　(5) D

2. 填空题

(1) 无害型病毒、危险型病毒、毁灭型病毒

(2) 引导单元、传染单元、触发单元

(3) 传染控制模块、传染判断模块、传染操作模块

(4) 引导区病毒、文件型病毒、复合型病毒、宏病毒、蠕虫病毒

(5) 移动式存储介质、网络传播

(6) 无法开机、开机速度变慢、系统运行速度慢、频繁重启、无故死机、自动关机

第8章　练习与实践8部分答案

1. 选择题

(1) C　(2) C　(3) C　(4) D　(5) D

2. 填空题

(1) 唯一　(2) 被动

(3) 软件、芯片级　(4) 网络层、传输层

(5) 代理技术　(6) 网络边界

(7) 完全信任用户　　　　(8) 堡垒主机

(9) 拒绝服务攻击　　　　(10) SYN 网关 、SYN 中继

3. 简答题

(1) 答：防火墙是一种用于加强网络之间访问控制、防止外部网络用户以非法手段通过外部网络进入内部网络或访问内部网络资源，保护内部网络操作环境的特殊网络互联设备。

(2) 答：根据物理特性，防火墙分为两大类，硬件防火墙和软件防火墙；按过滤机制的演化历史可划分为过滤防火墙、应用代理网关防火墙和状态检测防火墙三种类型；按处理能力可划分为百兆防火墙、千兆防火墙及万兆防火墙；按部署方式可划分为终端（单机）防火墙和网络防火墙。防火墙的主要技术有包过滤技术、应用代理技术和状态检测技术。

(3) 答：不能。由于传统防火墙严格依赖于网络拓扑结构且其基于防火墙把在受控实体点内部（即防火墙保护的内部）连接认为是可靠和安全的假设；而把在受控实体点的另外一边（即来自防火墙外部）的每一个访问都看作是带有攻击性的，或者说至少是有潜在攻击危险的，因而产生了其自身无法克服的缺陷，如无法消灭攻击源、无法防御病毒攻击、无法阻止内部攻击、自身设计漏洞和牺牲有用服务等。

(4) 答：目前主要有四种常见的防火墙体系结构：屏蔽路由器、双宿主机网关、被屏蔽主机网关和被屏蔽子网。屏蔽路由器上安装有 IP 层的包过滤软件，可以进行简单的数据包过滤；双宿主机的防火墙可以分别于网络内外用户通信，但是这些系统不能直接互相通信；被屏蔽主机网关结构主要实现安全为数据包过滤；被屏蔽子网体系结构添加额外的安全层到被屏蔽主机体系结构，即通过添加周边网络更进一步把内部网络与 Internet 隔离开。

(5) 答：SYN Flood 攻击是一种简单有效的攻击方式，主要利用合理的服务请求占用过多的服务资源，从而使合法用户无法得到服务。通常利用 TCP 存在的漏洞，TCP 连接过程中需要经过三次握手。当客户端发送一个 TCP 连接请求给服务器端后，服务器返回响应，若客户端不发回确认，服务器就进入等待状态，并重发 SYN+ACK 报文，直到客户端确认收到为止。这样服务器端一直处于等待状态。SYN Flood 正是利用这种漏洞，发送大量的 TCP 半连接给服务器，使服务器一直陷入等待过程，耗用大量资源，最终使其崩溃。

(6) 答：针对 SYN Flood 攻击，防火墙通常有三种防护方式：SYN 网关、被动式 SYN 网关和 SYN 中继。SYN 网关中，防火墙收到客户端的 SYN 包时，直接转发给服务器；服务器返还 SYN/ACK 包后，一方面将 SYN/ACK 包转发给客户端，另一方面以客户端的名义给服务器回送一个 ACK 包，完成一个完整的 TCP 三次握手，让服务器端由半连接状态进入连接状态。当客户端真正的 ACK 包到达时，有数据则转发给服务器，否则丢弃该包。被动式 SYN 网关中，设置防火墙的 SYN 请求超时参数，让它远小于服务器的超时期限。防火墙负责转发客户端发往服务器的 SYN 包，包括服务器发往客户端的 SYN/ACK 包和客户端发往服务器的 ACK 包。如果客户端在防火墙计时器到期时还没发送 ACK 包，防火墙将向服务器发送 RST 包，以使服务器从队列中删去该半连接。由于防火墙超时参数远小于服务器的超时期限，因此也能有效防止 SYN Flood 攻击。SYN 中继中，防火墙收到客户端的 SYN 包后，并不向服务器转发而是记录该状态信息，然后主动给客户端回送 SYN/ACK 包。如果收到客户端的 ACK 包，表明是正常访问，由防火墙向服务器发送 SYN 包并完成三次握手。这样由防火墙作为代理实现客户端和服务器端连接，可以完全过滤发往服务器的不可用连接。

第9章 练习与实践9部分答案

1. 选择题

（1）D （2）D （3）C （4）A （5）B （6）B

2. 填空题

（1）Administrators、System
（2）智能卡、单点
（3）读、执行
（4）动态地、身份验证
（5）systeminfo、msinfo32

第10章 练习与实践10部分答案

1. 选择题

（1）B （2）B （3）B （4）C （5）A （6）C

2. 填空题

（1）系统运行安全、系统信息安全
（2）认证与鉴别、存取控制、数据库加密
（3）原子性、一致性、隔离性
（4）备份恢复、事务日志恢复、镜像技术
（5）Windows身份验证、混合身份验证
（6）表级、列级

*第11章 练习与实践11部分答案

1. 选择题

（1）D （2）C （3）A （4）C （5）A

2. 填空题

（1）网络系统安全、商务交易安全
（2）商务系统的可靠性、交易数据的有效性、商业信息的保密性、交易数据的完整性、交易的不可抵赖性（可审查性）
（3）服务器端、银行端、客户端、认证机构
（4）传输层、浏览器、Web服务器、SSL协议
（5）信用卡、付款协议书、对客户信用卡认证、对商家身份认证

*第12章 练习与实践12部分答案

1. 选择题

（1）B （2）D （3）A （4）C （5）D

2. 填空题

(1) 网络安全技术、网络安全策略、网络安全管理、网络安全技术、网络安全策略、网络安全管理

(2) 动态性原则、严谨性原则、唯一性原则、整体性原则、专业性原则

(3) 安全审计

(4) 尽力避免风险、努力消除风险的根源、降低由于风险所带来的隐患和损失、完全彻底消灭风险

(5) 类型、功能、特点、原理、使用、维护方法

(6) 全方位的立体的、兼顾网络安全管理

附录 B　常用网络安全资源网站

1. 国家精品在线课程学习平台——学堂在线（上海市精品课程网站）

https://www.xuetangx.com/course/shdjc08091001895/5881600

2. 全国开放在线课程平台——学银在线（国家项目-上海精品课程网站）

http://www.xueyinonline.com/detail/216440234

3. 上海市高校精品课程“网络安全技术”教学/实验视频

http://mooc1.xueyinonline.com/nodedetailcontroller/visitnodedetail?courseId=216440234&knowledgeId=393364187

4. 国家精品在线课程“信息安全概论”拓展视频

https://www.icourse163.org/course/CAU-251001

5. 中共中央网络安全和信息化委员会办公室、中华人民共和国国家互联网信息办公室

http://www.cac.gov.cn/

6. 国家互联网应急中心

http://www.cert.org.cn/

7. 国家计算机病毒应急处理中心

http://www.cverc.org.cn/

8. 公安部网络违法犯罪举报网站

http://www.cyberpolice.mps.gov.cn/wfjb/

9. 中国信息安全测评中心

http://www.itsec.gov.cn/

10. 中国网络安全审查技术与认证中心（CCRC）

https://www.isccc.gov.cn/

11. 中国互联网络信息中心

http://www.cnnic.net.cn

12. 中国法律信息网

http://service.law-star.com/

参考文献

[1] 贾铁军，俞小怡. 网络安全技术及应用［M］. 4 版. 北京：机械工业出版社，2020.

[2] 贾铁军，刘虹. 网络安全管理及实用技术［M］. 北京：机械工业出版社，2019.

[3] 贾铁军，蒋建军. 网络安全技术及应用实践教程［M］. 3 版. 北京：机械工业出版社，2018.

[4] 贾铁军，侯丽波，倪振松，等. 网络安全实用技术［M］. 3 版. 北京：清华大学出版社，2020.

[5] 贾铁军. 网络安全技术及应用学习与实践指导［M］. 北京：电子工业出版社，2015.

[6] 斯托林斯. 网络安全基础：应用与标准　原书第 6 版［M］. 白国强，等译. 北京：清华大学出版社，2020.

[7] 徐雪鹏. 网络安全项目实践［M］. 北京：机械工业出版社，2017.

[8] 沈鑫剡，俞海英，许继恒，等. 网络安全实验教程：基于华为 eNSP［M］. 北京：清华大学出版社，2020.

[9] 石志国，尹浩，臧鸿雁. 计算机网络安全教程［M］. 3 版. 北京：清华大学出版社，2019.

[10] 梁亚声，汪永益，刘京菊，计算机网络安全教程［M］. 3 版. 北京：机械工业出版社，2016.

[11] 程庆梅，徐雪鹏. 信息安全教学系统实训教程［M］. 北京：机械工业出版社，2012.

[12] 程庆梅，徐雪鹏. 网络安全高级工程师［M］. 北京：机械工业出版社，2012.

[13] 程庆梅，徐雪鹏. 网络安全工程师［M］. 北京：机械工业出版社，2012.

[14] 王群，李馥娟. 网络安全技术［M］. 北京：清华大学出版社，2020.

[15] 孙建国，赵国冬，高迪，等. 网络安全实验教程［M］. 4 版. 北京：清华大学出版社，2019.

[16] 左晓栋. 中华人民共和国网络安全法百问百答［M］. 北京：电子工业出版社，2017.

[17] 刘建伟，毛剑. 网络安全概论［M］. 2 版. 北京：电子工业出版社，2020.

[18] 沈鑫剡，俞海英，胡勇强，等. 网络安全实验教程［M］. 北京：清华大学出版社，2017.

[19] 杨东晓，张锋，冯涛，等. 网络安全运营［M］. 北京：清华大学出版社，2020.

[20] 吴礼发. 计算机网络安全实验指导［M］. 北京：电子工业出版社，2020.

[21] 李林，李勇. 计算机网络安全与管理经典课堂［M］. 北京：清华大学出版社，2020.

[22] 奇安信安服团队. 网络安全应急响应技术实战指南［M］. 北京：电子工业出版社，2020.

[23] 陶源，李末岩，郭倖明. 超大型互联网平台网络安全等级保护技术原理及应用实践［M］. 北京：电子工业出版社，2020.

[24] 贾铁军，李学相，王学军，等. 软件工程与实践［M］. 3 版. 北京：清华大学出版社，2019.

[25] 中共中央网络安全和信息化委员会办公室，中华人民共和国国家互联网信息办公室. 中华人民共和国网络安全法［EB/OL］.（2016-11-07）［2022-02-15］. http://www.cac.gov.cn/2016-11/07/c_1119867116.htm.

[26] 刘雪营，胡天琦.《电子商务法》对个人信息保护及经营者风险防范研究［J］. 法制与经济，2019（02）：90-91.

[27] FLORIAN T，FAN Z，ARI J，et al. Stealing Machine Learning Models via Prediction APIs［C］//25th USENIX Security Symposium，2016，8：1-19.

[28] 陈波，于泠. 信息安全案例教程：技术与应用［M］. 2 版. 北京：机械工业出版社，2020.

[29] 李葳. Windows Server 2019 操作系统安全配置与系统加固探讨［J］. 数字技术与应用，2019，37（7）：191，193.

[30] 阿里云. Windows 操作系统安全加固［EB/OL］.（2022-01-12）［2022-02-15］https://

help. aliyun. com/knowledge_detail/49781. html.

[31] 阿里云 . Linux 操作系统加固 [EB/OL]. (2018-02-27) [2022-02-15]. https://help. aliyun. com/knowledge_detail/49809. html.

[32] 何长鹏 . SOHO 无线接入路由器的安全漏洞挖掘分析方法研究 [J]. 网络空间安全，2020，11 (12)：126-130.

[33] 王伟福，韩力，卢晓雄 . 电力智能终端数据采集无线通信安全研究 [J]. 网络空间安全，2020，11 (12)：7-14.

[34] 陈烨，许冬瑾，肖亮 . 基于区块链的网络安全技术综述 [J]. 电信科学，2018，34 (3)：10-16.

[35] 郑铁，王路路，胡志锋，等 . 泛在物联背景下智慧电力物联网网络安全技术探索 [J]. 网络空间安全，2020，11 (12)：65-72.

[36] 李剑，杨军 . 网络空间安全导论 [M]. 北京：机械工业出版社，2020.

[37] 李剑，杨军 . 网络空间安全实验 [M]. 北京：机械工业出版社，2021.

[38] 王顺 . 网络空间安全实验教程 [M]. 北京：机械工业出版社，2020.